KB194300

GIS 지리학

高阪宏行 · 村山祐司 編
김응남·권문선·김남식 역

古今書院 圖書出版 東和技術

GIS
——地理学への貢献

高阪宏行 · 村山祐司 編

GIS-CHIRIGAKU ENO KOHKEN
Edited by Hiroyuki Kohsaka and Yuji Murayama

Original Japanese edition published by Kokon Shoin
Korean translation rights arranged with Kokon Shoin
through Japan Foreign-Rights Centre / Nihon Shuppan Joho Sha

머리말

GIS(지리정보시스템)는 컴퓨터에 저장된 지도 데이터와 속성데이터를 효율적으로 축적 · 검색 · 변환하여 지도를 출력하거나 공간해석, 의사결정 지원이 가능하도록 설계된 툴이다. 최근에 들어 GIS가 주목을 받게 되었고 사회에 급속히 보급되기 시작했다. 가스 · 전력 · 통신관계의 공익기업을 비롯한 관청, 연구소, 씽크 탱크 등에서 GIS의 이용이 확대되어 가고 있다. 지방자치단체에서는 지적도와 상하수도 관리 등의 일상 업무 이외에 민원 창구 또는 도시계획 · 지역정책의 유력한 수단으로서 GIS를 활발히 이용하게 되었다. 또한 민간부문에서는 지역 마케팅(출점계획, 상권분석), 介護비지니스, 부동산 정보서비스 등과 같은 전략적 성장부분에서 GIS의 활용이 두드러진다.

사회적 필요성의 증가를 배경으로 대학에 있어서도 공간정보과학연구센터의 설립(동경대학, 1998년 4월)을 시작으로 GIS관련 강좌의 개설이 계속되고 있다. 지리학 교실에서는 GIS의 강의와 실습이 커리큘럼에 첨가되고 있다. 실증적인 연구에 GIS를 활용하는 지리학자도 증가 일로에 있다.

이와 같은 상황으로부터, 본 저서에서는 지리학의 제 분야에 GIS가 공헌 할 수 있을 것인지, 그 유용성에 대하여 검토하고자 한다. GIS를 이용한 실증 연구의 성과와 사실 추구보다는 방법론에 역점을 두고 전통적인 방법과 비교하면서 GIS의 장점에 대해 광범위하게 논의를 전개하고자 한다.

2000년 3월 29일, 일본지리학회 춘계학술대회(와세다대학) 심포지움 「GIS는 지리학에 어떻게 공헌하는가?」이 개최되었다. 이 심포지움에서는 지리학의 제 분야에서 총 22개의 연구발표가 이루어졌으며 200명이 넘는 참가자가 활발한 토론을 가졌다. 심포지움의 성공과 더불어 이런 연구성과를 바탕으로 지리학에서의 GIS 이용에 관한 개설서를 출판하자는 이야기가 나왔다. 古今書院의 橋本壽資 사장과 이러한 내용으로 상담하였고 흔쾌히 허락을 받았다. 심포지움의 발표자에게도 이러한 기획의도에 대하여 찬성을 얻었고 집필을 부탁하여 본서가 집필되었다.

한편, 본 심포지움은 1990년부터 계속된 일본지리학회 · 연구그룹「지리정보시스템」(대표자 : 高阪宏行)의 활동을 근거로 하여 얻어진 결과이다. 이 심포지움을 계기로 본 연구 그룹은 발전적으로 해산하였고 2000년 4월부터 새로운 연구그룹「지리정보과학」(대표자 : 村山祐司)이 발족되었다. 이 연구 그룹에서는 공간 데이터를 체계적으로 취득 · 변환 · 해석 · 전달하는 범용적인 방법의 확립을 목표로 하고 있으며 지리학자를 중심으로 한 연구 활동이 활발히 진행되고 있다. 본 활동에 대해 독자 여러분들의 따뜻한 격려와 지원을 부탁드린다.

끝으로 본서를 간행하는 데에 있어 우리들의 의도와 열의를 이해하고 적절한 충고와 더불어 편집 작업을 하여준 古今書院 편집부의 原光一씨에게 감사를 드린다.

高阪宏行 · 村山祐司(こうさか ひろゆき · むらやま ゆうじ)

역자 머리말

GIS와 관련한 학문과 기술은 1960년대 CGIS(Canada GIS Project)를 통해 그 초기 모습이 완성된 이후, 1970년대 미국의 몇몇 대학의 뛰어난 연구 성과와 함께 그 개념과 기술이 발전을 거듭하였고, 오늘날 21세기 지식정보화사회의 유망한 전문분야로서 성장하였다. 우리나라의 경우에는 1990년대에 들어 GIS의 도입이 시작되었고 이후 약 15년의 기간이 경과하고 있다. 그동안 국가 주도적 차원에서 진행된 지리정보시스템 구축사업 등을 통해 우리사회의 각 분야에 걸쳐서 GIS는 눈부신 발전을 거듭하였다.

한편, 공간상에 나타나는 자연적, 인문적 혹은 복합적 공간문제에 대한 대안을 제시하고자 하는 GIS는 정확하게 지리학의 연구문제와 일치한다고 할 수 있다. 지리학은 1800년대 후반부터 1900년대 초기까지 地誌的(지지적) 접근방법이, 1950년대까지 系統的(계통적) 접근방법이, 1970년대에는 計量的(계량적) 방법이, 그리고 1990년데 중반 이후에는 情報科學的(정보과학적) 방법이 주요한 연구방법으로 발전하여 왔다. 즉, 현재 전 세계 지리학과에서 GIS 커리큘럼을 강화하는 현상은 지리학의 일반적 발전과정의 하나로 이해되고 있는 것이다.

이러한 시점에서 지리학과 관련한 각 연구 분야에서의 GIS 역할과 그 적용 사례를 다루고 있는 본 저서는 GIS를 툴로서 사용하여 보다 다양한 지리학적 분석을 염두에 두고 있는 지리학 전공자나 연구자에게 있어 많은 참조를 제공할 수 있을 것으로 기대된다. 본 저서의 구성은 크게 자연적 분야에서의 GIS, 인문적 분야에서의 GIS, 이론과 응용적 분야에서의 GIS의 활용 가능성에 대하여 사례연구를 통해 설명하고 있다. 원저서를 번역하고 편집하는 작업과정에 있어서는 가급적 원 저서에 충실한 가운데 의미를 전달하고자 노력하였기 때문에 원저서가 출판된 일본의 사례를 그대로 싣고 있다. 아쉽지만 후일 우리나라의 사례를 다룬 서적이 출판될 것을 바라는 마음에서, 또 제대로 된 서적의 출판을 위한 준비과정으로서 일본의 사례를 참고한다는 의미에서의 사전적 작업의 하나로 이해해 주었으면 하는 바램이다.

지리학과 관련한 전공적 이해 부족으로 만족할 만한 번역이 되었다고는 생각지 않는다. 다만, 원본에 충실하게 GIS 전공자 입장에서 번역하였음을 밝히고 이해를 구하고자 한다. 부디 지리학과 GIS와 관련하여 공부하고자 하는 많은 사람들에게 작으나마 도움이 될 수 있기를 기원한다. 또한, 부족한 점에 대해서는 독자들의 계속적인 지도편달을 부탁드린다.

끝으로 기꺼이 「GIS－地理学への 貢献」의 번역 출판의 기회를 주신 도서출판 동화기술의 정우용 사장님과 서철종 부장님께 감사드리며, 원고작업과 편집 작업을 통해 멋진 책을 만들어 주신 출판사 관계자 여러분들께 깊은 감사를 드린다.

역자 일동

Contents

서 론 지리학과 GIS

Ⅰ 들어가며	15
Ⅱ 왜 GIS의 이용이 증가하고 있는가?	16
Ⅲ 비집계 데이터와 GIS의 연대	21
Ⅳ GIS 커뮤니티의 출현	25
Ⅴ GISystem으로부터 GIScience로 : 지리학으로부터의 발신	26
Ⅵ 마치면서 : GIS의 역할	30

제 1 부

CHAPTER 1 지형학과 GIS

Ⅰ 들어가며	37
Ⅱ 일본 지형학에서의 GIS와 DEM : 역사적 경위	40
Ⅲ GIS의 보급이 늦어진 배경	42
Ⅳ 마치면서	44

CHAPTER 2 기후학과 GIS

Ⅰ 들어가며	49
Ⅱ 기후학이란	49
Ⅲ 지리정보시스템과 GIS : 「내용」과 「형식」	50

Ⅳ 지리정보시스템에 관련된 기후학의 경험 51
Ⅴ 왜 많은 기후학자들이 GIS를 사용하지 않는가? 56
Ⅵ 기상 데이터의 가시화 도구 57
Ⅶ 고기후학의 특징 62
Ⅷ 앞으로의 전망 62

CHAPTER 3 수문학과 GIS

Ⅰ 들어가며 67
Ⅱ 수문학 연구스타일과 GIS 68
Ⅲ 수문량의 공간분포 추정 69
Ⅳ 물순환 프로세스의 재현 : 유출 모델과 GIS의 통합 72
Ⅴ 데이터 공유와 WebGIS 78
Ⅵ 마치면서 79

CHAPTER 4 토지생태학과 GIS

Ⅰ 들어가며 83
Ⅱ 생태학적 토지구분의 개념 84
Ⅲ GIS를 이용한 생태학적 공간 단위의 추출법 85
Ⅳ 메쉬(그리드)를 이용한 토지생태계의 해석 95
Ⅴ 마치면서 97

CHAPTER 5 환경연구와 GIS

Ⅰ 들어가며 100
Ⅱ 수환경을 둘러싼 최근의 토픽 100
Ⅲ GIS와 환경시뮬레이션 모델의 결합 102

Ⅳ 吳妻川 유역의 사례 연구 106
Ⅴ 마치면서 113

CHAPTER 6 환경변화 예측과 GIS

Ⅰ 들어가며 : 「환경 공생」시대에 요구되는 것 118
Ⅱ 디지털 사진 측량과 리모트센싱 및 GIS를 통합한 里山 연구 119
Ⅲ 환경변화 예측에 있어서의 GIS의 유효성과 과제 128

제 2 부

CHAPTER 1 도시지리학과 GIS

Ⅰ 들어가며 133
Ⅱ 최근 일본 도시지리학의 연구동향과 GIS 134
Ⅲ 도시지리학에 있어서의 GIS 적용 사례 137
Ⅳ GIS 연구 대상으로서의 「도시」 142
Ⅴ 마치면서 : GIS를 접점으로 한 도시지리학과 도시계획과의 협동 144

CHAPTER 2 인구지리학과 GIS

Ⅰ 들어가며 148
Ⅱ GIS의 의의 149
Ⅲ GIS의 이용 예 150
Ⅳ 단신 부임자의 집중 거주지 152
Ⅴ 출생률 혹은 유배우자율의 지역차 156
Ⅵ 마치면서 158

CHAPTER 3 상업지리학과 GIS

Ⅰ 들어가며 162
Ⅱ 상업지리학 연구에의 GIS의 적용 163
Ⅲ 상업지역 연구에의 GIS 적용 사례 167
Ⅳ 마치면서 175

CHAPTER 4 시간지리학과 GIS

Ⅰ 들어가며 178
Ⅱ 가로 네트워크에서의 시간지리학 기본 개념의 조작화와 그 유효성 180
Ⅲ GIS를 이용한 보육원 이용의 시뮬레이션 186
Ⅳ 마치면서 190

CHAPTER 5 농촌지리학과 GIS

Ⅰ 들어가며 195
Ⅱ GIS를 활용한 연구 동향 196
Ⅲ 중산간 지역 집락 데이터베이스 · 집락 맵의 작성 199
Ⅳ GIS 활용의 문제점 205
Ⅴ 마치면서 209

CHAPTER 6 입지분석과 GIS

Ⅰ 들어가며 215
Ⅱ 「입지분석」에서 GIS의 시초 216
Ⅲ GIS의 입지 분석 218
Ⅳ 마치면서 223

CHAPTER 7 토지이용 연구와 GIS

Ⅰ 들어가며 227
Ⅱ 디지털 지도 데이터와 공간 스케일 228
Ⅲ GIS에 의한 토지이용 분석 230
Ⅳ 마치면서 238

제 3 부

CHAPTER 1 계량지리학과 GIS

Ⅰ 들어가며 243
Ⅱ 1980년대 후반의 GIS 혁명 전야 244
Ⅲ GIS의 제도화 249
Ⅳ GIS 환경하에서의 새로운 계량지리학 253
Ⅴ 일본의 계량지리학과 GIS 255
Ⅵ 마치면서 257

CHAPTER 2 지도학과 GIS

Ⅰ 들어가며 : 지도는 무엇인가? 261
Ⅱ 컴퓨터 지도학과 GIS 263
Ⅲ 지도 애니메이션 265
Ⅳ 마치면서 272

CHAPTER 3 공간분석과 GIS

Ⅰ 들어가며 275

Ⅱ 공간분석을 위한 GIS의 효용 275

Ⅲ 마치면서 284

CHAPTER 4 도시해석과 GIS

Ⅰ 들어가며 288

Ⅱ 도시해석에서 GIS를 사용하는 메리트 289

Ⅲ GIS를 이용한 도시해석 연구의 최근 동향 294

Ⅳ 마치면서 297

CHAPTER 5 해외지역연구와 GIS

Ⅰ 들어가며 301

Ⅱ 인도지역 조사에의 GIS의 도입 302

Ⅲ GIS에 의한 인도 · 센서스의 해석 303

Ⅳ 현지조사 데이터의 GIS 데이터베이스화 308

Ⅴ 마치면서 311

CHAPTER 6 재해연구와 GIS

Ⅰ 들어가며 314

Ⅱ 阪神 · 淡路대지진에서의 GIS의 활용과 국토공간데이터 기반정비 315

Ⅲ 실시간 지진 방재와 GIS 322

Ⅳ 지진피해 · 복구 데이터베이스와 GIS 326

Ⅴ 정 리 330

CHAPTER 7 지리교육과 GIS

Ⅰ 들어가며 335
Ⅱ 지리교육의 변질과 GIS 336
Ⅲ 「지도교육」과 GIS 338
Ⅳ 마치면서 : 지리교육에서 GIS 교육의 가능성과 과제 345

결 론 GIS의 발전을 위하여

Ⅰ 들어가며 : GIS에 의한 지리학의 통합 349
Ⅱ GISy로부터 GISt로 350
Ⅲ GIS교육 351
Ⅳ GIS연구 357
Ⅴ 마치면서 360

◆ 찾아보기 ◆ 363

duction 서론

지리학과 GIS

村山祐司

I 들어가며

GIS는 자연과학으로부터 인문・사회과학까지 광범위한 학문영역과 관련되어 있다. 자연지리학, 인문지리학, 지질・광물학, 도시공학, 토목 계획학, 건축학, 농학, 임학, 환경과학, 생태학, 공중위생학, 지역경제학, 인구학, 사회학, 고고학, 역사학 등 많은 분야에서 GIS는 주목받고 있다.

대학에서의 GIS 교육은 일반적으로 지리학부(학과)의 교과과정에 포함되어 있다. 그 배경은 GIS가 역사적으로 지도학이나 지역분석과 깊은 관련성을 가지고 있으며 계량지리학과 더불어 발전되어 왔기 때문이다. 그러나 그 이상으로 여러 분야를 묶어 통합적으로 전체상을 그려내기에 우수한 지리학이 學際性을 지닌 GIS를 체계적으로 교수하기에 최적인 학문으로서 받아들였기 때문일 것이다. 구미의 대학에서는 다수의 GIS 전문가가 대학에서 교편을 잡고 있는데 이들의 대부분은 지리학부(학과)에 소속되어 있다.

GIS 관련 학술잡지의 편집 작업에서도 책임자로서 많은 수의 지리학자가 활약하고 있다. International Journal of Geographical Information Science, Transactions in GIS, Journal of Geographical Systems, Computers, Environment and Urban System, Cartography and Geographical Information Science, Geographical and Environmental Modelling 등은 국제적으로 높게 평가되고 있는 잡지들이며(岡部 1999), 편집위원장은 지리학자가 맡고 있다. 일본에서는 지리정보시스템 학회로부터 「GIS-이론과 응용」(1993년 창간, 년 2회)이 간행되고 있는데 논문을 심사하는 학술위원회와 편집위원회에서 지리학자가 중요한 역할을 담당하고 있다.

최근에 들어 지리학내에서의 GIS 지위는 급속히 향상되어 왔다. 북미의 주요대학에서는 GIS의 교원 또는 전문가가 없는 지리학부(학과)는 존재하지 않을 정도이다. 미국 지리학자 협회(AAG)의 뉴스레터에는 연구자 공모 정보가 게재되는데, GIS 분야의 공모는 감소하지 않고 증가하고 있다.

10년 이래 많은 수의 지리학자가 GIS에 관심을 가지게 되었는데 여기서 특히 강조하고자 하는 것은 지금까지 계량적 접근법을 사용하지 않았던 문화지리학자나 역사지리학자 등도 GIS를 사용하기 시작했다는 것이다. 실증 연구를 수행하는 데에 있어 데이터베이스의 관리, 데이터 처리, 필드 워크 등에 GIS가 매우 유용한 툴로서 자리를 잡게 된 것이다.

GIS는 지도의 작성과 공간해석 만을 위한 단순한 도구가 아니다. 작성한 지도로부터 공간 패턴을 도출 가능하고, 지리행렬을 조합 변환하여 새로운 공간데이터를 구축하는 것도 가능하다. GIS와의 인터페이스를 통해 사용자는 가설의 수정 · 검증 모델을 정교화하거나, 연구를 더욱 심화시킬 수 있다.

II 왜 GIS의 이용이 증가하고 있는가?

일본 내 대학의 지리학 연구실의 경우에도 GIS가 급속히 도입되고 있다. 강의뿐 만 아니라 실내실험이나 야외실험 등의 교과과정에 GIS를 포함하는 대학이 크게 늘었다. 이와 더불어 GIS에 관심을 갖는 학생의 증가가 가속화하고 있다. 대학원생이나 학부의 3, 4년생 중에는 GIS 소프트웨어를 자신의 컴퓨터에 인스톨하여 Excel이나 Lotus 등의 표계산 소프트웨어와 같이 GIS를 사용하거나 석사논문이나 졸업논문의 작성에 활용하는 경우가 많아지고 있다. 오늘날 학부의 1, 2년생들도 간단히 GIS를 사용하여 지도를 작성하고, 공간해석을 실시하게 되었다. GIS는 이제 지리학을 연구 또는 교육하는 것에 있어 없어서는 안 될 불가결한 툴이 되었다. GIS의 이용이 왜 폭발적으로 확대되고 있는 것일까. 그 외적인 요인으로서 다음과 같은 세가지 이유를 들 수 있을 것이다.

1. hardware의 성능 향상과 Software의 충실

우선 컴퓨터 성능의 비약적인 향상을 들 수 있다. 1970년대의 GIS는 대형계산기(main frame) 상에서만 움직일 수 있었기 때문에 특정의 대학이나 연구기관에서 밖에 이용할 수 없었다. 1980년대에 들어 소형 컴퓨터와 워크스테이션 상에서 GIS의 조작이 가능하게 되었고,

2000년대에 들어선 개인 소유의 컴퓨터에서도 고도의 시스템을 가동할 수 있게 되었다. GIS를 본격적으로 구사하기 위해서는 입력장치(디지타이저・타블렛 등)나 출력장치(펜플로터・프린터 등)가 필요한데 현재, 이러한 주변기기의 가격은 개인이 구입 가능한 가격대까지 저렴해졌다. 지리정보, 특히 래스터 데이터의 보존에는 막대한 용량의 기억 용량이 필요한데 이것을 가능하게 하는 대용량의 외부 기억장치의 가격도 저렴해졌다.

GIS 소트트웨어(Application)의 저가격화도 진행되고 있다. 또한 교육기관이나 학생용의 아카데믹 버전도 증가하고 있다. 예를 들어 래스터형 GIS의 세계적인 베스트셀러인 이드리시(IDRISI)[1]의 학생용 튜터리얼 버전은 125불에 지나지 않는다(村山・尾野 1996). 일본에서도 학생용의 특별 가격을 책정하려는 움직임이 시작되고 있다[2].

대학생에게 GIS의 이용이 확대된 요인의 하나로 무료의 GIS 소프트웨어를 주변에서 구할 수 있음을 들 수 있다. 플로피 디스크나 CD-ROM을 통해서뿐만 아니라 최근에는 인터넷 Web 사이트로부터 직접 다운로드하는 것도 가능해졌다. 예를 들어 GRASS, TNTLite, ArcExplorer 등은 세계적 규모로 유통되고 있다. GRASS는 미국 육군이 개발한 래스터형 GIS로 일본에서는 동경대학의 ftp 사이트[3]로부터 입수할 수 있다. TNTLite는 정규 버전인 TNTmips[4]의 기능 제한판으로 대량의 데이터 처리를 제외한 대부분의 공간분석 기능이 실행 가능하다(村山・横山). ArcExplorer[5]는 지도데이터의 열람과 주제도의 작성에 적합하며 ARC/INFO나 ArcView와의 호환성이 좋다. 2000년 가을에는 ArcExplorer의 Java버전이 출시되었다.

2. 공간해석 기능의 확충

GIS가 툴로서 지리학자의 지지를 얻을 수 있을지는 그 조작성과 범용성에 달려있다. 무엇보다도 충실한 공간해석 기능을 갖고 있는지가 그 판단 근거가 된다.

(1) 거리, 둘레길이, 중심좌표, 면적, 체적, 최대 현의 길이, 원형계수 등과 같은 기하학적인 계측
(2) 지도 데이터 속성정보의 논리연산을 위한 테이블 연산
(3) 지도 요소간의 공간관계(인접성)를 검색하는 인접분석
(4) 지도 데이터의 위치정보로부터 조건 검색하는 공간검색
(5) 점, 선, 면 등의 도형으로부터 등거리에 있는 영역을 확정하는 버퍼링(버퍼 생성)
(6) 속성이 다른 복수의 레이어를 중첩하여 새로운 주제도를 작성하는 오버레이 해석
(7) 연결성의 측정・최단경로의 검색・세일즈맨의 순회 문제・수계망 분석 등을 가능하게 하는 네트워크 분석

(8) 역세권이나 후배지 등의 이론적인 설정에 이용하는 틴센(보르노이)분할

이상은 생각나는 대로 열거한 GIS의 기본적인 공간해석 기능이지만 지리학의 분석에 있어서는 강력한 툴이 되는 기능들이다. 과거 수작업으로 해왔던 복잡한 공간연산이 GIS를 활용하게 되면 간단하게 실행 가능케 된다.

거리 측정을 예로 든다면 직선거리는 물론 도로거리나 철도거리의 계측은 번거롭고도 많은 시간이 소요되는 작업이었다. 지도상에서 구적기를 이리 저리 사용해 보았던 사람들이 아마도 많을 것이다. 측정할 때마다 수치가 다르거나 원하는 정확도로 측정하는 것 또한 매우 어려운 일이었다. 두 지점간의 최단경로를 찾아야 할 경우에는 결국 손들고 만다. 하지만 GIS에서는 간단하게 이러한 작업을 마칠 수 있다. 위상거리, 시간거리, 비용거리, 심리거리 등의 계측에도 GIS는 매우 효과적이다. GIS로 가능하게 된 것은 거리의 측정뿐 만이 아니다. 공원이나 농지, 학군, 상권의 면적, 사무빌딩, 하천이나 댐의 수량(용적)을 측정할 필요가 있을 때 지금까지 어렵게 구할 수 있었던 이러한 계측을 GIS를 통해 손쉽게 구해낼 수 있다.

GIS의 공간해석 능력의 향상에 따른 혜택은 자연지리학에도 광범위하게 적용되었다. DEM(표고 데이터)의 정비는 지형학과 수문학에 있어서 급격한 진보를 가져왔다. 3차원도 작성, 투시해석, 단면도 작성 등의 기본적 분석뿐만 아니라 산사태나 수질오염의 확산 시뮬레이션 등의 응용연구에도 위력을 발휘한다. 지금까지 지리학자가 관여할 수 없었던 집중호우시의 댐의 방수 계획 등에 대해서도 수위의 상승·하강에 의한 댐의 수위 변동을 GIS로 정량적으로 파악하여 설득력 있는 제언을 할 수 있게 되었다. 3차원 GIS는 지질·광물학 분야에도 적용되어 광물 맵핑, 지층의 파악, 광산 관리, 석유자원 탐사 등에 활용되고 있다.

GIS는 구조 파악과 패턴 인식에도 유용하다. 콜프래스맵을 예로 들어보자. 계급구분 방법에는 등분법, 등간격법, 표준편차법, 평균치법, 등차·등비수열법, 변환점법 등이 있는데(石崎 1999), GIS를 사용하게 되면 이러한 구분 방법에 의해 지도 패턴이 어떻게 변화 할 것인지를 조작적으로 파악할 수 있다. 구분수를 줄여 전반적인 구조를 취해 본다거나 구분수를 늘여 국지적인 지역차를 보다 명료하게 그려내는 것도 가능하다. GIS로 시행착오적으로 지도 변환을 되풀이함에 따라 배후의 잠재적인 공간 패턴이나 지역 구조를 예측하는 것 또한 가능하다. 공간적 분포의 파악에도 GIS는 강력한 도움이 된다. 공공시설과 가옥의 이산 상황(랜덤·응집·균등)을 판정하는 방법으로서 「점분포 패턴 분석」이 알려져 있다. 점분포의 식별에는 격자법과 최근접 척도법이 이용되고 있는데, 격자법은 격자를 발생시켜 각 격자에 포함된 점의 수를 카운트하는 것이고, 최근접 척도법은 각점의 최근접 점과의 거리를 구하는 작업이다. 이러한 공간연산은 GIS를 사용하면 간단해질 수 있다(村山·尾野 1993). 도시내부 구조의 연

구에서 동심원, 선상, 다핵심 등과 같은 공간 패턴의 파악이 과거에는 주관적인 판단에 기초하는 경우가 많았고, 형상의 판정이 자의적이라는 비판이 있었다. 현재는, GIS를 이용하여 형상을 공간기하학적으로 추출하고자 하는 시도가 주목받고 있다.

3. 디지털 지리정보의 유통

지도나 통계의 디지털화가 급속히 진행됨과 동시에 인터넷이 발전함에 따라 지리정보에의 접근성이 비약적으로 향상되었다. 또한 번잡한 공간적 조작을 용이하게 실행할 수 있는 환경도 정비되었다. 예를 들어 국세조사나 사업소・기업 통계조사는 디지털화된 지도 데이터와 속성 데이터가 미세한 소지역 단위까지 코드화되어 일반의 이용에 제공되고 있다. 기후, 수문, 대기 오염 등의 관측 데이터는 이제 세계의 어느 곳에서든 인터넷을 통해 간단히 구할 수 있게 되었다. 실시간(real time)으로 관측 데이터를 입수하고 있는 연구자를 쉽게 볼 수 있게 되었다.

1) 지도 데이터

디지털 지도의 정비는 구미에서 시작되었고 1990년대에 들어서는 일본에서도 빠른 속도로 정비되기 시작하였다. 500분의 1 정도로부터 100만분의 1까지 광범위한 스케일로 이용 가능하게 되었다. 지면 관계상 이 모든 것에 대해 소개하기는 어렵고, 지역조사 목적으로 이용 빈도가 높은 2500분의 1 스케일에 한정하여 일본 내의 디지털 지도 작성 상황을 개관하도록 한다.

우선, 국토지리원의 수치지도 2500(공간 데이터 기반)에는 행정구역, 가로구획, 도로, 하천, 철도, 역, 내수면 등이 벡터 형식으로, 건물은 래스터 형식으로 각각 수록되어 있다. 1997년 4월부터 판매되기 시작하였으며 수도권, 近畿圈, 중부권이 이미 정비되었고, 점진적으로 제공범위를 전국으로 확대해가고 있다. (財)일본건설정보 통합센터는 행정경계, 가로구획, 건물, 등고선을 포함한 DM(Digital Map) 데이터를 제공하고 있다. (財)통계정보 연구개발센터는 국세조사의 지역통계와 링크시킨 구・군별 지도를 벡터 형식으로 제공하고 있다. 민간에서 작성된 디지털 지도 중에서는 체계적으로 정비된 GISMAP 2,500V와 다이케이 맵[6]이 사용자의 지지를 얻고 있다. 전국 주요도시를 망라한 디지털 지도로서 도로, 가로구획, 철도, 지적경계・수계경계, 건물형상, 행정경계 등의 정보가 벡터 형식으로 수록되어 있다.

행정경계 디지털 백지도도 충실해 졌는데 이것은 인문지리학 분야에서 특히 필요하다. 시군구경계나 도도부현 경계에 대해서는 인터넷을 통해 무료로 다운로드 받을 수 있다[7]. 이러한 백지도의 폴리곤에는 JIS 기준에 따른 주소 코드가 부여되어 있기 때문에 지역통계와 바로 링크하는 것이 가능하다. 소지역 단위에서는 구군별・리 별 경계에 더하여 학군과 투표구, 우편번호구 등의 백지도도 디지털화되고 있다. 이와 더불어 7자리 우편번호의 경계도를 디지털화한 것으로 PAREA-TOWN-Zip[8)]이 있다.

디지털 주택지도는 여러 회사에서 판매되고 있다. 가장 일반적인 것으로 전국을 총 망라하고 있는 Zmap-TOWNII[9)]를 들 수 있다. 구분할, 동경계, 가로구획, 개별・사업소 명칭, 도로, 지번・호 등과 함께 건물명 정보나 빌딩 입주자의 개별 명칭이 속성정보로서 등록되어 있다. 수도권 주요 도시에 관해서는 LIFE MAPPLE 디지털 데이터[10)]가 주목 받고 있다. 이 데이터의 속성정보는 위에서 언급한 Zmap-TOWNII 보다도 상세하다.

500분의 1 스케일 지도가 되면 용도가 한정되게 되며 아직 전국을 커버하는 단계에는 이르지 못하고 있다. 그러나 대도시권에 대해서는 가스, 전력, 통신 등 사회적 인프라를 정비하는 공익 기업이 고정도의 디지털지도를 제공하고 있다는 것을 밝혀두고 싶다. 예를 들어, (株)동경전력은 수도권을 대상으로 랜드 마크 건물, 가로구획, 보도를 포함하여 39 레이어로 구성된 디지털지도 데이터 TEPCO Digital Map을 판매하기 시작했다. (株)NTT는 전화 설비의 유지・관리용으로서 독자적으로 정비해 온 지도 데이터의 일반판매를 모색하고 있다. 일상 업무에 사용되고 있는 이런 종류의 지도는 단기간의 주기로 데이터가 갱신되기 때문에 항상 최신의 상황을 파악할 수 있다는 장점을 갖게 된다. 미세 지역을 대상으로 하는 지리학 연구에는 매우 중요한 데이터이다.

일본에서 정비가 비교적 잘 이루어진 공간데이터로서 DEM(표고 데이터)을 들 수 있다. 국토지리원 250 m 메쉬와 50 m 메쉬의 DEM이 그 대표적인 것으로 전국을 대상으로 하고 있다[11)]. 두 가지 모두 래스터 형식으로 작성되어 있다. 벡터 형식의 DEM으로는 20 m 간격의 치밀한 등고선을 디지털화한 GISMAP 25000V[12)]가 주목 받고 있다. GISMAP-Terrain[13)]은 세밀표고격자(10 m 메쉬)를 디지털화한 것으로 이것에는 경사방향, 경사각, 기복량, 접봉면(接峰面), 접곡면(接谷面), 사면형 등의 2차 가공 데이터도 포함되어 있다.

위성영상 데이터는 정도의 향상이 눈부시다. LANDSAT이나 SPOT 위성 영상의 해상도는 최대 10~30 m이었지만, 1999년 9월에 발사된 IKONOS 위성의 해상도는 1 m를 실현하였다. 이 데이터는 정사영상[14)]으로 제공되고 있다[15)]. 스테레오로 촬영되어 있으므로 DTM (Digital Terrain Matrix)과 정사화상과 연계하여 3차원 공간 모델의 구축이 가능하다. 더욱이 IKONOS 위성에는 근적외선 관측 센서가 탑재되어 있어 멀티스팩트럴 데이터를 이용하여 토지이용분류나 토지이용변화, 곡물수확, 식생활력도 등을 밝혀낼 수 있다.

IKONOS 위성과 더불어 Quick Bird, Orb View-4 등의 분해능(해상도) 1 m급의 위성이 계속적으로 발사된다. Orb View-4에는 가시에서 적외역에 이르는 수십에서 수백 개의 밴드 검출이 가능한 하이퍼스팩트럴 센서가 탑재된다[16)]. 이것에 의해 논, 밭, 시가지 등의 분류뿐만 아니라 과거의 멀티스팩트럴 센서에서는 판정이 곤란하였던 식물의 종류나 품종, 병충해에 의한 피해를 도출하는 것이 가능 할 것으로 기대되고 있다.

마지막으로 지도 데이터를 이용할 때 항상 문제시 되고 있는 호환성에 대하여 설명하고자 한다. 지도 데이터는 여러 가지 포맷으로 디지털화되어 있기 때문에 형식이 통일되어 있지 않아 GIS상의 사용에 있어 장애 요인이 되곤 한다. GIS의 인포트 기능과 전문가 기능을 충실하게 하는 것은 당연한 것이겠지만 이것에 부가하여 역량 있는 기관이 중심이 되어 포맷 형식을 표준화하는 것이 그 무엇보다도 시급한 문제이다.

2) 통계 데이터

통계 데이터의 디지털화는 지도보다 앞선 1970년대에 시작되었다. 현재, 국세조사, 사업소・기업통계, 농림업 센서스, 상업통계, 공업통계 조사 등의 지정통계를 비롯한 각종의 승인통계, 신고(届出)통계가 체계적으로 데이터베이스화되어 있다. 일반적인 디지털 통계는 인쇄된 통계보고서의 기재에 비해 수록내용이 매우 방대하다. 데이터양이 증가하게 되면 지면 수에 직접적인 영향을 미치는 통계보고서와는 달리 지면수의 영향을 받지 않기 때문이다. 국세조사에서는 기본 단위구(街區), 조사구, 丁目・字, 町丁・大字, 市區町村, 都道府현, 지역메쉬(제1차 지역구획, 제2차 지역구획, 기준 메쉬, 분할 메쉬), 인구집중지구, 국세통계구, 대도시권, 도시권 등 다양한 공간 단위별로 각종 속성데이터를 디지털화하고 있다[17].

민간기업이 제공하는 지역통계 중에도 귀중한 데이터가 많다. 예를 들어 (株)일본경제신문사 데이터 뱅크국이 작성한 NEEDS-ADB를 그 대표적인 것으로 들 수 있다. 이것은 다양한 사회・경제적 속성을 편집한 2차 통계 데이터베이스이다. 또한, 직업별 전화번호부를 디지털화한 다운페이지 데이터베이스[18]는 도시・상업지리학 연구 등에 많은 도움을 준다. 업종・업태의 기본 분류가 64항목, 상세 분류가 1,650 항목에 이르며 정보량은 전국 1,100만 건에 달한다. 데이터는 2개월에 한번 갱신되고 있기 때문에 최신의 상황을 파악할 수 있다.

Ⅲ 비집계 데이터와 GIS의 연대

디지털화는 비집계(개별) 데이터도 포함한다. POS(판매시점 정보 관리), 교통실태조사, 부동산 개별 취득정보를 비롯한 다방면에 걸친 데이터를 축적하고 있다. GPS로 위치정보를 취득해 가면서 자동적으로 공간데이터화 되는 개별정보도 흔하게 찾아볼 수 있다. 주민등록표・주민이동 등록 등의 비집계 데이터를 연구자에게 개방하는 지방자치단체도 증가하고 있다[19].

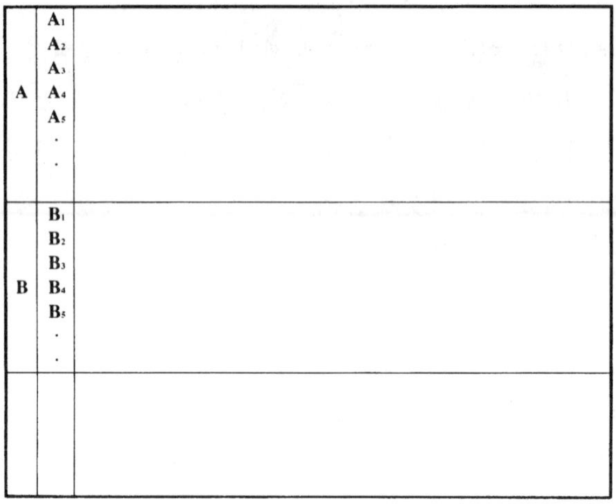

A	A_1 A_2 A_3 A_4 A_5 · ·	
B	B_1 B_2 B_3 B_4 B_5 · ·	

그림 1 비집계 데이터와 지리행렬(1)

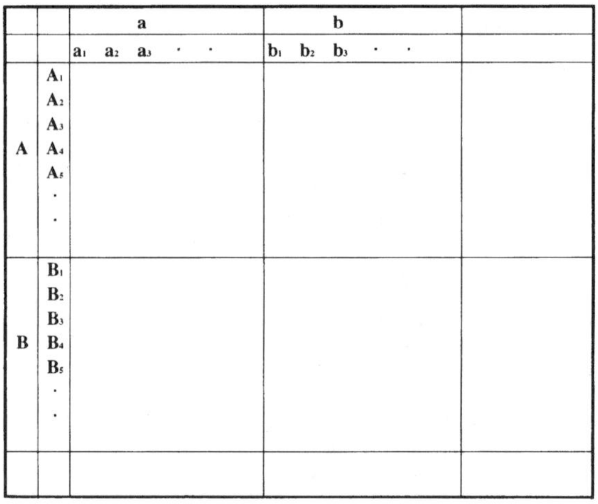

		a	b	
		a_1 a_2 a_3 · ·	b_1 b_2 b_3 · ·	
A	A_1 A_2 A_3 A_4 A_5 · ·			
B	B_1 B_2 B_3 B_4 B_5 · ·			

그림 2 비집계 데이터와 지리행렬(2)

소지역의 인구 속성을 표 형식으로 표시한 그림 1을 참고해 보자. 개표 A_1의 속성정보는 일반적으로 통계작성자 만이 보유하고 통계이용자에게는 통상 제공되지 않는다. 그렇기 때문에 통계작성자는 통계이용자의 요구를 고려하여 街區, 町丁目 혹은 메쉬 등 복수의 지역 단위를 준비하여 지역단위로 집계한 데이터를 제공해 왔다. 그러나 이용자가 그 지역 단위의 설정에 항상 만족한다고는 단정할 수 없다. 학군, 우편번호구, 투표구 혹은 자치회의구 등의 단위로 데이터를 취득하고자 하는 이용자도 있을 수 있다. 이러한 것은 속성항목에 대해서도 마찬가지 일 수 있다. 그림 2에서 열방향은 연령구성의 속성이고, 0~5세, 6~10세, 11~15세로 5세 간격으로 구분되어 있다고 하자. 통계이용자 중에는 이러한 기계적인 구분이 아닌 7~12세(초등학생), 13~15세(중학생) 등으로 구별하여 데이터를 취득하고자 하는 이도 있을 수 있을 것이고, 이것을 남녀별로 입수하고자 하는 이도 있을 수 있을 것이다. 비집계의 상태로 데이터가 통계이용자에게 제공되게 된다면 이러한 문제는 단번에 해결될 수 있을 것이다.

인문지리학에서는 계량혁명을 계기로 하여 다변량 해석이 지역분석에 활발하게 이용되어 왔다. 행에 지역, 열에 속성을 배치한 지리행렬에 인자분석 등의 다변량 해석이 실시되었다. 그러나 개별 데이터가 이용 가능하다면 그림 2에서 비집계의 상태, 즉 A_1, A_2, A_3, … B_1, B_2, B_3, …를 행방향의 데이터로 간주하여 인자 분석하는 방법을 사용하게 된다. 인자분석 후에 인자 득점을 각 지역에 분배하여 집계처리 하면 된다. 이러한 방법이 개인 속성을 반영할 수 있다는 점에서 보다 타당하다고 할 수 있다.

비집계 데이터의 유통은 지리학의 파라다임을 전환시킬 가능성을 포함하고 있다. 지금까지는 고정화된 조작상의 지역에 기존의 집계 데이터를 할당하고 이것을 단위로 한 계급구분도(콜프래스 맵) 등을 작성하여 지역적인 유사성과 지역차를 논하여 왔다[20]. 말하자면 평균값의 세계에서 사고해 왔다. 비집계 데이터의 유통은 평균값 주의로부터의 탈피를 촉진하였다. 비집계 데이터와 GIS의 연대에 의해 지역설정이 가변적으로 가능해진 것이 「단위지역은 가라」라고 하는 주문이 걸렸다고 할 수 있다. Openshaw는 1984년에 「가변적 지역단위 문제」를 제기했지만(Openshaw), GIS의 등장으로 이 문제의 중요성이 재인식되어 최근엔 학계에서 활발히 논의되고 있다. 가변적 설정은 시간축에 있어서도 마찬가지이다. 공교롭게도 비집계 데이터는 지리학자에게 시간개념과 공간개념의 재고를 촉발하여 시간과 공간을 일체적으로 취급하는 시공간분석의 중요성을 인식시키게 되었다[21].

「주민등록표 · 주민이동등록」 개별 데이터(三重縣 四日市市)를 이용하여 어떻게 인구이동의 기종점 행렬을 작성할 수 있는가를 예시해 보자[22](그림 3). 현주소, 전출 · 전입지에 착안하면 지구별, 동별, 지번별 등의 지역단위로 행렬을 구축할 수 있다.

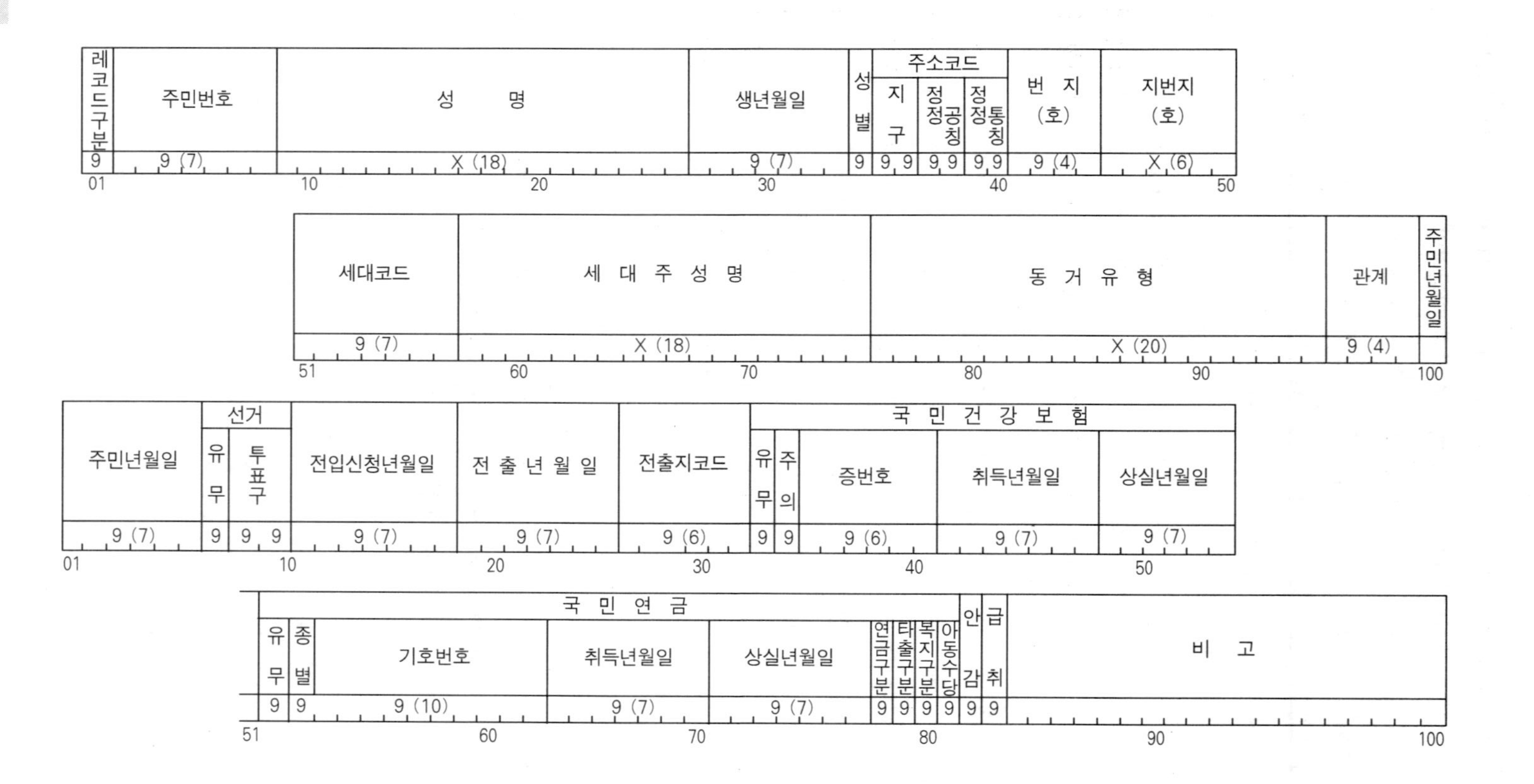

그림 3 四日市市의 주민정보 포맷

주 : 성명, 생년월일 등 개인정보를 특정할 수 있는 항목에 대해서는 데이터 이용자에 대한 접근통제 조치가 이루어져 있음.

이것에 속성정보를 추가하게 되면 속성별(남녀별, 연령별, 가족구성별 등)로 인구 이동의 기종점 행렬을 작성할 수 있다(Murayama et al. 1997). 그 위에 개별 데이터에는 전출·전입 연월일이 기재되어 있으므로 5년간, 1개월간, 1주간 혹은 매주 목요일 등과 같이 작성자가 필요로 하는 기간에 대한 기종점 행렬을 구성하는 것도 용이하다.

이상의 설명에서 비집계 데이터에 접할 수 있는 기회가 증가하고 있다는 것을 지나치게 강조한 감이 있다. 그렇기 때문에 정부(관청) 통계에 대해서도 언급해 보고자 한다. 지정통계에 관해서는 특별한 경우를 제외하고 개표 데이터의 개방은 실현되고 있지 않다. 일본에서는 통계법 15조의 규정에 의해 지정통계의 개표 데이터 개시에는 행정자치부 장관에 의한 「목적외 사용 승인」이 필요하다. 그러나 그 승인은 프라이버시의 벽에 막혀 사실상 불가능하다. 북미에서는 통계가 공공재로서 인식되고 있어 데이터는 비집계일지라도 가능한 한 개방하는 추세이며[23], 은익이나 비밀의 문제를 해결하기 위한 기술적 검토가 활발하게 진행되고 있다.

문부성 과연비·중점영역 연구 「통계정보 활용의 프론티어 확대」(1996년~1998년)를 통해 정부 통계에 있어서의 비집계(개표) 데이터 개시의 이상적인 방법에 대해 검토된바 있다. 이용자가 비집계 데이터에 직접 접촉하는 것이 제도적으로 어렵다면, 이 연구 프로젝트에서 시험적으로 실시한 것처럼 이용자의 요구에 대하여 인증된 공적 기관이 주문 생산을 담당하는 방식(upon-request 방식)을 취하는 것이 우선은 현실적인 해결책일지도 모르겠다(村山 2000).

Ⅳ GIS 커뮤티니의 출현

GIS에 관심을 갖는 지리학자가 증가하고 있다는 것은 일본 지리학회의 회원 명부에 기재되어 있는 전문 관심 분야에도 나타나 있다. 수년 전의 명부와 비교하면 그 증가 양상이 눈에 띄게 나타난다. 여기서 강조하고자 하는 것은 자연지리, 인문지리에 상관없이 GIS에 관심을 갖는 연구자가 급증하고 있다는 점이다. GIS는 인문 지리학과 자연 지리학의 양방을 통합하는 수단이다. 여러 전문 분야의 지리학자가 원고를 모아준 본서의 간행은, 이를 더욱 뒷받침하고 있다.

1990년부터 3년간 「근대화에 의한 환경 변화의 지리정보 시스템」(대표 : 西川 治) 과연비·중점영역 연구가 실시되었다. 100명을 넘는 자연 지리학자와 인문 지리학자가 일시에 모여서 일본 근대화가 가져온 환경 변화와 그 영향에 대한 연구를 진행하였다. 그 플랫폼이

GIS였다. 이 연구 조직은 세분화되어 대화가 희박해져 가고 있는 자연 지리학자와 인문 지리학자간의 재교류의 장을 제공하였다.

지리학의 도착점이 자연 현상과 인문 현상의 상호작용을 해명하는 것에 있다고 한다면, 학술적 주목을 받은 이 프로젝트의 성공이 시사하는 바와 같이, 자연 지리학자와 인문 지리학자가 GIS를 통하여 교류를 강화한 것은 학계의 구심력을 높이고, 정체하고 있다고 우려되는 일본의 지리학을 재생시키고 비약시키는 하나의 열쇠가 될 것이다. 양 분야 지식의 결집은 지구 환경 문제와 인구 문제의 해결 등에 대한 사회적 요청에 부응할 수 있는 힘이 될 것이다. GIS를 이용하여 해결할 수 있는 실증 연구의 성과는 물론이고 데이터의 취득, 공간 데이터베이스의 구축, 공간 해석 수법의 개발 등 양 분야에 공통되는 관심사는 많다.

GIS의 활성화는 지리학의 사회적 지위를 높여 그 존재 의의를 주장할 수 있는 절호의 기회이기도 하다. 학술적으로 확대되고 있는 GIS의 연구에 있어서 지리학이 중심적 역할을 담당해 나갈 수 있을지는 GIS 이용자로서의 입장에 만족하지 않고 GIS에 대한 독자 이론이나 유익한 기법을 개발하고, 인접 분야에 끊임없이 적용하려는 노력 여부에 달려있다.

V GISystem으로부터 GIScience로 : 지리학으로부터의 발신

GIS는 「지리정보시스템(GISystem)」으로부터 「지리정보과학(GIScience)」으로 진화하는 움직임을 보이고 있다. 「지리정보과학」은 「공간 데이터(지도나 자연 · 사회적 속성 등)를 계통적으로 구축, 관리, 분석, 통합, 전달하는 범용적인 방법과 그것을 학문으로 응용하는 방법을 탐구하는 과학」으로 정의 된다[24]. GIS를 이와 같은 과학으로서 자리매김한다면, GIS에 관한 분야에 대하여 지리학은 어떤 것을 나타낼 수 있을까? 필자는 여기에서 다음 두 가지를 지적하고자 한다.

첫째, 공간 데이터의 취득 · 구축 방법에 관한 공헌이다. 지리학은 필드 워크의 과학이라고도 하는데 청취, 관찰, 관측, 앙케이트 등을 이용하여 일차 자료를 효율적으로 수집하는 능력이 뛰어나다. 또한 지리학은 통합의 과학이기도 하며, 자연으로부터 인문에 이르는 수많은 지리 정보를 취득하여 그것들을 관련지어서 종횡으로 엮는 잠재 능력도 갖고 있다. 아울러 지리학자는 지리 정보의 취득 방법을 체계화하고 수집한 여러 가지 지리 정보를 데이터베이스화하는 범용적인 방법을 인접 분야에 제시할 수 있을 것이다. 현지에서 취득한 지리 정보(1차 자료)를 그 자리에서 어떻게 정리하여 효율적으로 공간 데이터화하면 좋을까? 예를 들어, 사람들의 매일 매일의 공간적 행동을 데이터베이스화하는 기술을 지닌 시간 지리학자는 이러한 영역에 공헌할 수 있을 것이다. 데이터베이스화는 실시간으로 실시하는 것이 이상적이다. GPS와 연계된 모바일 GIS의 활용에 관하여도 지리학자는 지침을 제시할 수 있을 것이다.

오늘날 데이터의 규격화・표준화가 급속히 진행되고 있다. 일본에서도 공간 데이터의 원할한 유통과 공유화를 위한 공간정보 클리어링 하우스[25] 몇 곳을 운용하기 시작하였다. 데이터의 내용, 규격, 서식, 소재, 품질, 입수 방법 등에 착안하여 그 카탈로그화를 도모하는 것을 메타 데이터의 표준화라고 한다. 지리학자는 지금까지의 경험을 살려서 표준화 즉, 공간 데이터의 내용을 계통적으로 정리하는 방법에 관한 한 인접 분야에서는 발상조차 불가능한 참신한 아이디어를 내놓을 수 있을 것이다

최근 몇 년간 인터넷(Web) GIS의 연구가 심화되고 있는데, 이 영역에서도 지리학자는 중요한 공헌을 할 수 있을 것이다. 인터넷 GIS[26]는 네트워크상에서 인터액티브하게 공간 해석이나 지도 표시가 가능한 시스템이다(그림 4)(Murayama 2000). 필드 워크에서 입수한 일차 자료, 고문서・그림 지도 등의 지리적 자료, 또는 입수 곤란한 역사 통계 등을 데이터 소스로 하는 인터넷 GIS를 구축하게 되면 사회에의 공헌은 이루 말할 수 없을 것이다.

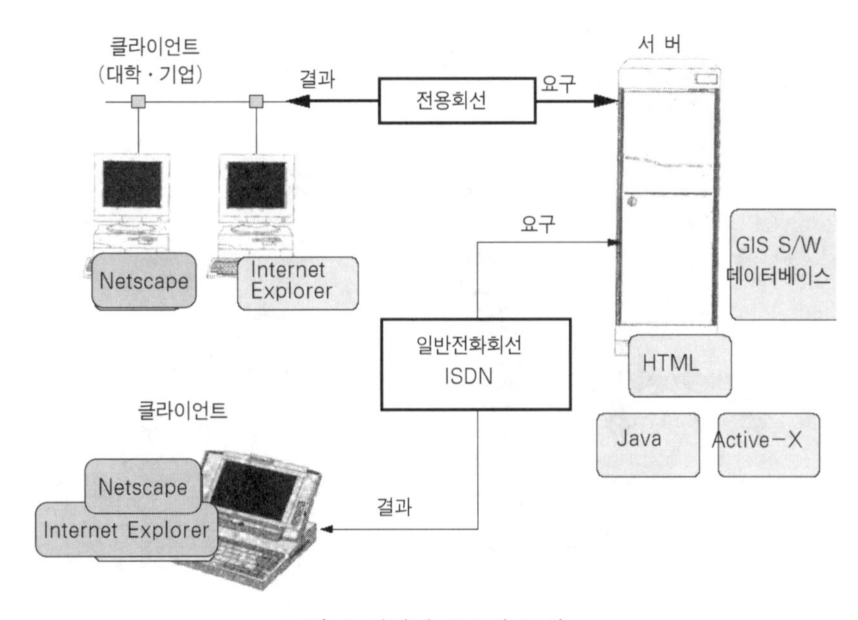

그림 4 인터넷 GIS의 구성

a) 「역사 통계 인터넷 GIS」의 홈페이지

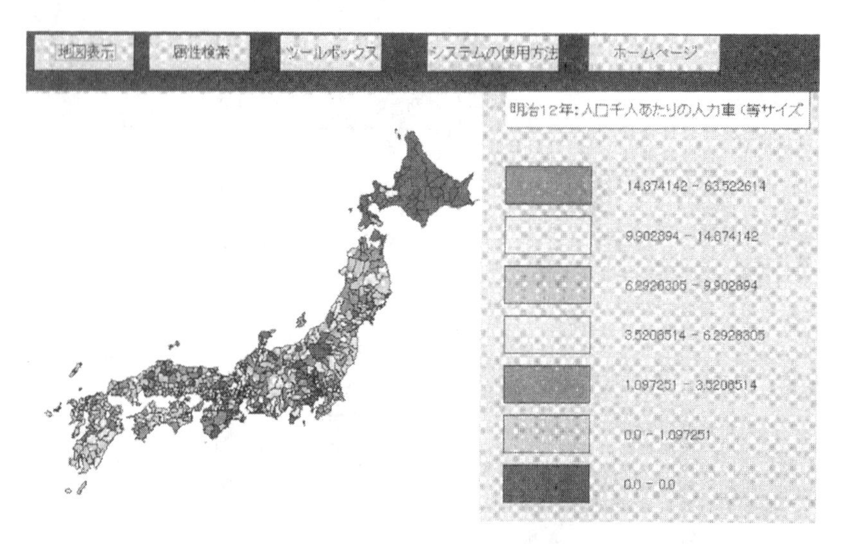

b) 「역사 통계 인터넷 GIS」로부터 출력한 주제도의 예

그림 5 역사통계 인터넷 GIS

필자의 연구실에서는 근대 일본의 「역사 통계 인터넷 GIS」[27]를 공개하고 있다(그림 5). 明治・大正・昭和 초기의 지역 통계는 소장 기관이 한정되어 있을 뿐만 아니라 복사본 자체를

구하는 것도 제한적으로 가능하다. 또한 안타깝게도 이 시기는 市町村 합병이 빈번했기 때문에 연도별 통계구역(단위 지역)이 일치하지 않는 경우가 많다. 통계 구역의 지도가 첨부되어 있는 통계서는 손꼽을 수 있을 정도이다. 시간적・역사적인 비교를 실시하려면 방대한 작업을 요한다. 이러한 문제점을 해결하는 데에 인터넷 GIS가 유용하다[28].

제 2의 공헌은 공간분석 기능의 강화이다. 1950~60년대의 계량 혁명을 거치며 지리학은 공간 과학의 추진체로서 독자적인 공간분석 수법이나 고유한 공간 모델을 다수 개발하여 왔다. 점분포 패턴 분석, 네트워크 해석, 공간적 상호작용론, 공간적 자기상관분석, 공간적 확산 모델, 입지 배분 모델 등 수없이 많다. 이러한 계량 지리학의 재산을 GIS의 응용 기능으로서 모듈화하여, GIS 이용자의 편리성 향상에 기여하는 것은 지리학에 주어진 사명이라고 해도 과언이 아니다[29]. 중회귀 분석, 인자 분석, 다차원 척도법, 클러스터 분석, 판별 분석, 수량화 이론 등과 같은 다변량 해석을 이용한 지역 분석을 위해 보다 조작성 높은 공간 해석 키트 개발이 요구되고 있다.

서양에서 높은 평가를 받아온 공간분석의 모듈에는 Geographical Analysis Machine (Openshaw et al. 1987), Spatial Analysis Module(Ding and Fotheringham 1992), SPLANCS(Rowlingson and Diggle 1993), SpaceStat(Anselin 1993) 등이 있다[30](본서 貞廣 참조). 최근에는 계량 성과를 포괄적으로 GIS에 응용할 움직임도 보이는데, 컴퓨테이셔널 지리학(Computational Geography), 혹은 지오컴퓨테이션(GeoComputation)이라는 신분야가 대두되고 있다(Longley et al. 1998; Openshaw and Abrahart 2000).

GIS 기술이 연구를 심화시킨 분야도 많다. 그 중 하나가 공간적 자기상관 분야이다. GIS는 복잡한 공간적 인접 관계를 파악하는데 있어 강력한 무기가 된다. 과거 공간적 자기상관의 계측에는 Moran 척도 I 나 Geary 척도 c가 사용되어 왔다. 그러나 이러한 척도는 지역 전체로서의 공간적 자기상관의 검출에는 유효하나, 지역내의 국지적 클래스터의 발견이나 분포 패턴의 탐색에는 적합하지 않다고 비판되어 왔다(張 2000). 이 결점의 극복을 위하여 Getis and Ord (1992)가 개발한 것이 지역적인 공간적 자기상관 척도 $G_i(d)$이다.

여기서 언급하고자 하는 것은 여러 가지 실증 연구에 있어서 이 척도를 조작 가능하게 하는 것이 GIS 기술이라는 점이다. 현재 이 개념은 GIS와 밀접하게 연결된 새로운 연구를 계속적으로 내놓고 있다. 예를 들어 $G_i(d)$의 도출에 있어서 직접적으로 인접하는 점(1층 근접점)뿐만 아니라, 간접적으로 인접하는 근접점(k층 근접점)과의 연관도 고려하는 아이디어가 바로 그것이다. Zhang and Murayama(2000)는 드로네 삼각형망의 구축에 의해 이 아이디어를 실현하는 탐색 알고리즘을 개발하였다. 본 알고리즘은 중량 부여점 분포 패턴의 해석, 공간적 클러스터의 발견, 플로어(유동)의 공간적 자기상관 분석, 공간적 확산 분석 등에도 응용할 수 있을 것이다.

VI 마치면서 : GIS의 역할

지리학은 전통적으로 귀납적인 어프로치로 접근하여 왔다. 책상 위에서 연역적인 이론화나 모델화를 전개하기 보다는 필드 워크나 데이터 처리에 의거하여 먼저 실태를 파악하고, 그 축적으로부터 일반성이나 법칙성을 이끌어내는 스타일을 취하였다.

지리학자에 의한 공간적 프로세스 연구는 정평이 나있으며 인접 제분야에도 적극적으로 채용되었다. 예를 들어 도시 지리학에서는 어바니제이션, 젠트리피케이션, 메트로폴리타니제이션, 글로벌리제이션이라는 공간적 프로세스・메카니즘 연구가 방대한 성과를 거두고, 학계에 독자적인 식견을 널리 보급하여 왔다. 그러나 도시 정책이나 지역 계획에 있어서 이러한 귀중한 성과는 책정을 위한 기초(참고) 자료로서 취급될 뿐, 정책・계획의 의사 결정은 도시 공학이나 토목 계획학의 연구자에게 맡겨지는 경우가 많았다. 지리학은 베이스가 되는 연구 정보를 제공한다는 즉, 기초 과학의 지위에 만족해 왔던 것은 부정할 수 없다.

현대 사회가 학계에 기대하는 것은 공간적 프로세스나 메카니즘의 해명뿐 만 아니라, 그것을 기초로 한 장래 예측이나 정책의 제언이다. 진행중인 어바니제이션이나 메트로폴리타니제이션, 글로벌리제이션은 바람직한 방향으로 나아가고 있는가? 어떤 형태로 균형을 이루고 있는가? 프로세스의 귀결・도달점이랄 수 있는 어바니티, 메트로폴리타니, 글로벌리티를 직시하고, 상기의 물음에 명쾌한 회답과 지침을 제시하는 것이 지리학에 요구되고 있다.

지리학은 1960년대 이후 계량・이론 지리학의 발전과 함께 「공간적 구조」로부터 「공간적 프로세스」의 연구에 역점을 두었다. 오늘날의 지리학은 「공간적 프로세스」로부터 「공간적 예측・제어・관리」의 연구로 발전하는 시기에 도달하였다. 공간적 의사 결정을 지원하는 정밀한 수법, 예를 들어 유전적 알고리즘, 헤드닉・어프로치, 계층 분석법(AHP), 다기준 평가법 등이 속속 개발되어 GIS에 접목되고 있다[31]. 장래 예측에 있어서 강력한 무기가 되는 이러한 종류의 기술을 적극적으로 활용하여 정책이나 계획에 과감하게 관여하여 나가는 것이 중요하다. 그러한 경우에 지리학이 오랫동안 갈고 닦아 온 귀납적 수법과 사고가 크게 유용할 것임을 강조하고 싶다. 이론적으로 이끌어 내어진 연역적 예측 모델은 충분하지 않다. 오히려 과거로부터 현재까지의 흐름의 연장선상에서 장래를 예측하고, 실증적 뒷받침으로부터 유도된 경험적 예측 모델이 적합도가 높고 설득력도 있다고 필자는 확신한다.

21세기를 맞아 지리학의 존재 의의, 사회에의 공헌을 묻는 시대에 들어섰음은 의심의 여지가 없다. 기초 연구와 더불어 응용 연구가 사회로부터 요청되고 있다. 장래 예측이나 정책 제언을 염두에 둔 문제 해결형 지리학의 추진에 있어서 GIS는 커다란 역할을 할 것으로 기대된다.

주

1) このソフトは，クラーク大学地理学部（アメリカ）のイーストマン教授が中心となって開発された。
2) たとえば，データフォーマットの豊富なサポートで定評のある（株）インフォマティクスのSIS MAP Managerの一般標準価格は48万円であるのに対し，学生用特別バージョンは38,000円である（http://www.informatix.co.jp/）。
3) ftp://epsenewsc.gee.kyoto-u.ac.jp/pub/grass/
4) 販売元はアメリカのMicroImages社であるが，日本においては（株）オープンGISが代理店になっている（http://www.opengis.co.jp/）。
5) アメリカのESRI社が開発し，日本の（株）パスコがそれを日本語化している（http://www.pasco.co.jp/gis/arcex/）。
6) 前者は（株）北海道地図，後者は（株）ダイケイが提供している。
7) たとえば（株）パスコ（http://www.pasco.co.jp/frame2/download/dl4.html）。
8) 販売元は（株）国際航業。
9) 販売元は（株）ゼンリン。スケールは1500分の１。
10) 販売元は（株）昭文社。
11) 数値地図250mメッシュ（標高）および数値地図50mメッシュ（標高）。
12) 販売元は（株）北海道地図。
13) 販売元は（株）北海道地図。
14) 画像上の物体を直下視（正射投影）したように補正したもの。
15) 販売元は（株）日本スペースイメージング。
16) 450nmから2500nmの波長帯に200バンド。
17) 総務庁統計局は，調査区設定の業務を効率化するため，基本単位区をベースとするデジタル地図の作成に取り組み，1990年の国勢調査においてCMS（センサス・マッピング・システム）を完成させた。CMSは一種のGISで，主題図の作成や空間解析が可能である。CMSにおいて，地図と地域統計はコード番号を介してリンクする。下１桁から３桁までは基本単位区，下４桁と５桁は丁目・字，下６桁から下９桁までは町丁・大字を示す。周知のように，市区町村は３桁，都道府県は２桁の数字でJISコード化されているので，CMSユーザーが都道府県から基本単位区まで地域分析の空間スケールを自由に変えることができる環境が整った。
18) 販売元は（株）NTT情報開発。
19) プライバシーの保護のため，個人情報には当然ながら秘匿の措置がとられる。
20) これまでのほとんどの統計は集計データであった。その地域単位は，統計作成者が決めたものであり，ユーザーはそれを所与のものとして受け入れ，利用せざるを得なかった。
21) 地理学では，これまで空間軸と比べ時間軸の扱いにはかなり鈍感であった。データなし（入手不能）を隠れ蓑に，たとえば10年前の統計や地図を「現在」と位置づけて分析することが少なくなかった。
22) 四日市市は，1970年代から「電子計算組織に係る個人情報の保護に関する規則」を制定し，ルールを厳格に定めたうえで，個人情報を公開している先進的な自治体の一つである。

23) たとえば，カナダではセンサスの非集計データが公表されている。
24) 東京大学空間情報科学研究センターの案内書による。
25) 各種のメタデータを登録し，空間情報の円滑な流通を図り，共有化を推進することを目的とする。地域統計や地図データの作成者は，ネットワークを通じてクリアリングハウスに登録して情報提供を行う。一方，利用者は，インターネットのブラウザを使ってこれにアクセスし，所在情報や空間データを入手する。
26) インターネット GIS は，1990年代の後半から急速に普及した。現在さまざまなサービスが世界中で提供されている。とくに，OS を問わず動作する Java 言語の利用が可能になって，インターネット GIS の開発に拍車がかかった。システムの構築にあたっては，1)処理をサーバー側中心で行う，2)処理をクライアント側中心で行う，3)能力に応じて処理をクライアント側とサーバー側に合理的に分担させる，の 3 種類の方法がある。
27) データソースは，徴発物件一覧表（明治期）と国勢調査（大正・昭和初期）である。職業別人口，世帯，人口，年齢構成，産業別人口などの属性をデータベース化して，サーバに格納してある（http://land.geo.tsukuba.ac.jp/teacher/murayama/history/index.html）。
28) 本システムは，主題図の作成，情報表示，条件検索，地図の拡大・縮小，グラフ表示，探索的空間分析などの機能を備えている（村山・尾野 1998：村山 1999）。
29) 汎用性の高い手法やモデルは内包化してあれば，ユーザーは，複雑なプログラムの作成に時間を費すことなく，直ちに分析にとりかかれる。近年，統計パッケージと GIS の連携が強化されている。たとえば，SPSS 10.0 では，マッピングツールとして SPSS Maps がオプションに加えられた。これにより，SPSS で分析された結果を地図表示することが可能である。また，S-PLUS では，アドオンモジュール（S+GISlink）により，ARC/INFO データと連携できる。S+SpatialStats のアドオンモジュールを用いると，本格的な空間統計解析が可能である。
30) セルラーオートマタ（White and Engelen 1997）や自己組織化モデルなど学際的に注目を集める手法やモデルが GIS に組み込まれつつある。
31) たとえば，IDRISI（Eastman *et al*. 1993）。

참고문헌

石崎研二 1999. よりよい主題図を作成するために. 地理 44(12)：36-46.

岡部篤行 1999. 地理情報システム（GIS）と数理地理分析関連の学術雑誌概観. 地学雑誌 108：673-677.

張 長平 2000. 空間データ分析と地理情報システム. 地学雑誌 109：1-9.

村山祐司 1999. インターネット GIS——大正・昭和初期における国勢調査の地図表示システム——. 人文地理学研究（筑波大学）23：59-79.

村山祐司 2000. 小地域統計と GIS. 統計 51(2)：21-27.

村山祐司・尾野久二 1993. 地域分析のための地理情報システム——ARC/INFO を利用して——. 文部省重点領域研究「近代化と環境変化」技術資料，筑波大学地球科学系村山研究室.

村山祐司・尾野久二 1998. インターネットGISの開発——明治期地域統計を事例に——. 人文地理学研究（筑波大学）22：99-128.

村山祐司・横山　智 2000. 大学におけるGIS教育——地理学専攻学生を対象とする実習——. 人文地理学研究（筑波大学）24：77-97.

Anselin, L. 1993. *SpaceStat: A Program for the Statistical Analysis of Spatial Data.* Santa Barbara: NCGIA.

Ding, Y. and Fotheringham, A.S. 1992. The integration of spatial analysis and GIS. *Computers, Environment and Urban Systems* 16: 3-19.

Eastman, J.R., Kyem, P.A.K., Toledano, J. and Jin, W. 1993. *GIS and Decision Making.* Geneva: UNITAR European Office.

Getis, A. and Ord, J.K. 1992. The analysis of spatial association by use of distance statistics. *Geographical Analysis* 24: 189-206.

Longley, P.A., Brooks, S.M., McDonnell, R. and Macmillan, B. 1998. *Geocomputation —A Primer.* Chichester: John Wiley & Sons.

Murayama, Y. 2000. Internet GIS for Malaysian population analysis. *Sci. Rep. Inst. Geosci., Univ. Tsukuba, Sec. A.* 21: 131-146.

Murayama, Y., Inoue, T. and Hashimoto, Y. 1997. Spatial chain patterns of intra-urban migration. *Geographia Polonica* 69: 135-152.

Openshaw, S. 1984. The modifiable areal unit problem. *CATMOG* 38, Norwich: Geo Abstracts.

Openshaw, S. and Abrahart, R.J. eds. 2000. *GeoComputation.* London: Taylor & Francis.

Openshaw, S., Charlton, M., Wymer, C. and Craft, A. 1987. A mark I geographical analysis machine for the automated analysis of point data sets. *International Journal of Geographical Information Systems* 1: 335-358.

Rowlingson, B.S. and Diggle, P.J. 1993. SPLANCS: spatial point pattern analysis code in S-Plus. *Computers and Geosciences* 19: 627-655.

White, R. and Engelen, G. 1997. Cellular automata as the basis of integrated dynamic regional modelling. *Environment and Planning B* 24: 235-246.

Zhang, C. and Murayama, Y. 2000. Testing local spatial autocorrelation using k-order neighbours. *International Journal of Geographical Information Science* 14: 681-692.

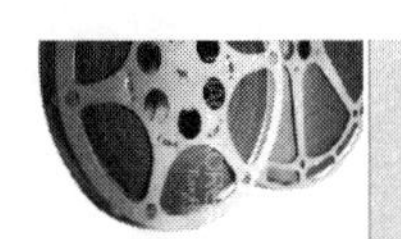

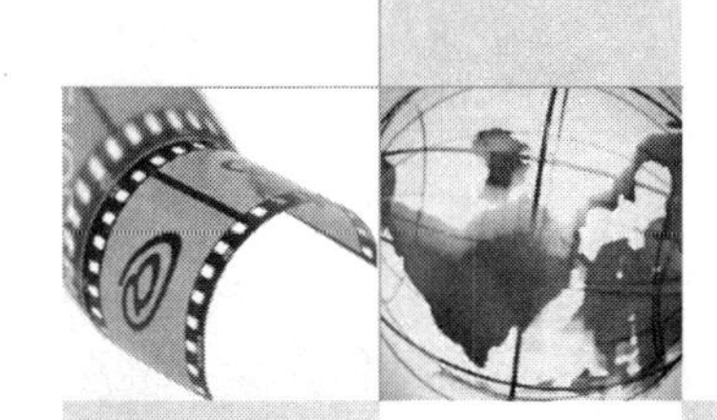

Part 1

자연적 분야

1. 지형학과 GIS
2. 기후학과 GIS
3. 수문학과 GIS
4. 토지생태학과 GIS
5. 환경연구와 GIS
6. 환경변화 예측과 GIS

chapter 1

지형학과 GIS

小 口　高

I 들어가며

필자에게 주어진 테마는 일본의 지형학과 GIS와의 관계인데, 이 과제를 일본 국내에 국한하여 논하는 것은 적절하지 않다. 학문의 국제화가 진행되고 있는 현황에서, 일본 지형학의 국제적 위치와 일본의 GIS와 해외 GIS의 비교라는 시점이 필요하다고 본다. 따라서 먼저 일본 지형학의 국제적 위치에 대하여 고찰한다.

일본의 지형학은 근래 급속히 국제화되고 있다(鈴木외 2000). 그 배경에는 학문으로서의 필연성과 사회 정세의 변화가 있다. 전자는 지형학의 연구 대상 자체가 국제적임에 기인한다. 지표의 형태는 기후나 지각 변동이라는 지역 차의 커다란 요인과 밀접하게 관계하고 있으므로 지형은 세계적인 다양성을 가지며, 그 연구에는 전 지구적인 시점이 불가결하다. 한편 사회 정세의 변화에 따른 국제화는 광범위한 분야에서 이루어지고 있는 글로벌리제이션의 일환이며, 학문의 평가 기준이 글로벌・스탠다드로 이행하는 가운데 국제적 활동이 일본 과학자의 의무가 되고 있다는 것을 의미한다.

그러나 일본의 지형학이 확실히 국제화되기 까지는 긴 시간이 필요하였다. 이전에는 해외에서 만들어진 여러 가지 개념과 모델을 이용하여 일본 지형의 형성 원인을 해명하는 경우가 빈번하였다. 이것은 정보의 발신원이 해외에 있다는 점에서 국제적일지 모르나 그 본질은 수입 학문에 지나지 않는 것이다.

물론 일본의 과학사에 수입 학문이 필요한 시기가 있었음은 사실이다. 주지한 바와 같이 明治 초기의 일본에 초빙되었던 외국인 과학자들은 여명기의 학문 형성이나 대학 교육에 지대한 공헌을 하였다. 계속된 정부의 파견 등에 의해 해외로 유학했던 경험을 가진 일본인 연구자가 학계에서 활약하게 되었다. 지형학 분야에서는 독일로부터 귀국한 山崎直方이 해외에서의 견문을 토대로 중부 산악 지역의 빙하 지형을 밝혀내었다(山崎 1902). 또한 츠지무라 타로우는 외국어인 학술 용어를 일본어로 번역하여 소개하고 그것을 일본의 지형에 적용하였다(츠지무라 1923). 이러한 연구가 일본에서의 지형학 보급에 기여한 것은 틀림없으나 같은 일이 그 후에도 계속되었다면, 일본의 지형학은 독자적인 지위를 확립하기 어려웠을 것이다. 정보의 움직임이 해외로부터 일본으로 향하는 일방통행이 아닌, 일본으로부터도 해외로 향할 수 있을 때 비로소 일본의 지형학이 확실히 국제화되었다고 할 수 있다. 유감스럽게도 일본의 지형학이 이와 같은 단계에 이르게 된 것은 최근의 일이다.

일본인 지형학자 중에서도 일찍이 해외로의 정보 이전을 적극적으로 실행한 사람이 있다. 유명한 예는 谷津榮壽인데 1950년대에 미국의 학술지에 게재된 하상(河床) 종단형의 굴곡에 관한 논문(Yatsu 1955)은 학설사에 있어 큰 영향력을 미친 것으로 평가받고 있다(Schumm 1972). 저명도라는 점에서는 부족하나 일본의 빙하 지형의 특징을 독일의 학술지에 영어로 소개한 今村學郎에 대한 재평가도 필요하다. 그는 컬의 형상을 개관적으로 비교하기 위하여 Percentage Hypsometric Curve를 이용한 이론을 전개하였다(Imamura 1937). 이것은 같은 수법을 유역에 적용하여 보급시킨 Strahler(1952) 보다 15년이나 앞선 것이었다. 그러나 이러한 사례는 1950년대 이전에는 찾아보기 힘든 예외적인 것이었다.

1960년대 이후 일본인 지형학자에 의한 영어 논문 집필과 해외 학술지에의 투고가 증가하였고, 그 가운데에는 국제적으로 널리 인지된 우수한 연구사례도 있었다. 그러나 이러한 것은 일본의 지형학 전체에 비교해 볼 때는 소수에 불과한 것이었고, 지형학에 관한 대부분의 논문은 일본어 잡지나 보고서에 게재되는 시대가 길게 계속되었다. 아직 일본어 논문에는 해외 문헌이 자주 인용되지만 해외의 논문에 일본인의 논문이 인용되는 빈도는 매우 낮다. 결국 일본의 지형학은 오랜 기간에 걸쳐 수입 초과 상태에 있다고 할 수 있다.

이와 같이 수입 초과 상태의 일상화는 당연하게도 새로운 문제를 초래하였다. 수입된 지형학적 개념의 대부분은 지형학 선진국인 북미나 서구에서 발생한 것이다. 그러나 호우가 많고 지각 변동이 심한 일본에 온화한 지형 형성 환경을 갖는 대륙 지역의 개념을 적용하는 것에는 무리가 있었다.

한가지 예를 들면, 1970년대에서 80년대에 걸쳐 산지 사면으로부터의 토사 공급을 최종 빙하기 이후의 기후 변화와 연결시키는 연구가 다수 이루어졌다. 그 대부분이 「최종 빙하기에는 삼림 한계가 저하되고, 주빙하 작용에 의해 사면으로부터 다량의 암설이 공급되었는데 후기 빙하기에는 삼림 한계가 상승하고 사면의 침식이 저하되었으며 암설의 공급이 감소하였다

」라는 유럽의 산지에서 제출된 모델(Zeuner 1945 등)과 같은 해석을 제시하였다. 그러나 급경사이고 호우가 많으며 지각 변동에 의한 기반암의 파쇄가 진행되고 있는 일본의 대기복 산지에는 사면이 삼림에 덮여 있어도 호우시의 붕괴 등에 의해 토사가 다량 생산된다. 이 때문에 일본의 대기복 산지에서의 후기 빙하기의 토사 공급량은 세계적으로도 최대급이며 유럽 등의 산지와는 특징이 크게 다르다(Oguchi et al. 2001). 앞의 해석은 이와 같은 일본 독자의 특징을 경시하고, 해외에서 구축된 모델을 충분한 검토없이 적용한 것으로 볼 수 있다.

최근에는 이와 같은 문제점이 크게 인지되기에 이르렀고 수입 학문을 초월한 지형학의 구축을 추구하는 연구자가 증가하고 있다. 그 결과 해외의 연구 동향을 이해하고 그와 다른 점에 중점을 두면서 일본 지형의 특징을 논한 연구가 증가하고 있다. 그리고 이와 같은 연구를 국제지에 집필함으로써 일본으로부터 해외에 정보를 적극적으로 전달하려는 움직임이 젊은 연구자나 중견의 연구자를 중심으로 활성화되고 있다(Kurashige 1996; Matsuoka 1996; Miyabuchi 1999; Nakamura and Kikuchi 1996; Ohnuki et al. 1997; Onda and Itakura 1997; Yamada 1999 등).

또한 1989년 국제 지형학회(International Association of Geomorphologists)가 발족되어 국가를 초월한 정보 교환이 활발해졌다. 일본에서는 일본 지형학 연합이 이 학회에 적극적으로 관여하고 활동의 일익을 담당하고 있다. 2001년 여름에는 4년에 한번 개최되는 국제 지형학회 주최의 국제회의가 동경에서 열렸다. 국제적인 지형학에서의 일본의 책임은 점점 증대되고 있다(鈴木외 2000).

이와 같이 일본 지형학을 전체적으로 볼 때 연구의 레벨이나 사회적 공헌도라는 점에서 국제적 수준에 도달하였고, 몇 몇 분야에서는 일본이 세계의 선진 그룹에 속한다고 해도 과언이 아니다(鈴木외 2000). 그러나 일본 지형학의 GIS 연구에 눈을 돌리면 외국에 비하여 부족한 부분이 있음을 부정할 수 없다. 즉, 북미나 서구 국가들에 비교하면 일본 지형학에서의 GIS 이용이 상당히 미진하다고 할 수 있다. 근래 지형학의 대표적 국제지(Catena, Earth Surface Processes and Landforms, Geomorphology, Zeitschrift fur Geomorphologie 등)에는 GIS를 타이틀로 삼거나 GIS를 키워드로 하는 논문이 다수 기재되고 있다. 그러나 일본 지형학 관계의 잡지에는 이와 같은 동향이 아직은 많이 보이지 않고 있다. 적어도 연구의 절대수라는 점에서 일본 지형학에서의 GIS는 해외에 비하여 크게 뒤처진 부문이라고 말할 수 있다(鈴木외 2000).

이와 같은 현황을 되짚어 보면서 여기서는 다음 사항에 대하여 논의하고자 한다. (1) 일본 지형학에서의 GIS의 역사적 경위, (2) 일본 지형학에서 GIS의 도입이 늦어진 배경, (3) 일본 지형학에서의 GIS의 전망.

II 일본 지형학에서의 GIS와 DEM : 역사적 경위

근래 GIS의 용어법이 변화하고 있다. GIS라는 말은 캐나다의 Tomlinson이 1960년대에 개발한 Canada Geographic Information System(CGIS)에서 유래하여, 그 이후 Geographic(al) Information Systems(지리정보 시스템)의 약어로서 이용되어 왔다. 그러나 현재에는 GIS를 Geographical Information Science(지리정보 과학)의 약어로 보는 사람이 증가하고 있다. 예를 들면, 1987년에 창간된 GIS의 대표적 국제지 "International Journal of Geographical Information Systems"은 1997년에 "International Journal of Geographical Information Science"로 개명되었다. 그 배경에는 소프트웨어나 하드웨어의 개발과 정비가 가장 중요했던 시대가 끝나고, GIS를 이용한 해석이나 응용에 중점이 옮겨졌다고 하는 경위가 있다. ESRI사의 ARC/INFO와 같은 범용의 GIS 소프트웨어가 보급되고 책상의 워크 스테이션이나 퍼스널 컴퓨터를 이용한 GIS 작업이 가능해진 현재에는 시스템 자체보다도 그 이용법에 연구자의 관심이 쏠리고 있다.

그러나 「시스템에서 과학으로」라는 변화에는 원점에의 회귀라는 측면도 있다고 본다. 앞의 CGIS는 IBM360/65라는 시가 200만 달러의 컴퓨터에 의해 운용되었으며 총 탑재 메모리가 512KB라는 점 등은 현재의 저가 컴퓨터의 발밑에도 미치지 못하는 것이었다(Tomlinson 1998). 그러나 CGIS는 벡터 구조에 기반한 데이터・레이어의 구축과 그 오버레이 해석이라는 점에서 현재 이용되고 있는 GIS와 공통된 설계와 목적을 가지고 있다. 이것은 인간의 발상이 설비면에서의 진보에 선행되고 있다는 것을 의미한다. 다시 말해서 시스템의 정비에 앞서서 발상으로서의 과학이 존재한다는 것이다. 이와 같은 입장으로부터 일본 지형학에서의 GIS를 평가할 경우에는 근래의 연구만을 살펴보는 것이 아니라 시스템이 미정비된 시점에서 이루어졌던, 우수한 발상을 가진 연구에도 관심을 돌려야 할 필요가 있다.

지형학에서 GIS와 밀접한 관계가 있는 연구 분야는 「지형 계측」(geomorphometry)이다. 특히 디지털 표고 모델 (DEM)을 이용한 지형 계측은 GIS와 불가분의 관계가 있다고 해도 지나치지 않다. 일반적으로 DEM은 표고치를 균등한 간격으로 샘플링하여 작성되기 때문에 래스터형의 GIS에서 그대로 이용할 수 있다. 또한, 통계해석의 전제로서 중요한 데이터의 공간적 성질성을 갖추고 있다. 그렇기 때문에 GIS가 보급되기 이전부터 지형도 등에서 DEM을 수작업으로 발생시켜 지형을 통계적으로 분석하는 연구가 이루어졌다. 阪口는 지형도로부터 일본 전역의 1'-DEM을 작성하여 고도 면적 곡선의 분석을 실시하였고(阪口 1964, 1965), 마찬가지 수법을 해외에도 적용하였다(阪口 1966, 1968; Sakaguchi 1969a).

阪口의 연구에서는 DEM의 작성과 해석을 대량의 수작업으로 실시하였다. 앞서 밝힌 바와 같이 같은 시기에 Tomlinson이 최초의 GIS를 개발하였다. 또한 하버드 대학에서는 라인·프린터를 이용하여 지도를 의사(疑似)표시하는 연구가 진행되고 있었다(Chirsman 1998). 그러나 일본에서는 컴퓨터를 이용하는 환경이 정비되어 있지 않았기 때문에 위와 같은 초기 GIS 연구조차 전무하였다. 따라서 DEM을 해석하는 유일한 수단은 수작업이었다.

또한 해석의 종류에도 큰 제약이 있었다. 阪口가 작성한 1'-DEM에서는 격자점간의 거리가 고위도로 갈수록 작아진다. 따라서 이 DEM으로부터 면적 고도 곡선을 작성하거나 지형 특성의 평균값을 구하는 경우에는 위도에 따라서 각각의 데이터를 보정하는 것이 바람직하다. 현재에는 알고리즘을 작성함으로써 이와 같은 데이터 처리를 컴퓨터로 실행할 수 있다(예를 들어 Oguchi 1997; Lin et al. 1999). 그러나 이와 같은 계산을 넓은 범위에 대하여 수작업을 통해 실행하는 것은 매우 어렵다. 따라서 阪口의 해석에서는 데이터의 보정처리가 이루어질 수 없었다.

그리고 阪口의 일련의 연구에서는 분석에 의해 나타난 지형 특성을 해석할 때 지각 변동의 영향을 과대평가하는 한편 침식·퇴적작용의 영향을 경시하고 있다(Oguchi 1997). 당시 일본의 지형학에서는 전반적으로 지각 변동의 효과를 현재보다 중시하고 있었다. 예를 들어 壽圓(1965)는 多摩川 하류부에 보이는 하안 단구의 구배와 입경 분포의 차이를 과거의 지각 변동의 양식과 속도의 변화에 기인한 것이라고 하였으나, 현재에는 빙하성 해면 변동이나 유량 변화에 기인한 설명이 설득력을 얻고 있다. 阪口의 해석에도 이와 같은 시류에 편승한 면이 있는 것으로 생각된다.

이와 같은 문제가 있다고 해도 阪口의 연구가 시대를 앞섰다는 것은 말할 나위가 없다. 1960년대는 지형 계측의 연구가 세계적으로 활발한 시기였다. 그 배경에는 유명한 Horton의 수계망에 관한 논문(Horton 1945)과 그에 이은 1950년대에 미국과 영국에서 실시된 연구(Chorley et al. 1957; Melton 1958; Morisawa 1958; Schumm 1956; Strahler 1952 등)가 큰 영향력을 끼쳤다. 당시의 연구에서는 Horton 등의 방법을 답습하여 유역을 단위로 하여 수계망과 사면의 지형 특성을 조사하는 접근법이 일반적이었다. 한편 阪口는 유역을 단위로 하는 연구를 실시하는 한편(Sakaguchi 1969b) 보다 광범위한 지역에 대하여는 섬, 산맥, 반도라는 단위로 DEM의 해석을 실시하였다. 후자의 접근법을 해외의 연구자가 많이 이용하게 된 것은 1970년대 이후이고 이것에는 컴퓨터의 보급이 전제되어 있다(Chorley 1972; Davis 1973 등). 선행하여 이와 같은 검토를 수작업으로 실행했던 阪口의 연구는 전술한 「시스템에 앞선 과학」의 일례로 볼 수 있을 것이다.

1970년대에 들어서서 일본의 교육 연구기관에서도 대형 계산기가 도입되고 그것을 사용한

DEM의 분석이 이루어졌다(平野・横田 1976; Ohmori 1978 등). 1980년대에는 퍼스널 컴퓨터를 이용한 DEM의 분석이 개시되었고(野上・杉浦 1985), 관주도 250 m-DEM을 이용한 연구(須賀 1985 등)와 고해상도 DEM을 자체 제작하여 분석한 연구(小口 1988 등)도 이루어졌다. 1990년대에 들어서서 국토지리원이 DEM을 일반에 공개하였고 지리학에서의 DEM 이용이 급증하였다(吉山 1990; 野上 1995; 近藤 1996; 中山 1998 등). 또한 이전에는 자체 제작한 프로그램으로 이루어졌던 DEM 분석이 범용의 GIS 소프트웨어 모듈에 의해서도 가능해졌다. GIS 소프트웨어의 이용은 데이터 정리의 효율화와 분석 결과의 가시화 등의 측면에서도 유익하다. 이 때문에 GIS 소프트웨어를 병용한 DEM의 연구가 증가하고 있다(Katsube and Oguchi 1999 등).

한편, 일본 GIS 전반의 역사에서 흥미로운 점은 70년대에서부터 정비된 「국토수치정보」에서 래스터・데이터 비율이 높았다는 것이다. 해외에서는 주로 벡터・포맷으로 정비한 인문과학계의 데이터에 대해서도 래스터・포맷을 많이 이용하였다. 久保幸夫 등이 1970년대 말에 개발한 국산 GIS 소프트웨어 ALIS도 래스터계였다. 필자가 그 이유를 밝힐 수는 없지만 전국을 대상으로 한 阪口의 DEM 연구가 어떤 영향을 미친 것이 아닌가 추측할 뿐이다.

III GIS의 보급이 늦어진 배경

앞서 밝힌 바와 같이 일본에서는 DEM의 분석이 오래 전부터 이루어졌고 세계에 앞선 측면도 있다. 그러나 일본 지형학의 DEM이나 GIS 연구는 오랜 기간동안 소수파로서 만족하여야 했다. 적어도 변동 지형, 하천 지형, 테프라 연대학(tephra Chronology), 한랭 지형, 야외관측・실험 등 일본 지형학의 주요 분야에 비하면 수적인 면에서 연구자나 논문의 수가 빈약했다는 것을 부정할 수 없다.

일본 지리학 전체를 보더라도 GIS 분야에서는 서구에 크게 뒤져 있었다. 예를 들어 미국과 영국에서는 1988년에 GIS의 연구・교육을 목적으로 하는 대학의 연합 기관이 설립되어(NCGIA 및 RRL) 현재까지 활발한 활동을 하고 있다(岡部 1998). 한편 일본 대학에는 비슷한 연합 기관조차 존재하지 않았으며 GIS에 관한 강의나 실습을 지리학 교실에서 널리 개설하게 된 것도 최근의 일이다. 물론 일본에서도 지리학에의 GIS 도입과 보급에 일찍부터 노력한 연구자가 있다. 또한, 1990~1992년에 걸쳐서 문부성 과학연구비 중점영역 연구 「근대화에 따른 환경 변화의 지리정보시스템」이 실행되어 이것이 몇 몇 대학에서 GIS 도입의 계기가 되었다. 그러나 서구와의 차이를 좁히는 것은 좀처럼 쉬운 일이 아니었다. 1990년대 후반에 들어 겨우 일본 GIS도 본격적인 발전기에 들어섰고, 지리정보시스템 관계 부처 연락회의의 설치(1995), 국토 데이터기반 추진협의회(NSDIPA)의 설립 (1995), 동경대학 공간정보과학연구센터의 설립 (1998), "GIS World" 일본판 창간(1999) 등의 움직임이 잇달았다.

그러면 일본 지형학이나 지리학의 GIS 보급이 늦은 원인은 무엇일까? 일반적으로 GIS를 도입할 때 장애가 되는 점으로 설비에 대한 초기 투자의 규모와 기술적 관리의 어려움을 들 수 있다. 발전도상국에서는 이러한 점이 중대한 문제가 된다. 그러나 일본은 하이테크와 전자기기로 유명한 경제대국이므로 비용면과 기술면에서의 문제는 적었다고 본다. 오히려 일본인의 사고 회로나 사고방식이 GIS 보급을 저해한 것이 아닐까?

鈴木秀夫는 일본인과 서양인의 사고의 차이는 문화의 배경인 종교와 그것이 형성된 지역의 자연 환경의 차이에 기인한다고 설명하고 있다(鈴木 1978). 서양 문화의 배경인 크리스트교나 유대교는 건조 지역에 기원을 갖는다. 사막의 가혹한 환경에서는 유목 활동이나 생활 자원을 확보할 때 광역의 상황을 고려한 행동이 요구된다. 한편 일본 문화의 기초인 불교와 神道는 열대와 온대에 기원을 갖는다. 산림으로 덮인 지역에서는 많은 생활 자원이 근린에서 입수 가능하므로 광역을 보고 판단하기보다 근린의 상황을 상세하게 파악하는 것이 중시된다.

이와 같은 두 가지 사고와 지리학과 지형학의 연구 분야를 관계 지으면 GIS와 리모트 센싱은 사막적 사고에 대응하고, 야외의 정밀 조사나 실험은 삼림적 사고에 대응한다고 생각된다. GIS는 복잡한 실세계를 그대로 조사하는 것이 아니고, 특정 요소에 관한 가상 세계를 컴퓨터에 구축함으로써 인간의 보통 시야를 넘어선 광역에 관한 분석을 가능하게 한다. 이것은 사막적 사고를 가진 서양인에게는 커다란 메리트이나 삼림적 사고를 가진 일본인에게는 엉성하고 현실감이 결여되었다는 인상을 주지 않을까? 실제 일본 지형학에서 많은 사람들이 종사해 온 분야는 특정 지점의 상세한 기록이 요구되는 테프라 연대학에 근거한 지형 발달사나 비교적 좁은 지역에 관측기구를 설치하여 상세한 데이터를 수집하는 수문 지형학과 같은 분야이다. 이러한 연구에 뛰어난 일본인의 장점은 이 후에도 계속되어야 하나 GIS를 이용한 광역적 연구에 대한 이해가 결여되었다는 문제는 시급히 해결해야 할 필요가 있다.

필자는 현재 GIS 연구를 최우선시하고 있으므로 야외에서 지형 조사를 할 기회가 감소하였는데 예전에는 야외로 자주 나갔었다. 예를 들면 석사 논문이나 박사 논문의 조사에서 산지 사면이나 하안 단구에 관한 다수의 노두(露頭)를 기재하였다(小口 1998b; Oguchi 1994a, b). 이와 같은 경험에서 알 수 있는 것은 야외 조사와 GIS 연구와의 사이에는 절대적인 우열이 있을 수 없고 각각 저마다 이점을 갖고 있다는 것이다. 지형학에 GIS를 도입하면 광역에 관한 검토가 용이할 뿐만 아니라 정량적 데이터에 근거한 공간의 균질적인 파악도 가능하다.

DEM 등의 그리드・데이터는 정보의 공간 해상도가 균일하기 때문에 해석 결과의 일반성이 용이하게 보증된다. 그러나 야외에서 기재한 정보는 분포의 편차가 있기 때문에 논의가 항상 유용하다고는 할 수 없다. 비록 특정 지점에서 매우 상세한 정보를 수집했다고 해도 그것이 광역을 대표하지 않을 경우에는 연구에 유용한 데이터라고 하기 어렵다.

鈴木秀夫는 1978년의 시점에서 해외로 나가는 젊은이의 증가 등으로 인해 일본인의 사고의 시야가 확대되고 있음을 지적하였다. 그 후 엔고의 진행 등과 함께 일본인이 해외로 나가는 기회가 더욱 증가하였다. 그리고 최근 인터넷의 급속한 보급도 세계의 다양한 지역에 대한 관심의 증대에 공헌하였다. 이와 같은 과정에서 일본인의 사고 회로에 서양적인 발상이 가미되어 그것이 일상화되면, 지형학이나 지리학에서의 GIS 연구의 의의도 보다 잘 이해될 것이다.

Ⅳ 마치면서

위와 같이 지형학이나 지리학의 연구에 GIS를 적용하는 최대의 이점은 광역성・정량성・균질성의 향상이며, 이러한 이점을 살리는 것에 따라 이론의 일반성을 높일 수 있다. 그러나 GIS를 이용하는 연구자 자신의 시야가 좁으면 이와 같은 GIS의 의의가 엷어질 것이다. 지적 관심이 좁은 「문어통발형」에 빠지기 쉬운 일본의 연구자(丸山 1961)는 이 점에 유의해야 할 것이다.

예를 들어 지형학에 DEM의 이용이 급속히 보급되었다고 해도 DEM과 그 이외의 지리정보를 동시에 분석한 연구는 아직 미미하며 벡터・데이터를 병용한 연구는 특히 적다. 최근의 GIS 소프트웨어는 래스터와 벡터 데이터를 시뮬레이션 할 수 있는 능력을 갖추고 있기 때문에 과거보다도 종합적인 해석이 가능해졌다. 이러한 이점을 살려서 실제 지형 특성과 지표의 제반 현상간의 관계를 밝힐 수 있는 연구를 적극적으로 추진 할 필요가 있다. 2000년 2월에는 NASA의 스페이스 셔틀이 전 지구의 육지 대부분을 커버하는 30 m-DEM을 11일간에 걸쳐서 작성하였다. 이러한 프로젝트의 배경에는 DEM이 지형학분야의 연구만이 아닌 다양한 분야의 환경 해석을 위한 기초 데이터로서 유용하다는 것이 있다. 이와 같은 DEM의 중요성을 인식하고 시야를 넓혀 연구하는 것이 지형학자에게 요구된다.

또한 지형과 다른 지리적 요소와의 관계를 조사할 때에는 지질이나 식생의 자연 현상뿐 만 아니라 인구 분포나 토지 이용과 같은 인문 현상도 대상으로 해야 한다. GIS는 자연・인문에 관한 다양한 지리정보를 레이어군으로서 동일 선상 위에 올리는 기능을 갖는다. 이것은 자연 현상과 인문 현상과의 거리를 좁히는 기능이라고 볼 수 있다. 이러한 특징을 살려서 지형 조건과 인문 환경간의 관련성에 대해 연구한 연구가 일본에서도 이루어진 바 있다(朴 외 1997; 小口・齊藤 1999; 關根 1999; Lin et al. 1999 등). 이후 이러한 종류의 문리 통합형의 연구를 보다 활발하게 할 필요가 있을 것이다.

그리고 항공사진의 스테레오・페어나 레이저・레이더에 의한 계측 등을 이용하여 수 십 cm～수 m의 격자 간격을 갖는 DEM을 작성하고, 이것을 지형 해석이나 환경 해석에 이용하려는 움직임도 활발해지고 있다(杉盛 외 2000; 高橋 2000 등). 앞으로는 이와 같은 초고해상도 DEM을 이용하는 기회가 급증할 것으로 예상된다. 따라서 초고해상도 DEM의 유용한 이용방법에 대해서도 시급히 검토할 필요가 있다.

마지막으로 일본의 관주도 DEM에 관한 사견을 밝히고자 한다. 일본에 현재 보급되어 있는 관주도 DEM 가운데 가장 고해상도인 것은 국토지리원의 「수치지도 50 m 메쉬(표고)」이다. 이 DEM이 전국적으로 정비되었다는 것은 중요한 사실이나(野上 1995) 이용에 있어서 몇 가지 문제가 있다.

그 하나는 이 DEM이 위도・경도 좌표계를 채용하고 있기 때문에 실제 격자점 간격이 장소에 따라 변화하고, 종과 횡의 간격도 동일하지 않다는 것이다. 전자는 광역의 데이터를 취급할 때 문제가 되고, 후자는 ARC/INFO나 ArcView 등의 대표적인 GIS 소프트웨어를 이용할 때 보간(補間) 등 데이터의 2차화가 필요하게 되는 문제를 낳는다. 또한 위도・경도 좌표계에서 길이나 면적의 측정도 쉽지 않다. 필자는 최근 DEM을 포함한 영국의 GIS 데이터를 영국인과 공동으로 해석하고 있는데(Oguchi et al. 2000 등), 영국의 투영법(National Grid)에 기초한 데이터에는 위의 문제가 없기 때문에 작업이 훨씬 용이하였다. 만약 일본에서도 이와 같은 투영법을 갖는 DEM이 공식적으로 정비된다면 GIS에 의한 지형 해석의 보급에 크게 공헌하게 될 것이다. 물론 일본 열도가 6개의 UTM 존에 걸쳐 있다는 것으로도 알 수 있듯이, 위도・경도 이외의 좌표계로는 전국을 무리없이 연결하는 데이터를 작성할 수 없을 수도 있다. 그러나 현실적으로는 일본 열도 가운데 특정 범위에 관한 해석을 하는 경우가 대부분이므로 이 종류의 용도에 대응하는 것만으로도 큰 장점을 갖는 것이다. 결국 50 m × 50 m의 격자 간격을 갖지 않는 DEM을 「수치지도 50 m 메쉬(표고)」의 이름으로 세상에 유통하고 있는 것은 오해를 불러일으키기 쉬우며 하루빨리 그만두어야 한다고 생각한다.

참고문헌

岡部篤行 1998. 空間情報科学の曙. 写真測量とリモートセンシング 37(3):1.
小口　高 1988a. 松本盆地周辺の流域における最終氷期末期以降の地形発達を規定した要因. 地理学評論 61:872-893.
小口　高 1988b. 松本盆地および周辺山地における最終氷期以降の地形発達史. 第四紀研究 27:101-124.
小口　高・斉藤享治 1999. ポーランドにおける歴史的景観の分布と自然・人文環境——GISによる分析——. 地理学研究報告（埼玉大学教育学部）19:41-59.
近藤昭彦 1996. リモートセンシングと地理情報システム. 日本地形学連合編『地形工学セミナー1　地形学から工学への提言』139-160. 古今書院.
阪口　豊 1964. 日本島の地形発達史について. 地理学評論 37:387-390.
阪口　豊 1965. 流域の発達と日本島流域の特性. 地理学評論 38:74-91.
阪口　豊 1966. 山はどのようにしてできるか——地形学の立場から——. 科学 36:360-367.
阪口　豊 1968. 山地の形成について. 地学雑誌 77:284-310.
須賀伸一 1985. 数値地形モデルの統計的分析による四国島の地形特性. 地理学評論 58:807-818.
杉盛啓明・青木賢人・鈴木康弘・小口　高編著 2000.『デジタル観測手法を統合した里山のGIS解析——東京大学空間情報科学研究センター公開シンポジウム論文集——』中日新聞社.
鈴木秀夫 1978.『森林の思考・砂漠の思考』日本放送協会.
鈴木隆介・小口　高・恩田裕一 2000. 東京で国際地形学会議が開かれる——2001年夏. 地理 45(9):51-66.
寿円晋吾 1965. 多摩川流域における武蔵野台地の段丘地形の研究——段丘傾動量算定の一例——. 地理学評論 38:557-571, 591-612.
関根智子 1999. 盛岡市における居住地域の生活環境と土地利用との関係——SPOT衛星画像を用いたRS/GIS分析——. 地理学評論 72A:75-92.
高橋佳昭 2000. 航空機レーザープロファイラーの地形測量への利用. 写真測量とリモートセンシング 39:14-18.
辻村太郎 1923.『地形学』古今書院.
中山大地 1998. DEMを用いた地形計測による山地の流域分類の試み——阿武隈山地を例として——. 地理学評論 71A:15-26.
野上道男 1995. 細密DEMの紹介と流域地形計測. 地理学評論 68A:465-474.
野上道男・杉浦芳夫 1985.『パソコンによる数理地理学演習』古今書院.
朴　舜燦・岩田憲二・安仁屋政武 1997. 地理情報システムとリモートセンシングによる石川県白峰村の出作り地の自然環境解析と適地分析. GIS——理論と応用 5(2):19-27.
平野昌繁・横田修一郎 1976. 西南日本に例をとった電子計算機による地形数値解析. 地理学評論 49:440-454.
丸山真男 1961.『日本の思想』岩波書店.
山崎直方 1902. 氷河果して本邦に存在せざりしか. 地質学雑誌 9:361-369, 390-398.

吉山 昭 1990 DEMを用いた流域の地形量の計測. 地学雑誌 99:136-142.

Chorley, R.J. ed. 1972. *Spatial Analysis in Geomorphology*. Upper Saddle River: Prentice-Hall.

Chorley, R.J., Malm, D.E. G. and Pogorzelski, H.A. 1957. A new standard for estimating drainage basin shape. *American Journal of Science* 255: 138-141.

Chrisman, N.R. 1998. Academic origin of GIS. In Foresman, T.W. ed. *The History of Geographic Information Systems*. 33-43. Upper Saddle River: Prentice Hall.

Davis, J.C. 1973. *Statistics and Data Analysis in Geology*. Chichester: John Wiley and Sons.

Horton, R.E. 1945. Erosional development of streans and their drainage basins, hydrophysical approach to quantitative morphology. *Bulletin of the Geological Society of America* 56: 275-370.

Imamura, G. 1937. Climatic conditions during the Japanese Ice Age. *Zeitschrift fur Gletcherkunde* 25: 184-189.

Katsube, K. and Oguchi, T. 1999. Altitudinal changes in slope angle and profile curvature in the Japan Alps: A hypothesis regarding a characteristic slope angle. *Geographical Review of Japan* 72B: 63-72.

Kurashige, Y. 1996. Process-based model of grain lifting from river bed to estimate suspended-sediment concentration in a small headwater basin. *Earth Surface Processes and Landforms* 21: 1163-1173.

Lin, Z., Oguchi, T. and Duan, F. 1999. Topographic and climatic influences on population and soil in east to southeast Asia: A GIS approach. *Geographical Review of Japan* 72B: 181-192.

Matsuoka, N. 1996. Soil moisture variability in relation to diurnal frost heaving on Japanese high mountain slopes. *Permafrost and Periglacial Processes* 7: 139-151.

Melton, M.A. 1958, Correlation structure of morphometric properties of drainage systems and their controlling agents. *Journal of Geology* 66: 35-54.

Miyabuchi, Y. 1999. Deposits associated with the 1990-1995 eruption of Unzen volcano, Japan. *Journal of Volcanology and Geothermal Research* 89: 139-158.

Morisawa, M.E. 1958. Measurement of drainage-basin outline form. *Journal of Geology* 66: 587-591.

Nakamura, F. and Kikuchi, S. 1996. Some methodological development in the analysis of sediment transport processes using age distribution of floodplain deposits. *Geomorphology* 16: 139-145.

Oguchi, T. 1994a. Late Quaternary geomorphic development of alluvial fan-source basin systems: the Yamagata Region, Japan. *Geographical Review of Japan* 67B: 81-100.

Oguchi, T. 1994b. Late Quaternary geomorphic development of mountain river basins based on landform classification: the Kitakami Region, northeast Japan. *Bulletin of the Department of Geography, University of Tokyo* 26: 15-32.

Oguchi, T. 1997. Hypsometry of the Japanese Islands based on the 11.25"x7.5" digital elevation model. *Bulletin of the Department of Geography, University of Tokyo* 29: 1-9.

Oguchi, T., Jarvie, H.P. and Neal, C. 2000. River water quality in the Humber Catchment: An introduction using GIS-based mapping and analysis. *The Science of the Total Environment* 251/252: 9-28.

Oguchi, T., Saito, K., Kadomura, H. and Grossman, M. 2001. Fluvial geomorphology and paleohydrology in Japan. *Geomorphology*. (in press)

Ohmori, H. 1978. Relief structure of the Japanese Mountains and their stages in geomorphic development. *Bulletin of the Department of Geography, University of Tokyo* 10: 31-85.

Ohnuki, Y., Terazono, R., Ikuzawa, H., Hirata, I., Kanna, K. and Utagawa, H. 1997. Distribution of colluvia and saprolites and their physical properties in a zero-order basin in Okinawa, southwastern Japan, *Geoderma* 80: 75-93.

Onda, Y. and Itakura, N. 1997. An experimental study on the burrowing activity of river crabs on subsurface water movement and piping erosion. *Geomorphology* 20: 279-288.

Sakaguchi, Y. 1969a. A theory of relief forming. *Bulletin of the Department of Geography, University of Tokyo* 1: 33-66.

Sakaguchi, Y. 1969b. Development of drainage basin: An introduction to statistical geomorphology. *Bulletin of the Department of Geography, University of Tokyo* 1: 33-66.

Schumm, S.A. 1956. Evolution of drainage systems and slopes in badlands at Perth Amboy, New Jersey. *Bulletin of the Geological Society of America* 67: 597-646.

Schumm, S.A. ed. 1972. *River Morphology: Benchmark Papers in Geology*. Stroudsburg: Dowden, Hutchington and Ross.

Strahler, A.N. 1952. Hypsometric (area-altitude) analysis of erosional topography. *Bulletin of the Geological Society of America* 63: 1117-1142.

Tomlinson, R. 1998. The Canada Geographic Information System. In Foresman, T.W. ed. *The History of Geographic Information Systems*. 21-32. Upper Saddle River: Prentice Hall.

Yamada, S. 1999. Mountain ordering: A method for classifying mountains based on their morphometry. *Earth Surface Processes and Landforms* 24: 653-660.

Yatsu, E. 1955. On the longitudinal profile of the graded river. *Transactions, American Geophysical Union* 36: 655-663.

Zeuner, F.E. 1945. *The Pleistocene Period, Its Climate, Chronology and Faunal Successions*. London: Ray Society.

chapter 2

기후학과 GIS

增田耕一

I 들어가며

사상으로서의 지리정보시스템은 데이터를 지도상에 가시화하는 것과 데이터를 체계적으로 보관하고 재이용 가능하도록 하는 것을 유기적으로 결합하는 것이다. 기후학에 있어서도 이와 같은 기술의 중요성은 명백한 것이고 오히려 각각의 기능에 관하여 선도적인 입장을 취해 왔다.

그러나 현재의 GIS 소프트웨어는 기후학의 수요 측면에서 볼 때 단편적인 관련성만을 갖고 있을 뿐이다. 기후의 해석에 있어 GIS 소프트웨어보다는 수량 데이터의 가시화를 특화한 소프트웨어를 사용하는 것이 주류를 이루고 있는 실정이다. 앞으로 기후정보를 본격적으로 다른 지리정보와 결합하기 위한 시공간의 4차원과 관련한 대량 데이터를 자유자재로 취급할 수 있는 GIS 소프트웨어의 개발을 기대하고 있다.

II 기후학이란

인류의 거주나 산업의 입지는 직간접적으로 식물・동물의 생육 조건을 통한 기후의 제약을 받고 있다. 기후를 정의하는 것은 어려우나 기후를 고려함에 있어서 기온, 기압, 풍속 등의 대기 물리량(기상 변수)을 1개월 정도 이상의 시간 단위로 통계하여 얻어진 수치가 중요한 것임에는 틀림이 없다(인간 개인을 신장, 체중, 연령 등의 수치로 기술할 수 있는 것은 아니지만 사람을 기술하는 데에 이러한 수치가 유의점이 되는 것과 비슷하다). 여기서 사용하는 통계치로는 단순히 평균만이 아닌 최고・최저와 같은 극치가 문제가 되는 경우도 있고 복수의 변수(각각 1일 이하의 시간 간격의 값) 합의 시간 평균이 필요한 경우도 있다. 현대의 기후학은 이와 같이 매일의 기상 데이터를 취급하므로 기상학과의 사이에는 중점을 어디에 두느냐에 따른 차이만 있을 뿐 명확한 경계는 없다. 따라서 필자가 다루는「기후학」에는 필자가 볼 때 기후학에 포함되지만 당사자는「기상학」혹은「대기과학」에 속한다고 생각할 수 있는 요소도 포함하고 있음을 주지시키고자 한다.

근대 과학은 법칙의 후보가 되는 가설을 세워서 인과 관계를 설명하려고 하는 연역적 어프로치와, 사실을 수집하여 그 가운데에서 법칙의 후보가 되는 법칙성을 찾아내려는 귀납적 어프로치의 두 가지 방법이 성립되고 있다. 단지 그 비중을 어디에 두느냐는 학문 분야마다 차이가 있을 수 있다. 연역을 중시하는 분과로 물리 과학, 귀납을 중시하는 분야로 박물학을 예로 들 수도 있을 것이다. 지리학은 박물학적 경향이 강한 분야인데, 그 중에서도 기후학은 초기에부터 물리 과학에서 사용되는 것과 같은 온도, 압력, 속도 등의 변수를 사용하여 왔다(Fleming 1998; Nebekker 1995).

다만, 물리량에 의한 기상 관측이 체계적으로 이루어진 것은 최근 백수십년에 지나지 않는다. 46억년 지구의 역사는 물론 인류의 역사에 비하여도 매우 짧은 기간이다. 기상 관측이 없던 시대의 기후에 대한 의론(고기후학)은 화석 등의 정성적 정보에 의존하지 않으면 안 되는데 현대의 기후를 취급하는 경우(좁은 의미의 기후학)는 방법론이 달라지게 된다(坂元・增田 1999). 이후에서는 주로 기상 관측 데이터를 기초로 한 기후학에 대하여 논하고, 고기후학의 특징은 Ⅶ절에서 간단하게 다룰 것이다.

Ⅲ 지리정보시스템과 GIS :「내용」과「형식」

지리정보시스템이라는 용어는 원래 지리적 정보를 요소로 구축한 시스템 혹은, 지리적 정보와 그것을 조작하는 기술을 조합한 시스템을 가리킨다. 지리정보시스템을 구축한다는 것은 지리적 정보를 어떤 체계의 기반 위에 편찬하는 것이다. 다만 편찬되는 것이 고정된 형태의 것뿐만 아닌 그것을 사용하여 인간이 사고하고, 판단하는 것을 돕는 형태일 수도 있다. 그 중에서 우선 각각의 소재로부터 얻어진 정보를 조합하여 조작 가능한 형태로 데이터를 정리하는 즉, 데이터베이스 기술이 중요하다. 또한 당연하지만 정보를 모아둔 기계와 그것을 이용하는 인간과의 사이에 정보를 교환하는 것이 필요하다. 특히 공간 패턴을 인식하는 인간의 능력은 아직 좀처럼 기계에 맡겨둘 수 없는 능력이다. 따라서 인간이 패턴 인식을 하기 쉬운 형태가 되도록 기계로 정보를 처리하고 표시하는 가시화 기술도 중요하다. 지리적 정보의 경우에 인간은 지도를 읽는 패턴 인식의 경험을 갖고 있으므로 가시화 기술 중에는 정보를 지도의 형태로 표현하는 것이 중요한 위치를 점하고 있다. 그러나 가시화가 반드시 지도의 형태로 한정되어 있는 것은 아니다.

GIS는 지리정보시스템을 줄인 약자이므로 같은 의미로 사용해도 무방하나 GIS라고 하면 오히려 지리정보시스템을 구축하는 기술, 혹은 그것을 실현하는 구체적 소프트웨어 제품을 가리키는 경우가 많다. 이는 데이터베이스 기술과 가시화(지도화) 기술을 연결한 것이라고 해도 무리가 없을 것이다.

기후학은 내용적으로는 지리정보시스템에 이미 포함된 분야이다. 그러나 형식으로서의 GIS에는 아직 별다른 연이 없다. 이러한 사정을 계속해서 조금 더 상세히 기술하고자 한다.

Ⅳ 지리정보시스템에 관련된 기후학의 경험

1. 데이터의 공유

1) 기상업무

기상학에서 사용되는 관측 데이터는 연구자에 의한 관측으로부터 얻어진 것도 있지만 기본이 되는 부분은 일본의 경우 기상청 등의 기상업무 기관의 일기 예보나 방재를 목적으로 하는 관측으로부터 얻어진 것이다.

각 국의 기상업무 기관은 관측 후 가능한 한 빨리(실시간으로) 상호간에 데이터를 통보하고 있다. 1880년경부터 국제 기상기관(IMO), 지금은 세계 기상기관(WMO)이 이러한 통보방법의 조정이나 표준화를 이행하고 있다. 그 결과, 예를 들어 일본의 기상청에서는 직접적으로 국교가 없는 북조선의 관측 값도 중국을 경유하여 입수하고 있다.

각 국의 관측 데이터를 수집하여 예보를 위한 기상도를 만들기 위해 다음과 같은 표준화가 중요한 역할을 한다. 기후학이 기상업무 기관의 관측 데이터를 그대로 사용하는 것이 가능한 것도 이러한 표준화의 장점이라고 할 수 있다.

- 변수 : 예를 들어 지상 일기도의 등압선을 그리기 위한 海面 更正 기압이라는 양적 정의를 각국 간에 공통으로 정해둔다. 정의에는 표준적 관측 조건과 관측 값으로부터 표준 변수에의 환산 방법이 포함된다.
- 단위 : 예를 들어 기압은 헥토파스칼로 온도는 섭씨 도로 표시한다. 풍속과 같이 초속 미터 노트를 같이 병용하는 경우도 있으나 그러한 경우에도 구별할 수 있도록 서식을 정하고 있다.
- 시각 : 동시각의 분포도를 만들기 위해 관측은 가능한 한 세계시(그리니치 표준치)의 0시, 12시를 기준으로 하는 정각에 실시한다.
- 위치 : 고정된 관측점은 미리 WMO에 등록한 5항의 지점 번호로 참조 가능하도록 하고 있다. 선박 등의 이동 관측점은 매회 위도 경도를 통보한다.
- 서식(포맷) : 통보는 일정 형식으로 코드화하여야 한다. 이 코드표는 모르스 부호로 전보를 치던 시대에 정해진 것으로 민족 언어에 중립적이도록 거의 숫자로 구성되어 있고, 지수를 절약하기 위한 약속도 있으므로 읽기는 어렵다. 최근엔 이 코드화 자체의 조작이 점차 자동화되고 사람은 본래의 변수 수치를 읽고 쓰도록 변하고 있다. 여하튼 서식의 통일이 수작업의 시대와 기계화의 시대를 통하여 관측 데이터를 모아서 함께 사용하도록 함으로써 작업의 효율을 높였다는 것은 틀림없는 사실이다.

2) 데이터 센터

기상 관측 데이터가 기후의 연구에 쓰이게 된 것은 데이터를 제공하는 것을 직무로 하는 데이터 센터의 역할이 컸기 때문이다.

그 가운데 세계 데이터 센터(WDC)라는 기구가 있다. 이는 1957~58년에 진행된 국제지구관측년(IGY)을 위하여 국제학술회의연합(ICSU)의 공인으로 창설되었으며 그 이후 상설의 형태로 지속되고 있다. 1970년대에 실행된 전구(全球) 대기연구계획(GARP)의 강화 관측 데이터도 기본적으로 이 기구를 통하여 세계의 연구자에게 제공되었다. WDC는 독립된 국제 조직이 아닌 몇 몇 국가의 기관이 자발적으로 WDC의 업무를 겸함으로써 실현되고 있다. WDC-A는 미합중국의 기관이 담당하고 있고, 그 가운데 기상관계는 해양대기청(NOAA)의 National Climatic Data Center(NCDC)가 담당하고 있다. WDC-B는 소련(현재의 러시아), -C1은 유럽 국가들, -C2는 일본이 담당하고 있다(단, WDC-C2의 기상 데이터 부문은 없다).

미국의 연방정부 데이터 센터군은 WDC의 기능 외에 본래의 업무로서도 많은 연구자에게 데이터를 제공하고 있다. 그 배경에는 연방 정부가 얻은 정보는 국민의 것이므로(군사기밀이나 프라이버시 등의 예외는 있으나) 정부는 국민에게 그것을 제공할 의무가 있다고 하는 미국의 정부관이 작용한 것으로 보인다. 또한, 미국 데이터 센터의 데이터 제공은(최근의 인터넷 제공을 제외하고) 유료인 경우가 많은데, 수수료 정도로서 테이프 등의 기록 매체 비용이거나 직접 데이터를 복제하는데 필요한 계산기 이용비용에 상당하는 정도이다. 데이터 센터가 데이터를 얻기까지의 관측이나 편집 비용은 물론, 데이터 센터의 직원 인건비도 이용자의 부담에서 제외되는 것이 보통이다. 일본의 많은 정부기관과 다른 점은 연구자에의 데이터 제공이 업무로서 자리하고 있다는 점, 소액의 현금을 현장에서 받는 체제가 이루어져 있다는 점이다.

WDC-A 이외에 미국 기상 관계의 데이터 센터로서 또 하나 중요한 기구로 National Center for Atmospheric Research(NCAR)의 Data Support Section이 있다. NCAR은 미국의 대학(사립과 주립)이 연합으로 설립한 법인 UCAR이 정부로부터 국립과학기금(NSF)을 경유하여 예산을 받아 운영하고 있는 공동 이용 연구소이다. NCAR Data Support Section은 해군 기상부와 공동으로 남반구의 기후 격자점 데이터를 작성한(Jenne et al. 1973) 것을 비롯하여 많은 연구자의 수요에 대하여 적극적으로 데이터를 수집하여 제공하였다(Jenne 1975). 그 가운데 계산기간 데이터 교환의 호환성 문제점과 대책도 정리하였다(Jenne and Joseph 1974).

1985년 무렵부터 지구규모 환경변화(미국에서는 global change라고 하는 경우가 많다)가 사회적 문제로서 인식되었다. 이 때문에 데이터 정비를 어떻게 하는가에 대하여 미국에서는 전 기관을 망라한 횡단적인 토론이 진행되었다(Unninayar and Ruttenberg 1990). 여기서 데이터 센터간의 목록 정보를 공통화 할 것, 종래의 전문 분과 이외의 사람도 이해할 수 있도록 도큐멘트를 충실화할 것, 데이터를 장기 보존할 것, 데이터 이용자로부터 데이터 작성자에의 피드백을 촉진할 것 등의 제언이 있었다. 그 후의 발전은 이 때의 토론에서 제언된 것에서 크게 벗어나지 않았다.

2. 계산기의 이용과 격자점 데이터의 작성

제 2차대전 직후 최초의 전자계산기인 ENIAC을 사용한 연구 중에 수치 일기 예보의 기초 연구가 있었다(Nebekker 1995 등 참조). 미국에서는 1955년 무렵부터(실험적이기는 했으나) 일일 수치 예보를 시작하였다. 현재의 수치 예보는 약 1주일 전의 일기 예보에 있어서 최대의 정보원이 되고 있으며 계절 예보에도 중요한 참고 정보로서 이용되고 있다.

수치 예보는 지구를 좌표계의 개념에 의해 등간격의 격자로 구획하여 그 격자점에서의 변수를 다루는 것이 보통이다(다른 표현도 있으나, 그 경우에도 격자점 표현이 병용된다). 예보 모델의 결과는 격자점 값으로 얻어지고, 예보 계산에 필요한 초기 값과 경계 조건은 미리 격자점 값으로 만들어 놓아야 한다. 초기 값은 관측 값을 공간내삽함으로써 만들어지는데, 관측 값이 없는 곳은 그 이전의 예보 결과로 보충한다. 예보 값의 정밀도가 높아지게 되면 관측이 있는 경우에도 예보 값에 일정한 경중률을 주어 병용하게 되었다. 예보 모델을 시간 방향의 삽입 수단으로서 사용한다고 볼 수 있다.

예보의 초기 값을 위하여 만들어진 격자점 데이터는 예보 모델에 의존하는 요소를 포함한다는 것이 결점이나, 영역 전체를 균일하게 커버하는 기상 변수가 얻어지기 때문에 특히 에너지 수지와 물수지에 주목한 기후의 연구에는 매우 유효하였다(增田 1989).

예보용 격자점 데이터의 결점은 실시간으로 전달되지 않는 데이터는 사용할 수 없다는 점, 예보 모델에 대한 개정의 영향을 받기 때문에 경년 단위의 변화를 논할 수 없다는 점인데, 이를 극복하기 위하여 과거로 거슬러 올라가 일정 예보 모델을 이용한 「재해석」도 실시되고 있다.

3. 가시화

온대 일기의 변화가 저기압이라는 구조에 의해 발생한다는 것은 일기도 즉, 기압의 등치선을 중심으로 바람과 일기의 정보를 중첩한 주제도를 만들면서 알게 되었다. 또한, 정성적이기는 하지만 구름의 높이가 보고 됨에 따라 단면도를 만들어 한랭 전선이나 온난 전선의 연직 구조를 알 수 있게 되었다. 라디오 존디 등에 의해 고층 관측이 가능해짐에 따라 기압 혹은 온도분포를 연직 좌표로 나타낸 정량적인 단면도가 만들어 지고, 저기압에 동반한 공기의 움직임을 자세하게 표현할 수 있게 되었다(齋藤 1982).

수치 예보의 결과는 공간 분포를 갖는 격자점 데이터로서 얻어지므로 이것을 일기도와 비교 가능한 형태로 볼 수 있어야 한다. 1970년대까지 계산기의 일반적인 출력 장치였던 라인 프린터로 수치의 분포에 따라 인쇄하는 문자를 바꾸거나 공백을 남기는 방법으로 등치선으로 표시하는 방법이 일반적으로 이루어졌다. 新田 등(1972, 부록 10.1)의 프로그램 예에 이름이 실려 있는 Fortran 서브루틴 CONTMA가 그 일례이다. 1970년대에는 팬을 움직이는 방식의 XY 플로터가 도입되었고, Fortran 브루틴 라이브러리도 정비되었으나 속도나 신뢰도 면에서 볼 때 현실적으론 대량의 도면을 작성하기에는 적절치 못했다. 1980년경부터 래스터형의 프린터가 도입되어 XY 프로터용과 같은 형식의 Fortran 서브루틴을 기동하면 벡터형이 래스터로 변환되어 출력되는 소프트웨어가 도입되게 되었다. 이로부터 일기도 등의 분포도 작성에 대한 기계화가 급속하게 진행되었다.

미국의 NCAR은 1970년대에 데이터의 가시화 기술에 대해서도 선구적 역할을 하였다.

NCAR Graphics로 알려진 Fortran 서브루틴 라이브러리(McArthur 1981)의 정비가 그것이었다. 이것은 선화(線畵)의 기본 루틴과 그것을 기동하는 응용 루틴으로 이루어져 있다.

System Plot Package(S.P.P.)라고 불리던 기본 루틴은 길이를 화면의 크기에 대한 상대적인 비율로서 지정하도록 되어 있었다. 당시의 플로터 루틴은 종이 상의 길이(미국에서는 인치, 일본에서는 cm)를 화면용 출력 루틴에서 화면상의 화소수로 직접 지정하도록 되어 있었고, 이에 비해 S.P.P.에서는 장치가 다르더라도 같은 프로그램에서 작도 가능하도록 되어 있었다. 또한 후에 일반적으로 window-viewport변환이라고 불리게 된「사용자는 길이를 표현대상에 적절한 스케일로 지정하고 도면 작성시에 화면상의 크기로 환산」하는 기능을 이미 적용하고 있었다. 또한 S.P.P. 자체는 도형 정보를 출력 장치에 의존하지 않는 metacode라는 형식의 파일로 기록하고, 별도의 프로그램으로 Metacode를 읽어 출력 장치에서 작도하도록 만들어진 것이었다. 이와 같은 구성에는 다음과 같은 이유가 있다. NCAR은 기상・기후 관계의 전국 공동 이용 계산기센터의 역할을 하고 있었으므로 원격지로부터의 이용이 많았다. 당시 원격 단말기간의 정보교환은 문자만이 가능하였으며 작도 결과는 마이크로핏슈로 우송하는 것이 일반적이었다. Metacode는 원래 마이크로핏슈 출력 장치용의 파일 형식이었으므로 종이나 화면상에서의 크기는 의미가 없는 것이었다.

응용 루틴의 주요 기능은 등치선이나 벡터형 화살표 표시 등 수량 분포를 작도하는 것이다. 등치선 등을 지도에 중첩시키는 것이 가능하나 이 경우 이용자가 소스 프로그램을 부분적으로 변경할 필요가 있다.

1985년까지의 NCAR Graphics는 public domain 소프트웨어였으며 소스 프로그램은 무료 혹은 수수료만을 받고 널리 배포하고 있었다. 동경대학에서는 中村 一씨(현재 기상청 기상 연구소)가 1981년에 NCAR로부터 프로그램을 가지고 돌아와 萬納寺信崇씨(현재 기상청)와 增田와 합류하여 동경대학 대형계산기 센터의 대형 계산기에 이식하였다. 이것은 계산기센터의 프로그램 라이브러리「NCAR」로서 공개되어 있다(增田・中村・萬納寺 1990). 이 버전에서는 metacode를 작성하는 대신에 출력 루틴을 기동하여 작도하도록 하고 있다. 또한 동경대학에서의 수요에 응하여 등치선을 지도에 중첩시키는 기능을 부가시켰다.

1986년 이후의 NCAR Graphics에 대하여는 이후의 항목(Ⅵ-3)에서 논하기로 한다.

V 왜 많은 기후학자들이 GIS를 사용하지 않는가?

1. 데이터의 공간 구조의 특징

기후학에서 사용하는 데이터의 대부분은 숫자형태이고 더욱이 공간과 시간 좌표의 연속 관수인 것을 알 수 있다. 또한, 그 수평 방향의 공간 구조는 불규칙하게 분포하는 지점상의 값(이하, 관측점 데이터라고 한다)이거나 임의의 지리 좌표계에서 등간격의 2차원 격자점 또는 대량의 격자점상의 값(격자점 데이터라고 한다)이 대부분이다. 지도상의 꺾은 선 혹은 다각형 내부에 대응하여 값을 가지는 데이터는 많지 않다. 따라서 벡타형 GIS를 사용하는 장점은 없다(단, 기후학의 과제에서도 유역이나 식생을 취급하는 경우도 있으므로 이 경우에는 유효할 수 있다).

2. 시간 방향의 건수가 많다

격자점 데이터 구조는 래스터형 GIS에 적당하기는 하나 기후학에서는 많은 시점의 데이터를 동시에 취급할 필요가 있다. 특히 기후를 메커니즘적으로 고려하기 위하여 기상 현상의 구조를 관찰하고자 하면 풍속이 10 m/s 정도라고 할 때 공간 스케일 1,000 km의 스케일에 대하여는 매일, 100 km의 스케일에 대하여는 매시간의 데이터를 고려하여야 한다. 더욱이 단독 사례 연구가 아니라 귀납적으로 논의하고자 한다면, 1,000개 이상의 시간 단면을 통계 처리로 해결할 수 있는 상태가 준비되어야 한다.

구체적으로 예를 들면 기상청에서 작성되어 기상업무 지원센터로부터 유료로 배포되고 있는 레이더 아메더스 해석우량 래스터 데이터는 약 5 km 간격의 위도 경도 격자의 매쉬 강수량을 담고 있다. 4년 분량이 압축되어 한 장의 CD-ROM에 담겨 있는데 화소수가 동서 352, 남북 444이고 시각의 개수는 35,064에 상당한다.

기후학에서는 이와 같이 대량의 데이터를 단시간에 보거나 혹은 통계 처리에 대한 수요가 있기 때문에 다기능이면서 복잡한 GIS의 입출력 기능보다도 후에 기술할 GrADS로 대표되는 바와 같이 디스크 파일상의 위치가 데이터의 시공간 좌표로부터 간단하게 계산될 수 있도록 하여 직접 읽어내는 방식이 바람직하다. 현재 많은 GIS에서는(뒤에 기술할 GMT도 마찬가지이지만) 데이터를 2차원 공간에 분포하는 변수의 레이어로서 갖고 있고, 그것을 조합하여 연산하고 있어, 이것으로는 기후 데이터의 해석에 필요한 시간축상의 통계 처리를 효율적으로 실시하는 것이 어려운 실정이다.

물론, 예를 들어 월평균, 연평균치가 유효한 과제라면 각 변수에 대한 12매의 레이어가 있으면 되므로 현행의 래스터형 GIS가 활약할 수 있을 것이다. 실제로 미국의 NOAA의 National Geophysical Data Center에서 편집된 Global Ecosystems Database라는 CD-ROM에는 식생 등과 함께 기후 데이터도 래스터형으로 수록되어 있고 그 형식은 GRASS(미국 육군 연구소에서 개발한 public domain의 GIS)나 Idrisi(미국의 Clark대학에서 개발한, 값싼 상품의 GIS)를 사용할 수 있도록 한 것이다.

Ⅵ 기상 데이터의 가시화 도구

1. 요구되는 기능

대기가 갖는 수량은 위도, 경도, 높이(기압), 시간이라는 4차원의 시공간에 분포하지만 널리 사용되는 표현은 그 가운데 두 개의 차원을 양축으로 한 2차원 분포도이다. 단, 도면의 축으로 취하지 않은 좌표축에 대하여는 평균 등의 통계 조작을 하는 경우가 많다. 구체적인 사례는 廣田(1999)을 참조하기 바란다.

기후학에 있어 우선적으로 필요한 소프트웨어는 이와 같은 2차원 분포의 도면 작성을 적은 노력으로 다수 실행할 수 있는 것이어야 한다. 많은 수의 단면을 같은 형식으로 작성하는 작업이 많기 때문에 일괄 처리(대화형이 아닌 무인 상태에서 계산기를 작동시키기 위한 처리)가 필수라고 할 수 있다. 또한 도면 작성에서는 결측(데이터 결손)을 고려할 필요도 있으며 이론과 수치 모델을 위해 만들어진 가시화 소프트웨어만으로는 불충분한 경우가 많다.

기후학에서 3차원 그래픽으로 알려진 견취도, 투시도, 입체시용의 도면 등 기술에 대한 우선순위는 낮은 편이다. 이것은 대기가 연속체이고 시선 방향의 어떤 거리 대상에 주목하면 좋을까가 확실하지 않기 때문이다. 변수의 공간 미분이 대부분이고 근사로서 불연속으로 보이는 경우, 예를 들어 전선면이나 적운의 외형을 보는 경우에는 3차원 그래픽 기술이 유효한 경우도 있다.

또한 가시화는 평균치와 그 편차의 계산 등의 통계조작에 의해 실행하는 경우가 많다. 후에 기술할 GrADS는 가시화와 통계조작 양쪽을 주요 기능으로 하는 소프트웨어이다. 가시화에 Fortran 서브루틴을 사용하는 경우에는 통계조작은 같은 메인 프로그램 중에서 그래픽과는 별도의(대부분의 경우 自作) 서브루틴을 기동하여 실행하는 경우가 많다.

통계조작으로서 이상치(주목해야 하는 현상 또는 데이터의 오류)의 검출을 위해 데이터 모두를 검사하는 것도 필요하나 이것을 지원하는 범용적 소프트웨어는 찾아보기 어렵다. 현재로서는 이하에서 열거한 프로그램에 의한 가시화와 자작 프로그램에 의한 가공을 통해 작업할 필요가 있다.

2. 가시화용의 소프트웨어

표 1은 필자가 사용한 경험이 있는 소프트웨어의 특징을 정리한 것이다. 이 가운데 gnuplot는 지리정보를 위한 것은 아니지만 그래프의 작성에 널리 사용되는 프리 소프트웨어이다.

표 1 기후 데이터의 가시화에 사용되는 소프트웨어의 특징 비교

소프트웨어	좌 표					데이터 형식		화면 (x)		프린터	프로그래밍
	구면위도경도	타원체위도경도	일반의 x y	연직	시간	래스터	벡터	정지화	동화	Post Script	
gnuplot	×	×	○		일시	텍스트 바이너리 可	텍스트	○	?	○	전용 스크립트
GMT	○	○	○			net CDF	텍스트	×	×	○	Shell 스크립트
GrADS	○	×	?	기압	일시	바이너리(보조 정보는 텍스트)	바이너리(점 데이터만)	○	○	간접	전용 스크립트
NCAR Graphics	○	×	○			(Fortran, C의 배열변수)		○	○	간접	Fortran, C (GKS)
지구유체전뇌 라이브러리	○	×	○			(Fortran의 배열변수)		○	○	○	Fortran

3. NCAR Graphics

NCAR Graphics는 1986년에 크게 변경되었다. 그래픽스의 기본 루틴 사양으로서 ISO(국제 표준화 기구)의 표준이 된 GKS(Graphical Kernel System, ISO 7942 : 1985년; 프로그램 언어로부터의 기동 방식은 ISO 8651: 1988년)를, 또한 도형정보 파일의 사양으로서 같은 CGM(Computer Graphics Metafile, ISO 8632 : 1987년)을 채용하였다. 기능면에서의 중요

한 변화는 線畵와 더불어 다각형의 색 표현이 가능하게 된 점, Fortran과 더불어 C언어로도 사용할 수 있게 된 점 등이다.

이 후의 판은 저작권이 UCAR에 있다는 것이 명기되고 라이센스가 유료화 되었다. 레이건 정권의 「작은 정부」정책으로 UCAR에의 정부 지원이 감소된 것이 배경이 된 것으로 보인다. 이는 불행한 일이었다고 생각한다. 분명히 당초의 UCAR Graphics는 라이센스를 구입할 가치가 있는 것이었다. 그러나 한편으로는 영리 기업에 의해 AVS 등의 소프트웨어 상품이 개발되고 적극적인 영업 활동에 의해 보급되었다. 한편 GNU로 대표되는 프리 소프트웨어가 지위를 확립하였으며 그 중에는 뒤에 서술할 가시화의 도구도 있었다. 개발 중도에 상품화된 NCAR Graphics는 양측으로부터 사용자 층을 잠식당해 진화가 중단되었다고 생각된다. GKS나 CGM이 ISO의 표준이 되었음에도 불구하고 그리 널리 사용되지 못한 것도 불행한 일이기는 하지만, 이 점은 적어도 NCAR Graphics 자체가 더 보급되었다면 사정은 바뀌었을 것이라고 생각된다.

최근 NCAR Graphics(버전 4.2)의 주요 부분은 프리가 되었다. 여기에 부가 가치를 더한 상품도 있다. 홈페이지 http://ngwww.ucar.edu/ 참조.

4. 지구유체 전뇌(電腦) 라이브러리

지구유체 전뇌 클럽은 일본의 기상학 · 해양 물리학 등의 연구자 단체이다. 출범에서 1995년까지의 경위를 林(1995)이 정리하고 있다. 최근의 정보는 홈페이지 http://www.gfd-dennou.org/에서 얻을 수 있다. 지구유체 전뇌 라이브러리는 이 단체에서 만든 소프트웨어를 가리키는 것으로 표 1에는 그래픽용의 Fortran 서브루틴 라이브러리에 한정하여 특징을 들었다.

제작자들이 원래 NCAR Graphics의 이용자였기 때문에 이 라이브러리의 기능은 NCAR Graphics와 공통되는 부분이 많다. NCAR Graphics 프로그램의 디자인이 오래된 것과 새로운 것이 혼재되어 있어 알아보기 어려워 내용을 잘 이해할 수 있도록 도구를 정비하고자 하는 취지에서 개발되었다.

또한 표 1에는 없지만 격자점 데이터를 일정 체계로 보관하고 평균 조작 등의 연산과 가시화를 실행하는 소프트웨어 「gtool」도 개발되어 있다. 이 기능은 GrADS에 가까운 것이라고 할 수 있다. 또한 지구과학 관련 데이터를 논리적 구조와 연산 · 가시화의 도구를 정비하는 「Davis」프로젝트도 진행 중에 있다(앞의 URL 참조).

5. GrADS(Grid Analysis and Display System)

기상 데이터의 도화와 간단한 통계 처리를 특화한 소프트웨어이다. 미국의 메릴랜드주에 있는 COLA(Center for Ocean-Land-Atmosphere Interactions)라는 연구소의 기술자인 Brian Doty씨가 만든 프리 소프트웨어이다. 정보는 COLA 홈페이지 http://grads.iges.org/에 있다. 소프트웨어 자체도 여기에서 찾을 수 있는 어드레스로부터 ftp로 얻을 수 있는데, 일본에서는 북해도대학에 있는 미러 사이트 ftp://ftp.eos.hokudai.ac.jp/pub/Geo/grads/가 편리하다. 대부분 Unix상의 X Window로 운용되는데, MS Windows상의 X Window로 운용되는 판과 PC DOS판이 있다.

주요 조작 대상은 4차원 격자점 데이터로서 시공간 좌표가 x=경도, y=위도, z=기압, t=일시(연 · 월 · 일 · 시 · 분)로 정해져 있다. 이러한 좌표의 선택을 보더라도 기상 데이터를 특화하고 있음을 알 수 있다. 파일 형식은 주로 수치를 순차로 나열한 단순한 형식의 바이너리 파일(그 밖에 WMO에서 결정한 GRIB이라는 기상 격자점 데이터 전용의 형식 등)로서, 그 변수명이나 격자점 수 · 좌표 값 등에 대해서는 보조용 텍스트 파일에 기록하고 있다.

관측점 데이터를 취급할 수는 있지만 표시 기능도 격자점 데이터와의 상호 변환 기능도 최소한의 기능만을 가질 뿐이다. 관측점의 위치는 매 시각 달라도 무방하나 지점망이 같아도 매 시각 위도 경도 정보를 부여해야만 한다(강연 요지(增田 2000)를 적은 시점에서는 이 기능에 대하여 오해하고 있었다. 이 기회에 정정하고자 한다).

독자적인 컴멘드 언어를 가지고 있으며 미리 처리순서를 정하여 일괄 처리(Batch)할 수도 있다.

그래픽스는 화면 표시가 주된 목적이고 고속 애니메이션이 가능한 것이 특징이다. 종이 상의 출력은 중간 파일을 생성하고 부속 프로그램에서 PostScript형식으로 변환할 수 있다. 색분할은 컬러 혹은 농담 표시만 가능하여 저급하고 흑백의 인쇄원도에는 적당하지 않다.

격자점 데이터를 조합한 연산이 가능하다. 단, 격자의 좌표 값이 같을 때에만 가능하다. 다른 격자에의 내삽에 대해서는 사용자 정의 관수라는 기능을 이용한 예문은 있으나 범용화되어 있지는 않다.

6. GMT(Generic Mapping Tools)

지구상에 분포하는 수량 데이터의 작도를 주요 기능으로 하는 프로그램 패키지이다. 지리좌표에 한정되지 않은 일반 데이터의 그래프를 작성하는 기능을 갖고 있다. Paul Wessel(하와이대학), W.H.F. Smith(NOAA위성 측지부분) 두 사람(두 사람 모두 고체지구물리학자)이 만든 프리 소프트웨어이다(Wessel and Smith 1991, 1998).

정보는 홈페이지 http://www.soest.hawaii.edu/gmt/에 실려 있다. 소프트웨어 자체도 홈페이지로부터 ftp를 이용해 얻을 수 있지만 일본에서는 북해도대학에 있는 미러 사이트 ftp://ftp.eos.hokudai.ac.jp/pub/GMT가 편리하다.

Unix용이지만 MS Windows상에서도 「CygWin」(GNU 소프트웨어를 Cygnus사가 Windows용으로 무료로 제공하고 있음)상에서 컴파일하면 동작한다. 비교적 단순한 기능의 명령어들로 구성되어 있으며 사용자는 이것을 불러내는 Unix의 쉘스크립트를 사용하여 복잡한 도면을 작성하는 것이 가능하다.

취급하는 지리데이터는 2차원 격자점 데이터와 벡터 데이터이다. 격자점 데이터의 좌표는 x＝경도, y＝위도이며 등간격인 것으로 한정된다. 데이터를 공간좌표의 연속관수로 가정하고 있는 부분이 있지만 개정을 계속함에 따라 명의형 변수(분류 코드 등)로서 취급되는 부분도 늘어났다. 격자점 데이터의 파일형식으로는 UCAR의 Unidata 프로젝트(NCAR과는 다름)를 통해 개발된 「netCDF」형식을 채용하고 있다. 벡터 데이터는 점, 선, 면(다각형)을 취급하는 것이 가능하나 arc-node 구조가 아닌 단순한 점의 열로서 취급한다. 파일의 형식은 텍스트 파일이다. 또한, GMT시스템 내에서는 해안선 등의 데이터에 한해 arc-node 구조를 갖게 함으로써(파일 형식은 netCDF) 바다 또는 육지를 색으로 표현하는 것이 가능하다.

작도는 PostScript 형식의 파일을 출력하면 되고 그래픽 장치를 따로 조작할 필요가 없다. 기종 의존성이 낮은 것이 장점이고 화면표시는 GMT 외의 ghostscript 등의 소프트웨어를 사용하게 된다. 애니메이션을 제작할 경우 PostScript 파일을 만들고 이것을 별도의 소프트웨어에서 동화 파일로 변화시키는 과정을 거쳐야한다. 종이에 한하여 출력한다면 지도에 그치지 않고 일반 그래프의 정서용으로도 적당하다. 색과 모양에 의한 채색 구분도 가능하고 문자의 위치나 크기의 조절도 세밀하게 가능하므로 흑백, 컬러 양쪽의 인쇄 원도도 만들 수 있다.

GMT는 작도 기능 이외의 별도 프로그램으로서 격자점 데이터를 조합한 연산이나 관측점으로부터 격자점에의 내삽 기능도 가지고 있다. 단, 위도 경도의 2차원을 취급하는 것일 뿐이므로 공간 분포와 시간 좌표를 갖는 데이터 처리에 대해서는 Fortran, C, awk 등에 의한 프로그래밍을 병용할 필요가 있다.

7. GIS 소프트웨어의 자리매김

현재의 GIS 소프트웨어가 GrADS를 대신하여 대량 기상 데이터를 고속으로 보려는 수요를 충족할 수는 없을 것이다. 그러나 컴멘드 언어를 갖는 일괄 처리가 가능한 GIS라면 GMT가 가지고 있는 용도의 대부분을 만족시킬 수 있을 것이다.

단, 교육 현장에서 머지않아 졸업할 학생들에게 기술을 습득시키기 위한 선택으로서는 같은 정도의 효율이라면 GIS 소프트웨어의 전용 컴멘드 언어보다는 범용의 쉘스크립트나 프로그램 언어가 의의가 있다고 본다. GIS 소프트웨어를 도입하고자 한다면 무료이거나 개인이 부담없이 살 수 있는 가격으로, 졸업해서도 계속해서 쓸 수 있는 것이어야 하며 사용자층이 두텁고 외부 조직과의 노하우를 교환할 수 있을 것 등이 전제가 된다. 연구 기관에서도 사람의 이동이 빈번한 경우는 이와 같은 것을 전제로 한다.

Ⅶ 고기후학의 특징

坂元 등(1998)은 고기후학을 위한 지리정보시스템의 프로터 타입 구축을 시도하였다. 이 경험을 토대로 고기후학 지향시스템의 요건을 간단히 서술한다.

고기후학의 관측 데이터 대부분은 화석의 유무나 종류로 대표되는 정성적 변수이다. 그러나 이론이나 수치 모델로부터 얻어진 정보는 현대를 대상으로 하는 기후학과 마찬가지로 정량적 물리 변수이다. 이 양쪽을 다룰 필요가 있다.

고기후학에서는 동일하다고 간주되는 시각 사이의 간격이 불균일하고, 게다가 연구의 진전과 함께 그것이 변할 가능성이 있다. 그리고 지도로 말하자면 基圖에 해당하는 육지와 바다 분포 변화를 고려할 필요가 있다. 특히 수천만 년 이상의 시간 스케일을 다루는 경우 대륙 이동에 따른 위도 경도의 변화를 계산에 넣어야 한다. 이 변환도 연구의 진전과 함께 개정될 가능성이 있으므로 데이터에는 현재의 위치에 대응시키고 변환하여 과거의 위치를 표시할 수 있도록 해 둘 필요가 있다.

Ⅷ 앞으로의 전망

1. 4차원 GIS

GIS가 기후를 본격적으로 결합시킨 지리 해석의 도구가 되기 위해서는 GrADS의 기능을 겸비할 필요가 있다. 또한, 격자점 데이터뿐 만 아니라 4차원 시공간 중에 불규칙하게 분포하는 관측점 데이터를 다루고, 그것과 격자점 데이터와의 비교·연산이 가능하여야 한다.

2. 다차원 산포도 해석 시스템

Cleveland (1985)는 다변량 데이터 가시화의 기본은 2가지씩 총 해당 산포도를 만드는 「산포도 행렬」(scatterplot matrix)이라고 하였다. 또 행렬을 구성하는 임의의 산포도에서 점의 집합을 지정하면 다른 산포도상에서 대응하는 점이 마크되어 표시되는 「brushing」기능이 유효하다고 주장하였다.

기후 데이터도 대부분의 경우 다변량 데이터이다. 예를 들어 기상 위성 NOAA AVHRR센서로부터 같은 장소에 대한 5개 파장대의 방사휘도 값을 얻을 수 있다. 지표면 상태를 분류하는 경우에는 이것을 5차원 공간에 분포하는 점으로 간주하고 공간상의 거리를 평가하기도 한다. 여기에 위도, 경도를 첨가하여 7차원 공간상의 점으로도 간주할 수 있을 것이다. 7개의 축 중 임의의 2개(예를 들어 가시와 근적외의 휘도)에 대한 산포도상의 점을 지정하고 다른 축의 조합(예를 들어 위도와 경도)상에선 어떤 곳에 위치할 것인지를 간단히 볼 수 있게 된다면, 사람이 데이터로부터 유효한 정보를 추출하는 것이 크게 수월해질 것이다. 데이터 축의 조합 연산을 실행하여 새로운 축을 설정하는 것이 가능해진다면 더 좋을 것이다.

3. 다차원 퍼지 구간 연산

정성적 변수, 예를 들어 「어떤 종류의 생물이 생존 가능할 것」은 정량적 변수의 구간과 관계가 있다고 할 수 있다(阪元・增田 1999). 여기서 말하는 구간은 다차원 즉, 복수의 정량적 변수를 축으로 하는 공간상의 다면체와 같은 것일지도 모른다. 결국, 대부분의 GIS 소프트웨어에는 정성적 변수 레이어간의 논리 연산 기능이 있지만 이것을 조합한 수량 데이터의 부등식을 처리하는 기능이 구비되어야 할 것이다. 경우에 따라서는 구간의 한계를 엄밀히 하지 않고 범위를 갖는 즉, 퍼지 논리를 도입해야 할 경우도 있을 것이다.

4. 데이터베이스 시스템의 혁신

현재 데이터베이스 형식의 표준이라고 불리는 것으로 데이터를 정규화된 형식의 표의 집합으로 관리하는 관계형 데이터베이스 관리시스템(RDBMS)이 있다. 기후 데이터를 RDBMS로 관리하고 있는 예로서는 스위스 국립 공과대학 기후학 교실의 Global Energy Blance Archive(GEBA, Gilgen and Ohmura 1999)가 있다(지도에 의한 표시나 지점 선택의 기능은 있으나 GIS가 쓰이지는 않았다).

필자의 경험이 부족함에도 불구하고 주관적 감상을 적어 본다면, 지금 세상에 나와 있는 RDBMS는 기후 데이터의 산만함과 간과를 막는 효용은 있으나 그 이외의 측면에서는 해석의 효율에 기여하지 못하고 있는 것 같다. 구체적인 문제점에 대하여는 RDBMS의 개념적 한계인지 장비상의 문제인지 확실하지 않으므로 여기서는 다루지 않는다. 향후 데이터베이스 기술의 발달을 기대하고자 한다.

이 글은 일본 지리학회 심포지움에서 발표한 내용(增田 2000)에 東京都立대학 이학부 지리학과에 재직 중「지리정보학」외 수업에서 다룬 것의 일부를 포함하여 재구성한 것이다.

참고문헌

斎藤直輔 1982.『天気図の歴史——ストームモデルの発展史——』東京堂出版.

坂元尚美・増田耕一 1999.気候化石：古気候における理論値と観測値の同一基準化. 科学 69:790-793.

坂元尚美・鈴木智恵子・増田耕一 1998. 化石データベースによる古気候復元の試み. 情報地質 9:13-18.

新田　尚・大林智徳・近藤洋輝・遠藤昌宏・菊池幸雄・岩嶋樹也 1972. 気象力学に用いられる数値計算法. 気象研究ノート（日本気象学会), 110号.

林　祥介 1995. 地球流体電脳倶楽部（GFD-DENNOUclub）——大学現場でのインターネット・情報計算環境の発展史と問題点を交えて——. 天気 42:545-558.

廣田　勇 1999.『気象解析学——観測データの表現論——』東京大学出版会.

増田耕一 1989. 大気データの4次元同化による気候系の解明. 日本の科学と技術 30(No. 255):54-59.

増田耕一 2000. 気候学とGIS. 日本地理学会講演要旨集 57:62-63.

増田耕一・中村　一・万納寺信崇 1990.『図形出力ライブラリ NCARG 利用の手引（第2版)』東京大学大型計算機センター.（筆者から提供可能)

Unninayar, S. and Ruttenberg, S. eds. 1990, 増田耕一訳 1993.『地球変化研究のためのデータマネジメントに関する学際討論会の報告』(訳). 重点領域研究「近代化による環境変化の地理情報システム」GIS 技術資料 4,（No. 3と合本. 筆者から提供可能)

Clare, F., Henderson, L., Henderson, S., Horner-Miller, B., Humbrecht, J. and Kennison, D. 1986. The NCAR GKS-Compatible Graphics System. *NCAR Tech. Note* TN-267+IA. Boulder, CO, USA: National Center for Atmospheric Research. (NCAR SCDから有料配布)

Cleveland, W.S. 1985. *Elements of Graphing Data*. Wadsworth.（現在はChapman and Hall 発行).

Fleming, J.R. 1998. *Historical Perspectives on Climate Change*. New York: Oxford Univ. Press.

Gilgen, H. and Ohmura, A. 1999. The Global Energy Balance Archive. *Bull. Amer. Meteorol. Soc*. 80: 831-849.

Jenne, R.L. 1975. Data Sets for Meteorological Research. *NCAR Tech. Note* TN-111+IA. (NTIS #PB246564)

Jenne, R.L., Crutcher, H.L., van Loon, H. and Taljaard, J. 1973. A Selected Climatology of the Southern Hemisphere: Computer Methods and Data Availability. *NCAR Tech. Note* TN-92+STR. (NTIS #N74-31857)

Jenne, R.L. and Joseph, D.H. 1974. Techniques for the Processing, Storage, and Exchange of Data. *NCAR Tech. Note* TN-93+STR. (NTIS #PB93-229078)

McArthur, G.R. 1981. An Introduction to the SCD Graphics Systems. *NCAR Tech. Note* TN-161+IA. (NTIS #PB94-101995) (TN-165, 166, 174も当時のNCAR Graphicsのマニュアルを構成するものである.)

Nebekker, F. 1995. *Calculating the Weather: Meteorology in the 20th Century*. Academic Press.

TN-267+IA. Boulder, CO, USA: National Center for Atmospheric Research. (NCAR SCDから有料配布)

Cleveland, W.S. 1985. *Elements of Graphing Data*. Wadsworth. (現在はChapman and Hall発行).

Fleming, J.R. 1998. *Historical Perspectives on Climate Change*. New York: Oxford Univ. Press.

Gilgen, H. and Ohmura, A. 1999. The Global Energy Balance Archive. *Bull. Amer. Meteorol. Soc*. 80: 831-849.

Jenne, R.L. 1975. Data Sets for Meteorological Research. *NCAR Tech. Note* TN-111+IA. (NTIS #PB246564)

Jenne, R.L., Crutcher, H.L., van Loon, H. and Taljaard, J. 1973. A Selected Climatology of the Southern Hemisphere: Computer Methods and Data Availability. *NCAR Tech. Note* TN-92+STR. (NTIS #N74-31857)

Jenne, R.L. and Joseph, D.H. 1974. Techniques for the Processing, Storage, and Exchange of Data. *NCAR Tech. Note* TN-93+STR. (NTIS #PB93-229078)

McArthur, G.R. 1981. An Introduction to the SCD Graphics Systems. *NCAR Tech. Note* TN-161+IA. (NTIS #PB94-101995) (TN-165, 166, 174も当時のNCAR Graphicsのマニュアルを構成するものである.)

Nebekker, F. 1995. *Calculating the Weather: Meteorology in the 20th Century*. Academic Press.

chapter 3

수문학과 GIS

杉盛啓明

I 들어가며

수문학에서는 「어디에 얼마만큼의 물이 존재하는가」라는 물의 공간 분포의 파악과 「물은 어떻게 이동하는가」라는 물 순환 프로세스의 해명이 중요하다. 물의 행성이라고 일컬어지는 지구에서 생활하는 인간에게 있어서 이러한 과제는 살아가기 위한 근본에 관한 것이라고 해도 과언이 아닐 것이다.

그러나 막상 그 실태를 파악하려고 하면 여러 가지 문제에 직면한다. 예를 들어 대기 중이나 지하에 존재하는 물은 시각적으로 그 상태를 확인하는 것이 어렵다. 관측 기재를 이용해야 비로서 정량적 데이터를 취득하는 것이 가능하다. 또한, 집중 호우나 그에 동반한 홍수의 경우에는 단시간에 대량의 물이 이동하기 때문에 현상을 상세하게 파악하려면 시공간적으로 고밀도인 관측이 필요하게 된다.

이와 같은 현지 관측 방법론의 확립과 그에 따른 지점 관측 데이터의 축적은 수문학의 발전을 지지해 온 연구 기반이라고 할 수 있다. 그러나 물의 공간 분포나 물 순환 프로세스에 대하여 더욱 이해를 높이기 위해서는 그것을 실제로 재현하는 것과 같은 새로운 방법론이 필요하다.

이와 같은 기대에 부응하기 위한 툴로서 수문학에서는 GIS의 적용을 서두르고 있다. 그러므로 본 장에서는 그러한 연구 성과에 대해 소개하고 수문학에 있어서의 GIS의 유효성에 관하여 살펴보고자 한다. 여기서는 GIS를 광의의 측면에서 다루고자 하며 리모트센싱이나 GPS(Global Positioning System)도 포함한 지리정보처리를 위한 기술 체계 전반을 다루고자 한다.

II 수문학 연구스타일과 GIS

한마디로 수문학이라고 해도 대상이 되는 공간 스케일에 따라서 연구스타일이 달라진다(그림 1). 예를 들어, 산지 유역 사면의 수문 현상의 해명에 중점을 두는 사면 수문학(hillslope hydrology)에서는 연구자 자신이 현지를 관측하여 데이터를 수집하는 스타일이 주류를 이룬다. 한편, 복수의 하천 유출 특성을 비교하는 경우에는 공공기관 등에 의해 조직적으로 수집·정비된 데이터 세트(예를 들어 유량 연표)를 이용하는 것이 유효한 수단일 것이다. 그리고 더욱 광역적으로 물의 공간 분포를 파악하기 위해서는 항공기나 인공위성에 의한 리모트 센싱이 적합하다.

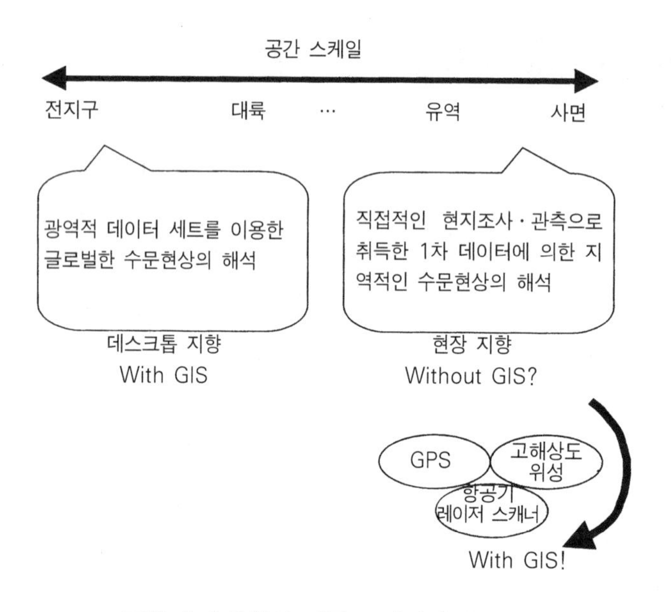

그림 1 수문학의 연구 스타일과 GIS

각각의 방법은 어떤 방법이 우수하다고 단정하여 말할 수는 없는 것이며 연구 목적에 따라 선택해야 하는 것으로써 GIS와의 관계라는 관점에서 볼 때, 이제까지는 리모트센싱 데이터를 이용한 글로벌한 수문 현상의 해석에 이용되는 기회가 많았었다. 그 이유는 리모트센싱 데이터가 디지털 공간 데이터로서 즉시적으로 GIS에서 해석되는 것에 반하여, 지점 관측 데이터는 위치에 관한 정보가 디지털화된 상태에서 축적되지 않았기 때문이다.

그러나 최근에는 국토지리원의 전자 기준점 데이터 제공 서비스와 같은 GPS를 이용한 정보 기반의 정비(今給黎 1999)나 IKONOS를 비롯한 고해상도 위성의 발사, 항공기 레이저 스캐너에 의한 3차원 계측(秋山 2000; 高橋 2000; 田村・高槻 2000) 등 높은 위치 정밀도와 공간 해상도를 갖는 공간 데이터를 취득하는 기술이 급속히 진보하고 있다. 따라서 이러한 공간 데이터를 GIS로 해석함으로써 산지 소유역과 같은 지역적인 공간 스케일에 대해서도 지금까지 보다 상세한 수문 현상의 파악을 기대할 수 있게 되었다.

Ⅲ 수문량의 공간분포 추정

1. 지점 관측 데이터의 보완

이미 서술한 바와 같이 수문학의 기초 데이터는 지점 관측으로 얻어지는 경우가 많다. 이와 같이 공간적으로 이산적인 데이터로부터 연속적인 공간 분포를 추정하기 위한 몇 가지 보완법이 고안되었다(그림 2).

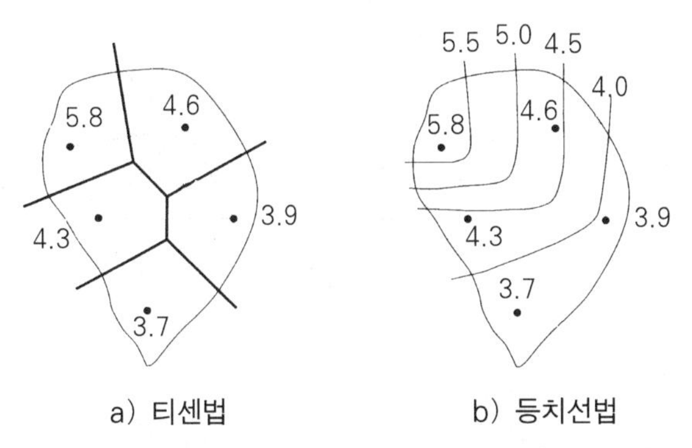

그림 2 이산적 관측 데이터의 보간에 의한 유역내 공간 분포의 추정

이러한 처리를 종이 상에서 수작업으로 할 경우에는 많은 노력이 필요하나 GIS를 이용하면 보다 짧은 시간에 처리할 수 있다. 예로서 비교적 관측망의 정비가 잘 되어 있는 강수량에 대한 구체적인 예를 살펴본다.

일본 국내에는 기상청의 아메다스 관측 지점으로서 전국적으로 약 1,300개소가 지정되어 있다. 이 관측 데이터는 재단법인 기상업무 지원센터로부터 CD-ROM으로 입수할 수 있으므로 GIS에 적용하는 것도 비교적 간단하다. 그림 3은 실제로 다음과 같은 처리를 하여 여러 시점에서의 강수량 분포를 추정한 결과이다.

(1) CD-ROM에 수록되어 있는 데이터로부터 위치 정보(경・위도), 관측소 번호, 관측치(시간 강수량)를 레코드에 기록 하는 형식의 파일로 포맷 변환한다.
(2) (1)의 파일을 포인트 데이터로서 GIS에 적용시킨다.
(3) 포인트로부터 TIN(Triangulated Irregular Network)을 생성시킨다.
(4) TIN으로부터 그리드로 변환시킨다.

이와 같이 이산적인 관측 데이터를 기반으로 하여 공간 분포를 추정하는 경우에는 GIS가 유효한 도구가 될 수 있다. 원칙적으로는 지점 관측으로 얻어진 관측치는 어디까지나 관측 지점 주변의 상태를 나타낼 뿐이다. 수문 현상이 반드시 연속적인 추이를 보인다고는 할 수 없고, 결정적으로 변화하는 경우도 많으므로 어느 정도의 정밀도로 지점 관측을 해야 공간 대표성이 있는 데이터를 얻을 수 있는지를 별도로 규명해야 할 필요가 있다. 이 점에 대해서는 原田・高木(1988), 渕上 등(1993)에 의해 검토가 이루어졌으나 이후에도 계속적인 논의가 필요하다.

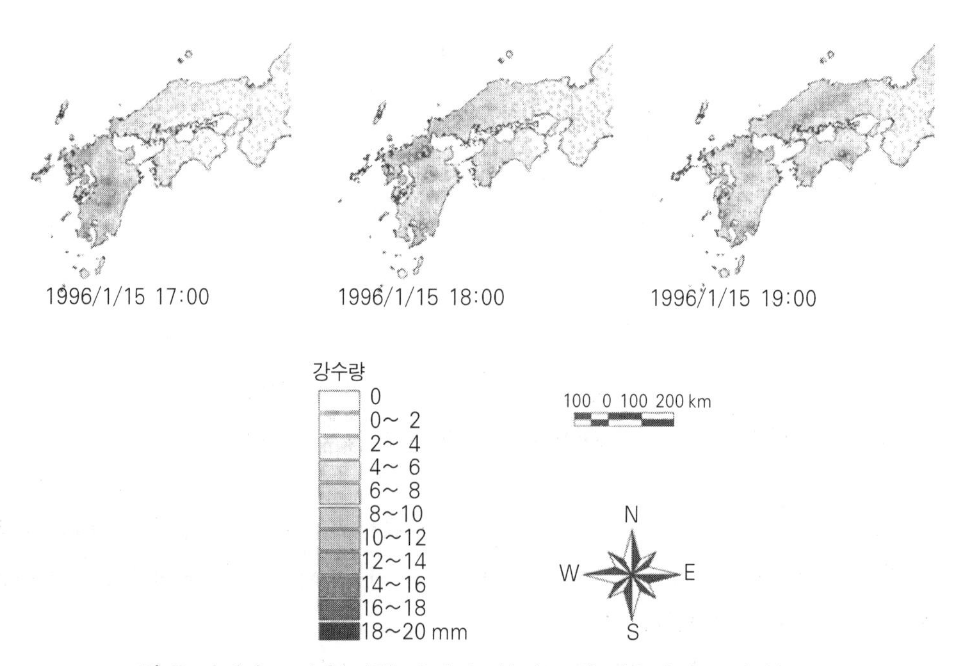

그림 3 아메다스 관측 지점 데이터로부터 구한 강수량의 공간 분포

2. 레이더 강우 관측

강수량 관측은 최근 레이더 우량계에 의한 관측이 주목을 받고 있는데 기상청은 전국 20곳에 건설성은 전국 23곳에 관측 지점을 운영하고 있다. 레이더 우량계의 장점은 강우역의 이동이나 성장을 시간적 공간적으로 연속하여 파악할 수 있다는 점인데 수 시간 후의 강우 예측에 이용되고 있다(山田 1997, 1999).

단, 레이더 우량계로부터 얻어진 강우 강도는 그대로는 지상의 강수량에 대한 오차가 크기 때문에 소정의 보정이 필요하다. 山田(1999)은 레이더 관측으로 얻어진 레이더 반사 인자 Z와 강우 강도 R과의 관계식 $Z = BR^{\beta}$(B, β : 강우환산정수)의 B, β의 동정방법이 오차 원인의 하나라고 보고 지상에서 계측한 우적 입경 분포를 바탕으로 이러한 정수 값을 수정하여 정밀도의 향상을 실현하고 있다. 또한, 기상청이 제공하는 「레이더・아메다스 해석 우량」은 아메다스 관측 지점 데이터와의 합성에 의해 보정된 데이터로서 사방 약 5 km 간격으로 강수량을 추정하고 있다(山本 2000).

3. 리모트센싱

1) 강수량 분포

광역에 대한 균질한 강수량 데이터를 취득하기 위하여 리모트센싱에 의한 강수량 분포 추정도 시도되고 있다. 1997년 11월에 발사된 열대 강우 위성 TRMM(Tropical Rainfall Measuring Mission)은 세계에서 처음으로 강우 레이더(PR : Precipitation Radar)를 탑재한 위성으로서 수평 1 km, 연직 250 m의 공간 해상도로 강우의 3차원 관측이 가능하다. 또한 TRMM에는 그 이외에 마이크로파 방사계 등의 강우 센서도 탑재되어 있는데 이러한 데이터를 이용한 연구 프로젝트가 일본 국내에서 진행 중이다(中川 외 2000; 藤井・小池 2000).

2) 증발산량 분포

증발산량에 대하여는 리모트센싱 데이터로부터 산출된 식생지표(NDVI : Normalized Differential Vegetation Index)와 월증발산량과의 비례 관계식을 이용하여 광역적인 증발산량 분포를 추정하는 방법이 제안되었다(多田 외 1994; 申・택本 1995).

NDVI는 NOAA/AVHRR이나 Landsat TM 등의 광학 센서를 탑재한 위성에 의해 관측된 태양광의 반사 휘도에 대하여 이하의 비연산을 실행하여 얻어지는 지표이다. 원리적으로는 식물체의 클로로필이 적색광을 흡수하고 근적외선을 반사한다는 특성에 착안한 것으로서 지표에서의 식생 상태(활성도, 양)를 나타내는 것으로 알려지고 있다.

$$NDVI = (NIR - RED)/(NIR + RED)$$

여기서, NIR : 근적외 밴드의 휘도, RED : 적색 밴드의 휘도

3) 토양 수분량 분포

광역적인 토양 수분량의 추정 방법으로서 마이크로파 리모트센싱을 이용한 연구가 진행되고 있다(虫明 외 1997a, b, c; 小池 외 2000).

마이크로파 센서는 광학 센서에 비하여 대기 중의 감쇠가 적고 주야 또는 기상의 영향이 없이 관측 가능하다. 위성 스스로가 마이크로파를 발사하는지 그렇지 않은지에 따라 마이크로파 센서는 능동형과 수동형으로 분류되며 각각 다음과 같은 특성을 갖는다.

- 능동형 : 합성개구 레이더(SAR : Synthetic Aperture Radar)에 의해 높은 공간 해상도(수 십 m)의 데이터가 얻어진다.
- 수동형 : 공간 해상도면에서는 능동형에 뒤지지만, 주파수나 편파의 선택이 용이하고 관측 폭이 넓어서 동일 지점에 대한 많은 빈도의 관측이 가능하다.

1990년대 처음으로 쏘아 올려진 ERS-1(European Remote Sensing Satellite-1)이나 JERS-1 (Japan Earth Resources Satellite)은 SAR를 탑재한 능동형 마이크로파 리모트센싱 위성으로, 虫明 등(1997)은 이 위성 데이터를 이용하여 수 km^2의 지역을 대상으로 토양 수분 분포를 작성하였다. 토양 수분의 증가에 따라 토양의 비유전률 및 토양 표층에서의 반사계수(후방산란계수)가 증가하는 현상에 착안하여 위성으로부터 관측된 후방산란계수를 이용해 토양수분량을 추정하였다. 단, 후방산란계수는 토양수분 이외에 지표면 거칠기 등의 영향을 받기 때문에 추정 정밀도의 향상이라는 과제가 남아 있다.

Ⅳ 물순환 프로세스의 재현 : 유출 모델과 GIS의 통합

물순환 프로세스 중에서 유역 스케일의 유출 과정에 대한 것으로 수치 계산에 기초한 모델이 많이 개발되어 있다. 이러한 모델은 유역 내부 상태량의 취급 방법에 따라서 크게 집중형 모델(lumped model)과 분포형 모델 (distributed model)로 분류되며 GIS가 보급되기까지는 집중형 모델이 주류를 이루었다. 그러나 유역 내부의 지형, 토양, 토지이용 등에 관한 공간

데이터가 축적되고, 모델의 입력 데이터인 강수량 분포의 추정 정밀도가 향상됨에 따라 유역 내의 국소적 환경 변화(예를 들어, 토지이용 변화)에 의한 유출 특성의 변화를 시뮬레이션 가능한 분포형 모델을 적용하기에 이르렀다. 그리하여 모델에 필요한 많은 공간 데이터를 GIS로 관리하는 것이 유효하기 때문에 분포형 모델과 GIS의 통합화가 진행되었다.

1. DEM에 의한 유역 지형 표현

분포형 모델에 있어서 유역의 기복 형상을 표현하는 수치표고모델(DEM : Digital Elevation Model)이 가장 기초적인 정보이다. DEM을 이용한 유역 지형의 표현 방법은 다음 3가지 타입으로 분류된다(그림 4).

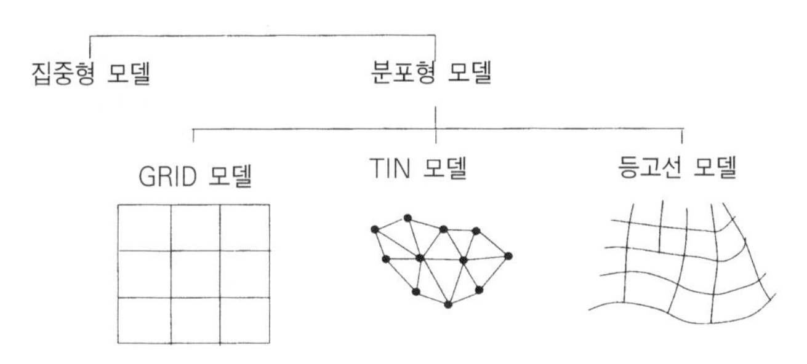

그림 4 DEM에 의한 유역지형의 표현 방법

(1) GRID 모델 : 지표면을 규칙적인 그리드로 분할하고 그리드의 각 셀에 표고치를 부여하는 방법이다. 구조가 단순하고 컴퓨터에 의한 연산이 비교적 쉽기 때문에 가장 많이 보급되어 있다.
(2) TIN 모델 : 지표면을 불규칙한 삼각형으로 분할하고 그 정점의 표고치로 지형을 표현하는 방법이다. 사면 및 유역을 각각 삼각형의 폴리건, 라인으로 표현할 수 있으므로 실지형에 대한 재현성이 높다.
(3) 등고선 모델 : 등고선 및 그것과 직교하는 최대 경사선에 의해 둘러싸이는 영역을 지표면의 단위 요소로 삼는 방법으로, TIN 모델과 마찬가지로 실지형에 대한 재현성(특히 사면의 유수 방향의 재현성)이 높다.

이 가운데 GRID 모델을 이용해서 수계망과 유역경계를 추출하는 방법은 O, Callaghan and Mark(1984), Band(1986) 등에 의하여 알고리즘이 제안되었고, Jenson and Domingue (1988)이 개발한 FORTRAN 프로그램에 의해 GIS에 도입되었다. 그 방법론의 개요를 나타내면 다음과 같다(그림 5).

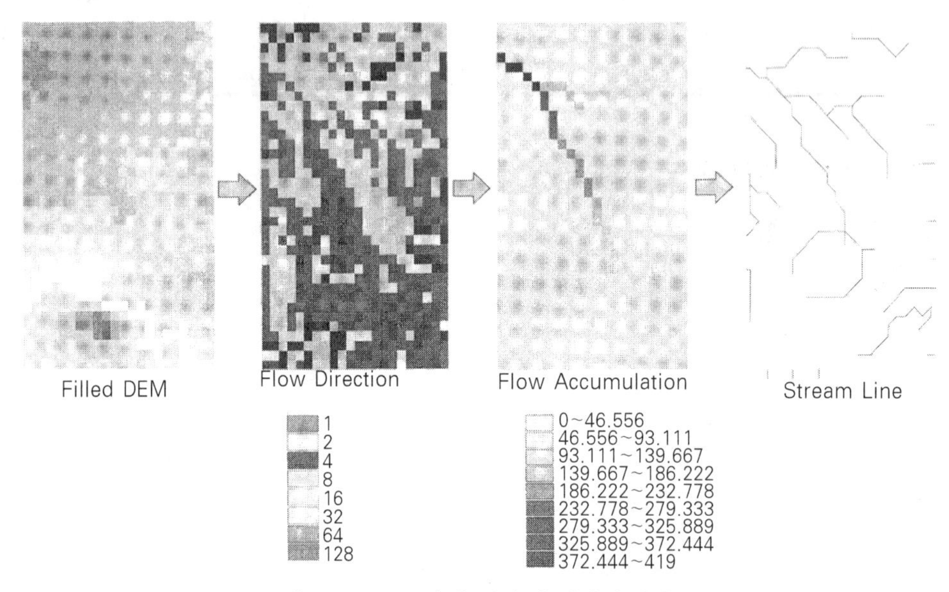

그림 5 GRID모델에 의한 수계망의 추출

(1) 와지(웅덩이)처리(fill depressions) : 각 그리드 셀에 대하여 인접하는 8 방향 셀과의 표고차를 구한다. 주위의 셀과 비교해 표고가 낮은 셀(웅덩이)은 그대로는 유수 방향을 산출할 수 없으므로 인접하는 셀 중의 최저 표고치까지 편의적으로 표고치를 상승시킨다.

(2) 유수 방향(flow direction)의 산출 : 각 셀에 대하여 인접하는 8 방향 셀과의 구배를 계산하고 해당 셀에서 표고가 낮으면서 가장 급경사인 셀로 물이 흐른다고 간주한다.

(3) 유역 면적의 산출(flow accumulation) : (2)의 정보를 기초로 하여 상류로부터 하류까지의 유수 경로를 결정하고 각 셀에 대하여 상류 측의 누적 셀 수(유역 면적)를 산출한다.

(4) 수계망 및 유역계의 추출 : (3)의 정보를 기초로 역치 이상의 유역 면적을 갖는 셀을 수계망(그리드)으로서 추출하고 래스터・벡터 변환으로 수계망(라인)을 생성시킨다. 마찬가지로 역치 이상의 유역 면적을 갖는 셀을 단서로 유역의 추출도 가능하다.

2. GRID 모델에 의한 유역 해석

GRID 모델을 적용한 분포형 유출 모델의 대표적인 예로서 덴마크 수리연구소(Danish Hydraulic Institute)와 영국 수문연구소(British Institute of Hydrology), 프랑스의

SOGREAH에 의해 공동 개발된 SHE(Systeme Hydrologique Europeen)모델이 있다 (Abbot et al. 1986)(그림 6).

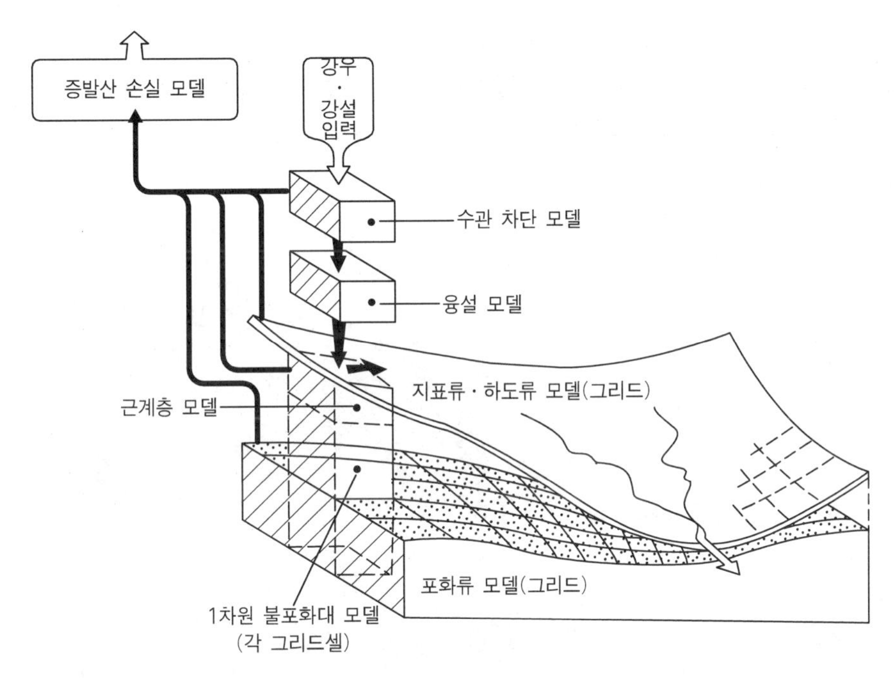

그림 6 SHE 모델의 구조
출전 : Abbot et al. 1986

이 모델은 지표면이 그리드로 분할되고 각 그리드 셀이 연직 방향으로 상층 칼럼을 갖는 구조이다. 계산처리는 FRAME이라고 하는 컴퍼넌트가 중추가 되고 각 셀에서의 수관 차단, 증발산, 지표류 및 하도류, 불포화 침투류, 포화침투류, 융설의 각 컴퍼넌트의 계산이 병행되고 필요에 따라서 컴퍼넌트 간의 데이터 변환이 이루어지도록 하고 있다.

또한 지중에서의 물의 흐름 계산은 연직 방향 1차원의 불포화 침투류와 사면 방향 2차원의 포화 침투류와 같이 2 성분으로 단순화되어 있고, 각 셀에서의 모델 정수(포화 · 불포화 투수계수 등)가 토지피복이나 토양 등의 속성 정보에 기초하여 정해짐으로써 유역내의 수문 현상의 불균일성(heterogeneity)을 표현하도록 하고 있다.

3. TIN 모델에 의한 유출 해석

GRID 모델은 능선이나 계곡 등의 지형적 특이점이 표고점으로서 샘플링되지 않아 실지형

보다도 평활하게 표현되거나 실지형과 다른 유수 방향이 얻어지는(통상 8 방향에 한정된) 등의 결점이 있다. 따라서 사면에서의 유수 방향이나 하도망의 재현성을 향상시키기 위해서 DEM과 하도위치 데이터를 이용하여 TIN을 구축하고 유역을 삼각형 요소로 분할하는 방법이 제안되었다(高棹 외 1992; 立川 외 1997). 이 방법은 지표면을 「공간 오브젝트」의 집합체로서 간주하는 GIS의 기본 개념에서 비롯된다. 예를 들어 하도망의 경우에는 하상구배, 하상형태(조밀도), 유량 등의 속성을 갖는 단위 유로(링크)가 합류점(노드)에 의해 네트워크 상으로 연속되어 있는 구조로 간주하는 것이 가능하다.

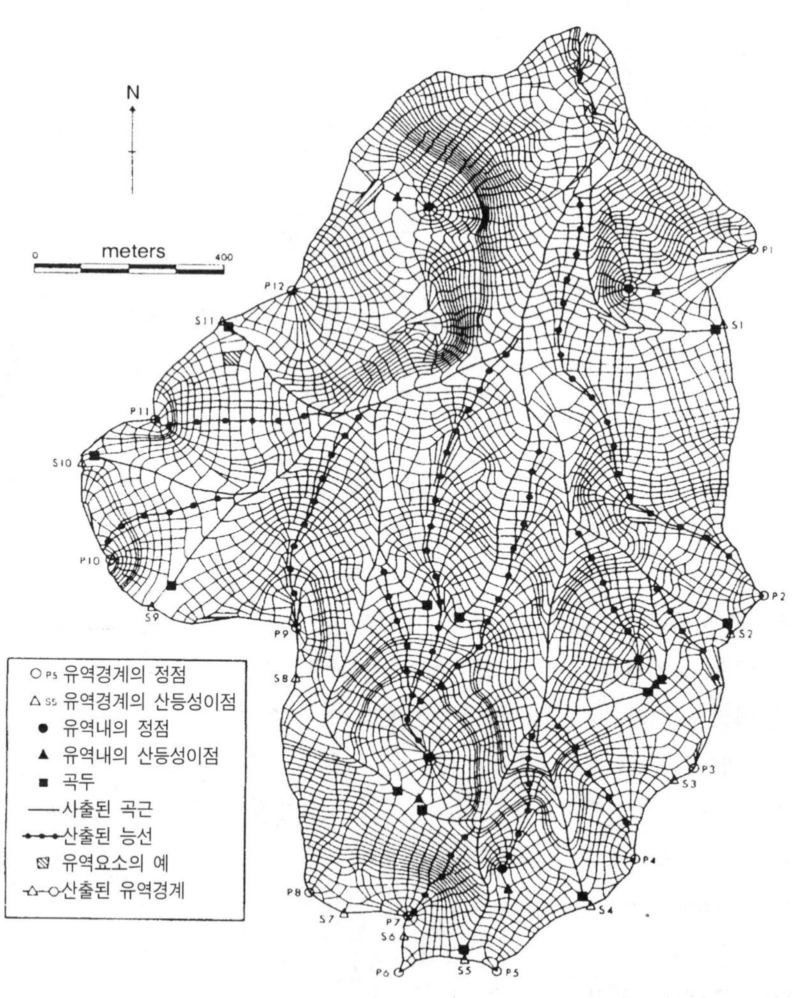

그림 7 Topog 모델에 의한 유역 분할
출전 : Vertessy et al. 1993

4. 등고선 모델에 의한 유출 해석

등고선 모델을 이용한 유출 해석의 예로서, 오스트레일리아의 CISRO(Commonwealth Scientific and Industrial Research Organization)에서 개발한 Topog모델 (O,Loughlin 1986; Vertessy et al. 1993)(그림 7)과 Moore et al. (1988)에 의한 TAPES-C (Topograghical Analysis Program for the Environmental Sciences-Contour)가 있다.

등고선 모델을 구축하기 위해서는 DEM을 이용하여 GIS 상에서 이하의 데이터 즉, 등고선(라인 데이터), 유역경계(폴리곤 데이터), 유역경계상의 정점(포인트 데이터), 유역경계상의 산등성이점(포인트 데이터)을 작성해야 한다. 그리고 각각의 등고선상의 절점으로부터 인접한 등고선에 대한 최대 경사선을 구하는 원리로 유역의 요소 분할이 이루어진다.

이렇게 함으로써 각 요소의 경계는 상류·하류 측의 등고선과 최대 경사선으로 구성되어 물의 흐름으로서 사면 방향 1차원만을 고려하면 충분하게 된다.

5. 현상의 해석으로부터 의사 결정 지원으로

GIS와 분포형 유출모델을 통합한 유출해석에 관한 연구는 이외에도 다수 볼 수 있다(예를 들어, 陸 외 1989; 近森외 1998; 安陪 외 1998).

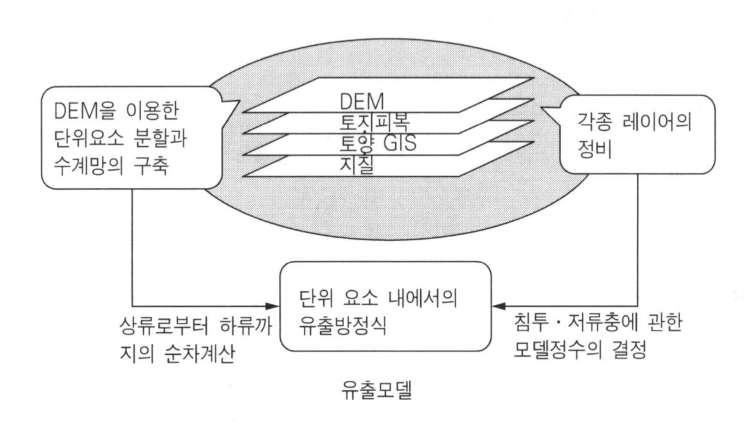

그림 8 분포형 유출모델과 GIS의 통합

이러한 대부분 모델에서의 GIS와 유출모델은 그림 8과 같은 관계에 있고, DEM을 이용한 유역의 요소 분할과 수계망의 구축 및 토지피복·토양 등의 각종 유역 정보의 관리를 GIS가 담당하고 있다. 그리고 유출 모델 측에서는 단위 요소내의 물을 흐름을 표현하는 기초 방정식의 해가 차분법 등의 수치 계산에 의해 구해지고, 그것을 상류로부터 하류까지 순차 추적함으로서 유출 과정을 재현한다. 이 때 사면이나 하도의 침투·저수능력을 규정하는 모델 정수가 GIS 측의 DEM이나 토지피복, 토양 등의 정보로부터 정해진다.

해외에서는 이와 같은 유출모델과 GIS의 통합을 더욱 발전시킨 의사 결정 지원시스템의 구축이 진행되고 있다. 그 예로서 여기서는 EUROTAS를 소개한다(http://www.hrwallingford.co.uk/progects/EUROTAS/home/).

EUROTAS(European River Flood Occurrence and Total Risk Assessment System)는 EU가 추진하는 연구 프로젝트인데 영국, 덴마크를 비롯하여 9개국, 15조직이 참가하고 있다. 이곳에서는 홍수 위험도를 평가·관리하기 위한 의사 결정 지원시스템의 구축을 목표로 하여 유역의 환경 변화 시나리오(토지 이용변화, 기후변화, 하천개수 등)에 대한 영향 예측을 ICM(Integrated Catchment Modelling)을 통해 실행하고 있다.

ICM은 공간 데이터나 시계열 데이터를 관리함과 동시에 각종 수문 과정 모델(강수 유출, 홍수 범람 등)간의 데이터를 교환하는 중추 모델(프레임워크)이다. 데이터 교환을 자유롭고도 효율적으로 하기 위하여 "오픈 시스템"이라는 컨셉으로 데이터 교환 표준이 정해져 있다.

V 데이터 공유와 WebGIS

최근 주목되는 동향으로 Web을 이용한 데이터 공유 기술의 발전을 들 수 있다. 수문 데이터에 있어서도 데이터 공유에 의해 연구 자원의 유효 활용을 도모하고자 하는 움직임이 국내외에서 조직적으로 진행되고 있다(이하의 URL 참조).

(1) Global Runoff Data Centre (GRDC, 독일)
http://www.bafg.de/grdc.htm
(2) U.S.Geological Survey (USGS, 미국)
http://water.usgs.gov/
(3) 건설성, 수문·수질 데이터베이스
http://wdb-kk.river.or.jp/zenkoku/title.html
(4) 千葉대학 환경리모트센싱 연구센터, 유역수 수지 데이터베이스
http://aqua.cr.chiba-u.ac.jp/gdes/wbwb.html

최근에는 Web 서버 측에 있는 공간 데이터를 클라이언트의 브라우저에서 지도로서 표시

하고 확대 · 축소, 중첩 등의 기본적 조작을 실행할 수 있는 WebGIS로 불리는 기술이 진보되고 있다(村山 · 尾野 1998; 小口 2000).

그렇기 때문에 앞으로는 그림 9와 같이 수문 관측 데이터를 GIS로 관리하는 방법을 발전시켜 Web상에서 데이터를 공유하는 것도 가능하게 될 것이다. 이와 같은 데이터 공유가 실현되면 복수 유역에 대한 비교 연구도 이루어지고 수문현상의 지역성이나 보편성의 해명에 유효할 것으로 생각된다.

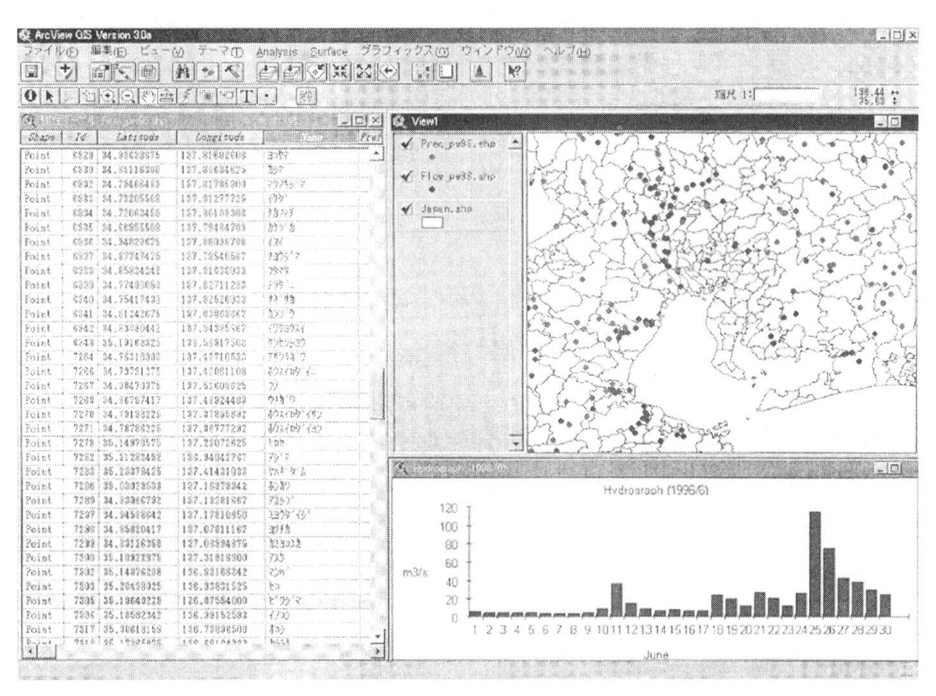

그림 9 GIS에 의한 우량 · 유량 데이터 관리

Ⅵ 마치면서

수문학에서의 GIS의 유효성을 정리하면 다음과 같다.

1) 수문량의 공간분포 추정

종전부터 수문학 데이터는 지점 관측에 의해 축적되어 왔다. 이와 같은 이산적 데이터를 보완하여 공간 분포를 추정할 때 GIS는 유효한 수단이 된다. 단, 수문 현상은 공간적으로 불연속적인 변화를 나타낸 것이기도 해서 관측 데이터의 공간 대표성을 평가하는 수법에 대하여도 이후 연구를 진행할 필요가 있다.

그리고 지상으로부터의 레이더 관측이나 위성 리모트센싱 등의 새로운 기술의 진보에 따라서 강수량 · 증발산량 · 토양 수분량 등의 각종 수문량에 대하여 광역적인 공간 분포를 추정할 수 있게 되었다. 이후로도 수문량 추출을 위한 새로운 센서의 탑재나 데이터 해석수법의 개발이 기대된다.

또한, GPS나 고해상도 위성, 항공기 레이저 스캐너 등의 기술에 의해 지금까지 공간 데이터의 축적이 불충분했던 지역적인 공간 스케일에 있어서도 GIS에 의한 해석이 가능해질 것이라고 생각된다.

2) 유출 모델과 GIS의 통합에 의한 물순환 프로세스의 재현

유역내의 지형 · 토양 · 토지이용 등이 공간 데이터로서 정비되고, 그것들을 GIS로 관리할 수 있게 되면서 현장의 불균일성을 고려한 분포형 유출 모델의 적용이 가능해졌다. 그리고 GIS는 DEM에 의한 유역 요소 분할이나 수계망의 추출 등, 유역을 어떤 공간 모델로 표현할 것인가 하는 부분을 담당함과 동시에 수치 계산에 필요한 모델 정수를 정하기 위한 데이터베이스로서도 기능하고 있다. 또한 현상의 해석에 그치지 않고 유역 관리를 위한 의사 결정 지원 시스템에의 발전도 시도되고 있다.

3) WebGIS에 의한 수문 데이터의 공유

Web상에서의 수문 데이터를 공유하려는 움직임이 국 · 내외에서 조직적으로 진행되고 있다. 이것을 더욱 발전시켜서 WebGIS의 기술을 적용한 수문 데이터 공유 시스템을 구축하게 되면 수문 현상의 지역성과 보편성을 해명할 가능성이 높다.

한편 현재의 GIS 과제로서 3차원 혹은 시간 축을 포함한 4차원 정보에 관한 해석 기능이 부족하다는 점을 들 수 있다. 수문 현상의 이해를 심도있게 하려면 각 시간 단면에서의 평면적 분포를 1컴마씩 취급하여야 함은 물론, 4차원의 시공간 데이터로서 해석하는 알고리즘을 GIS에 도입해야 할 것이다.

참고문헌

秋山幸秀 2000. 空中レーザー計測システムの治山・砂防関係への応用. 写真測量とリモートセンシング 39(2):25-28.

安陪和雄・和田一斗・杉盛啓明・寺川　陽 1998. 湖沼流域環境管理シミュレーションシステム. 土木技術資料 40(8):20-25.

今給黎哲郎 1999. 電子基準点データサービスの概要. 社団法人日本航海学会GPS研究会編『GPSシンポジウム'99』85-92.

小口　高 2000. 地理情報とインターネットGIS. 東京大学空間情報科学研究センター・ディスカッションペーパー 28.

小池俊雄・太田　哲・富樫英太・藤井秀幸 2000. マイクロ波放射計による地表面水文量の広域算定手法の開発と検証. 小池俊雄・近藤昭彦・中北英一・立川康人編『第2回水文過程のリモートセンシングとその応用に関するワークショップ』147-153.

申　士徹・沢本正樹 1995. 漢江流域における水文量の広域空間特性の解析. 水文・水資源学会誌 8:560-567.

高棹琢馬・椎葉充晴・立川康人・大江郁夫 1992. TIN-DEMデータ形式を用いた流域場情報システムの開発. 水工学論文集 36:677-684.

高橋佳昭 2000. 航空機レーザープロファイラーの地形測量への利用. 写真測量とリモートセンシング 39(2):14-18.

立川康人・椎葉充晴・高棹琢馬 1997. 三角形要素網による流域地形の数理表現に関する研究, 土木学会論文集 558/II-38:45-60.

田村正行・高橋幸枝 2000. 航空機レーザースキャナーによる樹高計測, 写真測量とリモートセンシング 39(2):8-13.

多田　毅・風間　聡・沢本正樹 1994. NDVIを用いた広葉樹林帯の蒸発散分布の推定. 水文・水資源学会誌 7:114-119.

近森秀高・岡　太郎・宝　馨・大久保　豪 1998. 流出モデルの構築におけるGISの応用に関する研究. GIS理論と応用 6(1):19-28.

中川勝広・中北英一・鈴木善晴・大石　哲・池淵周一 2000. 地上降雨レーダーによるTRMM/PR検証研究. 小池俊雄・近藤昭彦・中北英一・立川康人編『第2回水文過程のリモートセンシングとその応用に関するワークショップ』53-60.

原田守博・高木不折 1988. 地点観測地に基づく地下水位分布の統計的推定と観測網の評価. 水理講演会論文集 32:377-382.

渕上吾郎・仲江川敏之・沖　大幹・虫明功臣 1993. 土壌水分サンプリングデータの空間代表性. 水工学論文集 37:849-852.

藤井秀幸・小池俊雄 2000. マイクロ波放射計による降水量算定手法の検討. 小池俊雄・近藤昭彦・中北英一・立川康人編『第2回水文過程のリモートセンシングとその応用に関するワークショップ』61-68.

虫明功臣・小池雅洋・沖　大幹・仲江川敏之 1997a. 能動型マイクロ波リモートセンシングによる表層土壌水分計測I 室内実験. 水文・水資源学会誌 10:577-587.

虫明功臣・仲江川敏之・小池雅洋・沖　大幹 1997b. 能動型マイクロ波リモートセンシングによる表層土壌水分計測II 屋外実験. 水文・水資源学会誌 10:588-596.

虫明功臣・沖 大幹・仲江川敏之・小池雅洋 1997c. 能動型マイクロ波リモートセンシングによる表層土壌水分計測III 合成開口レーダ搭載衛星検証実験と土壌水分分布図の作成. 水文・水資源学会誌 10:597-606.

村山祐司・尾野久二 1998. インターネットGISの開発——明治期地域統計を事例に——. 筑波大学人文地理学研究 22：99-128.

山本 哲 2000. 気象庁の観測網. 牛山素行編『身近な気象・気候調査の基礎』147-160. 古今書院.

山田 正 1997. 降水・降雪観測. 水文・水資源学会編『水文・水資源ハンドブック』188-190. 朝倉書店.

山田 正 1999. 地理情報に基づく流出解析手法の提案. 中央大学理工学研究所ハイテク・リサーチ・センター「統合型地理情報システムの研究」グループ編『第4回"統合型地理情報システム"シンポジウム予稿集』49-62.

陸 旻皎・小池俊雄・早川典生 1989. 分布型水文情報に対応する流出モデルの開発. 土木学会論文集 411/II-12:135-142.

Band, L.E. 1986. Topographic partition of watersheds with digital elevation models. *Water Resources Research* 22: 15-24.

Jenson, S.K. and Domingue, J.O. 1988. Extracting topographic structure from digital elevation data for geographic information system analysis. *Photogrammetric Engineering and Remote Sensing* 54: 1593-1600.

Moore, I.D., O'Loughlin, E.M. and Burch, G.J. 1988. A contour based topographic model and its hydrologic and ecological applications. *Earth Surface Processes Landforms* 13: 305-320.

O'Callaghan, J.F. and D.M. Mark 1984. The extraction of drainage networks from digital elevation data. *Computer Vision, Graphics and Image Processing* 28: 323-344.

O'Loughlin, E.M. 1986. Prediction of surface saturation zones in natural catchments by topographic analysis. *Water Resources Research* 22: 794-804.

Vertessy, R.A., Hatton, T.J. O'Shaughessy, P.J. and Jayasuriya, M.D.A. 1993. Predicting water yield from a mountain ash forest catchment using a terrain analysis based catchment model. *Journal of Hydrology* 150: 665-700.

chapter 4

토지생태학과 GIS

長 澤 良 太

I 들어가며

토지 또는 지역을 단위적으로 구분하고 토지 자연의 속성을 통합화하여 토지 자원이나 수자원 관리 계획을 지원하기 위한 연구는 GIS의 이용 개발이 진행되었던 1980년대 중반부터 주요 어플리케이션 영역의 하나였다. 네덜란드의 엔스케디에 있는 사진측량과 그 응용기술에 관한 국제적 연구 교육기관, ITC(International Institute for Aerospace Survey and Earth sciences)에서는 지형학, 토양학, 식물학 등의 생태계 연구자가 컴퓨터 · 사이언티스트들과 협력하여 ILWIS라는 GIS소프트를 1980년대에 개발하였다. ILWIS는 Integrated Land and Water Information System의 약어로서 그 이름대로 토지 · 수자원에의 응용을 목적으로 하는 래스터 · 벡터 통합형의 GIS이다.

이 개발의 배경에는 광대한 국토를 가지고 있으면서도 공간정보가 매우 부족한 개발도상국에서의 이용 · 보급을 염두에 두고 있다. 개발도상국에서는 개발 계획의 입안 · 책정에 필요한 지형도(국토 기본도)가 정비되어 있지 않은 경우가 많고 이미 있다고 해도 갱신을 하지 않은 구판인 경우가 대부분이다. 토양도나 토지이용도 등의 주제도도 마찬가지로 실제 계획에 이용할 수 있는 지도정보는 거의 기대할 수 없다. 이러한 상황에서 구 종주국인 유럽 국가의 토지 자원과학자, 계획자들은 도상국의 개발계획, 환경조사에 리모트센싱이나 GIS 수법을 적극적으로 도입하였다.

ITC에서 뿐만이 아니라 넓게는 구미에서도 토지환경, 경관생태학에 있어서의 GIS 이용이 활발하다. 이것은 GIS의 고전적 교과서인 “Principles of Geographical Information

Systems for Land Resources Assessment"(『지리정보 시스템의 원리-토지 자원 평가에의 응용-』 安仁屋・佐藤역)의 저자, P.A. 버로우가 토지 자연의 생태학적 연구에 종사한 토양 학자인 것에서도 알 수 있다. 이러한 점에서 도시정보의 관리를 목적으로 GIS를 도입하고 그 후에도 도시공간 구조해석을 중심으로 GIS 이용이 선행된 일본과는 크게 상황이 다르다.

토지나 지역의 경관을 그것을 구성하는 여러 인자간의 관련으로 설명하고자 하는 경관생태학은 학술적인 연구 영역으로서 다루어져 왔다. 그 수법은 시대의 흐름과 함께 전통적인 수법에서 다양한 공간정보를 용이하게 다룰 수 있는 GIS를 이용한 해석방법으로 변천하여 왔다. 1989년, 영국의 노팅험대학 지리학 교실에서 개최된 워크숍을 토대로 1993년에 간행된 "Landscape Ecology and Geographic Information Systems"에서 경관 생태학에서의 디지털 공간정보의 취급에 관한 방법론이 7가지 예제 어플리케이션 사례와 함께 소개되어 있다. 유럽에서는 이 시점에서 토지・지역의 생태학적 연구에 GIS 이용의 중요성과 유효성이 확인되었다.

본 장에서는 토지 자연의 생태학적 연구에서의 GIS 이용 현황과 과제에 대하여 논하고자 하지만, 그 연구 레벨은 유럽, 미주와 일본 국내와는 크게 다른 실정이다. 따라서 우선 유럽의 토지 생태학적 연구의 흐름을 GIS 이용사와 함께 정리하고자 한다. 그리고 이들 연구 분야에서의 GIS 실제 이용 사례를 소개하고 GIS의 공헌이 어떤 것인가를 논하고자 한다.

II 생태학적 토지구분의 개념

지표 공간(경관)의 구성 요소는 매우 다양하며 단독으로는 존재할 수 없는 것이다. 모든 요소가 서로 밀접한 연관 구조를 가지므로 생태학적 시점으로부터의 분석이 중요하다.

우선적으로 공간적 최소 단위에 주목한 연구가 오래 전부터 이루어져 왔다. 랜드스케이프・에콜로지를 제창한 독일의 지리학자 트롤은 생물 공동체와 그것을 둘러싼 환경 요소가 기능적으로 연결된 공간의 최소 단위를 「에코톱」이라고 하였다. 항공사진을 사용한 개미집 연구는 에코톱의 개념을 가장 잘 설명하고 있다. 사반나대의 단보라고 불리는 습생 초원에 점상으로 존재하는 수림은 흰개미 집에 생육하고 주위와는 다른 경관을 보여준다. 이것은 개미집의 국소적인 지형, 토양 조건이 생물(식생)과 서로 연관되어 하나의 생태학적 복합체를 이루는 것으로 이것 이상 분해가 불가능한 최소의 지표 단위이다.

그런데 일본에서의 토지 경관의 생태학적 연구는 지리학의 영역이라기보다는 녹지학, 조경학에서 적극적으로 다루어져 왔다. 상세한 연구의 흐름은 横山(1995)의 저서 「경관생태학」에 자세히 정리되어 있으므로 여기서는 생태학적인 시점에서 본 토지 구분의 방법에 대하여 논한다.

토지가 갖는 자연 잠재력을 최대한 그리고 계속적으로 활용하고 자연의 다양성을 살리면서 토지이용을 진행시키려는 생각을 자연 입지적 토지이용이라고 부르며 유럽의 토지 생태학적 연구의 대부분이 이에 해당된다. 일본에서 이 문제를 가장 먼저 도입한 사람은 井手・武内(1985)인데, 그의 저서 「자연 입지적 토지이용계획」에서 토지자연과 토지이용의 관계, 경관계획에 관한 개념, 방법, 기법을 소개하고 있다. 자연 입지 단위를 기초로 한 토지 분류나 토지 평가에 이용하는 주제 공간정보의 취급 방법에 대해 기술하고 있으며, GIS 도입에 대한 많은 시사와 여러 가지 방법론을 전개하고 있다. 그 후 武内(1991), 武内・恒川(1994)은 생태학적 토지 구분, 지역 생태계의 구조 파악을 목적으로 한 정보시스템의 활용에 대해 설명하였다. 구체적인 예로서 수치 메쉬 데이터를 베이스로 한 구체적인 해석 수법이 제시되었지만, GIS 본래의 공간해석 기능을 주축으로 한 분석은 이루어지지 않았다.

한편 경관의 최소 단위인 에코톱을 추출하여 그것을 도화한 경관(땅) 생태학지도를 작성하는 것은 지리학적 연구의 방법이며 목적인데 이 분야에서는 지리학의 공헌이 크다(小泉 1993 ; 横山 1995 등). 경관 생태학지도의 작성 과정에 있어 경관을 구성하는 인자(지형, 지질, 토양, 기후, 식생 등)를 어떻게 통합화 할 것인지가 중요한 과제이다. 원래 이러한 공간정보의 통합화가 GIS의 가장 큰 장점인데, 일본에서는 이 분야의 연구에 GIS를 이용한 사례가 극히 적다. 최근 原(1997, 2000)는 리모트센싱과 GIS를 이용한 랜드 스케이프 분류 수법에 대하여 보고하고 GIS의 지원에 의한 경관 분류의 표준화 문제에 관해 제언하고 있다.

Ⅲ GIS를 이용한 생태학적 공간 단위의 추출법

지표를 토지 생태적으로 어떻게 의미를 갖는 공간으로 분할 할 것인가, 또 각 환경 속성의 정보 관리 단위를 어떻게 설정 할 것인가 하는 문제는 계획 지향적 입장에서 GIS를 해석 툴로서 이용하고자 하는 경우의 큰 주제이다. 토지 자원이나 유역 관리를 목적으로 한 공간정보 관리의 경우, 지형 분류나 토양 분류 등의 단일 지표로 이루어진 공간 유니트를 취급하는 것보다 복수의 토지 구성 요소를 통합화하여 등질적 공간을 추출한 멀티훽터한 맵이 계획, 평가, 관리 유니트를 표현하는 베이스 맵으로서 효과적이다. 이와 같은 사고방식의 배경에는 유럽에서 전통적으로 실행해 온 경관생태학의 사고방식을 토대로 한 랜드 시스템 조사가 있다. 이것은 토지 자연을 구성하는 균질 공간 단위를 「랜드 유니트」, 랜드 유니트가 모여 만든 결절적인 공간 단위를 「랜드 시스템」이라고 하는데 자연 지역 구분을 도화한 것이다. 이 수법은 항공사진이나 위성 영상의 판독을 베이스로 계층적인 지역 구분을 채용하고 있다.

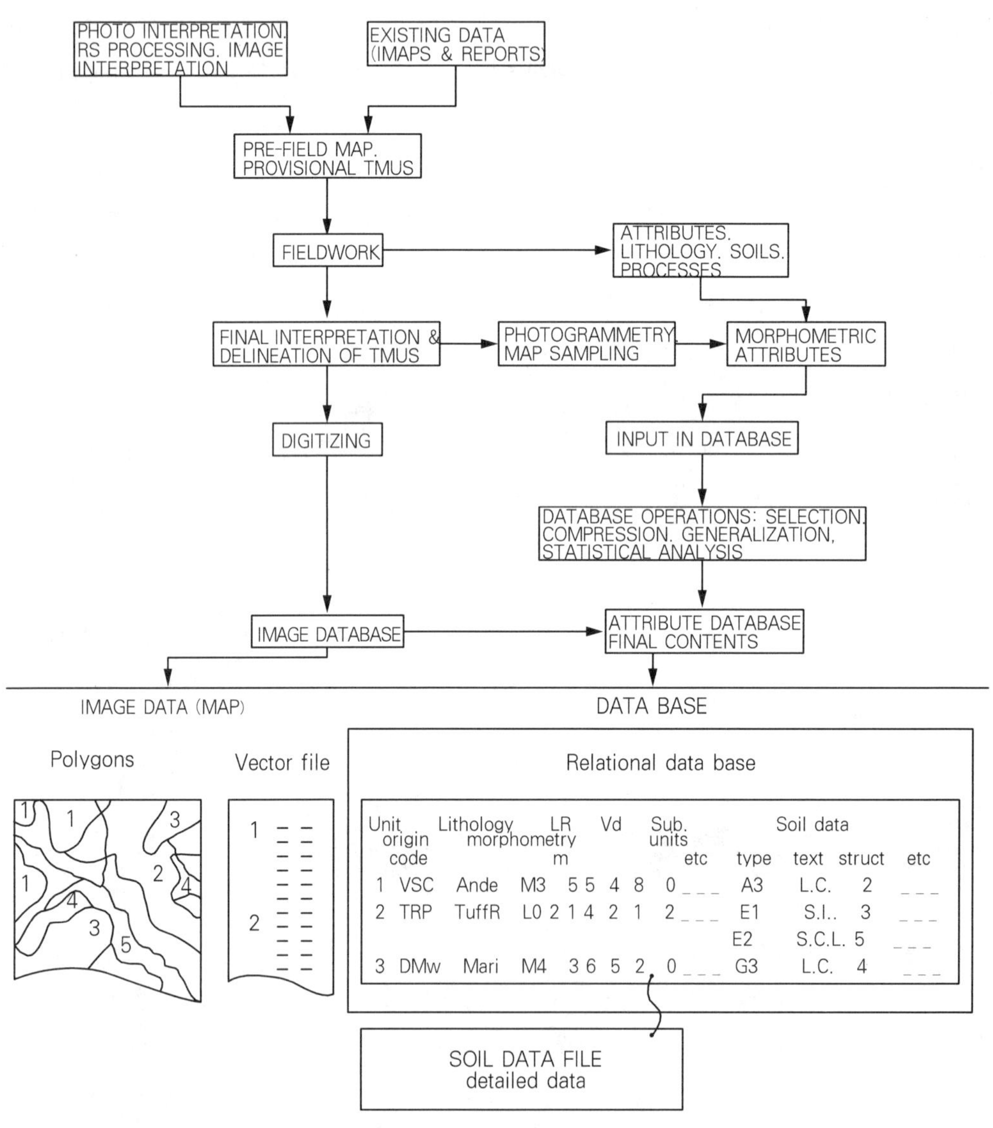

그림 1 ILWIS의 TMU와 데이터베이스의 구조
출전 : Meijerink 1988

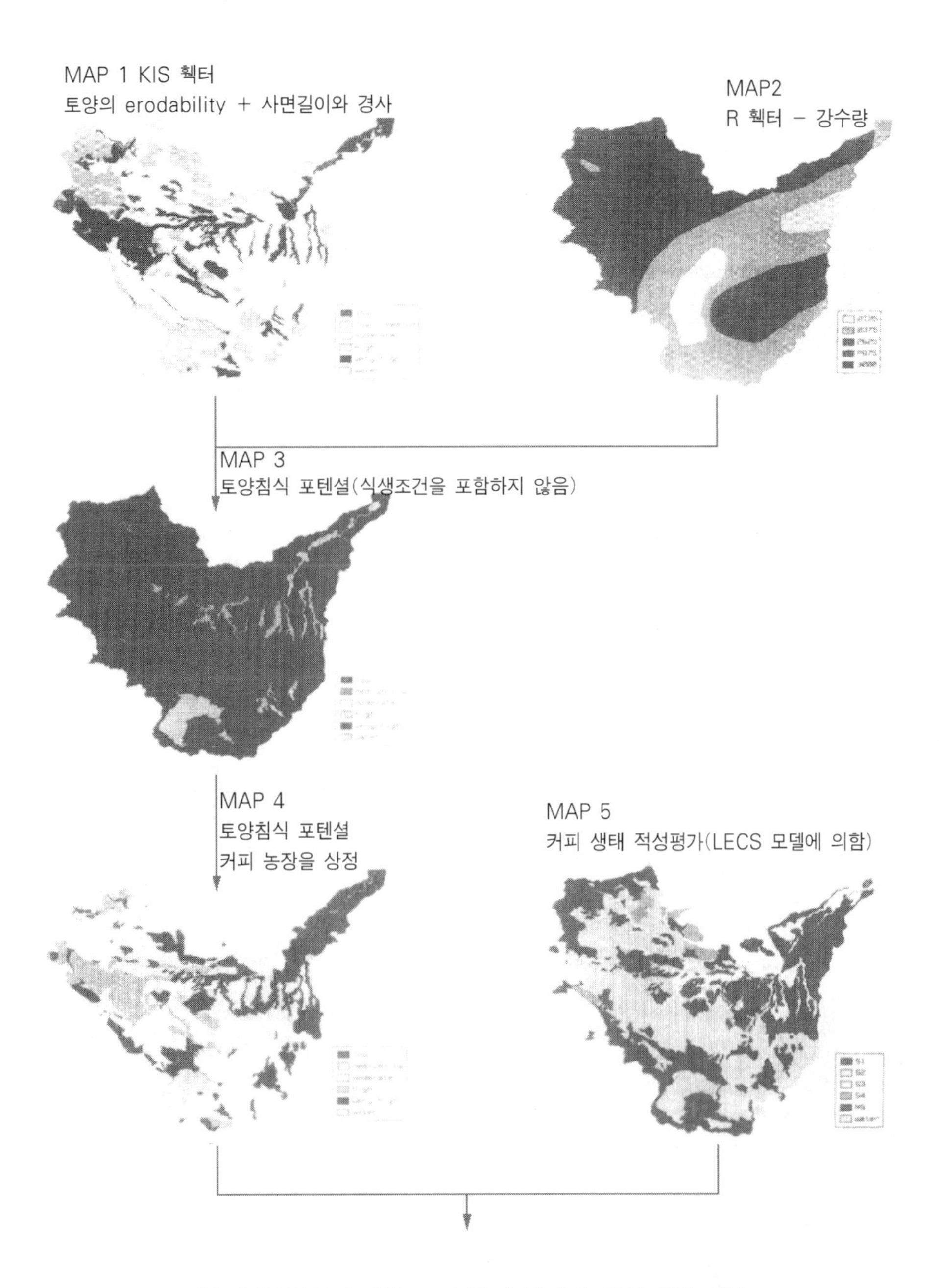

그림 2 ILWIS에 의한 토지 적정 평가의 해석 사례(계속)

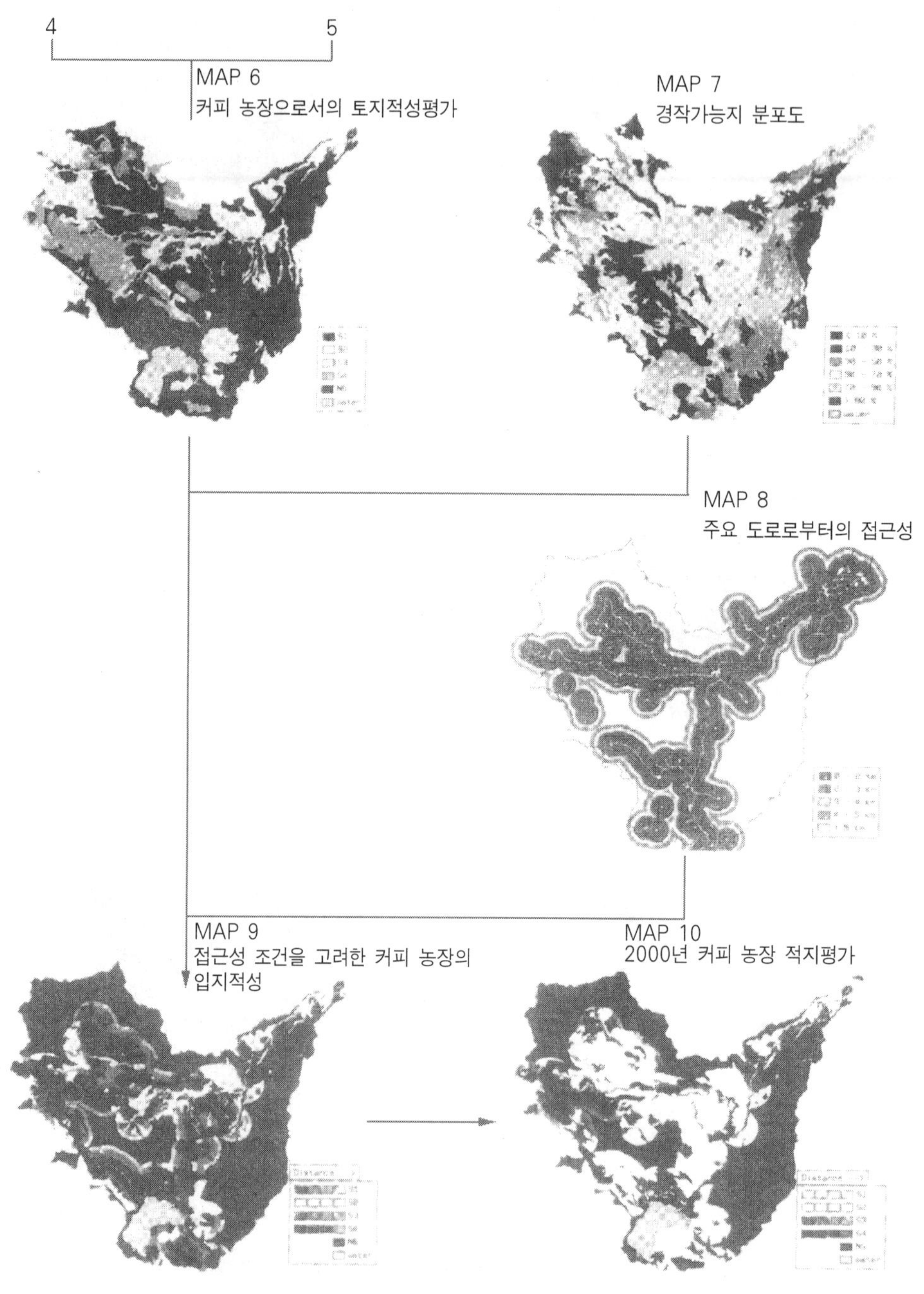

그림 2 ILWIS에 의한 토지 적정 평가의 해석 사례
(인도네시아 · 남스마트라주 코메린천 유역)
출전 : de Meijee et al. 1988

ILWIS 시스템에서는 이러한 균질적인 토지공간 유니트를 TMU(Terrain Mapping Unit) 라고 한다(그림 1). TMU는 지형, 지질, 토양의 등질적인 조합으로부터 구성된 순수한 자연 지리적 공간 단위로서 계층 구조를 갖는 멀티 스케일로 취급할 수 있다. 이에 반하여 식생·토지이용의 균질 단위는 CUMU(Cover and land Use Mapping Unit)로 불리며 ILWIS 내에서 별도의 데이터베이스로 관리하고 있다.

GIS의 최종적인 목표가 계획 지원을 위한 해석 툴이라고 한다면 TMU나 CUMU 등을 공간 데이터베이스로서 구축하는 것만으로는 불충분하다. ILWIS 프로젝트에서는 GIS 데이터베이스의 설계, 구축에 병행하여 유럽뿐 만이 아닌 아프리카, 동남아시아의 여러 지역에서 GIS에 의한 토지이용 계획, 토지 평가의 어플리케이션을 개발하였다. 이 가운데 인도네시아의 남스마트라주의 코메린강 유역에서 실시된 프로젝트(그림 2)는 종합적인 유역관리계획을 지원한 것으로 그 후 개발도상국에서 이루어진 국제 협력 프로젝트에 계획 지원형 GIS를 널리 보급시켰다.

토지자원·수자원 관리를 목적으로 한 생태적 토지분류·평가 시스템으로 Land Use Capability(이하 LUC라고 약칭한다) 방식이 있다. LUC는 토양 보전 분야에서 고안되었는데 넓은 의미에서의 농업적 토지이용에 대한 토지의 자연적 적합성을 종합적으로 평가하고 있다. 이 점은 FAO(1976)의 「토지 적합성 평가 프레임 워크」가 각각의 작물(예를 들어 쌀, 밀, 옥수수 등)에 대한 토지 적합성을 평가하고 있는 것과는 다르다. 그리고 TMU가 순수하게 자연 지역 구분의 설정을 실행하는 것인 데에 비하여 LUC는 단순히 토지분류에 그치지 않고 토지 평가까지 포함한 개념이다.

LUC 방식을 체계화한 것은 Fletcher and Gibb(1990)이다. 그들은 LUC에 필요한 토지자원 조사의 방법을 메뉴얼화하여 정비함과 동시에, 지금까지 유럽을 중심으로 이루어졌던 토지 생태학적 조사 수법을 생태계가 다른 열대 아프리카나 동남아시아에 적용시켰다. 그 후 Jessen(1992)은 LUC 조사의 일련의 과정을 GIS화하여 주제 공간 데이터베이스의 구축으로부터 평가 알고리즘을 모델화하였다. 그 실증적인 사례 연구로서 토지이용 단위가 작고 다양성이 풍부한 중부 쟈와의 소유역을 선정하고, 축척 5000분의 1인 대축척으로 LUC 도화를 실행하였다. 또 長澤(1999)은 같은 인도네시아에서 토지이용 패턴이 보다 복잡한 스마트라 중부를 대상으로 하여 위성 영상을 해석하여 얻은 토지피복 정보를 바탕으로 중축척(10만분의 1) LUC를 분류하여 토지자원 평가를 실시하였다.

LUC는 원래 중위도 온대 기후에서 탄생한 토지분류·평가 시스템으로 동남 아시아와 같은 습윤열대 환경에 종래의 방법을 그대로 적용하는 것은 적절치 않다. 그렇기 때문에 우선적으로 습윤열대 환경하에서의 토지 보전의 특징을 고려한 토지자원 훽터를 조사할 필요가 있다. Nagasawa(1994)는 이러한 토지자원의 목록 조사와 GIS로 지원된 멀티 훽터 맵핑에 의한 LUC 분류 · 평가를 GIS based LUC Assessment라고 재정의하였다. 이것은 아시아적 습윤열대의 생태환경하에서 적절한 토지 보전계획을 실시할 수 있는 공간 유니트를 분류, 추출하고 그 최소 유니트별 토지 적합성을 평가하는 시스템이다. 여기에는 LUC 분류 과정의 다종 다양한 토지자원과 관련한 공간정보를 통합화 함과 동시에 효율적인 토지분류 방법이 GIS를 이용함으로써 체계화되어 있다.

LUC 어세스먼트에 앞서 평가에 필요한 토지자원 정보를 수집, 정비하고 GIS를 이용하여 데이터베이스화한다. 그리고 정보의 중첩처리에 의해 등질적인 토지구성 요소를 갖는 토지공간을 추출한다. 이를 위해서 각 토지자원 정보에 대하여 일정 분류 기준을 확립하고, 또한 각 요소간에서 GIS해석에 적합한 균질한 정밀도로 데이터를 작성, 편집하여야 한다. 여기에서 이용하는 토지자원 요소에는 (1) 지형 분류, (2) 경사 구분, (3) 표층 지질, (4) 토양 구분, (5) 토지피복 현황 및 (6) 토양 침식이 있다. 이러한 자연 환경 요소는 모두 생태학적 시점으로부터 토지 · 지역 구분을 실시할 때의 필수 항목으로, 여기서는 조사 결과 데이터의 GIS화를 전제로 하여 각 항목의 내용과 특징에 대하여 설명한다.

1) 지형 분류

지형 분류에서 통상 이용되는 4가지 요소인 형태, 성인, 구성 물질, 형성 연대(大矢 1983) 중 특히 형태와 성인에 착안하여 지형 시스템, 지형 서브 시스템, 지형 파세트(facet)의 계층구조 개념(Kucera 1988)을 이용하여 각 지형형을 분류한다. 이 분류법의 특징은 도면의 축척이나 조사 정밀도에 따라 분류의 순위를 바꿀 수 있는 멀티스케일 한 점에 있다. 예를 들어 화산 지형의 경우, 소축척으로부터 대축척까지 화산(지형 시스템), 용암류 퇴적면(지형 서브 시스템), 용암류 리지(지형 파세트) 등과 같이 상황에 따라 지형 표현 정도를 자유로이 설정할 수 있고 동시에 각 스케일 간에서 분류의 통일성을 유지할 수 있다.

지형 분류의 정보원으로서는 지형도를 베이스 맵으로 하여 주로 항공사진, 보조적 수단으로 고해상도 위성영상을 이용한다. 개발도상국의 조사에서 사정상 기존 지도 정보를 얻지 못하는 경우, 소축척의 해석에 한하여 GTOPO(1 km 분해능의 DEM)로 지형 시스템 정도의 구분이 가능하다.

2) 경사 구분

경사 정보는 DEM을 이용하여 임의의 경사 단위로 작성할 수 있다. 이 경우 DEM의 해상도는 100 m 이하가 바람직하며 이 보다 저해상도에서는 지형 분류에 대응하는 사면을 표현할 수 없는 경우가 많다. 경사 단위의 설정은 목적에 따라 다양하지만 토양류망 등의 토지보전 대책의 경우 각 나라마다 설계 기준을 달리 정하고 있다.

3) 표층 지질

표층 지질은 토양의 모암으로서 침식에 대한 저항성, 취약성을 규정함과 동시에 지형, 기복에 직접 영향을 주는 토지 자원 요소이다. 지질 구분에 있어서는 지질의 시대 구분(지사학적 편년)이나 층서학적 구분보다는 오히려 암반 강도, 고결도, 풍화 정도를 기재한 표층 지질 정보가 중요하다. 분류 방법으로는 퇴적암, 화성암, 변성암으로 대분류하고 조사의 스케일과 기존 지질도의 입수 가능성에 따라 세부적인 구분을 결정한다.

4) 토양

토양은 토지 그 자체가 갖는 퍼머넌트 퀙터로서 농지, 임지로서의 포텐셜을 평가할 때 가장 중요한 토지 자원 정보이다. 토양의 속성은 다음의 3가지 지표 요소로 표현하는 것이 좋다. 즉, ① 토양형-USDA의 토양 분류법에 기초한 서브 오더 레벨에서의 구분과 그 기재, ② 토양심, ③ 하나의 토양 단위별 로암 상황의 비율이다. LUC 평가를 위해선 최소 축척 25만분의 1 정도의 토양도를 이용하고 이것을 베이스로 하여 항공사진, 고분해능 위성영상으로부터 로암 판독, 현지 답사에 의해 토양 단위별 토양심의 샘플조사를 실시한다.

5) 토지 피복

토지 피복 자체는 토지 자원의 직접적인 속성이라기보다는 오히려 가변적인 요소로서 다루어진다. 토지 피복의 도화에 있어서 조사・분류의 정밀도, 표현의 축척에 따른 가변적 멀티 스케일의 분류 체계를 생각해두는 것이 중요하다. 대분류 항목으로서 삼림, 관목, 초원, 전답, 습지, 나지, 집성촌, 인공개변지를 설정하고, 중・소 분류는 축척에 따라 결정한다. 축척 10만분의 1 이하인 소축척 토지피복 분류도에서는 Landsat TM으로 상기의 구분이 가능하다.

6) 토양 침식

상술한 퀙터가 모두 토지자연 현황에 관련한 일차적인 요소인데 대하여 토양 침식은 이들과 관련한 관수로서 이차적으로 얻어지는 예측 값이다. 하지만 토양 침식은 장래에 지속가능한 토지이용의 형태에 대한 결정적인 제한 요소가 된다.

조사 방법으로는 LUC 단위별로 대표적 토양 침식의 타입을 정성적으로 기재하는 방법과 일정 공식을 이용하여 토양 침식량을 직접 구하는 정량적 방법이 있다. 전자의 경우 지형학적인 특징으로부터 표면 침식, 가리 침식, 계안 침식, 매스 무브먼트 등의 침식 형태를 사진 판독을 통해 조사한다. 후자는 USLE식을 이용하여 포텐셜 토양 침식량을 구한다. 목록 조사의 단계에서는 전자의 방법에 의한 정성적인 평가로도 무방하나 현황 토지이용이 토양 침식에 대하여 크리티컬 한 경우에는 어떤 정량적인 모델을 이용한 예측이 필요하다. LUC조사를 통하여 얻어진 지형, 토지 피복, 토양 등의 변수를 그대로 USLE식 속에 삽입하는 방법도 가능하다(長澤 1999). 멀티퀘터 맵과 USLE는 연동하므로 등질 구분된 토지 단위에 적절한 해상도로 토양 침식량을 추정할 수 있다.

LUC의 평가는 상술한 토지자원 정보 중에서 불가변 요소인 지형 분류, 경사 구분, 표층 지질, 토양의 4항목을 GIS를 이용하여 중첩 해석하고 등질적인 토지자연 요소를 갖는 공간을 추출한다. 이후 추출된 각 단위별 가변 요소인 토지 피복, 토양 침식 정보, 나아가 기상, 수문적 요소가 토지 자질에 기여하는 지역에서는 그러한 것을 가미하여 LUC 평가를 위한 데이터 세트를 준비한다.

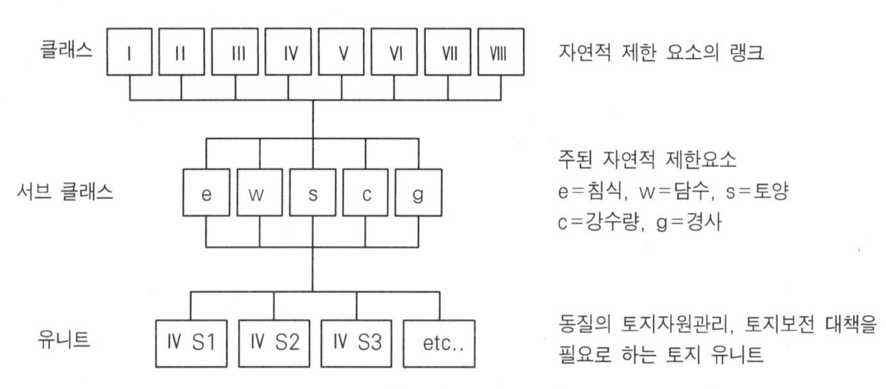

그림 3 LUC 어세스먼트의 계층 구조

출전 : 長澤 1999

LUC 조사의 골격이 되는 구조는 토지 자원 조사의 결과, 등질 구분된 공간 유니트에 대한 토지의 적정 평가인데, 세개의 계층을 갖는 분류 시스템이다(그림 3). 이것은 6가지의 토지 자원 요소에 대하여 토지 자원의 지속적 이용에 대한 불가변적 자연적 제한 요소의 정도를 Ⅰ~Ⅷ까지의 8가지 클래스로 분류하고 있다. FAO 등에서 실시되어 온 LUC의 각 클래스에 대한 토지 이용 적성 평가는 다음과 같다.

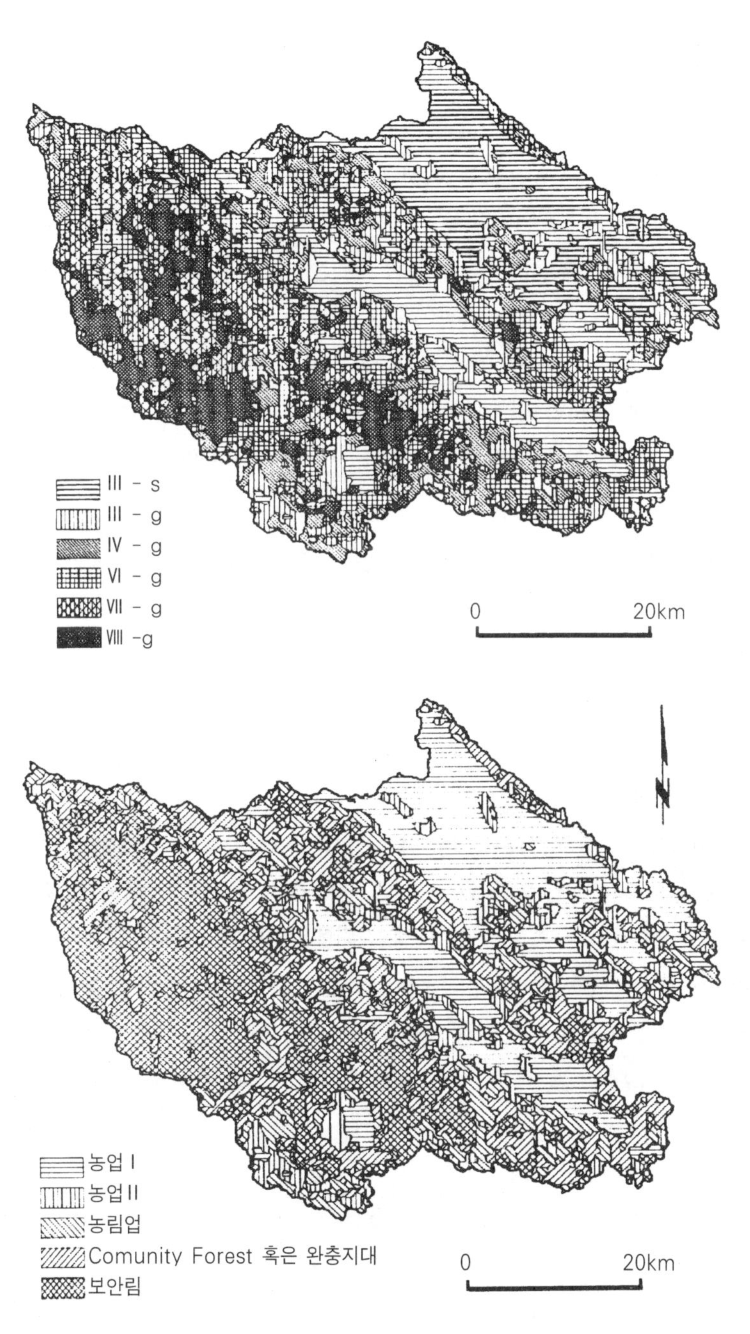

그림 4 LUC 유니트맵(상) 및 LUC 어세스먼트에 기초를 둔 토지이용 계획도(하)
(인도네시아 리아와주 칸팔강 유역)
출전 : 長澤 1999

- 클래스 Ⅰ~Ⅳ – 기본적으로 특별한 토지 보전 대책을 시행하지 않고도 지속적으로 농경이 가능한 토지이다. 하지만 서브 클래스로 표현되는 자연적 제한의 내용에 따라서는 어떤 대책을 필요로 하는 지역도 있다.
- 클래스 Ⅴ – 일정한 토지 보전 대책을 시행하였고 농경, Agroforestry, 생산림으로서 이용이 가능한 지역이다.
- 클래스 Ⅵ – 농경지로서는 부적절하나 토양, 경사의 조건에 따라서는 Agroforestry, 생산림으로서 이용이 가능한 지역이다.
- 클래스 Ⅶ – 농경지, Agroforestry로서는 부적절하지만 토양, 경사의 조건에 따라서는 생산림으로서 이용이 가능한 지역이다.
- 클래스 Ⅷ – 모든 형태의 농업, 임업 활동이 부적절하여 보전림으로 보호해야만 하는 크리티컬한 지역이다.

LUC 서브클래스는 LUC 클래스 중 가장 큰 제한요소가 되는 자연속성을 침식, 담수, 토양, 강수량, 경사 등에서 선택하여 하위 코드화한다.

長澤이 인도네시아 중부 수마트라에서 실시한 LUC 조사에서 908의 LUC 유니트를 추출하였다(그림 4). 1 유니트 당의 평균면적은 3.7 km^2에 해당된다. 이러한 유니트를 기준으로 Ⅰ과 Ⅴ를 제외한 6개 클래스의 LUC와 이것에 부속하는 하위 클래스를 얻었다. 이것에 비해 상세한 유니트 레벨의 평가는 축척 25만분의 1의 해석 스케일에서는 실제로 곤란하다.

이 지역에서의 클래스 Ⅵ 이상의 크리티컬한 LUC의 자연제한 요소는 경사 요인이다. 조사유역은 모든 형태의 경작이 불가한 Ⅵ, Ⅶ, Ⅷ 클래스의 토지가 전체의 41%를 차지한다. 그렇지만 현실적으로 화전의 대부분은 이 클래스 내에 분포하고 있다. 하류유역은 클래스 Ⅲ-s, Ⅲ-g로 이루어진 경작 가능지가 넓게 분포하고 있고, 고무농장, 간비루 등의 토지이용이 이루어지고 있다. 여기서는 토양의 비옥도, erodability가 제한 요소로서 주의가 필요하다.

이상과 같이 LUC는 토지가 본래 지닌 자연적 제한 요소, 이것에 대한 관리형태 및 보전대책을 고려해 가며 지속 가능한 생산적 토지이용의 잠재력을 평가하는 토지생태학적 사고방식이다. 이러한 목적을 위해서 토지자원조사의 결과를 통합화하여 표현하는 수법이 멀티 훽터 맵이고, 여러 종류의 환경정보를 공간적으로 통합한 데이터베이스화하는 GIS를 이용함으로써 효과적으로 토지·수자원 관리 계획을 실시할 수 있는 것이다.

Ⅳ 메쉬(그리드)를 이용한 토지생태계의 해석

메쉬(그리드) 데이터를 취급하는 GIS를 보통 래스터형 GIS라고 부른다. 래스터형 GIS의 대부분은 원격탐사의 화상처리 기능을 보유하게 됨으로 입력정보로서 위성영상이나 디지털 항공사진 혹은 DEM을 용이하게 이용 가능하다. 도시의 유틸리티 정보나 고정자산정보 등 높은 정도의 위치 정보가 요구되는 GIS에서는 백터형의 데이터가 필수적이다. 그렇지만 생태계 해석과 같이 주로 자연환경 데이터를 이용하는 경우는 래스터형 데이터의 처리가 주로 실시되는 경우가 많다. 래스터형 데이터는 여러 인자의 속성 값을 이용해 모델 해석을 실시할 때 데이터의 취급이 용이하다.

지속 가능한 토지이용 방법을 토지자연의 특성 해석에 의해 파악하는 토지 생태학적 연구에서 토양 침식의 문제는 최대의 관심사이다. 지형, 토양, 토지 피복정보를 이용해 토양침식량의 공간적 분포를 해석하는 것에 USLE(Universal Soil Loss Equation) 식이 적용된다. USLE식은 물(강우)에 의한 지표의 표면 침식, 리루 침식에 의해 발생하는 단위 면적당의 토양침식량을 여섯 개의 요소로 예측하는 파라매트릭한 모델식이다. 미국 농무성의 Wischmeier and Smith에 의해 1965년에 제창된 이후, 세계의 여러 생태계에 적용되어 개량되어 왔다. 특히, 토지보전계획의 입안을 전제로 한 토양침식량의 예측에 널리 이용되고 있다. 이 식은 다음과 같이 매우 단순 명료하다.

$$E = R * K * L * S * C * P$$

여기서, E : 평균 토양침식량(단, K는 규정된 단위, R에 규정된 기간에 해당),
R : 강우량 요소, K : 토양(Erodability) 요소, L : 사면길이 요소,
S : 사면구배 요소, C : 토양피복 요소, P : 침식대책공 요소

위의 요소는 모두 공간데이터이기 때문에 GIS와의 융합이 중요하다. 長澤(1999)은 타이 북부의 화전 경작지대에서 USLE식을 적용하여 토양 침식량의 산정을 실시하였다. 이 때, 입력 정보로서 중요한 지형과 토지 피복정보를 전자는 축척 5만분의 1인 지형도로 작성한 DEM을 이용하여 사면길이와 경사(구배)를 구하였다. 후자는 축척 2만분의 1 항공사진을 판독하여 작성하고 DEM의 해상도인 30 m 그리드에 대응하는 토지이용, 특히 화전경작지의 분포를 추출하였다.

조사 대상지역의 현황에서 토양 침식의 대책은 아니나 계획 설정으로서 3종류의 토지 보전

대책을 상정하여 P요소를 가미해 계산을 실시하였다. 그것은 등고선 경작, 스트립 경작, 테라스 경작을 했다고 하는 상정이다(그림 5). 이러한 복수의 시나리오에 기초해 시뮬레이션 계산을 반복 실행할 수 있다는 것이 GIS를 이용한 해석의 장점이다. 토지 보전 대책과 같이 사업으로 연결되는 계획 입안의 경우 「무엇을, 어디에서, 어떤 우선순위로 실시하는가」를 의사 결정 지원하기 위한 데이터를 작성하는 것이 중요하다. GIS가 그 해답을 주는 도구가 될 수 있을지는 추후 계획 분야에서의 GIS의 평가에서 밝혀질 것이다.

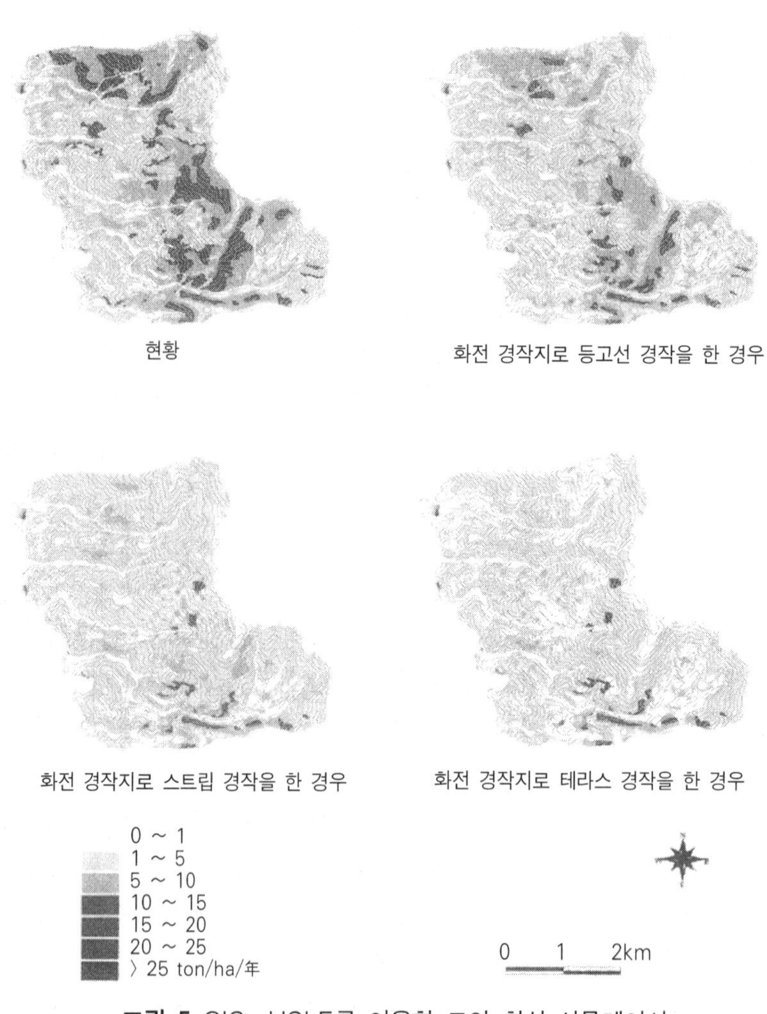

그림 5 GIS · USLE를 이용한 토양 침식 시뮬레이션

출전 : 長澤 1999

V 마치면서

이 글에서는 다룰 수 없었으나 최근 미국을 중심으로 한 생태학적 GIS 어플리케이션으로서 GAP Analysis가 유행처럼 이루어지고 있다. GAP이란, 생물의 다양성, 야생 생물의 보호・관리를 목적으로 한 서식지 평가로, 그 해석에 있어 GIS가 갖는 공간 해석 기능이 큰 위력을 발휘하고 있다. 또한 광대한 국토를 가진 미국의 생태계 관리에 GIS와 더불어 리모트센싱에 대한 기대도 매우 크다. 이와 함께 삼림・토지 피복의 도화, 생태학적 토지 분류, 지역 변화의 예측, 생태계의 속성・프로세스의 예측・모델화라고 하는 과제가 남아 있다. 실제로 GIS를 이용하여 이러한 요구를 충족하려 했던 다수의 연구 사례가 축적되어 있다.

일본에서도 야생 생물의 서식지나 은신처의 보호, 관리 계획의 입안에 GIS를 이용한 연구(平田 외 1998)가 계속되고 있는데 그 사례는 아직 많지 않다. 이제까지 밝힌 바와 같이 경관 생태학의 방법론을 일찍이 확립한 구미에서는 토지 경관을 구성하는 제인자와 관련한 지도 정보를 GIS에서 관리하고 분류나 평가를 실시한 연구사례가 GIS개발 초기에서부터 이루어져왔다. 한편, 일본에서는 지리학 분야만 보더라도 도시 연구를 중심으로 한 새로운 계량 지리학파에 비하여 환경을 취급하는 자연 지리학에서 GIS 도입이 상당히 늦었다.

환경・생태계에 관련된 영역이 이후 점점 더 공간정보를 필요로 할 것이 분명하고 GIS가 그 문제 해결을 위한 틀림없는 강력한 도구가 될 것이다. 공간 과학, 환경 과학으로서의 지리학이 당해 분야에서의 존재 가치를 높이고 널리 인식되기 위해서도 GIS의 효과적인 이용과 활용이 필요하다.

참고문헌

井手久登・武内和彦 1985.『自然立地的土地利用計画』東京大学出版会.

大矢雅彦編 1983.『地形分類の手法と展開』古今書院.

小泉武栄 1993.「自然」の学としての地生態学——自然地理学のひとつのありかた——地理学評論 66：778-797.

杉浦　直 1981. 景観の生態学. 野間三郎・岡田　真編『生態地理学』146-169. 朝倉書店.

武内和彦 1991.『地域の生態学』朝倉書店.

武内和彦・恒川篤史編 1994.『環境資源と情報システム』古今書院.

中越信和 1995.『景観のグランドデザイン』共立出版.

中村和郎・手塚　章・石井英也 1991.『地域と景観』古今書院.

長澤良太・遠藤和志 1995. GISを用いた土地資源管理のためのマルチファクターマッピング.『日本写真測量学会学術講演会論文集』169-174.

長澤良太 1999. マルチファクターマップとUSLE手法を用いた土地資源管理, 評価のための計画指向型土地分類.『第13回環境情報科学論文集』103-108.

長澤良太 1999. GIS-USLEを用いたタイ北部, ナン県における土壌浸食量の推定. 写真測量とリモートセンシング 38：24-33.

沼田　真 1979.『生態学方法論』古今書院.

沼田　真編 1996.『景相生態学——ランドスケープ・エコロジー入門——』朝倉書店.

原　慶太郎 1997. 湾岸都市千葉市のランドスケープI——マクロスケール——. 中村俊彦・長谷川雅美・藤原道郎編『湾岸都市の生態系と自然保護』193-206. 信山社サイテック.

原　慶太郎 2000. 佐倉市のランドスケープ. 佐倉市自然環境調査報告書.

平田更一ほか 1998. 野生動物保護とGISの役割.『日本写真測量学会学術講演会論文集』277-280.

横山秀司 1995.『景観生態学』古今書院.

サンプル編, 後藤恵之輔監訳 1999.『生態系管理へのリモートセンシングとGISの活用』フジテクノシステム.

バーロー著, 安仁屋政武・佐藤　亮訳 1990.『地理情報システムの原理——土地資源評価への応用——』古今書院.

FAO 1976. *A Flamework for Land Evaluation*. FAO Soils Bulletins 32.

FAO 1996. *Agro-Ecological Zoning-Guidelines*. FAO Soils Bulletins 73.

Fletcher J.R. and Gibb, R.C. 1990. *Land Resource Survey Handbook for Soil Conservation Planning in INDONESIA*. DSIR Land Resources Scientific Report 11. Ministry of Forestry, INDONESIA.

Haines-Young, R.D., Green D.R. and Cousins, S.T. (eds.) 1993. *Landscape Ecology and GIS*. Taylor and Francis.

Jessen, M.R. 1992. *Land Resource Survey of the Pijiharjo Sub-subwatershed, Upper Solo Watershed, Central Java*. DSIR Land Resources Scientific Report 35. Ministry of Forestry, INDONESIA.

Kucera, K.P. 1988. *Guidelines for Soil and Terrain Field Description in Integrated Watershed Management Studies for Indonesia Using USDA System*. Konto River Project ATA 206 phase III. Project Communication 6.

McCloy, K.R. 1995. *Resource Management Information System*. Taylor and Francis.

de Meijee, J.C., Mardanus, B. and van de Kasteele, A.M. 1988. Land Use Modelling for the Upper Komering Watershed. *ITC Journal* 7: 91-95.

Meijerink, A. M.J. 1988. Data Acquisition and Data Capture through Terrain Mapping Units. *ITC Journal* 7: 23-44.

Nagasawa, R. 1994. *Monitoring and Evaluation System Development on Central Sumatera Forest Rehabilitation Project*. DGRLR Repot. 7. Ministry of Forestry. INDONESIA.

Sotto, J.M. *et al*. 1995. *Gap Analysis: A Geographic Approach to Protection of Biological Diversity*. Wildlife Monographs 123.

Valenzuela, C.R. 1988. ILWIS overview. *ITC Journal* 7: 4-14.

Wijngaarden, W.V. and Kooiman, A. 1988. CUMU: The Land Cover and land Use Database. *ITC Journal* 7: 60-66.

Zen Naveh and Lieberman, A.S. 1990. *Landscape Ecology: Theory and Application*. Springer-Verlag.

chapter 5

환경연구와 GIS

佐藤一幸

I 들어가며

최근 지구 온난화와 생물 다양성 보전의 문제, 다이옥신과 내분비 교란물질 등 건강에 장애를 일으킬 가능성이 있는 물질의 존재가 밝혀짐에 따라, 모니터링을 통한 환경 변화에 관련된 현상의 발생 프로세스 이해와 모델링에 의한 영향의 예측·평가에의 사회적 요구가 높아지고 있다. 일반적으로 환경오염의 문제는 복합적인 요인에 의해 발생하는 경우가 많고, 그 영향은 바람이나 물이라고 하는 매개를 통하여 광범위하게 영향을 끼치기 때문에 광역에 걸친 통합적인 환경 관리가 요구된다. 또한 현상의 「과학」적인 인과 관계의 이해뿐만 아니라, 그 성과를 이용한 「관리」 즉, 대책 효과의 예측과 그 결과를 전달할 필요성이 높아지고 있다. 본 글에서는 수환경의 정량적인 평가에 관한 연구에 관하여 해외에서의 사례를 검토하고 利根川의 한 줄기인 吾妻川의 사례 연구를 통하여 GIS 활용의 가능성을 검토하고자 한다.

II 수환경을 둘러싼 최근의 토픽

1. 일본에서의 제도적 변경

1) 하천법의 개정(1997년)

최근의 일본 수환경에 대해 말할 때 제도적인 변경을 빼놓을 수 없다. 1997년 6월, 하천 관리의 헌법이라고 할 수 있는 하천법이 개정되었고 목적 규정 가운데「하천 환경의 보전과 정비」라는 문구가 삽입되었다. 이것은 종래의 목적 규정에도 있었던 치수, 이수와 함께 환경이 키워드가 되었음을 의미하는 것으로 트레이드오프의 관계가 되기 쉬운 삼자의 밸런스를 어떻게 잘 유지해 갈 것인지 하천 관리에 있어서 중요한 과제가 되었다.

2) 환경영향평가법의 시행(1999년)

1999년 6월에는 종래의 의회 심의를 제도화하는 형태로 환경영향평가법이 시행되었다. 이 법률의 특징은 대상이 되는 사업의 명확화, 방법 및 제반수속의 도입, 평가 항목의 확대와 새로운 시각의 도입이라는 3가지로 정리할 수 있다.

결국 제 3의 평가 항목의 확대라는 관점은 영향평가의 관점에서 중요하다. 종래의 의회 심의에서는 대기, 소음・진동, 수질이라고 하는 전형적인 7공해와 학술적으로 중요한 자연 환경에 대해서만 평가하는 등 대상을 사실상 한정하고 있었는데 반하여 새로운 평가법에서는 생물 다양성이나 친근한 자연, 지구 환경 즉, 온실 효과 가스 대책 등 환경 일반이 대상으로 상정되었다.

또한, 정량적인 평가를 구하는 것은 물론이고 단순히 일정 기준을 만족시키면 된다는 시점에서가 아니라, 실행 가능한 범위에서 가능한 한 환경에의 부하를 회피・저감시킨다는 시점이 내포되어 있다. 이와 같이 환경영향평가법에서는 인위적 변화에 따른 영향의 과학적 정량화와 영향의 회피・저감장치의 제시를 기존의 업자에게 요구하고 있다.

2. 유역 전체를 시야로 하는 관리

수환경을 생각하는 또 한 가지의 새로운 움직임은 유역을 단위로 한 관리이다. 1998년 3월에 간행된「신・전국종합 개발계획－21세기 국토의 디자인」(국토청 1998)에「유역권에 착안한 국토의 보전과 관리」의 중요성에 대해 적고 있다. 그리고 하천 심의회 수환경 소위원회의 중간보고에서도「하천・유역・사회의 일체적 취급」,「물순환계를 공유하는 권역별 과제단위」 등, 유역 전체를 시야로 하는 중요성을 지적하고 있다.

구미에서는 90년대에 “river basin management” 혹은 “watershed management”라는 말로 유역 전체를 시야로 하여 사업을 시행하였다. Nieman(1992)은 유역에 부존하는 갱신 가능한 자연자원(삼림, 어류, 야생 생물, 물)의 이용 경합을 해소할 목적으로 유역의 종합적인 관리를 주장하였다. Nieman은 생태학의 기본 개념인 생태계(ecosystem), 구조(structure), 기능(function), 교란(desturbance)이라는 개념을 채용하고 유역을 관리 목적에 따라서 구체적인 시공간적 차원을 갖는 생태계로 간주하는 시각을 보여주고 있다. 또한 생태계 기능의 건전도를 측정하는 관점으로 지형, 수질, 하천 주변림, 서식환경 등 하도 유로의 특성에 착안하여, 북미 태평양에 면한 주들의 유역을 대상으로 하도의 특성 파악을 시도하였다.

또한 Stanford and Ward(1992)는 강도, 빈도, 지속 시간으로 특징지어지는 교란 요인을 태풍, 홍수, 화산 분화의 자연적인 교란 요인과 수력 발전, 농업, 채광 활동이라는 인위활동 유래의 교란 요인으로 분류하였다. 인위활동 유래의 교란은 자연적인 교란에 비해 크기 때문에 그 영향을 파악하기 위해선 장기 모니터링과 여기서 얻어진 베이스 라인 정보의 파악에 대한 필요성을 주장하고 있다. 그 외에 Newson(1994)은 하천의 침식・운반・퇴적이라는 토사 이동에 착안하여 토지와 물 관리의 관점으로부터 유역 관리를 취한 사례와 라인강 관리 위원회의 활동과 같은 인체에 유해한 물질의 하천 이동 모니터링 관점에서의 유역 관리 사례를 보여주었다.

일본에서는 盆創(1999)이 자국의 실정에 맞추어 유역 관리를 위한 연구 분야를 치수, 이수, 수질, 토사, 생태계의 5분야로 구분하고 있다. 그리고 이러한 것은 상호 영향을 미치므로 타 분야와의 관련을 고려하여 유역 내에서의 제반 활동이 어떻게 유역 전체에 영향을 미치고 있는가를 파악하여야 하는 방향성을 제시하고 있다. 또한, 방법론으로서 모니터링에 의한 현상 파악, 모델링에 의한 유역 활동과 현상의 상호관계 해명, 개별 활동에 대한 대응책, 유역의 합의 형성을 위한 수법 개발을 제시하고 있다. 특히 모니터링에 대해서는 유역 전체에서의 영향 파악의 관점에서 관측 항목을 설정해야 한다는 것, 모델은 각 분야간에 상호 이용할 수 있는 종합적인 것일 것, 동시에 각 정책의 평가에 이용 가능해야 한다는 것 등을 지적하고 있다.

이와 같이 유역 전체를 대상으로 하여 환경 관리에 관한 평가를 효율적이면서 효과적으로 실시하기 위해서는 모니터링 데이터의 축적과 그것을 효율적으로 이용하여 현상을 모델화하고 예측・평가에 활용할 수 있는 도구가 반드시 필요하다. GIS는 대상 지역에 관한 데이터의 축적, 표시를 하나의 좌표계상에서 실행하는 시스템으로 유역 관리에 유효한 도구가 될 것이다.

III GIS와 환경시뮬레이션 모델의 결합

1. 통합 레벨에 관한 논의

구미에서는 과거 10년 사이 환경에의 영향을 정량적으로 평가하는 모델과 GIS를 통합하려는 시도가 진행되어 왔다. 환경 모델과 GIS를 통합하려는 아이디어는 Burrough(1986)가 그 효시이다. Burrough는 지금까지 GIS를 이용한 모델링 기법의 주류를 이루는 오버레이와 브루대수연산을 기본으로 한 cartographic modeling(Tomlin 1990)에 대하여「프로세스」라는 시간적 변화의 개념 도입을 제창하였다.

cartograghic modeling은 지도의 디지털화나 자동작성에 GIS를 적용하는 것에서 일보 전진하여 복수의 지도를 중첩하여 분석자로 하여금 유용한 정보를 추출한다는 점에서 GIS를 분석에 적용시키는 첫걸음을 내디딘 것이다. 그러나「패턴」의 추출에 유효한 이 수법도 그 패턴을 만들어내는「프로세스」 즉, 시간적 변화의 개념이 불충분하여 이것을 어떻게 통합하는가 하는 점을 놓고, Nyerger(1993)와 Fedra(1993) 등이 환경 시뮬레이션 모델과 GIS의 통합을 논하였다.

Nyerger(1993)는「통합」을「개념 레벨」과「기술 레벨」(컴퓨터 소프트웨어 레벨)로 분류하고 컴퓨터 소프트웨어 레벨의 통합보다는 개념 레벨의 통합 즉, GIS에 축적된 데이터가 다른 곳에 이용되는 것(데이터 호환)이 중요하다고 주장하고, 이를 위해서는 다른 곳에서 이용되는 것을 상정한 공간 데이터 모델의 중요성과 정보를 이활용하는 측의 요구를 파악하는 것이 중요하다고 하였다. 이에 대하여 Fedra(1993)는 소프트웨어 구축의 관점에서 GIS와 환경 시뮬레이션 모델의 특징을 각각 정리하였다. Fedra는 장소(location)나 공간적 분포를 공간 데이터 모델(점, 선, 폴리곤)을 기본으로 하여 처리하고 공간 오브젝트 속성의 시간적 변화의 취급을 상정하지 않는 GIS에 반하여, 환경시뮬레이션 모델은 본질적으로 대상물의 시간적 변화를 취급하지만 공간적 차원이 명시적으로 고려되지 않고 있으므로 양자의 통합은 상호 보완의 장점이 있음을 논하였다.

Fedra(1993)는「통합 레벨」의 개념도 제창하였다. 즉, GIS와 환경 시뮬레이션 모델을 독립된 프로그램으로 존재하고 필요한 데이터 파일을 공유하는 레벨(loosely- coupling), 데이터 파일과 사용자 인터페이스도 공유하는 레벨(tightly-coupling), 사용자 인터페이스와 메모리까지도 공유하는 레벨(fully-integrated)로 구분하였다.

통합 레벨에 대한 논의는 그 후 Tim and Jolly(1994)에 의해 확장되었다(그림 1). 이들은 파일 변환 인터페이스가 GIS와 환경 모델의 데이터 교환을 담당하고, 사용자 인터페이스는 파일 교환 인터페이스와의 교환을 실행하는 레벨 1(ad-hoc integration), 사용자 인터페이스로부터 직접 GIS나 환경 모델로 액세스 가능하도록 한 레벨 2(partial integration), 파일 교환 인터페이스, 사용자 인터페이스, GIS, 환경 모델의 상호 교환이 가능한 레벨 3(complete integration)으로 분류하였다.

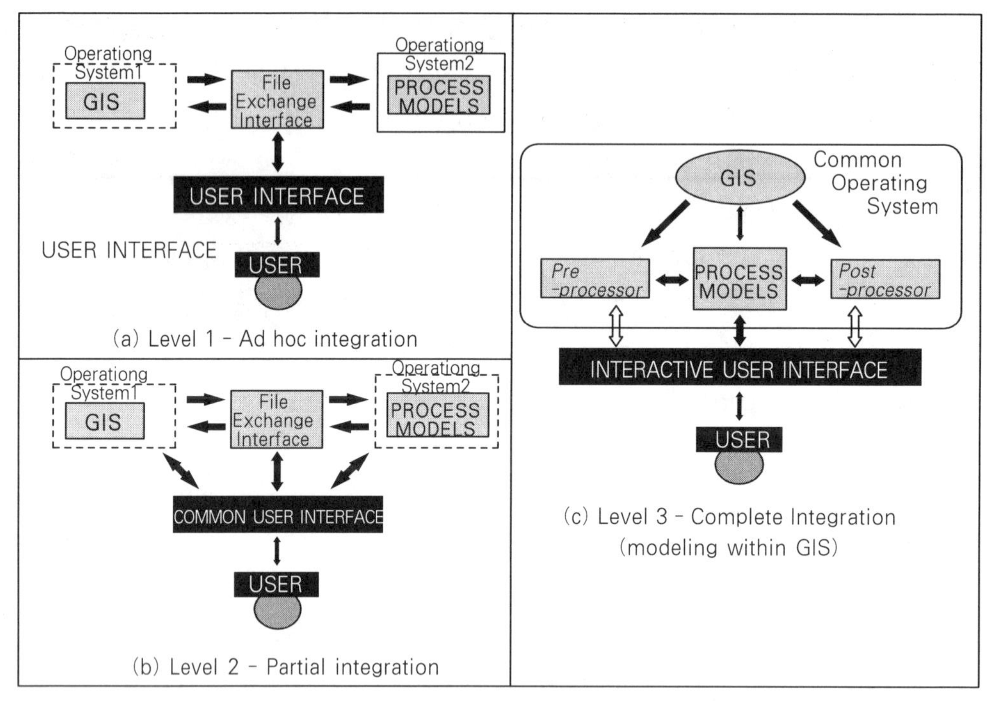

그림 1 GIS와 시뮬레이션 모델의 통합 레벨
출전 : Tim and Jolly 1994

integration과 coupling의 사이에 개념적인 차이가 있는가 아닌가에 대하여는 명확한 구분이 없다. 그러나 통합의 정도가 높을수록 개발에 드는 시간적 경제적 비용이 증가한다는 것은 명백하고, 낮은 레벨의 통합에는 의미가 없다는 Rapar and Livingstone(1996)의 주장도 있으나 낮은 레벨의 통합도 받아들여지고 있는 것이 현실이다. 레벨의 선택에 관하여 Fedra(1993)는 개발하는 시스템이 연구 목적이 아니고 관리 목적이라면 통합 레벨이 높은 것이 바람직하다는 견해를 보이고 있다.

2. 수환경 모델의 통합

Fedra의 사고방식에 기초하여 여러 가지 환경 프로세스를 기술하는 모델이 GIS와 통합되었다. Steyaert(1993)는 대기 모델, 수 모델, 경관 생태학 모델로 분류하였는데 물분야만을 보더라도 강우 유출 모델뿐만 아니라 AGNPS 등의 토양 침식량 추계모델, WASP 5 등의 하천 수질 모델 등이 있고, 또한 GIS 소프트웨어도 GRASS와 IDRISI 등 여러 가지가 있다. 지면상 모든 것을 소개하는 것이 어려우니 Maidment(1993)를 참고 바란다.

또한 복수의 환경 모델을 조합하여 이용하는 통합 모델의 사고방식이 등장하여 공통으로 이용하는 데이터에 대해서 GIS를 이용한 통합적 관리가 시도되고 있다. 모듈 구조로 되어있어 임의 모델의 결과는 다음 모델의 입력 데이터로 사용된다.

1) WATERWARE

1988년, EU의 산학공동연구 프로젝트로 시작된 Eureka 487에서 개발된 시스템이다. 이 프로젝트에는 영국의 뉴캐슬 대학, 이탈리아의 볼로냐 대학, 아일랜드의 코크유니버서티컬리지, 오스트리아의 국제응용시스템 연구소(IIASA)가 참가하였다.

시스템은 GIS, 데이터베이스, 모델, 최적화 수법, 전문가 시스템으로 구성되어 있고 용도에 따라서 적절한 모듈을 조합하여 활용하는 모듈 컨셉을 채용하고 있다. 모델도 1차원의 수질 모델, 강우 유출 모델, 지하수 모델, 물 수급예측 모델 등 광범위하다. 강우 유출 모델에 대해서도 1차원의 집중형 모델에서 2차원의 세미분포형, 3차원의 완전 분포형까지 광범위하다.

2) SIAM

1999년 수문의 조작에 의한 하류지역의 생태계 환경 변화를 계측할 목적으로 미국 지질조사소 생물 자원부에서 개발하였다. 모델은 콜로라도 주립대학에서 개발된 1차원 수질모델인 MODSIM, 육군공병대 수문학 연구센터의 저수지 수질모델인 HEC5Q, 수생생물의 서식조건을 하천 유량의 관수로 보고 필요한 유지 유량을 산정하는 PHABSIM, 고래의 현존량을 추계하는 SALMOD로 구성되어 있다. 물의 거동을 표시하는 부분의 모델은 기존에 개발된 것을 이용하고 있고, 아직 프로터 타입이 결정되지는 않았으나 취급 설명서에 이용된 모델의 장점과 결점, 한계를 명시하고 있는 점에서 영향 평가의 합의형성 지원도구를 의식하고 있다.

3) EPA-BASIN

미국 환경보호청의 수부(Office of Water)가 개발하였다. 미국에서는 수질 정화법(Clean Water Act)이 시행되면서 유역 레벨에서의 수질 평가가 이루어지게 되었다. 오염자 부담 원칙을 고수하게 됨에 따라 TMDL(Total Maximum Daily Load)의 계산이 불가결하게 된 것이 개발의 배경이다.

시스템 구성은 GIS 데이터베이스, 유역의 특징을 추출하기 위한 도구, 데이터베이스 매니지먼트 시스템, 수질 모델, 결과 표시 도구로 이루어져 있다. GIS 기능으로 리치 파일이라고 불리는 하도 위치 파일이 있으며 STORET이라는 전국적 데이터베이스에 저장되어 있다.

모델은 점원과 면원을 통일적으로 파악한다는 당초의 목적을 달성하기 위하여 점원에 대하여 1차원 정상의 하천 수질 모델인 Qua12E에 직접, 면원에 대하여는 NPSM이라는 모델로 부하량이 추계되어 강우 유출 모델 HSPF의 결과와 함께 입력된다. 또한 독성 물질의 1차원 하천 모델인 TOXIROUTE도 준비되어 있는데 ArcView(RESRI)를 이용한 사용자 인터페이스를 통해 불러올 수 있도록 되어 있다.

이 시스템의 특징은 이미 실용화되어 있다는 점으로 환경 컨설턴트 등도 평이한 조작으로 계산 가능하고 메일링리스트를 통해 조작방법에 대한 지원도 제공하고 있다.

Ⅳ 吳妻川 유역의 사례 연구

1. 대상 유역

이상과 같은 상황을 고려하여 일본에 있어서의 유역관리 지원도구의 실현 가능성을 검토할 목적으로 실제 유역에 대한 환경 시뮬레이션 모델과 GIS의 결합에 관한 적용을 시도하였다. 대상 유역으로서 利根川 상류의 한 줄기인 吳妻川 유역(1355.8 km^2)을 선정하였다. 이 유역의 중류부에는 하쯔바댐 건설이 예정되어 있다. 이 댐은 환경영향평가법의 적용을 받는 댐은 아니나 데이터가 풍부하게 축적되어 있는 점, 다양한 특징을 갖는 유역이라는 점에서 모델 케이스로서 검토 대상으로 적합하다고 판단되어 선정하였다.

2. 吳妻川 유역의 특징

1) 홍수시의 탁수와 붕괴 지형

吳妻川 유역의 북서부에는 白根山이, 남서부에는 淺間山이 각각 위치하고 있다. 白根山 중턱에는 붕괴 지형이 곳곳에 보이고(그림 2), 산중턱에 검은 빛의 토양 등 입자가 고운 토양이 분포되어 있다(그림 3). 장마나 태풍에 따른 집중 호우시 유출에 동반하여 댐 하류역의 탁수가 장기화 할 가능성이 우려되고 있다.

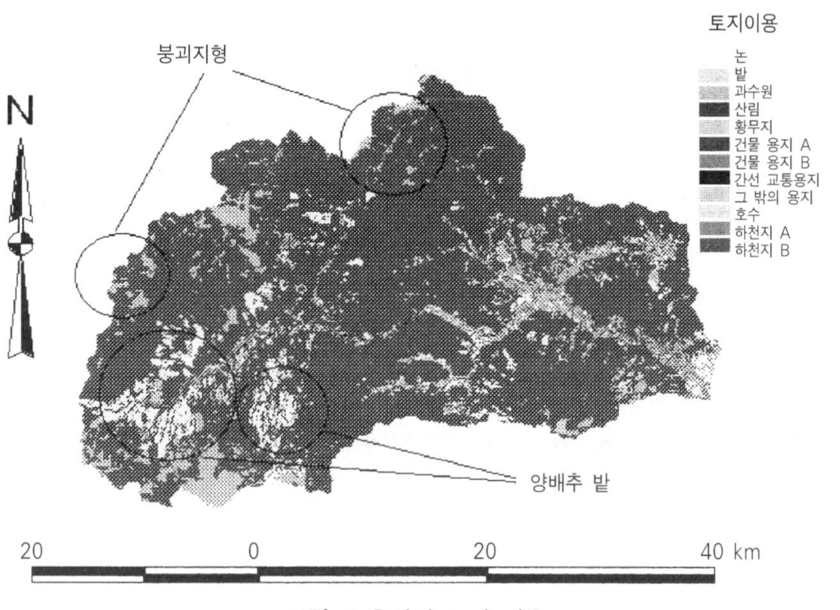

그림 2 유역의 토지 이용

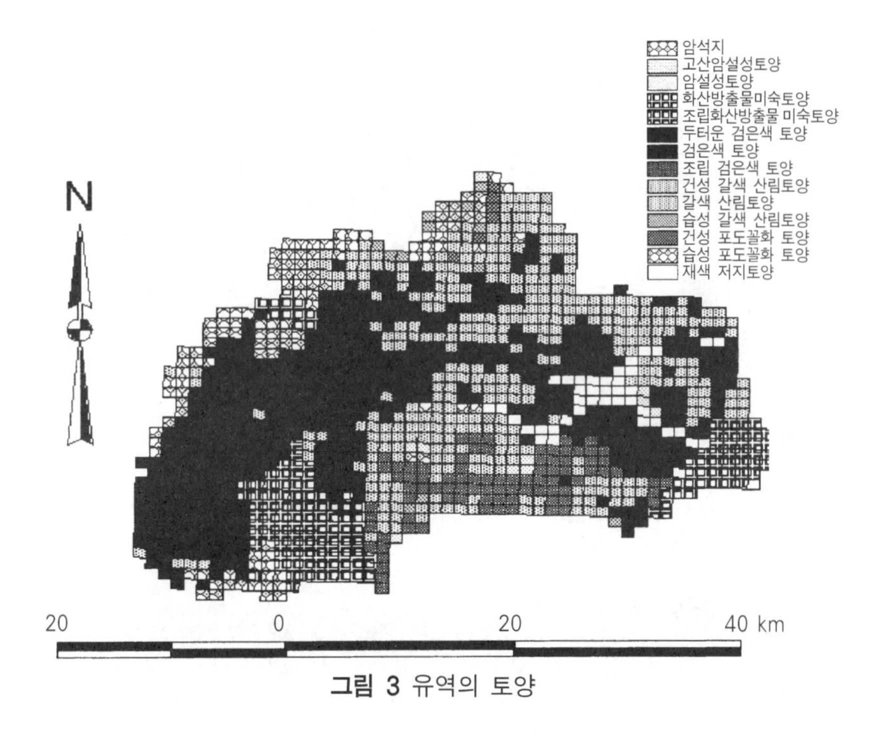

그림 3 유역의 토양

2) 산성 하천

유역에는 일본 유수의 유황천인 草津 온천과 万座 온천 등, 白根山 주변에는 온천이 산재되어 있다. 세계 최고의 강산성 호수의 하나로서 일컬어지는 湯釜와 白根山 중턱으로부터 용출되는 산성수로 인하여 吳妻川은 극도의 산성을 띠고 그 영향은 利根川 합류점을 지나 하류 역까지 미치는 경우가 있었다. 때문에, 예전에는 생물의 생식이 불가능한 강으로 「죽음의 강」이라고 불리기도 하였다.

1957년 하류 지역에서의 농업용수 활용과 발전 취수관의 부식 방지를 위한 목적 아래 吳妻川 종합개발사업의 일환으로 산성수의 수질 개선 사업이 실시되고, 1965년에는 중화 침전물의 침전과 발전을 목적으로 한 品木댐이 白砂川 상류의 湯川에 설치되었다. 중화 처리 시설은 하류 지점에서의 pH 개선을 목적으로 탄산칼슘을 투입하여 중화는 방식이었다.

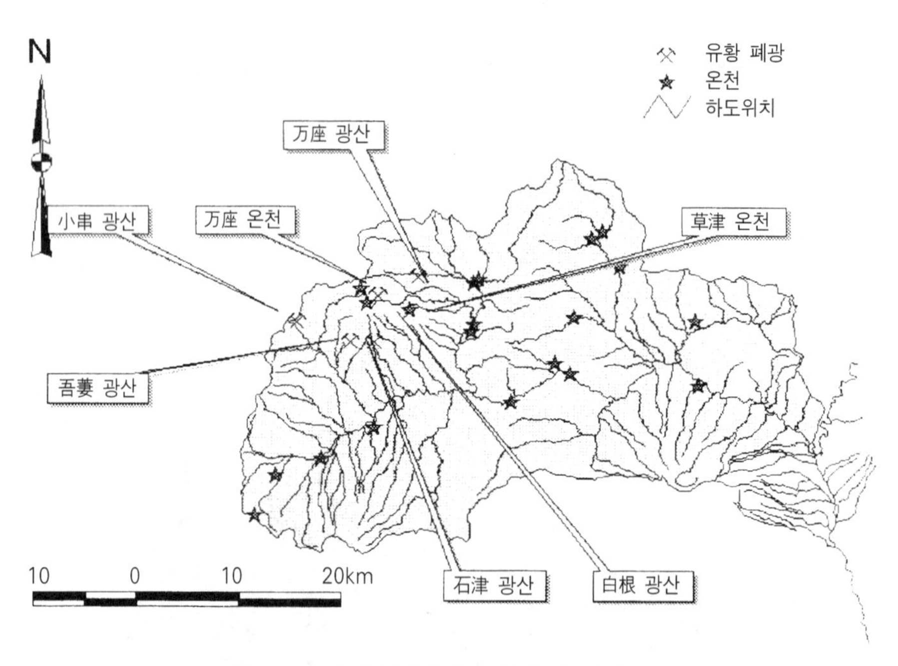

그림 4 유황폐광산과 온천의 위치

3) 휴 · 폐 광산의 존재

白根山 주변에는 폐광이 된 유황 광산이 있다(그림 4). 1923년에는 万座川 상류 지역의 小串광산이, 1933년에는 遅澤川 상류에 白根광산이, 1940년에는 万座川의 지류 松尾澤川

의 吳妻광산과 今井川 상류의 石津광산이 각각 조업을 개시하였다. 그러나 1958년경부터 주요 수요자였던 화학섬유업계의 조업 단축과 무역 자유화 등의 영향을 받았고, 1967년 8월의 공해 대책 기본법의 제정에 의한 중유 탈유황장치의 의무화 등으로 인해 값싼 회수유황이 나오게 된 것이 결정적 요인이 되어 1973년 폐광되기에 이르렀다. 유황 생산 지역 중 폐광이 있는 万座川, 遲澤川, 今井川에는 비교적 pH가 낮은 물이 유출되고 있다.

4) 인위적 활동과 영양염의 유출

吳妻川 상류 및 干俣川 유역(嬬戀村)은 여름, 가을 양배추 등의 고원야채 재배 주산지이다. 비료 살포와 토양 세정은 야채 재배에 있어 매우 중요한 작업 공정인데, 비료가 살포되는 시기가 가을 태풍이 오는 때와 겹치므로 집중 호우에 비료분을 포함한 토사가 유출될 가능성이 있다.

또한 北輕井澤을 포함하는 熊川유역에는 별장지나 목장이 개발되어 생활하수나 축산폐수의 유입이 우려되고 있다. 그 결과 질소나 인과 같은 부영양화의 원인이 되는 영양염이 본류로 유입되어 댐 호수의 부영양화를 초래하고 있다.

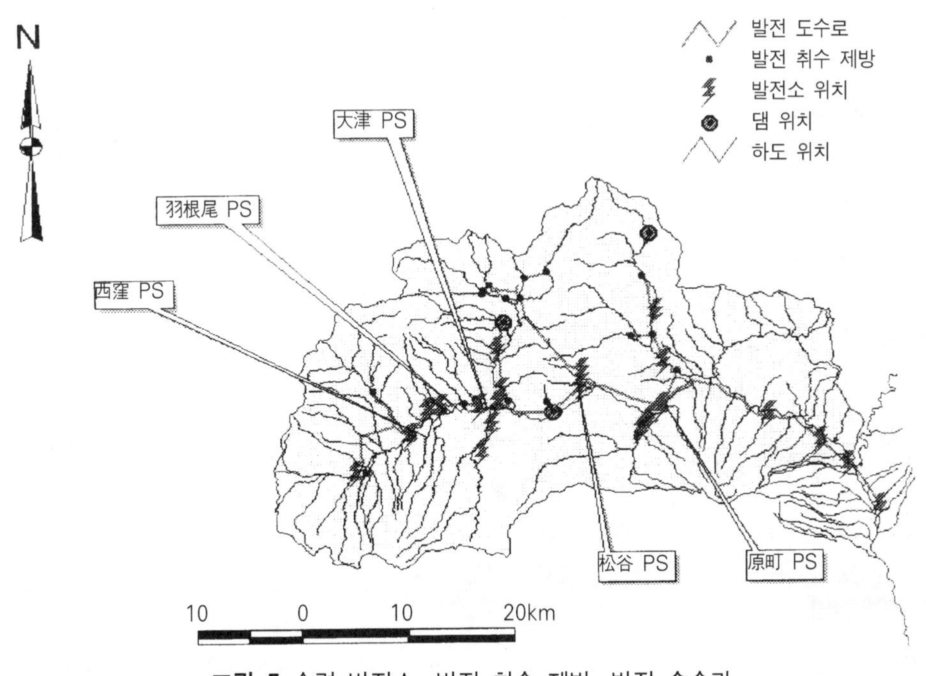

그림 5 수력 발전소, 발전 취수 제방, 발전 송수관

5) 수력 발전의 영향에 의한 유량의 극단적 변동

吳妻川 유역에는 1912년경부터 수력 발전소가 개발되었고 현재는 동경 전력과 群馬縣 경영을 합하여 19개의 수력 발전소가 입지하고 있다. 그림 5는 발전소, 발전소의 취수 제방 및 발전 송수관을 나타낸 것이다. 吾妻川 본류의 발전 취수계통을 보면 万座川과 吾妻川의 합류점에 위치하는 西窪발전소에서 취수된 물은 今井川, 赤川, 遲澤川의 취수와 합쳐져 송수관을 통해 하류의 羽根尾 발전소로 보내진다. 羽根尾 발전소의 방류수는 지점에서 일단 吾妻川으로 방류되고 大津발전소 하류의 長野原 취수둑에서 취수되어 松谷발전소를 거치고 하류의 原町발전소를 거쳐 吾妻川으로 방류되는 취수계통을 이루고 있다.

이와 같이 취수된 물이 송수관을 통해 하류로 보내지기 때문에 長野原제방으로부터 原町발전소간의 吾妻川에는 평상시에는 하도를 흐르는 물이 거의 없는 반면 홍수시에는 다량의 물이 방류되는 등 유량은 극단적인 변동을 보이게 된다.

3. 어프로치

1) 공간 데이터베이스

댐 건설에 따른 하류 지역 수질의 영향을 평가하는 방법으로 4단계를 채용하였다.(그림 6). 우선 제 1은 수치 시뮬레이션에 필요한 데이터를 공간 데이터로서 ArcView (ESRI)의 레이어로 수집・저장하였다. 유역계, 하도 위치, 토지 이용, 토양 등 국토 수치정보로부터 얻어지는 것에 대해서는 원칙적으로 그것을 이용하는 것으로 하였으나 발전 취수관, 발전 취수제방의 위치 등은 국토지리원 2만 5천분의 1 지형도로부터 디지타이저 입력하였다. 그리고 모델 계산에 있어 중요한 강폭에 대해서는 하츠바(八場)댐 공사 사무소에서 작성한 2500분의 1의 하천도로부터 계측하였다.

2) 시계열 데이터베이스

우량, 유량, 수질, 발전 취수량에 대하여 관측점별 시계열 데이터베이스를 작성하였다. 수질에 대해서는 관측점 별로(그림 7) 관측시(高水가 低水), 관측 빈도, 관측 항목이 다르므로 각 관측점 별로 작성하였다. 관측 항목에 관해서도 산성수 관련 항목, 부영양화 관련 항목, 탁수 관련 항목을 각각의 테이블로 작성하였다.

3) 통합 방법

모델 코드의 변경을 최소한으로 하기 위하여 Tim and Jolly(1994)의 "Partial-integration

″ 어프로치를 채용하였다. 모델 계산에 필요한 데이터는 공간 데이터베이스 혹은 GIS의 속성 데이터베이스로부터 구하여 모델 입력에 필요한 포맷으로 변환하였다.

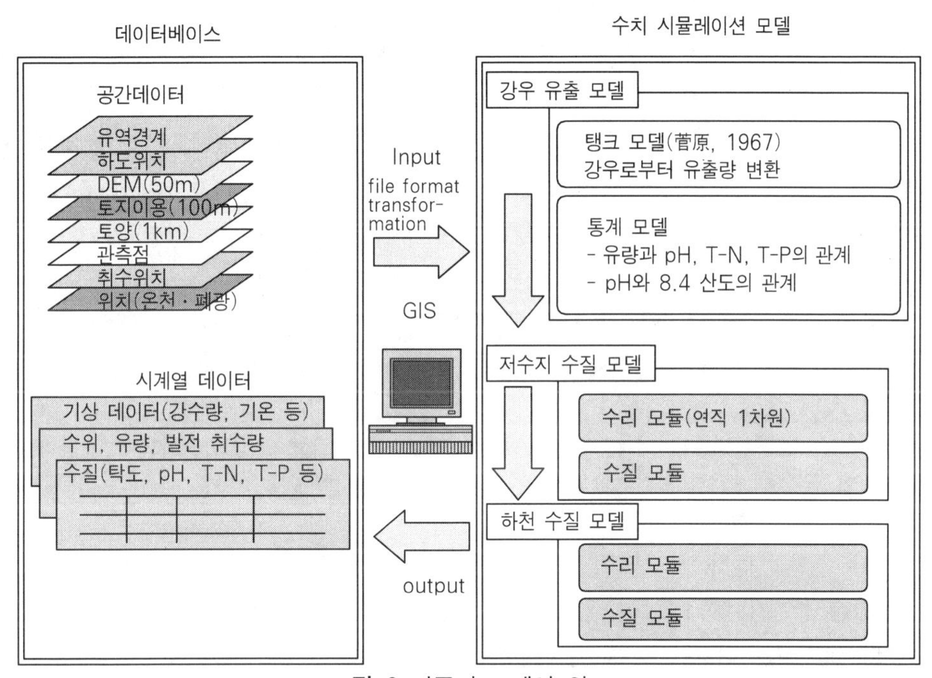

그림 6 연구의 프레임 워크

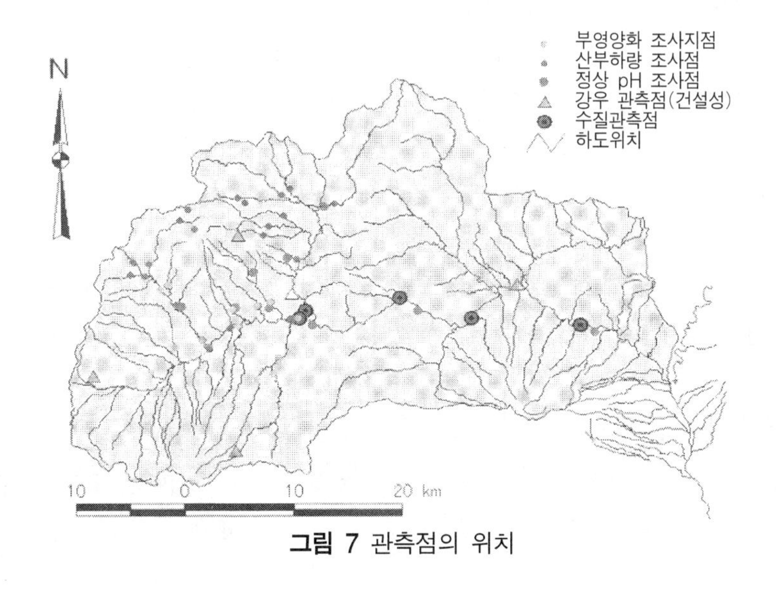

그림 7 관측점의 위치

4. 수치 시뮬레이션 모델

1) 강우 유출 모델

강우 유출 모델로서 탱크 모델(Sugawara 1995)을 채용하였다. 탱크 모델은 개념 모델로 빗물의 토양 침투를 해석하는 모델은 아니지만, 강우에 대한 유출의 비선형적인 응답을 표현할 수 있기 때문에 계획 목적에 자주 이용된다. 유역을 21의 3차 하천 유역으로 분할하고 각각에 대하여 탱크 모델을 적용하였다. 적용에 있어서는 강우의 공간 분포를 티센법에 의해 12 유역의 지배 영역을 구하여 할당하였다. 또한 토지 이용 및 토양에 대하여는 각 유역마다 구성 비율을 산출하고 각각의 카테고리별로 적절한 침투성을 나타내는 파라메타를 할당하였다. 이상의 조작으로 각 유역 하류의 하이드로그래프를 얻을 수 있었다.

이어서 각 지류역의 하류에서 관측된 수질 데이터로부터 유량과 산부하, pH, 영양염 농도, 탁도의 상관식을 추정 계산하고, 탱크 모델로 산출된 하이드로그래프를 부여하는 것에 의해 각각의 농도를 추정하였다.

2) 저수지 수질 모델

저수지내 수질의 연직 분포 및 방류 수질의 예측에는 연직 1차 모델을 채용하였다. 이 모델은 처음에 森北 등(1989)에 의해 개발되었는데 森北・天野(1991)가 전국의 저수지에 적용하여 검증하였다. 당초 이 모델은 수온, 탁도, 영양염 농도를 지표로 하여 댐 방류에 따른 하류역에의 영향을 평가할 목적으로 개발되었기 때문에 이번의 적용을 위해서는 산부하를 추가하기 위한 변경이 필요하였다.

연직 방향의 물의 움직임은 이류 확산 방정식으로 표현하였고 열수지, 산부하수지, 용해 물질의 농도수지도 고려하였다. 그리고 플랑크톤에 의한 영양염의 소비는 1차의 반응식으로 표현하였다.

저수지의 형태는 1차원 수평 슬라이스의 집합으로 표현하였고 각각 슬라이스의 속성은 두께, 면적, 체적을 사용하였다. DEM으로부터 파생시킨 TIN 데이터에 의하여 이러한 값이 계산되었고 저수지 모델의 입력 파일형식으로 변환되었다. 저수지 유입부분에서 필요한 유량 및 수질 농도의 입력 데이터는 강우 유량 모델의 시계열 데이터베이스로부터 읽어 내도록 하였다.

3) 하천 수질 모델

댐 하류 유역에 대하여 1차원의 하천 수질 모델을 이용하였다. 유량이 급격히 변화하므로 비정상의 이류 확산식을 해석하는 모델로 하도 네트워크에 기초하여 각각의 범위에 대한 생산・소비 등의 생화학적 반응에 기초한 농도 변화를 고려하였다. 상류부의 입력은 저수지 모델에서 계산된 값을 사용하였고 측방 유입에 대하여도 강우 유출 모델로부터 산출하여 사용하도록 하였다.

4. 정 리

이 시스템으로 댐의 유무에 의한 하류 역에의 산성수의 확산 정도가 어느 정도 변화하는가, 댐 방류구의 위치 변화에 따라 하류역의 수온・탁도・산도는 어떻게 변화하는가, 광산 폐수 대책의 효과에 따른 산부하의 변화나 환경 보전형 농업의 도입에 의한 저수지 유입 영양염 레벨의 변화 등의 인위적 활동의 영향에 의한 시나리오 분석이 가능해졌다.

결과는 별책(Sato et al. 2000)에서 다루기로 하고 吾妻川의 수질에 관련된 세가지의 문제 즉 낮은 pH, 높은 탁도, 높은 영양염 농도의 개선은 수질 보전대책을 어떻게 우선시 하는가에 달려있다.

V 마치면서

1. 환경관리에서 GIS 활용의 메리트

GIS뿐만 아니라 일반적으로 정보 기술을 환경관리의 분야에 적용할 때에는 정보의 이활용이 우선 검토 되어야 한다. 환경 관리 책임을 지는 기관 내 정보의 진행단계는 대략 이하의 5가지 단계가 될 것이다. (1) 데이터의 축적, (2) 축적된 데이터로부터의 정보 추출, (3) 정보를 이용한 예측, (4) 복수의 예측 결과(대체안) 비교, (5) 결과의 공표(시민・타 기관으로 정보 전달). 이와 같은 일에 필요한 정보 시스템의 기능으로서 데이터의 축적 기능, 데이터의 검색 기능, 데이터 가공・분석 기능, 예측 기능(모델링), 결과의 표시를 들 수 있다.

GIS가 다른 정보 기술과 비교하여 가장 특징적인 것은 공간 오브젝트를 기초로 하는 GIS이면서 레이어를 기초로 하는 GIS이고, 좌표를 매개로 하여 공간적으로 확산하는 각종 데이터를 취급한다는 점이다. 본질적으로 위치 참조를 동반하는 시계열 데이터인 환경 데이터에 있어서 GIS는 (1) 다른 공간 스케일이나 주제에 관한 데이터, 경우에 따라서는 멀티미디어 데이터를 비교 가능한 형태로 수집 가능한 것, (2) 이러한 데이터의 프레젠테이션이 용이하다는 것, (3) 데이터가 디지털화 되어 있기 때문에 시나리오 계산이 가능하다는 점에서 환경 데이터의 축적, 검색, 가공에 비교 우위를 갖는 것이라고 본다. 결과의 공표라는 관점에서는 WebGIS가 유용한 도구가 될 것이다(安陪 외 1998).

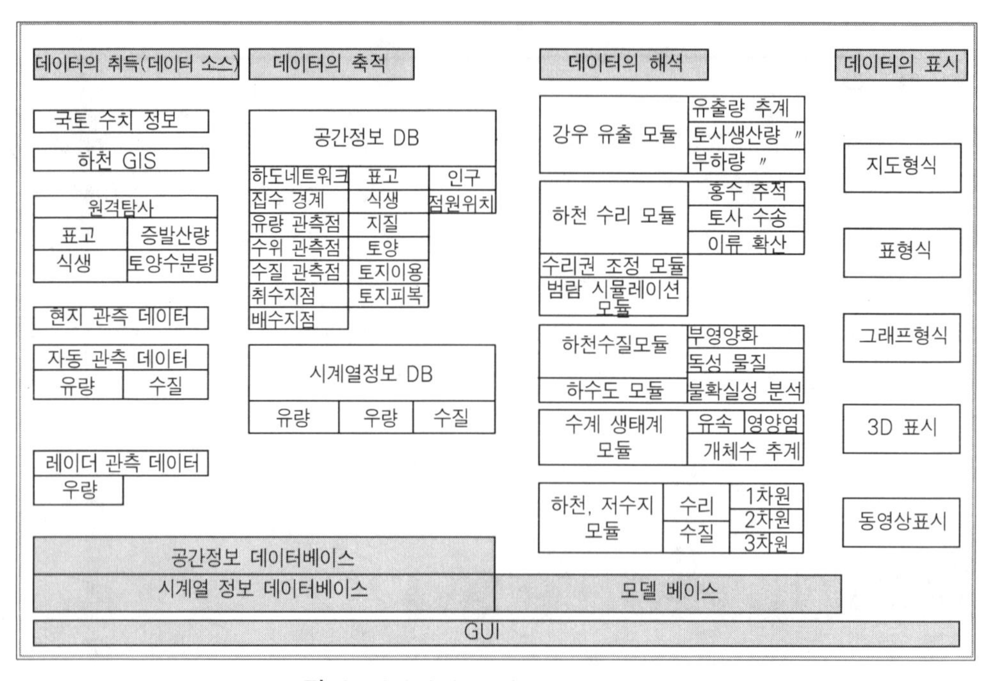

그림 8 의사결정 지원시스템의 프레임워크

2. 데이터 수집을 통한 합의 형성과 지리학자의 공헌

앞에서 기술한 진행 단계에서 가장 중요한 것은 역시 데이터의 축적일 것이다. 갱신되지 않는 데이터는 의미가 없고 인위적 영향의 파악을 위해서는 베이스 라인이 되는 정보가 불가결하다. 모델이 현실 세계의 추상화라는 본질을 갖는 이상, 현실 세계로부터 관찰된 모델링 데이터를 빼고서는 모델의 발전, 개량은 있을 수 없다고 본다. 미국 워싱턴주의 네이처 맵핑 도입에는 WebGIS를 활용하여 교사 · 학생 · 시민 · 자연자원 관리기관의 협동(collaboration)하에 생물다양성 평가를 위한 데이터 수집이 이루어지고 있다. 이러한 참가형의 데이터 수집은 데이터 정도의 평가방법을 미리 정하여 두기만 하면 대량 · 광범위한 모니터링의 보조 수법이 될 수 있을 것이다. 초등 · 중등 교육의 교원 양성의 전통과 필드 워크에 의한 데이터 수집 중시의 전통을 지닌 지리학자는 환경 관리를 위한 참가형 데이터 수집과 공간 데이터의 정밀도 평가에도 공헌할 수 있을 것이다.

3. 앞으로의 과제 : 환경영향평가와 GIS의 통합을 향하여

1) 모델에 대한 합의

일본에서 모델의 결과에 의해 합의점을 도출하는 것이 가능할까? 이제까지 영향평가 분야뿐만 아니라 기타 분야에서도「이것은 컴퓨터로 처리한 결과」라는 말을 면죄부로 하는 어떤 의도를 갖고 결과를 이용해 온 경향이 있다. 그 결과 컴퓨터에 의한 결과를 처음부터 신용하지 않는 사람도 생기고 말았다. 모델의 특성(장점, 단점)과 적용 한계를 명시하여 사용한다면 시뮬레이션 모델의 결과도 유용한 커뮤니케이션 도구가 될 수 있지 않을까? 물론 과학자가 현상의 이해와 모델의 정밀도 향상에 힘쓰지 않아도 된다는 것이 아니라, 중립적인 입장에서의 모델 간 상호 비교(벤치마킹)를 통해 정밀도를 향상시킬 수 있는 기회도 증가하지 않을까 하는 말이다.

2) 이용자면에서 본 공간정보의 정비 필요성

일본에서는 이미 국토수치정보라는 국토의 골격이 되는 디지털 공간 데이터가 정비되어 있고 그 속성으로 부여된 환경 정보에 관한 데이터베이스도 서서히 정비되고 있다. 시뮬레이션에 이러한 것을 활용하면서 느끼는 것인데, 시뮬레이션 모델에 요구되는 공간 데이터의 정밀도와 실제로 정비되어 있는 공간 데이터의 정밀도가 맞지 않는 경우가 있다. 만약 공적으로 정비된 데이터를 이용하도록 고려된 프로세스 모델을 활용하여 합의 형성을 꾀할 경우 공간 데이터의 정밀도는 중요하다. 시뮬레이션 모델이 필요로 하는 공간 데이터 모델 간의 차이 문제도 있을 수 있다. 예를 들어 하천은 라인으로 표시해야 하는가 아니면 폴리곤으로 표시해야 하는가? 그것은 이용하는 모델에 따른 것으로 더 나아가서 모델을 만드는 모델러의 세계관에 속하는 것은 아닐까? 공간정보를 디지털화하는 최대의 메리트는 다른 데이터 소스와 조합하여 활용할 수 있다는 점일 것이다. 공간 데이터 모델에 대한 표준화의 움직임이 진행되고 있지만 이용자 그룹간의 대화와 요구 분석에 의한 공간 데이터의 정비가 요구된다.

참고문헌

安陪和雄・和田一斗・佐藤一幸・寺川　陽 1998. GISとインターネットの連携による流域水環境データベースの構築.『第23回土木情報システムシンポジウム講演集』43-46.

国土庁 1998.『新・全国総合開発計画——21世紀の国土のグランドデザイン——』.

益倉克成 1999. 水問題解決のための流域管理. 土木技術資料 41(7)：18-19.

森北佳昭・畑　孝治・三浦　進 1987.『貯水池冷濁水ならびに富栄養化現象の数値解析モデル』土木研究所資料第2443号.

森北佳昭・天野邦彦 1991.『貯水池水質の予測・評価モデルに関する研究』土木研究所報告第182号.

Burrough, P.A. 1988. Linking spatial process models and GIS: a marriage of convenience of a blossoming partnership?. *Proceedings, GIS/LIS '88 Falls Church, VA: ASPRS/ACSM* 2: 598-607.

Fedra, K. 1993. GIS and Environmental Modeling. In Goodchild, M.F., Parks, B.O., and Steyaert, L.T. ed. *Environmental Modeling with GIS*. 30-50. Oxford, Oxford University Press.

Fedra, K. and Jamieson, D.G. 1996. The 'water ware' decision-support system for river-basin planning, 2.Planning capability. *Jour. of Hydrology* 177-198.

Maidment, D.R. 1993. GIS and Hydrological Modeling. In Goodchild, M.F., Parks, B. O. and Steyaert, L.T. ed. *Environmental Modeling with GIS*. 147-167, Oxford, Oxford University Press.

Newson, 1994. Sustainable integrated development and the basin sediment system: guidance from fluvial geomorphology. In Kirby, C. and White, W.R. eds. *Integrated River Basin Development*. 1-10. England. John Wiley and Sons.

Nyergers, T.L. 1993. Understanding the scope of GIS: its relationship to environmental modeling. In Goodchild, M.F., Parks, B.O., and Steyaert, L.T. ed. *Environmental Modeling with GIS*. 75-93. Oxford, Oxford University Press.

Nieman, R.J. 1992. New Perspectives for watershed management: balancing long-term sustainability with cumulative environmental change. In Naiman, R.J. ed. *Watershed Management: Balancing Sustainability with Environmental Change*. 3-11. New York, Springer-Verlag.

Nieman, R.J., Beechie, T.J., Benda, L.E., Berg, D.R., Bisson, P.A., MacDonald, L.H., O'Connor, M.D., Olson, P.L., Steel E.A. 1992. Fundamental Elements of Ecologically healthy Watersheds in the Pacific Northwest coastal Ecoregion. In Naiman, R.J. ed. *Watershed Management: Balancing Sustainability with Environmental Change*. 127-188. New York, Springer-Verlag.

Nieman, R.J., Beechie, T.J., Benda, L.E., Berg, D.R., Bisson, P.A., MacDonald, L.H., O'Connor, M.D., Olson, P.L., Steel E.A. 1992. Fundamental Elements of Ecologically healthy Watersheds in the Pacific Northwest coastal Ecoregion. In Naiman, R.J. ed. *Watershed Management: Balancing Sustainability with Environmental Change*. 127-188. New York, Springer-Verlag.

Raper, J. and Livingstone, D. 1996. High-Level Coupling of GIS and Environmental Process Modeling. In Goodchild, M.F., Steyaert, L.T., Parks, B.O., Johnston, C., Maidment D., Crane, M. and Glendinning, S. eds. *GIS and Environmental Moeling: Progress and Research Issues*. 387-390. Fort Colins, CO. USA. GIS World.

Sato, K., Amano, K., Yasuda, Y. 2000. Integrating Water Quality model: a case study in the low pH stream in the volcanic river basin in Japan. *Proceedings of the Fourth International Symposium on GIS and Environmental Modeling, Banff Canada.*

Sugawara, 1995. Tank Model. In Singh VP. Editors. *Computer Models of Watershed Hydrology*. 165-214. Baton Rouge, LA: Water Resources Publishers.

Stanford, J.A. and Ward, J.V. 1992. Management of Aquatic Resources in Large Catchments: Recognizing Interactions Between Ecosystem Connectivity and Environmental Disturbance. In Naiman, R.J. ed. *Watershed Management: Balancing Sustainability with Environmental Change*. 91-124. New York, Springer-Verlag.

Steyaert, L.T. 1993. A perspective on the State of Environmental Simulation Modeling. In Goodchild. M.F., Parks, B.O. and Steyaert, L.T. ed. *Environmental Modeling with GIS*. 16-30. Oxford, Oxford University Press.

Tim, U.S., Jolly, R. 1994. Evaluating agricultural nonpoint-source pollution using integrated Geographic Information Systems and hydrologic/water quality model. *Journal of Environmental Quality* 23: 25-35.

Tomlin, C.D. 1990. *Geographic Information Systems and Cartographic Modeling*. Englewood Cliffs, NJ: Prentice-Hall Publishers.

chapter 6

환경변화 예측과 GIS

鈴木康弘 · 木村圭司

I 들어가며 :「환경 공생」시대에 요구되는 것

인간의 활동이 자연환경에 어떤 변화를 일으키는지는 최근 환경 공생의 개념 정착과 더불어 크게 주목받았고 1997년에는 새로운 환경영향평가법이 제정되기에 이르렀다. 그 중에는 이제까지의 반성과 환경 평가에 대하여 (1) 대상 사업에 예외를 두지 않는다, (2) 인허가의 의사 결정에 직접 반영시킨다, (3) 주민 참가의 기회를 증대시키는 등, 많은 개선이 이루어졌다(原科 1998).

그러나 이전과 마찬가지로 많은 경우가 정성적인 평가에 지나지 않는다는 비판도 많다.「경미한 영향」이라는 정성적 표현은 예측의 적부에 관한 검증을 곤란하게 하고, 수년에서 수십년 후 현실과의 피드백이 어렵기 때문에 여전히 환경영향 예측수법을 향상시키는 것은 어려운 일이다(松田 1998). 예측의 정밀도(불확실성)와 논리(가정)를 명시한 새로운 환경 예측수법이 요구되고 있다.

이와 같은 배경 가운데 GIS의 역할은 크다. GIS를 이용한 자연환경 데이터의 정비는 데이터의 공개나 공유화에 유효하다. 자연환경에 대한 현황 인식을 용이하게 하는 것이 명백하고 그와 같은 목적에 맞는 GIS 정비의 필요성은 이미 많은 곳에서 지적되고 있다. 한편 현재에 그치지 않고 과거의 데이터를 취득하고 과거로부터 현재에 이르는 변천과정이나 각 환경 요소간의 상관을 GIS를 베이스로 하여 분석함으로써 예측 논리(모델)를 명시한 미래 예측이 가능할 것이다.

그리고 이와 같은 상세한 GIS 데이터를 바탕으로 한 환경 평가는 지구 규모의 환경 문제에 대하여도 중요한 공헌을 할 가능성이 높다. 이러한 연구에 대한 사회적 필요성은 최근 들어 높아지고 있다고는 하나 현재 충분하다고 말하기는 어렵다. GIS에 대해서는 그래픽 기능이 지나치게 강조되고 있는 반면에 대상에 대한 고도의 해석 기능이 강조되지 못하고 있는 실정이다.

"새로운 지구 창조-자연의 예지"를 테마로 개최될 예정인 2005년 국제 박람회(아이치박람회)는 인간 활동과 자연과의 공생 방법을 추구하는 것이 테마이다. 이것은 단순한 자연 보호의 문제가 아니라 인간 활동과 자연과의 상호작용(interaction)을 상세히 분석하고 미래의 자연환경 변화를 예측하는 수법의 개발까지 추구하고자 하는 것이다.

이러한 가운데 필자들이 1998년에 조직한 산학관(産學官) 공동의 연구회(지역환경 GIS 연구회; 사무국 : 아이치 현립대학 정보과학부, 뒤의 표 2 참조)는 회장 예정지 주변(愛知県 瀬戸市 및 長久手町)의 里山을 조사 대상으로 하여 里山의 바이오메스(biomass) 증가량의 견적과 그에 따른 이산화탄소 고정량 평가, 삼림 성장의 미래 예측수법의 개발을 목표로 里山 연구를 개시하였다. 이 연구는 시작단계에 불과한 검토수법을 찾는 단계이지만, 그 구상과 현시점까지의 도달점을 소개함으로써 이후의 환경변화 예측 연구에서의 GIS의 유효성과 과제에 대하여 논하고자 한다.

II 디지털 사진 측량과 리모트센싱 및 GIS를 통합한 里山 연구

1. 연구의 개요

옛부터 인간 활동의 영향을 강하게 받아온 里山 삼림은 수종이나 수령의 구성면에서 복잡한 양상을 띠고 있다. 디지털 사진측량(DPW : Digital Photogrammetry Workstation)이나 항공사진 판독, MSS(Multi Spectrum Scanner)관측, 레이저 레이더 관측 등의 리모트센싱을 이와 같은 里山 지역에 적용하고, 상호 데이터를 GIS상에서 관리 · 통합함으로써 그 추이를 밝히는 것이 본 연구의 개요이다. 구체적으로 다음과 같은 내용으로 구성된다.

1) 정밀 5 m DEM의 작성

구릉지 등 계곡밀도가 높은 지형 조건에서는 50 m 메쉬 DEM으로는 높은 정밀도의 지형 해석이나 유출 해석이 불가능하며 5～10 m 메쉬의 세밀한 DEM이 필요하다(小口 외 1999). 그러나 이와 같은 데이터를 작성하려면 실제로 측량을 해야만 하고 아주 좁은 범위를 대상으로 하는 경우를 제외하고는 데이터 취득이 거의 불가능하였다. 이에 비하여 최근 개발된 DPW는 항공사진의 화상처리(스테레오 매칭)로 임의의 메쉬 간격 점에서의 표고를 자동 계측할 수 있다. 그림 1은 이 기기(DPW)를 이용하여 작성한 DEM을 바탕으로 한 조사대상 지역 조감도이다. 그림 1에서는 시계열 변화를 표현하고 있으나 이 이외에도 수목의 높이를 조사하기 위해 삼림의 수관부 DEM과 지표면 DEM 2종류를 작성하고 있다.

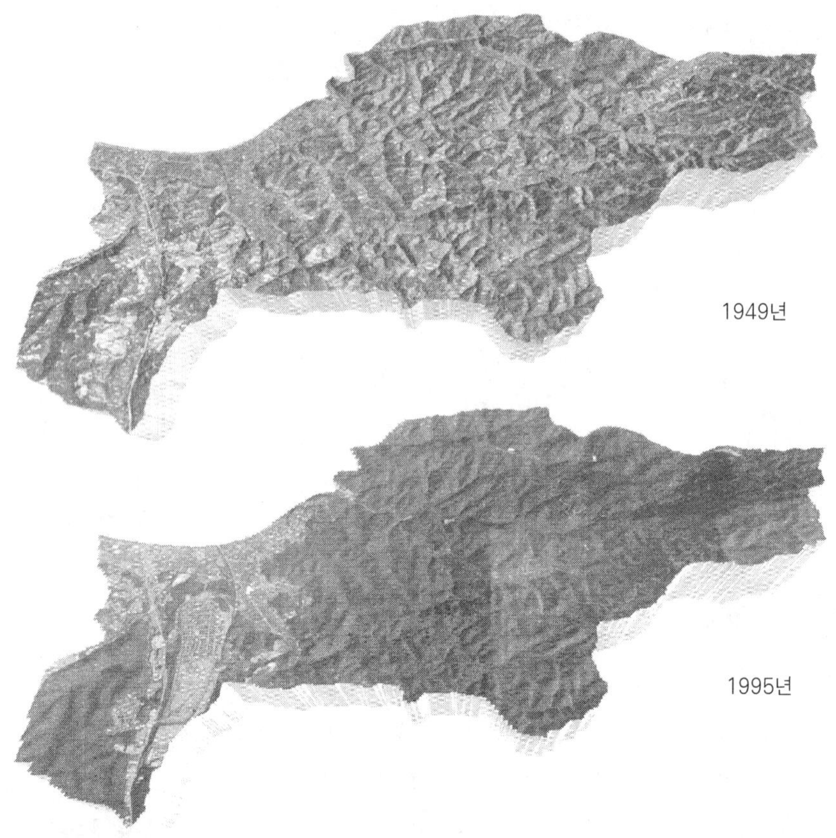

그림 1 1949년과 1995년의 「해상의 숲」 주변의 조감도
항공사진 측량에 의해 작성한 각 년차의 5m 메쉬 DEM(수관정상부)에 기초.
양자를 비교하여 산림의 변화를 조사함.

2) DEM 비교에 의한 삼림 성장량의 계측

삼림의 추이를 조사할 목적으로 1949년, 1977년, 1995년 촬영된 3시기의 항공사진을 이용하여 수관고 및 지표면의 DEM을 각각 작성하였다. 이 데이터 셋은 측지 좌표에 의해 GIS상에서 관리되기 때문에 차감연산을 통한 비교가 가능하다(鈴木 외 2000). 특히 수관부의 DEM을 비교하는 것으로 삼림의 높이 방향 성장량을 구하는 것이 가능하다. 그림 2는 이와 같은 방법으로 계측한 결과의 일부를 나타낸 것이다. 매우 단순한 원리로서, 지금까지는 항공사진 계측에 의해 수목 하나하나의 높이를 계측하여 왔지만, 그것을 수 km 넓이의 삼림에 적용하여 면적인 평가를 실시한 예는 찾아볼 수 없다.

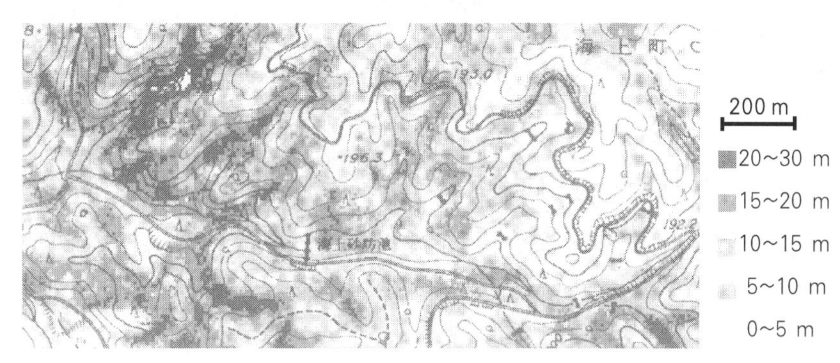

그림 2 1949~1995년 사이의 5 m 메쉬 DEM의 차
삼림의 높이 변화가 나타남.

3) 상세 식생도의 작성

식생의 변천을 조사하기 위하여 항공사진을 입체시 판독함으로써 1949, 1977, 1995년의 각 연차별 상세 식생도를 작성하였다. 이 작업은 영림서에서 오랜 실무 경험을 갖고 있는 임학을 전공한 공동 연구자에 의해 작성되었다. 5 m 메쉬별로 삼림 성장량을 다루는 것을 전제로 하고 있기 때문에 식생 경계선은 항공사진의 음화필름에 오버레이한 후 다시 항공사진도화기에 걸어서 GIS 정보화 하였다. 작업의 상세한 과정에 대해서는 野村・中嶋(2000)에 의해 보고되어 있다.

한편, 항공기 탑재 MSS에 의해 화상처리를 이용한 식생 구분도 검토하였다. 5 m 메쉬 DEM을 이용하여 정밀 기하보정을 실시하고, 동일 지역에 대한 계측을 여러 시기에 걸쳐 실시함으로써 정보량을 늘렸다. 상술한 항공사진 판독에 의한 식생 판별 결과를 참고로 학습효과를 높여 화상해석에 의한 식생 구분의 효율화를 목표로 하고 있다(宮坂・德村 2000).

4) 수목 단위의 삼림 계측 및 이산화탄소 고정량 평가

삼림의 높이 변화에서 이산화탄소 고정량을 추정하기 위해서는 수목 단위의 성장 모델을 구축할 필요가 있으며 따라서 수목의 계측이 필요하다. 삼림 계측학 분야의 축적을 위한 실측도 계속되고 있고 리모트센싱 데이터를 활용한 삼림 단위의 성장 모델이 검토되고 있다(山本 2000). 또한 헬리콥터 탑재 레이저 레이더 관측에 의한 50 cm 해상도의 계측을 실시하여(그림 3), 이산화탄소 고정량의 광역적인 평가를 위한 계측 시스템 개발을 진행하고 있다(坪井 · 村手 2000).

그림 3 헬리콥터 레이저레이더를 이용한 「해상의 숲」의 해석결과

5) 삼림 성장 시뮬레이션

이상에서 밝힌 삼림의 과거로부터 현재에 이르는 추이를 바탕으로 하여, 장래의 성장을 예측하는 시뮬레이션을 최종적인 목표로 삼고자 한다. 5 m 메쉬 DEM에 근거한 사면 방향, 경사 등의 지형 특성, 지질 및 토양조건 등의 데이터를 GIS화하여 식생변화 패턴이나 성장량(속도)과 비교함으로써 경험식을 쌓아간다. 대상지역이 里山이므로 인위적인 영향을 시계열적으로 어떻게 부여할 것인가 등, 이후 해결해야 할 과제도 많이 남아 있다. 이와 같은 시뮬레이션을 추구한 木村 등(2000)의 검토 결과를 다음 절에서 소개한다.

2. 里山 변천의 GIS 해석검토

삼림성장 시뮬레이션을 향한 제 1단계로서 이 지역에서의 과거 50년간에 걸친 대표적 식생변화 패턴을 밝히고자 한다. 해석에 이용한 데이터는 里山의 식생 분류와 그 백그라운드가 되는 표고 데이터(DEM)이다.

野村 · 中嶋(2000)는 1949년, 1977년, 1995년의 세 시점에 대하여 표 1의 우측과 같이 16가지로 식생 · 토지이용을 구분하였다(그림 4). 식생 · 토지이용 변천패턴을 해석하기 위하여 동일수종이나 인공 개변지를 정리하여 16분류를 재편집하였고 표 1의 왼쪽과 같이 9분류 하였다.

표 1 식생 · 토지이용 분류

항 목	식생 · 토지 이용
A	전나무, 솔송나무
B	상록 활엽수
C	낙엽 활엽수 고(高) 목림 낙엽 활엽수 중 · 저목림 소나무 · 낙엽활엽수 혼교림
D	적송 · 흑송
E	대나무
F	삼나무 · 노송식재림(노형림) 삼나무 · 노송식재림(유 · 장연림)
G	황무지 · 잡초 붕괴지 나지
H	택지 · 구조물 저수지
I	경작지 벌채지

(野村·中嶋 2000을 개변)

표고 데이터로서는 1995년의 지표 5 m 메쉬 DEM을 이용하였는데 小口 · 勝部(2000)가 채택한 방법을 이용하여 DEM으로부터 경사방향과 경사각도를 산출하였다. 이 지역은 대부분 동으로부터 서북에 걸쳐서 고도가 낮아지는 경향이 있고 구릉지 특유의 소규모 산등성이와 계곡이 많다. 이러한 자잘한 기복은 기존의 50 m 메쉬 DEM으로는 해석할 수 없다(小口 · 勝部 2000). 이 때문에 식생군락 단위로 번무지의 백그라운드를 표현하려면 50 m 메쉬 정도의 세밀 DEM이 반드시 필요하다.

해석 작업은 먼저 폴리곤 데이터로 주어진 식생 데이터를 5 m DEM에 위치를 맞추어 포인트 데이터로 변환하였다. 그 결과 대상 지역 내의 244,514점에 대하여 1949년, 1977년, 1995년의 식생 데이터 및 1995년 시점에서의 지표 표고 값, 경사방향, 경사각도를 속성으로 하여 평면 좌표상에 정리하는 것이 가능해졌다.

다음으로 식생 · 토지이용 패턴의 경년 변화 경향을 정량적으로 해석하고 그 가운데 주요한 변화패턴을 추출하였다. 또한 식생 · 토지이용의 변화에 관한 계통성을 정리하여 그 백그라운드가 되는 지형 요인과의 관계에 대하여 다음과 같이 고찰하였다.

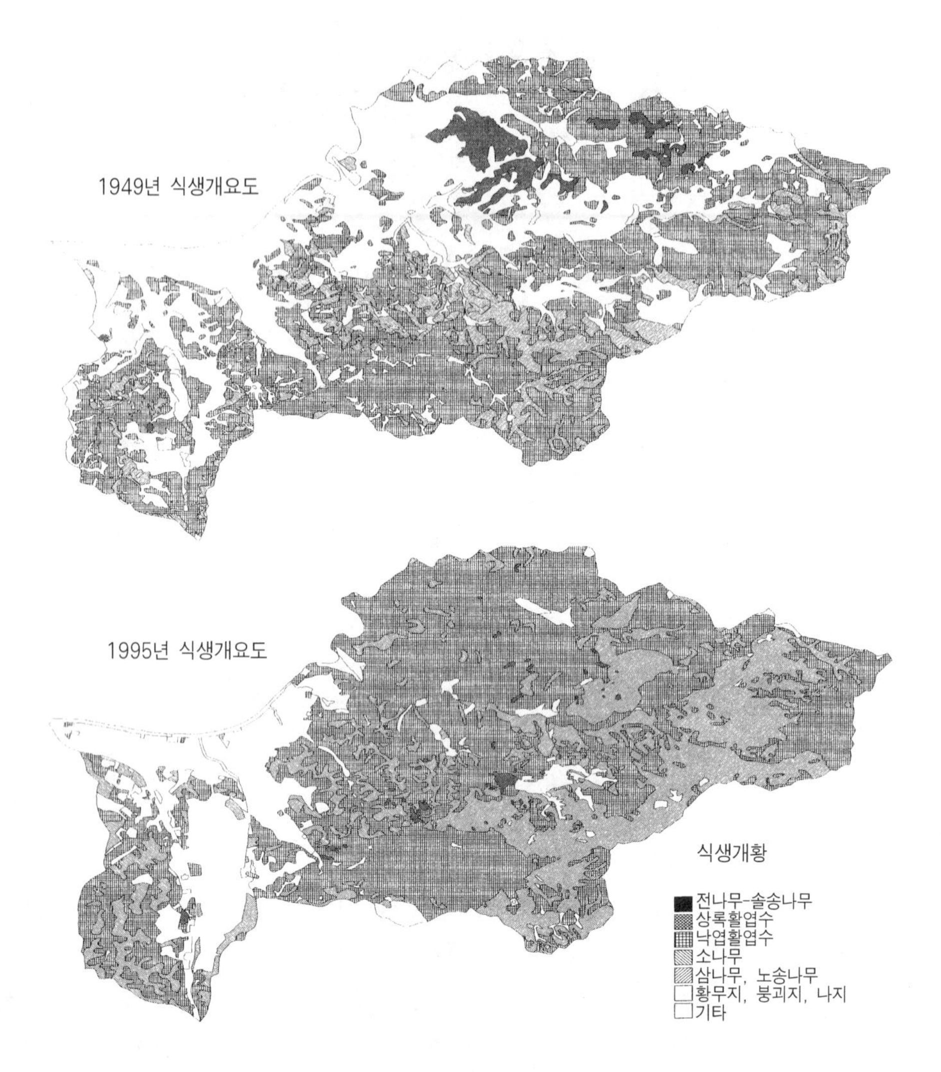

그림 4 1949년, 1995년의「해상의 숲」주변의 식생 · 토지이용 분류개요도
野村 · 中嶋(2000)에 의한 16 분류를 그림에서는 7분류로 하여 개략적으로 표시함.

본 연구에서 초기 조건이라 할 수 있는 1949년의 식생 · 토지이용 항목별 1977년, 1995년의 식생변화는 이론상 9^3(=729)의 패턴을 취하게 된다. 그러나 실제로 변화패턴은 그 반 수 이하인 323 패턴 밖에 볼 수 없었다.

특징을 보다 명확히 하기 위한 탁월한 패턴을 선택하기 위해 다음 기준을 적용하였다.

① 초기 조건인 1949년의 식생 · 토지이용 구분 가운데 3시기의 변화패턴(그림 5의 변화경

로)이 1949년의 각 카테고리 포인트 수의 10% 이상을 차지하는 것(단 포인트 수가 매우 적은 것은 제외).

② 식생 · 토지이용 구분 중에서 3시점의 변화패턴이 100 포인트 이상인 것.

그 결과 13의 변화패턴이 추출되었다. 또 이 이외에 1패턴, 즉 1995년에 카테고리-H(택지 · 연못 등)였던 것을 추가하여 합계 14패턴을 주요한 변화패턴으로 삼았다. 그래서 이 14패턴으로 전체의 47.5%에 이르는 116,157 포인트가 설명 가능해졌다.

주요한 변화패턴을 모델화 한 것이 그림 5이다. 이에 따르면 인위적 영향이 없는 것은 거의 1995년에 카테고리-C(낙엽활엽수림)로 귀착되었다. 그밖에 오래 전부터 주택지 · 조림지였던 지역은 기본적으로 토지이용상의 변화가 없다.

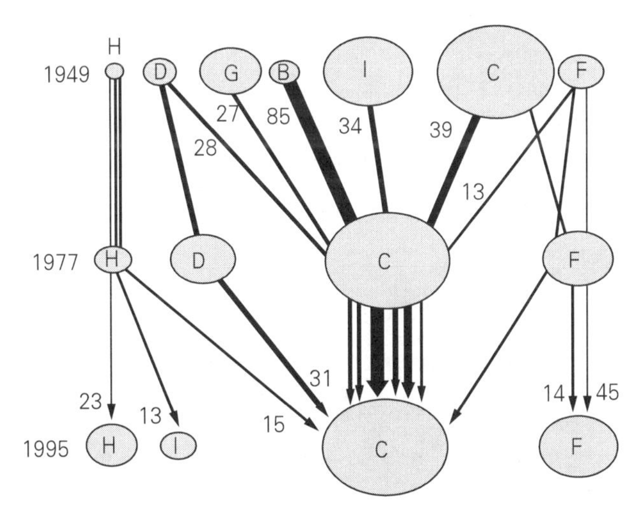

그림 5 주요한 변화 카테고리 패턴

B~I는 각 카테고리(표 1 참조)를 표시, 타원의 면적비는 각 카테고리의 면적비와 같다. 숫자는 1949년의 각 카테고리 면적에 대한 당해 변화패턴의 비율을 나타냄.

삼림의 식생변화 패턴에 있어서 다음과 같은 경향이 나타났다.

① 삼나무 · 노송 조림지(카테고리-F)에서 낙엽활엽수(카테고리-C)로의 변화 :
1949년 이전 혹은 1977년경에 걸쳐 삼나무 · 노송이 조림된 후 낙엽활엽수림으로 변화해가는 포인트도 적지 않게 존재한다. 1949년의 카테고리-F의 25%가 1977년에 카테고리-F 혹은 카테고리-C가 되고, 그 후 1995년에 카테고리-C가 되었다. 이와 같은 추이에 관하여 표고와의 관계를 보면, 1995년까지 카테고리-F인 체로인 포인트는 표고 200~

220 m와 260 m ~ 340 m에 많은데 비하여, 1977년에는 카테고리-F 그대로지만 1995년에는 카테고리-C로 변화한 포인트는 표고 220 ~ 260 m 및 340 ~ 360 m에 많다. 또 1977년에 카테고리-C로 변화하여 1995년에도 카테고리-C로 그대로인 곳은 140 ~ 200 m와 저표고에 많았다.

② 극상림(極相林)에 가까운 상록활엽수(카테고리-B)의 변화 :
1949년에는 대상지역의 극상림으로 여겨졌던 카테고리-B가 1977년, 1995년에는 카테고리-C(낙엽광엽수)로 변한 포인트가 상당히 많다. 또 1949년에는 카테고리-B였는데 1995년에는 카테고리-C 이외의 식생 · 토지이용으로 변화한 포인트도 있다.
양자에 있어서, 지형의 경사 방향을 비교해보면 전자는 남서로부터 북서에 걸쳐서 서쪽 방향의 경사 비율이 높은데, 후자는 북동으로부터 남에 걸쳐서 동쪽 방향의 경사가 많다.

③ 적송 · 흑송(카테고리-D)의 변화 :
1949년에 카테고리-D였던 포인트가 그 후에 서서히 카테고리-C(낙엽활엽수)로 변화하는 경향을 볼 수 있다. 이와 같은 변화에 관하여 카테고리-D인 체로 3시기 모두 변화가 없는 포인트는 표고 150 ~ 200 m에 분포하는데에 비하여, 1949년에는 카테고리 D였던 포인트가 1977년 혹은 1995년에 카테고리-C로 변화하는 경향은 100 ~ 150 m와 약간 낮은 표고에 분포하고 있다.

이상의 해석은 제 1단계에 지나지 않으나 앞으로 해석 년차를 늘려나가면서 이와 같은 경향이 인문사회학적으로 어떤 의미가 있는지 즉, 이산(里山)에서의 인간과 자연의 상호작용 결과로서의 의의도 고찰하면서 본 지역에서의 과거 식생 변천에 대한 모델링을 해나갈 필요가 있다. 또한 DEM의 정밀도 검증을 통해 지점마다의 삼림 성장속도와 지리적 조건과의 상관관계에 대하여도 분석하게 될 것이다.

3. 지구환경 연구 및 지리학에의 공헌

이산(里山)의 모니터링을 통한 그 장래 예측이 목표인 본 연구의 의의는 단순히 이산 보전에 있지 않다. 전 지구적인 기후변동의 예측 문제에 대해서도 크게 공헌할 가능성을 지니고 있다. 삼림의 바이오매스 증대는 이산화탄소 흡수량과 밀접하게 관련 있기 때문에 그 예측은 인위적인 이산화탄소를 둘러싼 전 지구적 탄소순환에 대한 육지 생태계의 역할 평가와 관계될 가능성이 크다.

온실효과의 60%를 차지하는 것으로 일컬어지는 인위적 이산화탄소가 어떻게 대기 · 해수 · 육상식생에 흡수 고정되는가에 대하여 여러 가지 논의가 있다. 현시점에서의 관측 및 모델 계산에 의하면 대기가 그 55%를 흡수하고 해수가 25~28%를 흡수하는 것으로 추정되고 있다. 그러나 육상식생의 기여에 대해서 현재로서는 불명확한 실정이며 위의 결과로부터 단순히 차이분을 가정하는 것에 지나지 않는다. 이 때문에 삼림성장의 실측값으로부터 이산화탄소 고정량을 구하는 방법론의 개발이 IPCC(기후변동에 관한 정부간 패널)를 비롯하여 국제적으로도 요구되고 있고, 이는 지구환경연구에 대하여 크게 공헌할 가능성이 있다(半田 2000).

그러나 복잡한 상을 띄고 있어 단순한 모델링 계산을 적용하기 어려운 육지의 탄소고정에 대하여 일정 면적을 지닌 「숲」을 하나의 단위로 실측하여 축적해 간다고 하는 접근방법이 중요하다. 공간 중에 그것을 구성하는 단위를 설정하여 전체를 평가한다는 지리학적 사고를 충분히 살리게 된다. 지구 전체의 평가를 위하여 실측 단위의 설정과 광역 관측을 꾀한 정밀도 검증 및 효율화가 이후의 큰 과제이다. 이것은 또한 지리학의 지구환경연구에의 공헌인 동시에 그 진가라고 하여도 과언이 아니다.

이 후의 검토과제를 정리하면, ① 사진 측량에 관한 정밀도 검증, ② 삼림 성장의 모델화, ③ 광역 평가를 위한 실측 지역의 설정, ④ 레이저레이더에 의한 삼림 계측의 효율화, ⑤ MSS관측에 의한 식생 분류의 자동화, ⑥ IKONOS 등 고해상도 위성화상의 이용 등을 들 수 있다. 내용이 여러 분야에 걸쳐있으므로 지리학을 비롯한 사진측량 · 리모트센싱, 그밖에 삼림계측학 · 삼림생태학 등 각 분야의 연대가 필요하고 그렇기 때문에 산학관 공동연구 체제를 더욱 강화할 필요가 있다(표 2).

표 2 지역환경 GIS연구회의 연구 조직(2000년 7월 1일 현재)

鈴木康弘 · 半田暢彦 (愛知縣立大學情報科學部)
小口 高 · 杉盛啓明 (東京大學空間情報科學研究所センター)
木村圭司 (東京都立大學大學院理學研究科) · 思田裕一 (筑波大學地球科學系)
山本一清 · 竹中千里 (名古屋大學大學院生命農學研究科)
隈元 崇 (岡山大學理學部) · 中山大地 (京都大學防災研究所)
青木賢人 · 田中 靖 · 勝部圭一 · 林 舟 (東京大學大學院理學系研究科)
喜代永さち子 (名古屋大學大學院工學研究科) · 川畑大作 (京都大學大學院理學研究科)
若月 强 (筑波大學大學院地球科學研究科) · 糸數 哲 (筑波大學大學院環境學研究科)
佐野滋樹 · 野澤龍二郎 · 勝野直樹 · 柚原正幸 · 野村哲朗 · 廣瀬昌彦 · 中嶋 勝 (玉野總合コンサルタント)
村手直明 · 宮坂 聰 · 德村公昭 · 加藤 悟 · 坪井和美 (中日本航空株式會社)
筒井信之 · 關原康成 · 伊藤 剛 · 永田圭司 · 上 野美葉 · 橋本壽朗 · 菅內壽幸 · 野村雄一 (株式會社創建)
古瀬勇一 · 竹島喜芳 (株式會私ファルコン)

III 환경변화 예측에 있어서의 GIS의 유효성과 과제

예를 들고 있는 이산 연구는 「어디서(5 m 메쉬 좌표로 표현)」, 「어떤 수목이(수종 · 수령)」, 「과거 50년간 얼마만큼 성장했는가(성장량)」의 데이터를 취득하고, 그것이 「왜」인가를 지형 · 지질 · 토양 등의 환경 요소 및 삼림의 시행 이력 등의 인위적 요인 및 삼림의 생태학적 성장 모델로부터 구하려고 시도하고 있다. 이와 같은 작업은 각각 위치좌표를 갖는 요인마다의 상관을 모델화 할 필요가 있고 분명히 GIS가 없으면 해석이 어렵다.

「왜」라는 부분을 모델화 할 수 있다면 장래의 성장 예척도 시뮬레이트 할 수 있을 것이다. 또한 시뮬레이션에 있어서는 벌채, 식림, 지형 개변 등 여러 가지 조건을 설정하는 것이 가능하므로 개발에 따른 예측에도 적용할 수 있을 것이다. 이와 같은 장래 예측은 「현상의 시간적 공간적 분포에 주목하여 그 안에서 법칙성을 찾아낸다」라고 하는 지리학의 논리에 바탕을 두고 있고, 장래 예측에 관련한 하나의 정공법을 구현한 것이기도 하다. 그 논리는 명쾌해서 GIS상에서 전개되는 투명성이 높은(정밀도가 보인다) 장래 예측으로서 사회적으로도 유용하다. 또한 향후 관측에 의해 그 모델 및 예측 정밀도를 검증하고 개선해 가는 과정도 GIS를 베이스로 하여 가능할 것이다.

이와 같은 연구는 앞에서도 설명한 바와 같이 이학 · 농학 · 공학의 연구자 및 리모트센싱, 환경 조사, 사진측량 등의 실무자 간의 산학협동 연구로서 많은 분야의 기술을 통합함으로서 실현되는 것이다. 다양한 지식, 기술의 집적에 GIS의 효용은 매우 크다.

또한 이산 보전 등에 있어서 자연과의 공생을 둘러싼 사회적 논의에 대하여 객관적인 데이터를 제시할 의무도 있다. 이 경우에는 인터넷과 링크된 GIS시스템의 운용이 중요하다.

이와 같이 환경연구 및 환경예측 연구에 있어서 GIS의 공헌이 매우 클 것이라고 기대되지만 현시점에서는 그 기대의 크기만큼 성과가 크지 않다. 그 이유의 하나로서 다음과 같은 데이터의 정밀도에 관한 문제가 있는 것으로 생각된다.

자연환경에 관한 데이터는 지도 정보로서 제공되는 경우가 많은데 데이터의 정밀도나 경계선 등에 대한 설명이 명시되어 있지 않은 경우가 많다. 따라서 데이터 취득에서 데이터 해석까지를 공동 연구조직이 일관되게 실시하지 않을 경우 잘못된 결과를 초래할 수도 있다. 이러한 점이 GIS 베이스의 환경예측 연구의 커다란 장애가 될 가능성이 있다. 공동연구조직이 구성할 수 없는 경우도 있으므로 정밀도에 관한 정보를 신중히 부가한 자연환경 데이터베이스의 구축이 앞으로의 과제가 될 것이다.

재해 예측의 기초정보로서 활단층에 대한 GIS 데이터의 정비가 이러한 취지 아래 이미 급속히 이루어지고 있다(隈元 외 2000). 21세기 과학의 중요한 키워드인 「다분야 연대」에 있어서 이와 같은 데이터의 세심한 정비와 교란이 중요한 열쇠가 되며 GIS정비가 그 중요한 역할을 담당할 가능성이 크다고 본다.

참고문헌

小口 高・勝部圭一 2000. 細密DEMを用いた地形解析. 杉盛啓明・青木賢人・鈴木康弘・小口 高・地域環境GIS研究会編著『デジタル観測手法を統合した里山のGIS解析――東京大学空間情報科学研究センター公開シンポジウム――』19-26. 地域環境GIS研究会.

小口 高・勝部圭一・杉盛啓明・佐野滋樹・柚原正幸・鈴木康弘 1999。5mメッシュDEMの解析――愛知万博開催予定地付近を例に――（第一報）. 地形 19：497.

木村圭司・青木賢人・野村哲朗・中嶋 勝・佐野滋樹・鈴木康弘・半田暢彦 2000. 里山における過去50年間の植生変化――愛知県瀬戸市南東部を例として――. GIS-理論と応用 8(2)：9-16.

隈元 崇・奥村晃史・詳細活断層GISマップワーキング 2000. 日本の活断層の縮尺1/25,000での新規判読・図化と地理情報データベース化――特に技術的側面を中心とした報告――. 活断層研究 19：13-22.

鈴木康弘・半田暢彦・山本一清 2000. 空からみた"海上の森"――GISと航空写真解析が明かす里山の現在・過去・未来――. 科学 70：587-597.

坪井知美・村手直明 2000. レーザーレーダによる50cm-DEMの作成方法と精度. 前掲『デジタル観測手法を統合した里山のGIS解析――東京大学空間情報科学研究センター公開シンポジウム――』15-18.

野村哲朗・中嶋 勝 2000. 里山の植生区分作成法と時系列変化. 前掲『デジタル観測手法を統合した里山のGIS解析――東京大学空間情報科学研究センター公開シンポジウム――』50-56.

原科幸彦 1998. アセス法を評価する. 科学 68：616-619.

半田暢彦 2000.「デジタル観測手法を統合した里山のGIS解析」の地球環境研究における意義. 前掲『デジタル観測手法を統合した里山のGIS解析――東京大学空間情報科学研究センター公開シンポジウム――』4.

松田裕之 1998. 愛知万博が突きつけた環境影響評価法の諸問題. 科学 68：632-636.

宮坂 聡・徳村公昭 2000. MSSによる植生区分の自動化に向けて. 前掲『デジタル観測手法を統合した里山のGIS解析――東京大学空間情報科学研究センター公開シンポジウム――』63-66.

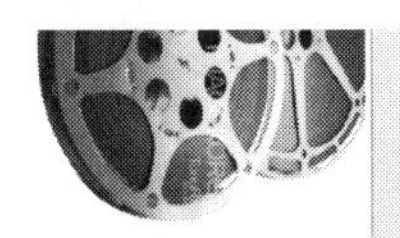

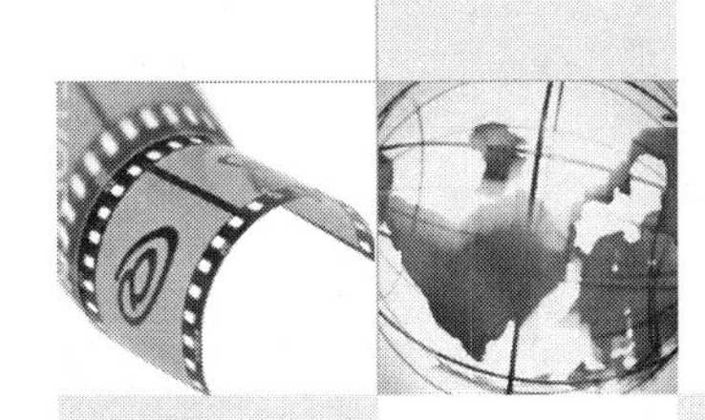

Part 2

인문적 분야

1. 도시지리학과 GIS
2. 인구지리학과 GIS
3. 상업지리학과 GIS
4. 시간지리학과 GIS
5. 농촌지리학과 GIS
6. 입지분석과 GIS
7. 토지이용 연구와 GIS

도시지리학과 GIS

阿部 隆·松岡恵悟

I 들어가며

K. Abe(1996)에 의하면 도시지리학에는 2가지의 어프로치가 있다. 즉, 도시를 점으로 보는 어프로치와 도시를 지역으로 보는 어프로치이다. 전자는 중심지나 도시 시스템에 관한 연구로 대표되고 후자는 도시의 내부구조의 연구로 대표된다. 그리고 일본의 도시지리학 연구자는 이 2종류의 연구에 동등한 비중을 두고 있다. 또한 일본의 도시지리학 연구는 형태적 연구로부터 기능적 연구로 그 중점이 옮겨져 왔다고 한다.

본 글에서는 먼저 최근 10년간의 도시지리학 연구영역의 변화에 대하여 분석하고 도시의 내부구조 연구, 특히 그 형태적 연구가 GIS와의 관련이 깊기 때문에 Abe의 지적과 같은 연구동향의 변화에 대하여 정량적으로 확인한다. 그리고 도시지리학 내에서 GIS를 이용한 연구가 어느 정도의 위치를 차지하고 있는지에 대하여도 알아본다. 다음으로 GIS를 이용한 도시내부의 도시기능 입지분석의 사례로서 仙台(센다이)시를 사례로 한 도시지리학적 연구의 사례를 소개하고, 도시지리학에서 공간분석 방법으로서의 GIS 이용의 문제점에 대하여 살펴본다. 마지막으로 GIS 연구대상으로서 「도시」가 어떤 비중을 차지하고 있는가를 밝히기 위하여, 1998년 GIS에 관한 국제학회에서의 보고내용을 사례로 하여 연구대상과 연구목적에 대하여 정리하고, 도시지리학 연구 성과의 사회적 공헌을 위해서도 GIS를 통한 도시계획학 등의 타 영역과 협동하는 것이 중요하다는 것을 밝히고자 한다.

II 최근 일본 도시지리학의 연구동향과 GIS

본 보고에서는 최근 10년간의 「도시지리학」의 주요한 영역별 연구동향을 개관하기 위하여 인문지리학회 기관지인 「인문지리」에 매년 게재되고 있는 「학계전망」에 소개된 저서와 논문을 그 연구대상, 연구방법과 함께 연구영역에 따라 36개의 카테고리로 분류하였다. 36개의 카테고리는 최근 10년간의 「학계전망」 집필자가 채용한 주요 연구영역 분류의 최대공약수에 상당하는 것으로 도시지리학의 연구영역을 망라할 수 있도록 필자가 설정한 것이다. 이 「학계전망」에는 인문지리학의 영역에 있어서는 가장 총괄적으로 국내연구자의 연구정보가 소개되어 있어서 일본의 연구자가 국외에서 발표한 논문의 거의 대부분을 커버하기 때문에 「도시지리학」의 최신 연구동향을 알기에 적당한 자료라고 할 수 있다[1].

연구의 대부분은 복수의 카테고리를 포함하고 있는 경우가 많은데, 그 주요 영역의 분류에 따라 최근 도시지리학의 연구 동향을 나타낸 것이 표 1이다. 「학계전망」에는 도시사회학, 도시계획학 등의 관련 영역 연구도 소개되고 있으나, 본 보고에서는 「지리학계」에 속하는 「학회지」에 게재된 논문, 일본지리학 등의 주요 「지리학회」 회원의 연구, 도시지리학의 영역과 밀접한 관련영역의 연구에 대해서만 집계에 추가하였다. 또한 공저의 저서는 1편으로 간주하고 번역은 포함시키지 않았다. 이와 같은 취사선택의 결과 595편의 저서, 논문에 대한 데이터베이스를 작성하였다.

표 1에 나타난 36개의 문헌 카테고리를 8개의 주 영역으로 정리하고, 과거 10년간을 전반 5년과 후반 5년으로 나누어 연구동향의 변화를 나타낸 것이 그림 1의 그래프이다. 이것을 보면 도시지리학 중에서 「도시구조 · 도시기능」, 「도시시스템 · 인구」, 「외국연구」의 세 가지가 주요한 영역임을 알 수 있다.

이 가운데 「외국연구」는 주요한 영역과 연구대상지역으로 분류하는 것이 가능하다. 외국연구에서 가장 많은 영역은 도시문제 · 도시정치에 관한 영역이고, 다음으로 도시구조 · 도시기능, 도시론 · 도시문화, 도시시스템 · 인구의 세 가지 영역의 연구가 많다. 그리고 외국연구의 주요영역을 포함시키면 도시구조 · 도시기능, 도시시스템 · 도시인구, 도시문제 · 도시정치에 관한 연구가 모두 100건을 넘어 최근 10년간 도시지리학의 주요 연구영역이었음을 알 수 있다.

표 1 도시지리학의 최근 10년간의 연구동향(1989~98년)

번호	문헌 발행연	1989년~1993년				1994년~1998년				1989~1998년 합계			
	문헌 카테고리	저서	논문		계	저서	논문		계	저서	논문		계
			국문	영문			국문	영문			국문	영문	
1	도시지리자전반	1	1	0	2	3	0	1	4	4	1	1	6
2	도시화 · 반도시화 · 교외화	0	5	1	6	1	4	0	5	1	9	1	11
3	대도시 · 대도시권	2	14	1	17	4	13	0	17	6	27	1	34
4	지방도시 · 지방도시권	0	2	0	2	0	1	0	1	0	3	0	3
5	통근권	0	3	0	3	0	3	0	3	0	6	0	6
소계	도시화 · 도시권	3	25	2	30	8	21	1	30	11	46	3	60
6	도시내부, 도시구조의 연구	1	13	0	14	0	14	1	15	1	27	1	29
7	사무소기능	0	13	0	13	0	6	1	7	0	19	1	20
8	상업기능	5	21	0	26	2	7	2	11	7	28	2	37
9	거주기능	0	10	0	10	0	7	1	8	0	17	1	18
소계	도시구조 · 도시기능	6	57	0	63	2	34	5	41	8	91	5	104
10	도시시스템; 도시군 시스템	5	19	1	25	6	28	3	37	11	47	4	62
11	정보시스템	0	3	0	3	0	0	0	0	0	3	0	3
12	중심지리론	0	4	2	6	0	1	0	1	0	5	2	7
13	도시모델, 도시구조해석	0	1	0	1	1	1	0	2	1	2	0	3
14	지리정보시스템	0	2	0	2	0	2	0	2	0	4	0	4
15	도시인구	0	7	0	7	0	4	1	5	0	11	1	12
16	고령자 거주	0	7	0	7	2	7	0	9	2	14	0	16
소계	도시시스템 · 도시인구	5	43	3	51	9	43	4	56	14	86	7	107
17	도시교통	0	3	1	4	2	1	0	3	2	4	1	7
18	도시제 · 기반기능	1	3	0	4	1	3	0	4	2	6	0	8
19	도시공업	0	0	0	0	1	2	0	3	1	2	0	3
20	도시 농업, 녹지	0	3	0	3	0	6	0	6	0	9	0	9
소계	도시교통 · 도시산업	1	9	1	11	4	12	0	16	5	21	1	27
21	도시사회	0	8	0	8	0	13	0	13	0	21	0	21
22	생활행동 · 시공간구조	1	16	0	17	2	4	0	6	3	20	0	23
23	젠다론	0	0	0	0	0	6	0	6	0	6	0	6
24	에스 니시티	0	2	0	2	0	8	1	9	0	10	1	11
소계	도시사	1	26	0	27	2	31	1	34	3	57	1	61
25	도시문제(개발 · 계획 · 정책)	3	5	2	10	3	16	0	19	6	21	2	29
26	지가문제	0	9	0	9	0	8	0	8	0	17	0	17
27	토지이용문제	1	1	1	3	0	4	0	4	1	5	1	7
28	도시정치	0	0	0	0	0	1	0	1	0	1	0	1
29	수도권 · 동경문제	4	5	5	14	0	5	0	5	4	10	5	19
30	도시재해 · 도시공해	0	1	0	1	2	4	0	6	2	5	0	7
소계	도시문제 · 도시정치	8	21	8	37	5	38	0	43	13	59	8	80
31	외국연구	6	45	2	53	4	49	2	55	10	94	4	108
32	역사적도시연구	1	2	0	3	1	1	0	2	2	3	0	5
33	도시론, 도시지, 도시문화	8	5	1	14	9	4	0	13	17	9	1	27
34	도시의 이미지	0	1	0	1	0	7	0	7	0	8	0	8
35	도시 경관	0	0	0	0	0	2	0	2	0	2	0	2
36	도시의 생활환경	0	1	0	1	0	5	0	5	0	6	0	6
소계	도시론 · 도시문화	9	9	1	19	10	19	0	29	19	28	1	48
	합 계	39	235	17	291	44	247	13	304	83	482	30	595

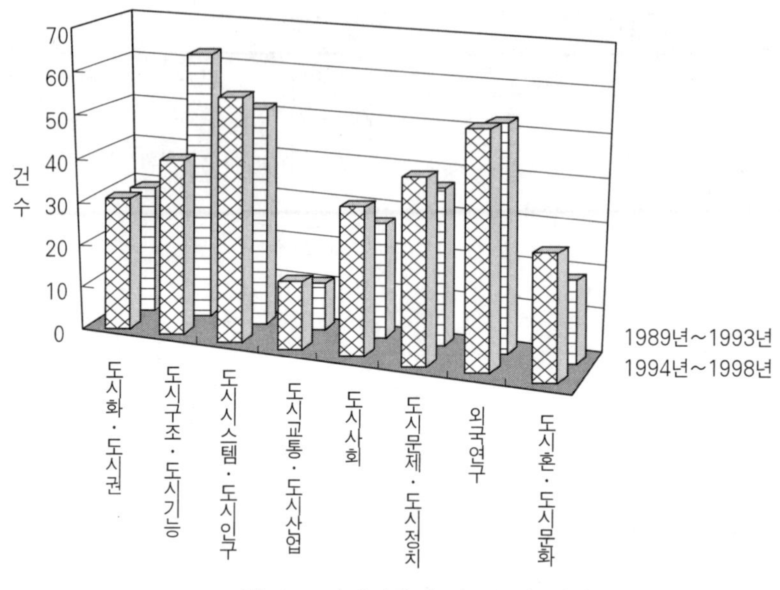

그림 1 도시지리학의 연구동향 변화

그러나 그래프에도 나타난 바와 같이 도시구조·도시기능에 관한 연구는 전반에 비교하여 후반에 거의 3분의 2로 감소하고 있고, 최근 증가의 경향을 보여주는 것이 도시사회에 관한 연구나 젠다론 및 에스니시티에 관한 연구인데, 도시의 이미지나 생활환경에 관한 연구도 후반에 증가하였다. 또한 1995년의 阪神대지진이 도시방재에 관한 큰 교훈을 남김으로서, 도시문제, 도시재해에 관한 연구가 후반에 크게 증가한 것도 하나의 특징이다. 이상의 연구영역 중에서 GIS가 중심적 테마인 연구는 그렇게 많지 않다. 이 「학계전망」 중에 「GIS를 적용한」 도시지리학적 연구로서는 西川 治(1991, 1992), 谷內 達(1992), Takashi Kagawa, Fujio Suhara and Shinji Koga(1992), 村山 祐司(1992), 藤井 正(1996). 石﨑硏二(1998), 山本佳世子(1998)의 7건이 「도시」부분에 올라있을 뿐이다. 1996년부터는 학계전망의 분야로서 「수리·계량」이 추가되어 이와 관련된 연구가 추가되었으나 도시지리학의 성과라고도 할 수 있는 것으로는 關根智子(1996), 上田知子 외(1996), 中 林一樹·碓井照子(1996)의 3편에 불과하다.

최근의 연구 중에는 특히 1990년부터 1993년에 걸친 중점영역 연구 : 「근대화에 의한 환경변화의 지리정보시스템」에 의해, 도시지리학 분야에서의 GIS 이용의 진전이 크게 기대되었으나, 藤井(1993)가 「학계전망」에서 밝힌 바와 같이, 「지리정보시스템의 『지리』의 의미·역할에 의문이 던져졌고 상기 연구를 단서로 보다 깊이 있는 고찰의 전개가 기대」되는 단계에 그쳤다고 할 수 있다. 그 후 퍼스널 컴퓨터 성능의 급속한 향상과 그것을 이용한 GIS 소프트웨어의 보급에 따라 「GIS를 적용한」 도시지리학의 연구 가능성은 높아지고 있으나 일본에서는 앞에서 말한 바와 같이 이와 관련한 연구 사례가 아직은 부족하다. 이하의 절에서는 仙台시를 사례로 한 「GIS를 적용한」 도시지리학적 연구의 사례를 소개하고, 지리학적 공간분석 방법으로서의 GIS 이용 상의 문제점에 대해서도 살펴보고자 한다.

Ⅲ 도시지리학에 있어서의 GIS 적용 사례

도시를 지역으로 취급하는 도시지리학 연구에서는 도시 공간 중에서 면적 혹은 입체적인 넓이로 전개되는 경제・사회 현상이 추구되어 왔다. 그 중에서도 도시 기능의 입지에 대하여 연구할 때에는 각각의 입지점을 지도상에 표시하고, 이것을 바탕으로 표현하고자 하는 내용에 대하여 도시 기능의 수량과 분포 경향에 맞는 표현으로 주제도화를 실행, 또 작성하고자 하는 몇 몇의 주제도를 대비시켜서 해당 지역에 대하여 얻어진 다른 정보 등과 대조시키면서 공간적 관련을 고찰하는 것이 이전 연구의 일반적인 진행 순서이었다. 그러나 이와 같은 방법은 연구대상 지역의 공간적 범위가 확대되고, 취급하는 샘플수가 많을수록 주제도화의 과정에서 입지점의 위치정보나 기타 정보가 손실되어 개별 위치가 표시되지 않은 상태로 묘사되고 만다. 또한 도시기능의 입지에의 영향이 예상되는 각종 공간사상(지형, 가로망, Zonning, 지가 등)과의 정량적이며 공간적인 대조가 어렵고 입지 요인의 다면적인 분석에는 한계가 있다.

오늘날 도시지역은 더욱 확대되었고 도시의 공간구조도 다핵화되었으며 도시기능도 다양화된 가운데 대량의 지리적 정보를 종합적으로 분석하고 적시적으로 보다 치밀한 분석 결과를 요구하기에 이르렀다. 도시 지리학의 연구 분야에서도 GIS의 이용은 필연적인 사회적 요청이라고 할 수 있다. 그러므로 본 절에서는 도시 거주 기능의 입지 분석을 목적으로 하는 「GIS를 적용한 도시 지리학」의 연구 사례로서 仙台시를 대상지역으로 하는 분양 맨션의 입지 분석 결과에 대하여 알아본다. 이러한 입지 분석에는 ESRI사의 ArcView Ver. 3.2를 주로 사용하고 있다.

1. 분양 맨션 입지정보의 입력 : GIS 데이터의 정비

仙台시에서는 민간 개발업자에 의한 분양 맨션 개발이 1970년대부터 시작되어 1998년 말까지 900동 정도 개발되었다. 이러한 입지는 특히 1980년대 후반의 버블기 이후, 급속하게 교외 지역으로 확대되었고, 현재의 입지는 도심부인 仙台역에서 10 km권의 광범위 지역에 달하고 있다(松岡 2000).

이 분양 맨션의 입지 분포에 대해 검토하려면 먼저 각각의 입지점에 관한 디지털 데이터를 입수해야 만 한다. 방법으로서는 민간 기업이 판매하고 있는 디지털 주택지도 등을 이용하여 분양맨션에 관한 정보를 추출할 수 있으나 이러한 데이터는 매우 비싸므로 본 연구에서는 국토지리원 간행의 「수치지도 2500(공간데이터 기반)」에 들어있는 건물 이미지 데이터를 이용하여 분양맨션의 건축면 외형을 폴리곤 데이터로서 입력하는 방법을 채용하였다. 이 경우에는 어느 건물이 분양맨션인가를 주택지도나 현지답사를 통해 이미 알고 있다는 것을 전제로 한다.

그리고 「수치지도 2500」은 그 제작을 개시하는 시점에서의 최신 도시계획 기도가 바탕이 되어 있으므로 仙台시의 경우에는 최근 약 5년간에 준공된 건물은 입력되어 있지 않다. 그리고 교외 지역에 대해서는 이미지 데이터가 준비되어 있지 않다는 문제가 있다. 그래서 이러한 건물에 대하여는 최신판의 도시계획 기도로부터 디지타이저를 사용하여 입력하였다. 한편, 각각의 분양맨션에 부가되어야 하는 준공년도, 층수, 호수 등의 속성 데이터에 대하여는 Excel 등의 표계산 소프트웨어로 미리 작성하였고, GIS 소프트웨어가 지정하는 파일 형식(ArcView의 경우는 dBASE 파일)으로 변환하여 분양맨션의 위치 데이터와 결합시켰다.

2. 교통편리성과 분양맨션의 입지 : 네트워크 분석

전술한 방법으로 정비한 분양맨션의 데이터를 준공 연대별로 표시하면 그림 2와 같이 된다. 여기서는 도폭 크기의 제한 때문에 仙台시의 도심으로부터 6 km 정도의 범위에 대하여 표시하였는데 이하의 분석은 시 전역을 대상으로 실시하였다. 그리고 가로나 철도의 라인 데이터는 앞에서 설명한 「수치지도 2500」의 것을 사용하였다.

이 그림에 의하면 1985년 이후에 입지점이 교외를 향하여 현저하게 확대되었다는 것을 알 수 있다. 그러나 그 확대는 도심으로부터 주변을 향하여 한가지 형태로 일어난 것이 아니라 대부분의 경우 남북 방향으로 현저히 확대되고 있다. 이것은 1987년에 개통된 시영 지하철 남북선에 의해 仙台시의 도심부로부터 남북 방향의 축을 따라 접근성이 상대적으로 향상되었기 때문인 것으로 생각된다.

각각의 분양맨션이 지하철역으로부터 어느 정도 거리에 입지하는가를 GIS를 이용하여 분석하여 보았다. 역으로부터의 거리 산출에는 단순하게 역의 입지점에 버퍼를 발생시켜서 직선거리를 구하는 방법이 있다. 그러나 역으로부터 분양맨션까지의 이동경로는 가로망의 영향을 받기 때문에 직선거리로는 현실을 반영하지 못하는 경우가 많다. 그래서 가로의 라인 데이터를 이용하여 GIS의 네트워크 분석기능(ArcView에서는 Network Analyst)을 통해 가로 네트워크 상의 거리를 구하였다.

그림 3은 각 지하철역으로부터 500 m 및 1,000 m의 범위를 나타내고 있다. 여기서 지하철역의 이용은 주로 도보에 의한 이동을 전제하고 있으므로 500 m의 경우에는 도보 6~7분 정도가 소요되는 거리가 된다.

그림 2 仙台시의 분양맨션의 입지 확대

그리고 위의 예에서 역으로부터의 가로거리를 구하고 있는데 가로 네트워크에 임의의 이동 코스트(경제적, 육체적 부하)를 부여함으로써 근사적인 실질적 시간 거리를 구할 수도 있다. 여기서는 도보를 전제하고 있으므로 이동 코스트로서 크게 영향을 주는 것으로 도로 구배를 예상할 수 있다. 그런데 여기서 이용한 가로의 라인 데이터에는 속성으로서 기점・종점의 표고가 포함되어있지 않기 때문에 이러한 값을 부여할 필요가 있다. 분석 범위가 어느 정도 한정되어 있다면 대축척의 종이지도(1만분의 1 이상)로부터 필요한 데이터를 읽어내어 속성정보로서 부가할 수 있으나 이 방법은 분석 범위가 넓어지게 되면 대응이 어려워진다. 그래서 지표면의 구배를 「수치지도 50 m 메쉬(표고)」(DEM)로부터 구해 가로의 라인 데이터에 평균

구배로서 부가하는 방법을 적용해 볼 수 있다. 단 이 경우에도 DEM의 표고 값이 최대 ±10 m의 오차를 포함하므로 각각의 분석 목적에 맞는 정밀도가 얻어질지 아닐지에 대해서는 별도로 검증할 필요가 있을 것이다. GIS의 네트워크 분석기능에는 이 이외에도 신호대기를 코스트로 추가하거나 혹은, 자동차 이동을 대상으로 분석할 경우에는 노선별로 평균이동 속도 등을 부가할 수도 있다.

이와 같이 여러 가지 이동 코스트를 고려함으로써 보다 현실에 가까운 분석도 가능해진다. 단 조건을 세밀하게 할수록 데이터나 연산의 양이 늘어나므로 보다 광범위한 공간에 대하여 분석을 할 때에는 현재의 데스크 탑형 GIS로는 분석상의 한계가 있을 수 있다. 따라서 각각의 연구에 있어 어느 정도까지의 정밀도를 추구해야 할지를 고려하여야 한다.

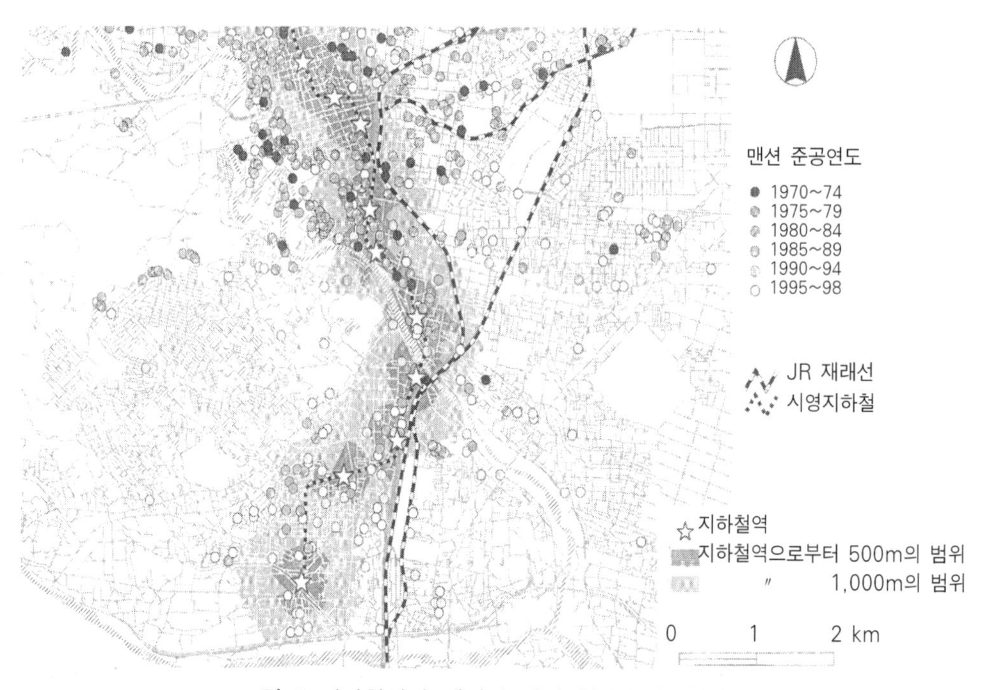

그림 3 지하철역과 맨션의 입지점(仙台시 남부)

3. 도시계획의 용도지역제와 분양맨션의 입지 : 중첩 분석

앞 절에서 가로 네트워크 및 지하철역이라는 도시의 교통기반과의 관련으로부터 분양맨션의 분포에 대하여 분석하였다. 그러나 도시기능의 입지에 영향을 미치는 공간적 요소는 가로망뿐만 아니라 도시계획 등의 정책적 요소, 지가분포나 그 밖의 도시기능 분포 등의 경제지리적 요소, 혹은 분양맨션의 경우에는 그 지구의 인구구성 등의 사회적 요소 등도 중요하다. 그렇기 때문에 도시계획 측면에서 분양맨션의 개발을 규정하는 요건이 되는 용도지역제의 공간 데이터를 중첩함으로써 양자의 관계를 검토하고자 한다.

그림 4는 仙台시의 1997년 시점의 12용도지역 분류에 따른 용도지역지정 분포에 분양맨션의 입지분포를 중첩한 것이다. 이 양자를 대조함으로써 분양맨션이 어떤 용도지역 장소에 개발되었는지, 또 시계열로 볼 때 양자의 관계에 변화가 있었는지를 파악할 수 있다. 표 2는 그 결과이다[2)].

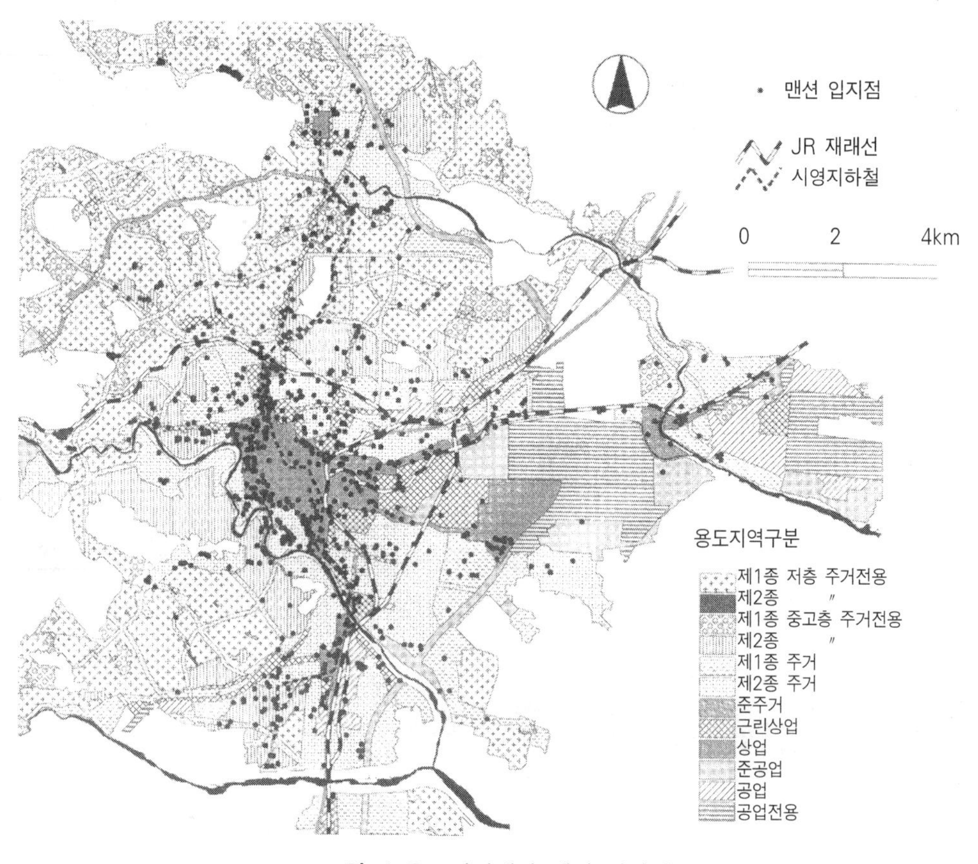

그림 4 용도지역제와 맨션 입지점

GIS 데이터는 그 자체가 데이터베이스로도 기능하는데 특히 도시의 공간분석 등을 위해서는 많은 종류의 공간데이터를 축척해가는 것이 중요하다. 또 여기서 소개한 용도지역제에 관한 데이터는 원래 분양맨션 연구를 위해 준비한 것이 아니고 전혀 다른 연구에 이용된 것을 사용하고 있다(阿部・青柳・益山 1998). 현 상황에서는 전문적인 공간 데이터의 경우 대부분의 연구자가 독자적으로 준비해야 만 하고 이러한 작업에 많은 시간과 노력이 낭비되고 있다. 이러한 관점에서 볼 때 동일 지역에 대한 연구자간의 공간데이터 상호 이용을 추진해 가는 것이 GIS를 이용한 도시지리학 연구의 발전을 위해서 반드시 필요하다.

이상 도시지리학의 입장에서 GIS의 이용에 대하여 알아보았다. 이후의 절에서는 GIS 연구에 있어 「도시」가 연구대상으로서 어떤 비중을 차지하고 있는가에 대해 국제 심포지엄의 보고내용으로부터 분석해 보고자 한다.

표 2 仙台시의 용도지역별 분양맨션 입지 동수

용도지역 구분	70~74	75~79	80~84	85~89	90~94	95~98	합계
제1종 저층 주거전용지역	0	0	0	2	20	9	31
제2종 중저층 〃	0	0	1	0	13	14	28
제1종 중고층 〃	0	0	0	0	0	0	0
제2종 〃	3	3	9	13	27	36	91
제1종 주거지역	7	2	6	14	41	47	117
제2종 〃	11	18	25	41	56	71	222
준주거지역	0	0	0	0	0	0	0
근린상업지역	14	14	14	14	24	38	118
상업지역	24	36	77	46	27	45	255
준공업지역	0	0	0	1	6	5	12
공업지역	1	0	5	4	5	9	24
공업전용지역	0	0	0	0	0	0	0
합계	60	73	137	135	219	274	868

Ⅳ GIS 연구 대상으로서의「도시」

1998년 6월, 홍콩에서는 IGU(국제지리학 연합) 협력 하에 홍콩 중문대학 지리학과를 중심으로 한 "International Conference on Modeling Geographical and Environmental Systems with Geographical Information Systems" 국제 심포지엄이 개최되었다. 이 국제 심포지엄에서의 GIS 연구동향을 정리하고 도시지리학과 GIS의 장래 관계성에 대해 검토하고자 한다.

Openshaw에 의해 치러진 기조 강연 등을 제외하고 프로시딩에 게재된 보고는 135건이었다. 이러한 프로시딩 내 각 보고의 ① 연구목적(조사, 예측, 계획, 모델화 등), ② 연구방법(원격탐사, 시뮬레이션 등), ③ 대상지역(국가, 지역), ④ 대상물(대기, 식생, 도시, 토지이용, 위성화상 등), ⑤ 메인 테마, ⑥ 서브 테마 등을 분류하고 보고자의 출신국(복수의 경우에는 제 1 보고자의 출신국)과 소속기관에 대하여도 분류하였다. 135건의 보고는 많은 분야에 걸쳐있고 「지리학」의 영역을 크게 벗어난 보고도 많았으나 이러한 분류를 통해 GIS의 국제적인 연구동향을 어느 정도 파악할 수 있었다.

표 3 GIS 국제 심포지엄에서의 연구동향

지리학적 분류	출신국·지역									총계
	일본	중국	홍콩	기타아시아	유럽	러시아	북아메리카	남아메리카	오세아니아	
지형	0	0	0	0	1	0	1	0	0	2
기후	1	0	0	0	0	0	1	0	0	2
수문	1	1	1	0	0	0	1	0	0	4
재해	2	4	1	1	0	0	0	0	4	12
환경문제	5	11	4	1	0	1	3	0	1	26
그 밖의 자연지리학	0	2	1	0	0	0	1	0	2	6
GIS	2	5	3	3	2	0	5	2	2	24
원격탐사	2	3	2	0	2	0	1	0	1	11
측량·제도·지도일반	0	1	1	0	0	0	0	0	1	3
농업	0	1	0	0	0	0	0	0	0	1
수산업	0	1	0	0	0	0	0	0	0	1
자원·광업	0	6	0	0	0	0	0	0	0	6
상업·무역·금융	0	0	0	0	2	0	0	0	0	2
교통	0	1	0	1	0	0	1	0	1	4
관광	0	0	0	1	0	0	0	0	0	1
인구	0	0	1	0	0	0	0	0	0	1
지역계획·지역개발	1	4	4	3	1	0	0	0	0	13
촌락	0	1	0	0	0	0	0	0	0	1
도시	5	3	1	1	1	0	3	1	0	15
총계	19	44	19	11	9	1	17	3	12	135

이와 같은 분류 기준에 따라 지리학의 관련 영역별로 정리한 결과를 표 3에 나타내었다. 135건 보고 중에 GIS 및 그 주변영역(원격탐사 등) 기술과 시스템 개발에 관한 것이 가장 많았고, 응용분야로서는 「환경 문제」, 「재해」, 「지역계획 · 지역개발」, 「도시」 등을 대상으로 하

고 있었다. 이 가운데 「도시」를 대상으로 한 보고는 전체의 11.1%인 15건에 그쳐 GIS 연구 전체에서의 비중은 그리 높지 않다고 할 수 있었다. 그러나 일본이나 북아메리카로부터의 보고에서는 「도시」의 비중이 높았고, 일본도 GIS를 적용한 도시연구가 활발한 나라의 하나라고 할 수 있다. 「도시」의 구체적 연구 대상은 「도시계획」이 6건으로 가장 많았고 「경관」, 「건축물」, 「토지이용」에 관한 보고가 각각 2건 이었다. 연구목적으로서는 계획지원을 목적으로 하는 것이 6건 이었고 계획시스템의 개발이 3건으로 그 뒤를 잇고 있다. 그리고 「지리학」연구에서도 볼 수 있듯이 「공간분석」만을 다루고 있는 연구도 적지 않았다.

V 마치면서 : GIS를 접점으로 한 도시지리학과 도시계획과의 협동

일본 지리학자의 연구동향으로 최근에 가장 눈에 띄는 경향의 하나는 GIS를 통한 다른 영역 연구자간의 협동이다. 1990년에 결성된 지리정보시스템학회는 지리학자가 중심적인 역할을 담당하고 있고, 이와 같은 협동에 의해 高阪(1994), 久保(1995), 高阪・岡部(1996) 등의 저서가 발표되었다. 이들 저서에는 도시계획 영역에서의 GIS 이용 연구 성과도 포함되어 있지만 도시지리학의 연구 성과도 잘 살리고 있다.

앞으로의 GIS 발전 방향의 하나로 久保 (1995)는 입체적 도시공간에의 GIS 적용과 관련하여 고층 건축물의 각 층별 공간을 지층으로 하는 2.5차원의 층위(Stratus)모델, 입방체를 쌓아올린 것과 같은 풀스케일의 3차원 모델(Volume Cell 모델, Octree 모델, 다면체 모델)에 대하여 제안하고 있다. 현재의 「3차원 GIS」는 물체의 표면에 대한 위치 데이터만을 갖지만 건물 내부와 지하에 관한 3차원 상의 위치 데이터 정보 처리가 가능하다면 도시 공간의 입체화에 관련한 도시지리학과 도시계획의 새로운 연구 분야가 탄생할 것이다. 그리고 도시계획 분야에서 大場(1996)이 언급한 바와 같이 도시 및 그 주변지역에 GIS를 이용한 토지이용 전환모델이 도시지리학 분야에서도 Murayama(1994), 堤(1995)에 의해 시도되고 있다. 그리고 이와 같은 도시지리학 분야에서의 GIS를 이용한 토지이용 연구 성과는 앞으로 도시계획의 용도 지역제 등에 활용될 것으로 기대된다.

끝으로 GIS를 접점으로 한 도시지리학과 도시계획학과의 협동이 기대되는 테마를 검토하면 다음과 같다.

① 토지이용 수요분석 : 일정 도시지역에서의 거주지역, 공업지역 기타 도시기능에 대한 토지이용 수요의 추정은 용도지역 계획에 있어서 가장 필요한 분석의 하나이다. 도시지리

학 분야에 있어 GIS를 이용한 도시지역의 현존 토지이용의 비교 연구는 이와 같은 토지이용 요소의 추정에 있어서 유익하며, 이와 같은 연구에는 국토지리원이 제공하고 있는 10 m 메쉬의 정밀수치데이터의 이용이 유용하다(吉川・島田 1993).

② 토지이용 전환분석 : 토지이용 전환은 도심부 혹은 도시 녹지지역에서 현저하게 볼 수 있는 도시화의 다이나믹한 과정이다. 이와 같은 과정에 관한 Murayama(1994) 혹은 堤(1995)의 GIS를 이용한 지리학적 기초연구는 도시지역의 토지이용 시뮬레이션이나 장래의 도시형태 계획에 있어 중요한 기초 자료를 제공하리라 기대된다.

③ 토지이용 혼합분석 : 도시계획 용도지역제도의 목적중 하나는 바람직한 토지이용의 혼합은 증대시키고 바람직하지 않은 토지이용의 혼합을 감소시키는 것이다. 현재 일본 도시계획의 용도지역제는 지금까지 형성되어 온 토지이용의 혼합 상태에 모순되지 않도록 토지이용 혼합이 진행되고 지역에 대해서는 많은 용도의 혼재를 허가하는 용도를 지정하고, 기존의 토지이용이 균일한 지역에는 용도규제를 엄하게 시행하는 방식을 취하고 있다. 大場(1996), 阿部・青柳・石澤(1997)의 현존 토지이용과 용도지역제와의 관계를 GIS를 이용하여 분석하는 연구는 주민에게 있어서 바람직한 토지이용의 혼합이 무엇인지를 밝히고, 용도지역제의 효과와 영향을 분석하여 적절하게 토지이용 혼합을 증대시킬 수 있는 도시계획 입안에 도움을 줄 수 있을 것이다..

주

1) 雑誌『人文地理』の「学界展望」は各巻の3号に掲載され，8000字程度の展望となっている。それぞれの展望で取り上げられる著書，論文は，雑誌の発行年の前年に出版されたものである。そこで，以下に『人文地理』の発行年別に「学界展望」の中の「都市」の領域の執筆者を列挙する。1990年（佐野　充），1991年（香川貴志），1992年（矢野桂司），1993年（藤井　正），1994年（永野征男），1995年（由井義通），1996年（阿部隆），1997年（富田和暁），1998年（豊田哲也），1999年（藤塚吉浩）。
2) ここでの分析は分譲マンション分布と用途地域分布という二つのレイヤー間での条件検索であるが，このような場合に注意しなければならないのは分譲マンションの敷地が二つ以上の用途地域にまたがって存在する場合である。このような場合，現実の当該敷地における用途規制は敷地面積の過半を占める用途地域が適用されるため，厳密に把握するためにはマンションが立地している敷地がポリゴンデータとして入力されていることが望ましい。

참고문헌

阿部　隆・青柳光太郎・石澤　孝 1997. 名古屋市の用途地域制の地理的特性――GISによる分析――. 東北学院大学東北文化研究所紀要 29, 15-32.

阿部　隆・青柳光太郎・益山　孝 1998. 仙台市の土地利用変化と用途地域制――GISによる分析――. 季刊地理学 50：249.

阿部　隆 2000. 日本における都市地理学の現状と21世紀への展望. 宮城学院女子大学研究論文集 91：23-38.

石﨑研二 1998. 地理情報システムを用いた多摩ニュータウンの居住環境評価. 理論地理学ノート 11：31-52.

上田知子・杉浦芳夫・石﨑研二 1996. 不動産情報とGIS―東京の新聞折り込み広告の分析―. 玉川英則編：『都市をとらえる――地理情報システム（GIS）の現在と未来――』都市計画叢書12，東京都立大学都市研究所，173-211.

大場　亨 1996. 都市計画基礎調査の結果を用いた都市の分析と計画. 高阪宏行・岡部篤行編著『GISソースブック』251-258. 古今書院.

久保幸夫 1995.『新しい地理情報技術』古今書院，168p.

高阪宏行 1994.『行政とビジネスのための地理情報システム』古今書院，233p.

高阪宏行・岡部篤行編著 1996.『GISソースブック』古今書院，365p.

関根智子 1996. GISを利用した生活環境システムの構築とその応用. 地理学評論 69A：1-19.

谷内　達 1992. 東京及びその周辺のメッシュ人口分布図の作成――1883～1985――，東京大学教養学部人文科学科紀要 95，人文地理学 11：33-53.

堤　　純 1995. 前橋市の市街地周辺地域における土地利用の転換過程，地理学評論 68A：721-740.

中林一樹・碓井照子 1996. 都市防災とGIS，玉川英則編，前掲書，213-254.

西川　治代表 1991. 近代化による環境変化の地理情報システム，平成2年度総合報告書Ⅰ，Ⅱ　文部省科学研究費重点領域研究.

西川　治代表 1992. 近代化による環境変化の地理情報システム．平成3年度総合報告書 I，II　文部省科学研究費重点領域研究.

西川　治ほか編 1995. アトラス—日本列島の環境変化．朝倉書店，180p.

藤井　正 1996. 都市構造と震災の様相，地理学評論 69A：595-606.

松岡恵悟 2000. 仙台市における分譲マンションの立地動向，東北都市学会研究年報 2：42-56.

村山祐司 1992. 首都圏における土地利用変化の定量的解析．筑波大学人文地理学研究 16：81-109.

山本佳世子 1998. 東京都における防災性に着目した公共緑地整備の評価——地理情報システムを利用した地域防災性評価を基礎に——，お茶の水地理 39：13-29.

吉川　徹 1993. 土地利用構成比関数：ミクロな土地利用混合を把握する一手法．GIS—理論と応用 1：109-119.

吉川　徹・島田良一 1993. 首都圏の細密数値情報土地利用データの標準地域メッシュシステムによる集計，総合都市研究 49：81-94.

Abe, K. 1996. Urban Geography in Postwar Japan. *Geographical Review of Japan* 69B: 70-82.

Chinese University of Hong Kong and IGU-Commission on Modeling Geographical Systems 1998. *Proceedings of "International Conference on Modeling Geographical and Environmental Systems with GIS" I, II*. Department of Geography, The Chinese University on Hong Kong, 855p.

Kagawa, T., Suhara F. and Koga, S. 1992. Micro-Analysis of Urbanization in the Keihanna Region. 立命館地理学 4：53-63.

Murayama, Y. 1994. The process of land use conversion in the Tokyo metropolitan area as shown by Markov chain models. *Annual Report of Geoscience of University Tsukuba* 20: 5-10.

chapter 2

인구지리학과 GIS

石川義孝

I 들어가며

1990년대에 들어서 영어권 나라(특히 영국)를 중심으로 기존 인구지리학을 회고하려는 움직임이 활발하였다(예를 들어, Findlay and Graham 1991; White and Jackson 1995; McKendrick 1999). 이 움직임의 배경에는 계량혁명 후 대략 1970년대까지 도시지리학 · 경제지리학 · 계량지리학 등과 함께 실증주의적 지리학을 지원하는 유력한 분야였던 인구지리학이 지리학의 새로운 조류로부터 고립되고 있다는 초조감이 있었다.

그렇다면 기존 인구지리학의 혁신을 위하여 GIS에 어느 정도의 기대가 모아지고 있을까? 이 점에 관하여 본격적으로 논한 영어 논문은 거의 찾아볼 수 없다. 영미를 비롯한 영어권 나라에서는 지리학 분야에서 GIS의 이용이 일본보다 아주 활발할 가능성이 높다. 인구관련 데이터의 유력한 공급원인 센서스를 비롯한 각종 통계 데이터 자체가 GIS와 연결된 형태로 공급되는 체제가 확립되어 있기(Coppoek · Rhind 1998) 때문이다.

일본만을 두고 볼 때 인구지리학이 인문지리학 전체에서 큰 비중을 차지하고 있지 않으며, 기존 성과의 면밀한 회고나 그에 따른 반성 하에 앞으로 나아가야 할 길을 모색하려는 움직임이 미약하다. 이러한 점을 생각해 볼 때 GIS의 발전이 앞으로의 인구지리학에 어떻게 공헌할지에 대해 논의할 필요가 있다. 필자 자신이 GIS 이용 경험은 없으나 이상의 문제의식으로부터 인구지리학에 대한 GIS의 공헌 가능성에 대해 생각해 보고자 한다.

II GIS의 의의

왜 일본의 인구지리학에 GIS가 필요할까? 그 의의를 다음과 같이 요약할 수 있을 것이다.

첫째, 인구지리학의 기본적 과제를 추구함에 있어 GIS에 의한 인구 관련 각종 지표의 지도화가 중요한 출발점이 되기 때문이다. 예를 들어 伊藤(1997: 231)에 의하면 인구지리학의 중심적 과제는 「인구 밀도, 인구 증가율 등 인구 분포와 그 변화 및 인구 분포 변동의 직접적 요인인 출생・사망・이동, 간접적 요인인 자연적・사회경제적 조건과의 관계를 중심으로 한 인구현상의 지역분포에 관한 연구」(밑줄 친 부분은 石川으로부터 인용)로 정리할 수 있다. 즉, 인구지리학 과제의 실천적 추구는 상당 부분 GIS에 의해 해결될 가능성이 있는 것이다.

둘째로 인구지리학의 최근 동향으로서 사회의 다수파를 구성하는 인구 집단으로부터 그 범주에 속하지 않는 집단에의 관심이 증대하고 있는 점을 지적할 수 있다. 예를 들어 White and Jackson(1995)은 과거 영국을 중심으로 한 영어권 국가에서의 연구가 주로 백인・건강인・중산계층・중년・이성애자를 대상으로 하고 있고, 이것이 암묵적으로 인구지리학자의 포지션널러티를 형성했다고 지적하고 있다. 그러나 지금은 다양한 인구집단에 독자의 관심을 쏟아야 할 시기에 와 있다. 이것을 가족이나 세대의 관점에서 말하면 과거에 크게 주목 받았던 표준 세대로부터 세대의 다양화라는 동향에 중심적인 역할을 담당하고 있는 비표준 세대로의 관심의 이행으로 볼 수 있다.

인구지리학에 있어 이러한 새로운 인구집단에의 주목도에는 집단 마다 차이를 보인다. 예를 들어 여성이나 고령자 등의 연구는 인구지리학이라는 한 분야를 넘어선 큰 조류가 되어있는 한편, 그 이외의 집단, 예를 들어 단독 세대나 신독신 세대에 대한 주목도는 상당히 뒤처져 있다(Hall et al. 1997; 윈체스터 1998).

최근 중요성이 점차 높아지고 있는 인구집단의 지리학적 검토의 내용이 다양화 되고는 있으나 기본적인 출발점은 그들의 분포 혹은 거주지의 해명에 있다. 그러므로 都道府縣에서 市區町村, 더 나아가 그보다 하위의 공간 스케일인 町丁・字에 이르기까지 한 번에 지도화하는 능력을 지닌 GIS의 효용은 압도적으로 크다고 할 수 있다.

세번째로, 최근 市區町村을 세분화한 소지역 단위 데이터의 공개가 활발히 진행되고 있어 상세한 분포 패턴의 연구가 가능해지고 있다. 일본에서는 1990년의 센서스부터 기본단위구가 소지역별 결과 집계를 위한 기초 단위로서 이용되고 이것에 맞추어 센서스・맵핑・시스템 개발이 추진되었다(大林 1996). 1995년 국세조사부터는 町丁・字별 각종 인구 데이터가 공개되기 시작하고 町丁・字의 경계를 나타내는 디지털 맵이 배포되기에 이르렀다(矢野・武田 2000).

네 번째로, 인구지리학과 GIS의 관계를 생각할 때 중요한 것으로 geo demographics 분야를 들 수 있다(高阪 1994: 160～175; Batey and Brown 1995). 이것은 주로 소지역 데이터를 이용하여 GIS로 지역의 기본적 성격을 알아내는 분야로 특히, 지역 · 마케팅과의 관련성이 많다. 이것은 특정 지표의 공간적 변동이나 복수지표를 조합한 지역 유형의 설정 등 과거의 도시사회학이나 도시지리학에서 다루어 온 사회지구 분석의 계보를 잇고 있다. 앞의 세 번째 사항과의 관계에서 볼 때, 오늘날 증가 경향을 보이고 현대 사회에 있어서 중요성이 높아지고 있음에도 불구하고 그 중심적 분포 자체가 불명확한 인구 집단의 거주지를 해명하는 작업은 geo demographics의 일례이다.

이상과 같은 의의를 고려해 볼 때 앞으로 GIS가 인구 지리학의 발전에 커다란 열쇠가 될 것임을 알 수 있다.

III GIS의 이용 예

일본의 경우 인구지리학 관련 업적 GIS에 기초한 우수한 연구사례가 발표되고 있다. 다음에서는 이러한 연구사례의 내용을 간단하게 소개하면서 해당 문헌의 의의를 살펴보고자 한다. 그리고 사용된 소프트웨어의 이름이 문헌에 언급되지 않은 경우에는 직접 저자에게 문의하여 밝혀놓았다.

인구지리학의 전통적 테마의 하나로서 사망이 있다. 그 공간적 변이를 알기 위해서는 사망률의 지도화가 효과적인데, 이 때 지리학적으로 유의해야 할 문제점이 있다.

사망률을 지도화할 경우 정보량이 많은 소지역에 바탕을 둔 작도가 바람직하다. 그러나 사망은 생애에서 한 번밖에 발생하지 않는 희소한 인구학적 이벤트이기 때문에 어느 정도 큰 공간 단위에 기초하여 작도하지 않으면 사망수가 적기 때문에 결과가 불안정해진다. 즉 이용하는 공간 단위 크기와 결과의 안정성은 트레이드오프의 관계에 있다. 따라서 어느 공간 단위로 사망률 지도를 그리면 가장 합리적인가를 판단하기 어렵다. 이것은 계량 지리학의 기본적인 테마인 수정 가능면역 단위 modifiable areal unit problem의 문제이기도 하다.

이상과 같은 문제에 대하여 中谷은 赤池정보량규준(Akaike's Information Criterion, AIC)을 지표로 하여 이 문제에 대한 하나의 해결책을 제시하고 있다(中谷 1996; Nakaya 2000). 또한 동경 70 km권에서의 유아 사망률과 남자 고령자 사망률을 사례로 대상 지역 내의 市區町村을 점차 통합하여 2차 의료권보다 약간 많은 수의 단위 지구를 이용한 경우가 최적의 지역권 설정임을 밝히고 있다. 이 연구 사례에서는 기본적인 단위인 市區町村을 통합할 때 작성되는 새로운 지구 분할을 구체적으로 확인할 수 있는 것이 GIS의 커다란 장점이다. 또한 사용된 소프트웨어로 中谷(1996)은 Atlas GIS, Nakaya(2000)는 ArcView를 사용하였다.

또한, 이동도 인구지리학의 중요한 테마인데 이제까지 매우 많은 연구가 축적되어 왔다. 지리행렬형의 테마와 달리 인구 이동 등의 상호작용형 데이터를 지도화할 때 출발지로부터 도착지까지의 중요 과정을 단순히 화살표 모양으로 나타내는 경우, 종종 지도가 화살표 투성이가 되어 알아보기 어렵다는 문제점이 있다.

Yano 등 (2000)은 일본의 市區町村 간 인구이동 분석을 위해 GIS 소프트인 ArcView를 이용하였다. 과거 일본을 대상으로 한 인구이동 연구는 都道府懸 간 이동 데이터의 분석에 집중한 경우가 압도적으로 많았다. 그러나 1990년 센서스에서는 전국 3,372에 달하는 市區町村 간의 인구이동 데이터를 입수할 수 있게 되었다. 이 논문의 전반에서는 각 市區町村으로부터의 유출별 중요 목적지를 조사하였다. 우선 특정 市區町村 간의 인구이동 강도를 결합성이라는 척도로 측정하여 그것이 일정 이상의 큰 값을 나타내는 경우에만 해당 市區町村 간에 직선을 그어 주요한 이동 흐름을 지도화하였다. 그 결과에 의하면 현청 소재지나 현 내의 부차 중심 도시의 흡인력이 현저하였다. 이어서 각 市區町村이 총무청 통계국이 정의하고 있는 京浜권・京阪神권・中京권의 3대 도시권 중 어디에 최대의 이동자수를 내고 있는가에 관한 市區町村 단위의 전국적 지도를 작성하였다.

Yano et al. 논문 후반에는 이상과 같은 이동의 공간적 패턴을 설명하기 위하여 발생 제약 모델과 경합 착지 모델을 각 市區町村으로부터의 유출 이동 별로 적용하였다. 출력 결과는 막대한 양에 달하나 파라메타 추정치를 市區町村별로 지도화 함으로써 이동의 규정 요인에 대한 미세한 검토가 가능하였다.

또한 최근에는 세대나 가족의 다양화도 인구지리학에 있어 크게 주목 받고 있다. 전 후 일본에서의 가족 변화는 근대 가족의 성립과 그 흔들림으로 요약할 수 있다(目黑 1999). 여기서 말하는 근대 가족이란 애정에 의해 가족이 형성되고, 夫= 돈 벌이하는 사람, 妻= 주부라는 성별 역할업을 담당, 부부+아이라는 핵가족을 중심으로 한다. 근대 가족의 이러한 성격의 결과 기혼 여성의 취업, 미혼율의 상승, 자녀수의 감소, 노부모와 성인 자식간의 동거율 저하, 이혼의 증가, 부부의 역할 분업의 변화, 라이프 코스・패턴의 다양화라는 새로운 동향이 나타나게 되었다. 단독 세대나 일인 부모세대의 증가는 이러한 문맥에서의 대표적 사례이다. 그러나 이와 같은 새로운 동향에 관한 가족사회학이나 인구학 분야의 성과는 전국을 포괄적으로 다루고 있는 경우가 많고, 이러한 새로운 동향을 보이는 인구 집단이 과연 어디에 거주하고 어디가 중심적인 분포지인가에 대한 기본적인 사항조차 불분명한 경우가 많았다.

由正(1999)은 단독 세대 가운데 하나의 카테고리를 구성하는 미혼 여성의 거주지 선택을 검토하였다. 이 논문에는 1995년 국세조사의 町丁별 데이터를 이용하여 ArcView로 작성한 동경 특별구부에서의 미혼 여성 비율 지도가 게재되어 있다. 이 지도에 의하면 미혼 여성 비율은 특별구부의 서부에 집중되어 있고, 이와 대조적으로 미혼 남성이 특별구부의 동부나 남부의 공업 지대를 둘러싼 臨海부에 집중되어 있다. 미혼 여성의 집중 지역은 신주꾸나 시부야에 근접한 민간 임대주택율이 높은 지역으로 직장과 주택이 근접한 경향을 강하게 갖는 분포를 나타내고 있다. 한편, 木下(1999)는 이보다 넓은 남관동 1都 3縣의 市區町村별 단신 여성의 거주지 분포를 조사함에 있어 MapInfo를 이용하여 실제 수・비율로 본 중년 인구의 남녀별 분포와 단신 여성의 연령별 분포를 검토하였다. 미혼 여성은 단독 세대의 유력한 구성요소로서 이상의 문헌을 통하여 이들 여성들의 거주지 선택의 구체적인 모습이 해명되기 시작되었다는 것이 주목할 만하다.

단독세대와 마찬가지로 최근 현저한 증가를 보이고 있는 일인 부모세대의 거주지에 관한 검토도 시작되었다. ArcView를 이용하여 동경 특별구부에 대한 모자 세대율의 町丁별 분포도를 작성한 由井(2000)에 의하면, 足立區・葛飾區나 北區의 북부에 높은 비율의 町丁이 분포하고 있다. 모자 세대는 상기 범위에 추가하여 板橋區・練馬區・杉並區 등의 특별구부의 북부로부터 북서부나 江東區・江戶川區 등의 동부에도 집중되어 있다. 이와는 대조적으로 수・비율에서 본 부자(父子) 세대율은 집중 분포를 보이지 않는다. 모자 세대의 집중 지역은 앞의 미혼 여성의 집중 지역과 다르다는 것을 알 수 있다.

이상의 최신 연구 성과를 통해 여러 가지 카테고리의 비표준 세대가 동일 지역에 집중되어 있지 않고 개별 카테고리 별로 미묘한 거주 구분이 나타날 수 있다는 가능성을 보이고 있다. 이러한 결과는 소지역 데이터의 지도화에 위력을 발휘하는 GIS를 이용함으로써 비로소 가능함을 알 수 있다.

이상으로 일본의 인구지리학 관련 테마에 관하여 GIS를 이용한 연구 사례를 소개하였다. 그러나 GIS의 이용은 이러한 것에 한정되어 있지 않다. 현재 급속히 대두되고 있는 2가지 테마를 이하에 제시하고자 한다.

Ⅳ 단신 부임자의 집중 거주지

현대의 중요한 인구관련 동향으로서 세대의 다양화가 있다. 대표적인 것이 단독 세대와 일인 부모세대의 증가인데, 이것은 일본뿐만 아니라 선진국의 공통적인 흐름이기도 하다.

1995년 일본 전체의 단독세대는 1,124만 세대에 이른다. 단독세대는 배우자 관계로 보아 미혼・유배우・이혼・사별의 4가지 카테고리로 나뉘는데 이들 모두는 최근에 크게 늘고 있다. 단독세대의 지리학적 연구는 전반적으로 늦어지고 있으나 앞으로의 인구지리학 연구의 중요한 테마의 하나라고 생각된다. 단, 단독세대라는 세대 유형은 성격이 다른 상기 4가지 카테고리의 합이라는 점에 유의한 연구가 중요하다. 다음에서는 이들 카테고리 중 유배우자 단독세대를 집중적으로 살피려고 한다.

일본에서 배우자가 있는 단독세대는 대부분 단신 부임자에 해당한다. 앞(石川 1999)에서 밝혀진 바와 같이 일본의 2대 도시권인 京浜권의 大宮・浦和 등 埼玉현의 동남부로부터 江東區・品川區・大田區의 東京 特別區部의 東部를 거쳐 市川・船橋・千葉현의 서부에 이르는 일대, 京阪神권에 있어서는 吹田・豊中・西宮의 大阪시에 인접한 北大阪과 阪神 간에 단신 부임자 비율이 높다는 것이 판명되었다. 이 범위는 도시지리학적으로 일반적 표현을 하자면 인너시티로부터 교외내권에 상당한다.

또한 京浜권을 보면 상기의 단신 부임자의 분포 지역은 由井(1999)나 木下(1999)에 나타난 단신 여성의 중심 거주지와 由井(2000)에 나타난 모자 세대의 중심 거주지는 서로 중복되지 않고 마치 거주 분리가 있는 것 같다. 최근 중요성이 높아지고 있는 비표준 세대의 중심 거주지를 각각의 범주별로 밝힐 수 있다면, 그것은 라이프 사이클의 단계에 따른 거주지 선택이 도시 내의 거주 분화의 기본이 된다는 종래 도시지리학의 정설을 바꾸는 매우 중요한 테마로 발전할 것이다.

그런데 단신 부임은 전근 이동의 한가지 형태이다. 전근 이동은 일본뿐만 아니라 다른 나라에서도 인구이동 연구 분야에서 상대적으로 연구 진행이 늦어져 있다. 이것은 전근 이동을 명하는 주체인 해당 취업자의 소속 조직에 의한 의사 결정이 다른 유형의 이동 요인에 비하여 「보기 힘든」것이 최대 원인이다. 일본에 단신 부임자가 비교적 많고 이러한 의미에서는 일상적인 현상임에도 불구하고, 지리학적 검토가 거의 이루어지고 있지 않은 것은 전근 이동 자체가 안고 있는 이러한 문제점을 복합적으로 갖고 있기 때문이기도 하다.

단신 부임은 가족 모두가 이동해야 하는 상황에서 전근 명령을 받은 취업자 본인만이 단독으로 근무지로 떠나는 이동 형태이다. 그 이유로서 수험생인 중학생이나 고등학생의 교육, 신축 주택이라서 새로운 거주지를 떠날 수 없는 사정, 노부모의 부양이라는 문제 등이 중요 원인으로 지적되고 있다.

이러한 것들은 각각 수험공부의 어려움, 고가의 주택, 동거 노부모 부양이라는 일본에 있어 현저한 원인에 기인한 것이기 때문에 단신 부임을 특히 일본 고유의 눈에 띄는 현상으로 보는 경향이 있다(예를 들어 Wiltshire 1995: 174). 이 견해가 타당하다고 한다면 도시 내의 단신 부임자의 집중적 거주지구는 일본 도시 경관의 유니크한 부분을 형성하고 있는 셈이다. 이 집중적 거주지역은 과연 어디인가, 이제까지는 거의 밝혀진바 없었다.

그러나 단신 부임자는 센서스 조사 항목을 조합하는 것에 의해 손쉽게 특정 지을 수 있다. 伊藤(1994: 51-61)의 기준을 기계적으로 답습하여 세대 구분으로는 단독세대, 배우자 관계로는 배우자 있음, 연령 구분으로는 30~59세, 성별로는 남자라는 4가지 조건을 만족시키는 사람을 단신 부임자라고 한다면, 1995년 시점에서 전국의 단신 부임자는 44.4만 명에 이른다. 다행히 1995년 센서스에서는 인구 30만 명 이상의 시구에 관한 이상의 4가지 지표의 크로스 집계가 있어 4가지 조건을 만족시키는 인구수가 국세 조사의 보고서에 기재되어 있다. 石川(1999)의 표 C-1-3은 京浜・京阪神의 2대 도시권에 관하여 작성한 것이었는데 동일 조건을 전국의 인구 30만 명 이상의 모든 시에 적용하면 표 1이 얻어진다.

표에서 세 가지 비율, 즉 인구・일반 세대수・단독세대수를 각각 분모로 하고 단신 부임자를 분자로 하여 구한 3가지 비율 모두가 전국 평균을 상회하는 시를 단신 부임자의 집중적 거주지로 본다면, 旭川・仙台・秋田・郡山・이와키・宇都宮・浦和・大宮・千葉・市川・船橋・新潟・富山・金澤・長野・静岡・浜松・名古屋・豊中・吹田・西宮・創敷・廣島・高松・大分・宮崎・那覇의 27개 시가 이에 해당한다. 이 중에는 일반적으로 단신부임자의 집중이 클 것으로 보이는 북의 札幌, 서의 福岡 시가 포함되어 있지 않다. 또 3대 도시권 중 京浜권에 속하는 경우가 많고, 京阪神・中京의 대도시권에서는 적으며 현청 소재 도시의 비율이 특히 높다고도 할 수 없다. 따라서 적어도 표 1에 나타낸 단신 부임자의 집중적 분포가 나타나는 도시에 대한 원인 설명이 필요하겠지만 지면의 제약으로 이 곳에서는 다루지 않는다.

이상과 같은 작업은 인구 30만 이상의 시구에 한하여 가능하고 그 이외의 市區町村에 대한 것은 국세조사의 보고서에서도 다루고 있지 않다. 보고서에 미수록된 데이터일지라도 일본 통계협회에 주문하여 입수 가능한 것도 있으나 위의 4가지 조건을 동시에 만족시키는 단신 부임자의 데이터는 입수하기 어렵다. 그러면 단신 부임자의 분포지를 전국적인 스케일로 조사하는 작업은 불가능한 것인가?

이상적인 방법은 이용자 스스로 조작 가능한 비집계 데이터를 입수할 수 있게 하는 것이다(村山 2000). 세대 구분・배우 관계・연령 구분・성별에 대한 위의 4가지 조건을 동시에 만족시키는 사람만을 뽑아낸 센서스의 개표 데이터를 주거지의 데이터와 함께 사용할 수 있다면 市區町村뿐만 아니라 町丁・字레벨의 상세한 분포도를 전국적으로 작성할 수 있다. 또한 위의 4가지 조건 이외의 속성을 개표 데이터로부터 판명할 수 있다면, 단신 부임자의 속성 차이에 따른 거주 분류의 상세한 해명도 가능하다. GIS가 발전함에 따라 기술적으로는 그것을 실현할 수 있는 단계까지 와 있다. 총무청 통계국에 개표 데이터를 이용 신청할 수 있는 길도 열려는 있으나 이제까지의 필자 경험을 토대로 추정하건데 허가받을 수 있는 가능성은 매우 낮아 보인다.

그렇다면 그 이외의 길은 없는 걸까? 2차적 · 간접적인 수단이지만 GIS를 이용하면 그것이 가능해진다(矢野 1999:138～140; 中谷 1999). 즉, 상기 4가지 지표별 조건을 만족시키는 市區町村 단위의 분포도를 작성하고, 얻어진 4매의 지도를 「and」(그리고) 논리 연산자를 이용하여 1매의 지도로 작성하면 단신 부임자의 집중적 분포 지역이 판명된다. 분석 단위를 町丁 · 字로 하면 단신 부임자의 중심적 거주지에 관한 상세한 지도를 작성할 수 있다. 즉 개표 데이터의 사용이 이상적이지만 그것이 어려운 경우라도 GIS가 유력한 대체 방법을 제공하게 된다.

표 1 단신 부임자의 분포(1995년) (단위 : ‰)

	단신부임자	단신부임자	단신부임자		단신부임자	단신부임자	단신부임자
	인 구	일 반 세대주	단 독 세대주		인 구	일 반 세대주	단 독 세대주
전국	3.5	9.1	39.5	名古屋	**6.1**	**15.6**	**48.2**
札幌	**3.6**	8.9	26.6	豊橋	3.3	**10.0**	**43.6**
旭川	**4.7**	**12.2**	**47.3**	岡崎	2.2	6.9	32.5
仙台	**7.4**	**18.6**	**49.3**	大津	3.0	8.9	**42.3**
秋田	**5.4**	**14.6**	**52.6**	京都	2.3	5.8	16.4
郡山	**5.5**	**16.3**	**57.5**	大阪	**4.2**	**10.0**	27.7
이와키	**4.3**	**13.1**	**64.5**	堺	2.0	5.8	26.4
宇都宮	**4.9**	**13.7**	**49.5**	豊中	**5.4**	**14.0**	**49.0**
川越	2.1	6.1	27.7	吹田	**7.0**	**18.2**	60.7
川口	**3.6**	**9.7**	35.8	高槻	2.9	8.4	40.9
浦和	**4.0**	**11.0**	**42.1**	枚方	2.3	6.6	29.4
大宮	**3.9**	**11.1**	**49.2**	東大阪	2.0	5.4	19.8
所澤	0.2	5.4	23.7	神戸	2.9	7.7	28.7
千葉	**4.0**	**10.8**	**40.5**	姬路	3.0	8.8	**42.9**
市川	**6.3**	**15.4**	**42.5**	尼崎	**3.5**	9.0	30.6
船橋	**4.3**	**11.4**	**40.8**	西宮	**6.0**	**15.6**	**53.3**
松戸	3.4	**9.3**	34.4	奈良	1.8	5.2	24.3
栢	3.0	8.7	37.5	和歌山	3.0	8.5	38.4
東京特別區部	**4.5**	**10.4**	25.6	岡山	**4.1**	**10.9**	35.0
八王子	2.5	6.6	20.6	倉敷	**3.9**	**11.8**	**55.1**
町田	1.9	5.3	21.5	廣島	**6.2**	**16.0**	**50.0**
横浜	3.5	9.1	32.5	福山	3.3	**9.7**	**42.0**
川崎	**4.6**	**11.1**	29.7	高松	**9.1**	**24.4**	**87.9**
横須賀	2.3	6.7	33.3	松山	**4.3**	**11.1**	35.4
藤澤	2.6	7.1	25.7	高知	**4.0**	**10.0**	30.5
	2.7	7.2	24.9	北九州	3.2	8.4	30.7
新潟	**6.4**	**17.3**	**56.0**	福岡	**6.2**	**14.7**	36.3
富山	**4.8**	**14.1**	**57.2**	長崎	**3.7**	**9.8**	34.8
金澤	**6.3**	**17.0**	**50.2**	熊本	**4.2**	**11.1**	34.7
長野	**7.3**	**21.3**	**86.2**	大分	**4.3**	**11.6**	**40.3**
岐阜	2.6	7.5	29.8	宮崎	**4.9**	**12.6**	**41.3**
靜岡	**4.9**	**14.2**	**55.2**	鹿兒島	**4.2**	**10.8**	33.9
浜松	**3.6**	**10.8**	**45.5**	那覇	**4.3**	**12.5**	**47.1**

「1995년 국세조사보고」에서 필자 작성.
굵은 글씨는 전국의 숫자를 초과하는 것임.

 출생률 혹은 유배우자율의 지역차

자녀수의 감소나 고령화는 최근의 중요 인구 관련 동향이다. 이 둘은 흔히 같은 맥락에서 다루어지고 있는데 지리학적 관심은 증가 경향에 있는 후자에 대해 고령화나 고령자의 연구라는 형태로 보다 많은 관심을 보이는데 비해, 출생의 감소 경향을 반영하는 전자에 관한 관심은 훨씬 적은 편이다. 저출산 시대에 있어서 출생의 인구 지리학적 연구는 더 이상 의미가 없는 것일까? 필자는 그렇게 생각하지 않는다. 다음에서 그 점을 구체적으로 논하고자 한다.

인구 전환이론에서 말하는 저출생률은 일본의 경우 1960년 전후에 나타났다고 본다. 이 기간의 출생력의 지역차 및 그 변화에 관한 河辺(1979)의 연구가 있다. 1966년을 제외한 1960년대의 출생률은 안정되어 있었지만, 1970년대 중반부터 출생률이 저하되기 시작하여 1998년 합계 특수 출생률은 1.38까지 저하되었다. 이것은 세대교체 수준에 크게 못 미치는 것이었다. 이와 같은 동향은 일본 이외의 선진국에서도 널리 나타나고 있었다.

세대교체 수준에 큰 폭으로 못 미치는 「초」저출생률의 시대에도 출생력에는 분명한 지역차가 있는 것일까? 만약 있다면 그 지역차는 점차 축소의 방향으로 가는 것일까? 아니면 유의한 지역차가 소실되지 않고 유지되어 가는 것일까? 이러한 의문에 대한 인구 지리학의 반응은 Wilson(1990)의 논문 등을 제외하곤, 명확하고 설득력 있는 회답이 아직까지는 없는 실정이다.

1970년대 이후의 일본을 대상으로 출생률의 지역차를 제시하고 그 요인을 분석하려고 시도한 문헌으로 岡崎(1978), 高橋(1984), 坂井(1991), Tanaka and Casetti(1992), 石川(1992), 경제기획청(1992: 22～35, 210～219), 原田・高田, 廣島・三田(1995), 上原・大山(1996) 등이 주목받고 있다. 그러나 이러한 기존 문헌은 다음과 같은 문제점 및 한계를 가지고 있다.

첫번째로, 분석 단위로 都道府縣을 채용한 경우가 많다는 것이다. 이것은 「인구동태통계」로부터 데이터를 용이하게 입수할 수 있기 때문이지만, 3대 도시권이 都道府縣의 경계를 넘는 넓은 지역이라는 점과, 특정의 都道府縣의 경우 때로는 이질적인 성격을 갖는 범위로 구성될 수 있다는 점을 고려할 때 위와 같은 처리는 적절하지 않다. 이와 같은 제약이 없는 우수한 문헌으로서는 4대 도시권별, DID・비DID별, 京浜권 도심으로부터의 거리대별과 같이 다양한 구분에 따른 격차를 다루고 있는 高橋(1984)의 문헌이 주목받고 있을 뿐이다. 출생력이 특정의 都道府縣 내부에서 거의 동일한 수준이라고는 생각하기 어렵고, 市區町村 레벨에서 볼 때 일정 정도의 지역차를 나타내는 것이 일반적이라고 생각된다.

두 번째로 출생력의(대부분은 都道府縣 단위에서의) 지역차에 대한 설명은 합계 특수 출생률이라고 하는 지표를 종속변수로서 시도한 것이 많고, 그 요소 분해의 결과로 얻어진 유배우자율・유배우자 출생률・비배우자 출생률별 지역차에 대한 설명에는 거의 관심을 두지 않았다. 비배우자 출생은 전체 출생률의 약 1%만을 차지하므로 출생률의 지역차를 고찰하는 경우 유배우자율・유배우자 출생률의 2가지 요소에만 관심을 두어도 지장은 없을 것이다. 출생률의 저하는 주로 1960년대까지는 유배우 출생률에 의해, 1970년대 이후에는 유배우율의 저하에 의해 초래되었다(石川 1992; 上原・大山 1996). 출생률의 지역차에 대한 과거의 요인분석(예를 들어 坂井 1991; 경제기획청 1992)은 이러한 요소별이 아닌 전체 출생률을 대상으로 한 것이었다. 유배우자율과 유배우자 출생률의 지역차 형성에 미치는 요인이 다를 수 있었는데도 불구하고 이점을 고려하지 않고 있다.

세 번째로 출생률의 지역차 요인을 조사할 때 과거에는 주된 방법으로서 회귀분석을 사용하였는데, 이 경우 각 요인별 영향력은 하나의 파라미터 추정치로서 표현된다. 이것은 해당 요인의 경중율이 전국적으로 같게 적용됨을 의미한다. 그러나 어떤 요인이 전국에 걸쳐 같은 경중율로 작용한다는 것은 비현실적이며 공간적으로 강약을 가지고 작용한다고 보는 것이 자연스럽다.

이러한 사항을 고려해 볼 때, 첫 번째 사항은 GIS를 통해 市區町村별 출생 데이터를 이용함으로써 크게 개선할 수 있다. 즉 보고서에는 게재하지 않았으나 「인구동향통계」의 목차에 후생성대신 관방통계정보부에 보관되어 있고 열람이 가능한 「보관통계표」 중에 보건소별・市區町村별 출생・사망 데이터가 있음을 밝히고 있다. 다시 말해서 都道府縣보다 하위 스케일의 출생 데이터는 입수 가능한 것이다. 따라서 보건소 관할 단위 혹은 市區町村 단위별 출생률의 공간적 패턴을 GIS의 도움을 받아 쉽게 작성할 수 있고 지역차의 검토도 가능해진다.

두 번째, 세 번째의 문제점 및 한계는 지역 격차를 확인한 후의 요인 검토를 위한 통계 분석에 관계된 것이다. 그러나 만약 종속변수로서 市區町村 단위의 출생률(혹은 유배우자율이나 유배우자 출생률)을 사용한다면 그것을 설명하기 위한 독립변수로서 사회 경제적 데이터・문화적 데이터 등을 센서스를 비롯한 각종 통계로부터 준비하여 회귀분석함으로써 출생률의 지역차에 대한 요인을 찾을 수 있다. 회귀분석까지 하지 않아도 독립변수 각각을 GIS로 지도화하고 종속변수인 출생률의 지도와 중첩시키는 것에 의해서도 규정 요인의 대략적인 추정이 가능하다.

이제까지 이러한 문맥에서 자주 사용해 온 회귀분석의 간편함을 염두에 두고 그 틀 내에서 상술한 3가지 문제점을 극복하려면, 하나의 방법으로 회귀분석의 독립변수에 해당하는 파라미터를 성격이 다른 지역별로 세분하는 모델을 만들면 된다. 이와 같은 목적에서 Casetti (1972)가 제안하여 그 후 많은 지리학적 적용 사례를 갖춘 확장법 expansion mothod이 있는데, 이 방법을 적용하는 것이 매우 바람직하다고 판단된다.

그런데 두 번째 문제점 혹은 한계 즉, 출생률을 요소 분해하여 얻은 유배우자율·유배우자 출생률별의 지역차 설명이 결여되고 있다는 점과 관련하여 필자가 궁금한 것이 있다. 그것은 출생률의 지역차 요인 분석 작업시 여성측으로부터의 시각을 중시하고, 여성의 배우자인 남성측의 시각은 별로 중요하게 다루지 않는 경향이 있다는 것이다. 출생 행동을 실제로 담당하는 쪽이 여성임을 생각하면 그것은 당연하다. 그러나 출생률 저하에 대한 공헌이 유배유자 출생률보다 유배우율이 훨씬 크고, 미혼 상태의 선택이나 결혼·출생을 둘러싼 구체적인 행동이 어디까지나 남성과의 관계에서 결정된다는 것을 생각하면, 남성의 유배우자율 혹은 미혼률의 지역 차에도 크게 관심을 기울여 현대 일본에서의 저출생력에 대한 포괄적인 지리학적 검토를 전개해야 만 할 것이다.

이와 관련하여 유의해야 할 것은 결혼난의 문제이다. 출생률의 저하에 관한 문헌에 미혼화·만혼화가 여성의 자주적 선택의 결과라는 해석이 눈에 띈다. 그러나 실제로 자주적인 선택의 결과일까, 아니면 결혼이나 출산을 원해도 여러 가지 제약 조건 때문에 그것이 불가능하기 때문일까?

후자의 상황은 결혼난에 따른 사태라고 여겨진다. 光岡(1996)은 이 점에 대하여 여성이 아니라 남성측의 문제로서 지방 농촌·산촌을 중심으로 중년의 독신자가 광범위하게 분포되어 있고, 사태는 개선의 여지를 약간 보인다고는 하지만 더욱 악화되는 경향을 보이고 있다고 하였다. 光岡은 이 문제에 대하여 주로 직접 청취조사를 하거나 관련 자료를 제시하는 방법으로 기술적인 어프로치를 하였다. 그러나 본 글의 입장에서는 유배우자율 혹은 미혼율의 지역 격차의 실태를 都道府縣보다 하위의 스케일로 지도화하고, 만약 그 차가 현저하다면 그 요인 분석이 가능하다는 것을 지적하고자 한다. 이 경우에도 GIS는 매우 도움이 되리라고 기대한다. 그리고 鈴木(1989)은 결혼난을 측정하는 객관적인 척도를 이용하여 都道府縣 간의 격차에 대하여 논하였는데, 이 시각을 GIS를 이용하여 면밀히 추구하는 것도 의미 있는 작업이라고 여겨진다.

Ⅳ 마치면서

앞서 소개한 바와 같이 지리학의 실증주의적 설명의 퇴조와 함께 인구 지리학의 지위가 점차 저하하고, 그 결과 인문 지리학 전체에 고립감이 깊어지고 있는 것이 아닌가 하는 주장이 있다. 이러한 점에서 벗어나기 위하여 영국에서는 인구지리학을 중심으로 사회 이론에 관심을 기울이고 있는데 그 나름대로 수긍이 간다. 그러나 예를 들어 근대 가족의 우위가 붕괴된 후 진행된 세대의 다양화 양상에 주목하고 그 지리학적 분석을 진행시키는 것도 현 상황의 특별한 타개책이라고 필자는 생각한다. 그러나 현 단계에서는 최근 중요성이 높아지고 있는 인구 집단의 중심적인 분포 지구 자체가 불명확한 경우가 적지 않다. 그러므로 그것을 해명하기 위한 기본적인 출발점은 해당 인구 집단의 중심적인 거주지 해명에 있고, GIS가 이 문제를 해결하는 데에 유력한 수단으로 공헌할 것임에 틀림없다.

GIS 이용이 현대의 인구지리학의 재생에 기계적으로 연결된다고 생각하는 것은 분명히 안이한 생각이다. 예를 들어 최근 현저한 증가를 보이고 있는 새로운 인구집단의 일부는 사회적 편견과 소외감을 느끼는 일상생활을 보내고 있다는 것도 사실이다. 따라서 인구 집단이 「사회적으로 만들어진다」라고 하는 측면도 부정할 수 없고, 그런 의미에서 최근에 나타나는 사회 이론의 관심에 수긍하지 않을 수도 없으므로 GIS에 의한 분포 패턴의 지도화에는 프라이버시의 보호가 특히 배려되어야 한다. 이와 같은 인구 집단에 관한 인구지리학 연구에는 다른 방법, 예를 들어 당사자로부터의 청취(예를 들어 神谷 외 1999; 村田 2000)도 유효한 방법일 것이다.

이와 같이 GIS를 인구지리학이 안고 있는 모든 문제를 깨끗하게 해소해 줄 구세주라고 생각할 수는 없다. 그러나 이제까지 할 수 없었던 혹은 분석에 많은 시간과 에너지를 필요로 하여 매우 어렵던 연구를 용이하게 한다는 효용은 무시할 수 없다. 그러한 의미에서 GIS로의 주목은 인구지리학 혁신에 하나의 자극이 될 것이다.

참고문헌

石川　晃 1992. 近年における地域出生変動の要因――有配偶構造の影響――. 人口問題研究 48：46-57.

石川義孝 1999. 京浜・京阪神の二大都市圏における単独世帯. 成田孝三編『大都市圏研究――多様なアプローチ――(上)』204-223. 大明堂.

伊藤達也 1994.『生活の中の人口学』古今書院.

伊藤達也 1997. 人口地理学. 山本正三・奥野隆史・石井英也・手塚　章編『人文地理学辞典』231. 朝倉書店.

ウィンチェスター, H. 著, 神谷浩夫訳 1998. 女性と残された子供. 空間・社会・地理思想 3: 60-76. Winchester, H.P.M. 1990. The poverty and marginalization of one-parent families, *Transactions, Institute of the British Geographers* NS15: 70-86.

上原浩人・大山達雄 1996. 合計特殊出生率の地域的要因――エントロピーモデルの適用――. 人口学研究 19：39-45.

大林千一 1996. 小地域人口統計. 高阪宏行・岡部篤行編『GIS ソースブック――データ・ソフトウェア・応用事例――』62-64. 古今書院.

岡崎陽一 1978. 人口再生産構造の分析――その低下と地域差について――. 人口問題研究 146：1-17.

神谷浩夫・影山穂波・木下禮子 1999. 東京大都市圏における独身女性の居住地選択――定性的分析による考察――. 金沢大学文学部地理学報告 9：17-32.

河辺　宏 1979. 出生力低下のパターンの地域差について. 人口問題研究 150：1-14.

木下禮子 1999.『東京・おんなのひとり暮らし』.

経済企画庁 1992.『国民生活白書 平成 4 年版』大蔵省印刷局.

高阪宏行 1994.『行政とビジネスのための地理情報システム』古今書院.

コポック, J.T.・ラインド, D.W. 著, 酒井高正訳 1998, GIS の歴史. マギー, D.J.・グッドチャイルド, M.F.・ラインド, D.W.編, 小方　登・小長谷一之・碓井照子・酒井高正訳『GIS 原典――地理情報システムの原理と応用――[Ⅰ]』21-45. 古今書院. Coppock, J.T. and Rhind, D.W. 1991. History of GIS. In Maguire, D.J., Goodchild, M.F. and Rhind, D.W. eds. *Geographical Information Systems: Principles and Applications*. 21-43. Harlow: Longman Group.

坂井博通 1991. 出生力の地域格差. 厚生の指標 38：14-19.

鈴木　透 1989. 結婚難の地域構造. 人口問題研究 45：14-28.

高橋眞一 1984. 最近の地域別出生力変動. 1970-80年. 人口学研究 7：33-40.

中谷友樹 1996. 死亡率地図における空間単位の情報量統計学的評価――地理情報システムによる疾病地図解析システムの構築に向けて――. GIS-理論と応用 4：53-60.

中谷友樹 1999. 社会地区分析とジオデモグラフィクス. ジオマチックス研究会　編『GIS 実習マニュアル ArcView 版』166-184. 日本測量協会.

原田　泰・高田聖治 1993. 人口の理論と将来推計. 高山憲之・原田　泰編『高齢化の中の金融と貯蓄』1-16. 日本評論社.

廣嶋清志・三田房美 1995. 近年における都道府県別出生率較差の分析. 人口問題研究 50：1-30.

光岡浩二 1996.『農村家族の結婚難と高齢者問題』ミネルヴァ書房.
村田陽平 2000. 中年シングル男性はどこで疎外されているのか. 京都大学文学部地理学教室卒業論文.
村山祐司 2000. 地理学とGIS——シンポジウムの趣旨説明——. 日本地理学会発表要旨集 57：58-59.
目黒依子 1999. 総論 日本の家族の「近代性」——変化の収斂と多様化の行方——. 目黒依子・渡辺秀樹編『講座社会学2 家族』1-19. 東京大学出版会.
矢野桂司 1999.『地理情報システムの世界——GISで何ができるか——』ニュートンプレス.
矢野桂司・武田祐子 2000. GISによる国勢調査小地域集計に基づいた京都市域のセンサス地図システム. 京都地域研究 14：1-12.
由井義通 1999. 都心居住——シングル女性向けマンションの供給——. 広島大学教育学部紀要 第二部 48：37-48.
由井義通 2000. 東京都におけるひとり親世帯の住宅問題. 地理科学 55：77-98.
Batey, P. and Brown, P. 1995. From human ecology to customer targeting: The evolution of geodemographics. In Longley P. and Clarke, G. eds. *GIS for Business and Service Planning*. 77-103. Cambridge: Geoinformation International.
Casetti, E. 1972. Generating models by the expansion method: Applications to geographic research, *Geographical Analysis* 4: 81-91.
Findlay, A.M. and Graham, E. 1991. The challenge facing population geography. *Progress in Human Geography* 15: 149-162.
Hall, R., Ogden, P.E. and Hill, C. 1997. The pattern and structure of one-person households in England and Wales and France. *International Journal of Population Geography* 3: 161-181.
McKendrick, J.H. 1999. Multi-method research: An introduction to its application in population geography. *Professional Geographer* 51: 40-50.
Nakaya, T. 2000. An information statistical approach to the modifiable areal unit problem in incidence rate maps. *Environment and Planning A* 32: 91-109.
Tanaka, K. and Casetti, E. 1992. The spatio-temporal dynamics of Japanese birth rates: Empirical analyses using the expansion method. *Geographical Review of Japan* 65B: 15-31.
White, P. and Jackson, P. 1995. Research review 1: (Re) theorising population geography. *International Journal of Population Geography* 1: 111-124.
Wiltshire, R. 1995. *Relocating the Japanese Worker: Geographical Perspectives on Personnel Transfers, Career Mobility and Economic Restructuring*. Knoll House: Japan Library.
Wilson, M.G.A. 1990. The end of an affair?: Geography and fertility in late post-transitional societies. *Australian Geographer* 21: 53-67.
Yano, K., Nakaya, T. and Ishikawa, Y. 2000. An analysis of inter-municipal migration flows in Japan using GIS and spatial interaction models. submitted to *Geographical Review of Japan*.

chapter 3

상업지리학과 GIS

橋本雄一

I 들어가며

경제지리학의 한 분과인 상업지리학은 상업 활동의 공간적 분포 및 상업 활동에 수반하여 발생되는 제반현상의 공간적 분포를 연구 대상으로 하고 이것들이 가지고 있는 공간 정보를 분석하는 분야이다(須原 1986). 상업은 크게 도매업과 소매업으로 구분하는데 상점과 최종 소비자 간에 성립하는 소매업 활동을 대상으로 하는 연구가 많이 축적되어 있다[1]. 따라서 이 장에서는 소매업에 관한 공간정보 분석에 대한 GIS의 공헌 가능성에 관하여 검토한다.

소매업에 관한 지리학적 연구는 사업소의 분포에 관한 연구와 상권 및 소비자 구매행동에 관한 연구로 나눌 수 있다. 전자의 연구에는 도시나 상점가를 단위로 상업 활동에 관한 지역 특성을 해명하는 상업지역 연구나 상점 또는 상점가가 성립되는 규칙성을 이해하려는 입지론적 연구 등이 포함된다. 또 후자에는 도시나 상점가 혹은 단독 상점의 영향권을 분석하는 상권 연구나 주민의 상점 이용에 대해 검토하는 소비자 행동연구 등이 포함된다. 위의 연구들은 모두 소매업 활동의 공간적 측면에 대하여 고찰한 것이므로 GIS가 갖는 공간적 검색·분석·표시 등의 기능을 유효하게 활용할 수 있다.

본 장에서는 먼저 위 연구에 대해 GIS를 어떻게 활용할 수 있을 것인가를 살펴본다. 그리고 상업지역 연구 사례를 들어 GIS의 구체적 공헌을 검토한다. 특히 도심의 상업 활동에 관한 연구 사례로 분석이나 프레젠테이션 등에 관한 상업 지리학에의 지원 이용에 대하여 검토한다.

상업지리학 연구에의 GIS의 적용

1. 상업지역 연구와 GIS

본 절에서는 소매업에 관한 지리학적 연구를 奧野 등(1999)이 분류한 것과 마찬가지로 상업지역 연구, 입지론적 연구, 상권 연구, 소비자 행동 연구로 분류하고 각각의 연구에 대한 GIS의 적용에 대하여 검토한다.

상업지역 연구는 도시나 상점가를 대상으로 상업 활동에 관한 지역 특성을 해석한 것이다. 분석 단위로는 각각의 상점이나 상점가를 선택하였다. 도시 내부의 상업지역에 관한 연구는 Proudfoot(1937)에 의한 상점가의 분류 연구 이후 많은 성과가 나와 있다. Berry(1959)와 Carol(1960)은 도시내부의 상점가 연구에 중심지 계층 개념을 도입하여 논의하였고, Davies (1972)와 Potter(1982)는 도시 생태 연구 성과를 첨가하여 상점가의 공간적 분포에 대하여 검토하였다. 또한 도시 내부의 상점가에 대한 동태적 고찰을 실시한 것으로는 Berry(1963), Simmons(1964), 根田(1985), 橋本(1992) 등의 연구가 있다.

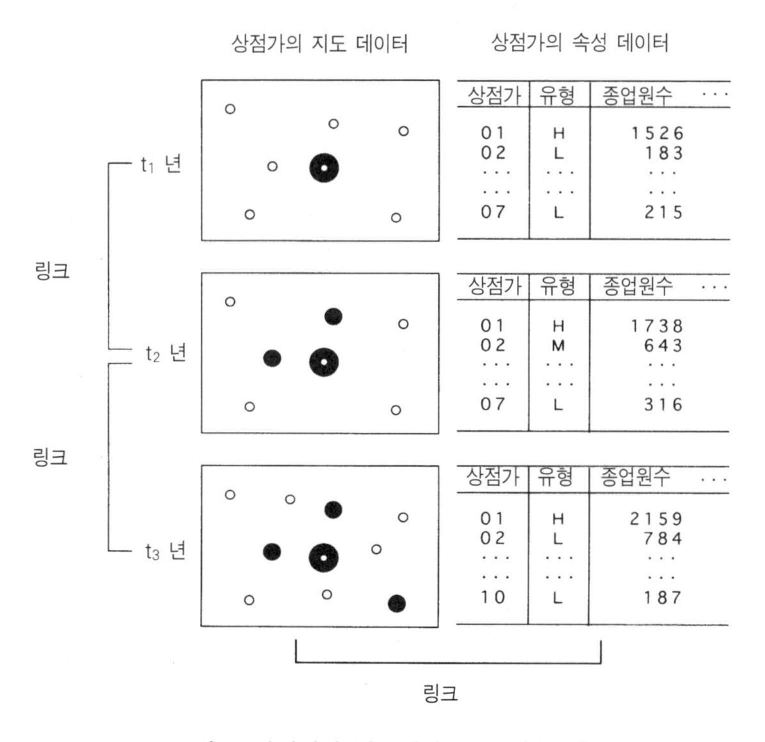

그림 1 상업지역 연구에의 GIS 이용 예

상업지역 연구는 소매업 집적지를 업종 구성이나 규모에 따라 유형화하였고 그 분포 패턴의 규칙성을 해명한 것이 대부분이다. 이와 같은 연구에서 GIS는 분석의 기초가 되는 지도 데이터베이스를 작성할 때 유용하다. 각각의 상점과 상점가의 위치 정보를 점 데이터 혹은 면 데이터로서 지도 데이터베이스에 저장하고 업종, 업태, 규모 등의 속성 정보를 추가하면 대량의 데이터를 지도와 링크시킨 형태로 일괄 관리할 수 있다(그림 1). 이 지도 데이터베이스를 이용하면 효율적인 상업지역 분석이 가능할 것으로 보인다. 최근의 주택지도나 공간 데이터 기반 정비에 의해 이와 같은 지도 데이터베이스를 구축하는 환경이 조성되고 있으므로, 이후 해당 연구에 대한 GIS의 공헌은 더욱 증가할 것이다.

2. 입지론적 연구와 GIS

입지론적 연구는 개개의 상점과 상점가의 규모, 업종, 배치에서 보이는 규칙성을 추론하고 모델화하려는 것이다. 해당 연구로는 Christaller(1933), Losch(1949)의 중심지 이론, 혹은 Alonso(1964)의 부치지대론(付値地代論) 등 공간 모델을 이용하여 상점 혹은 상점가가 성립되는 규칙성을 이해하고자 하는 연구가 많다.

입지론적 연구에 GIS를 적용하는 경우, 점 데이터로서 상점 혹은 상점가, 인구, 지가, 역 등의 정보를, 면 데이터로서 토지 이용 등의 정보를, 선 데이터로서 선로나 도로 등의 정보를 저장한 지도 데이터베이스를 구축하여 오버레이 기법을 이용해 분석하게 된다. 또한 최고 지가점으로부터의 거리대나 주요 도로변 30 m 버퍼 등과 같은 앞서 설명한 데이터를 가공하여 얻어진 정보를 추가하면 더욱 상세한 공간 분석이 가능해진다(그림 2). 도심지 내부의 지가와 토지 이용을 조사하여 상기 데이터베이스를 구축하면 Alonso(1964)의 부치지대론 등을 검증함은 물론 모델을 개량하는 것도 가능해진다.

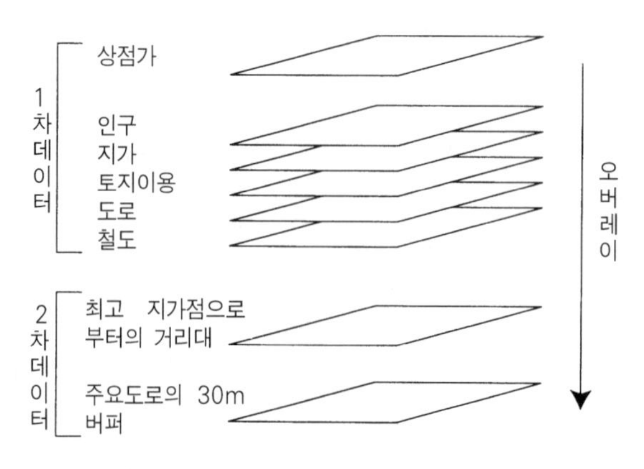

그림 2 입지론 연구에의 GIS 이용 예

이상과 같이 입지론적 연구에서 GIS를 이용하는 경우 상점 혹은 상점가의 지도 데이터베이스와 그 입지를 설명하고자 하는 인구나 지가 등의 지리적 요소 지도 데이터베이스를 중첩시켜 새로운 데이터베이스를 구축함으로써 분석이나 모델 개량 등을 실행하는 방법도 생각할 수 있다. 이러한 경우 대규모의 상세 데이터를 사용할 수 있다는 점, 기존 데이터로부터 2차 데이터를 생성시켜서 신속하게 데이터베이스에 추가 가능하다는 것이 GIS의 커다란 장점이다.

3. 상권 연구와 GIS

상권 연구는 도시나 상점가 혹은 단독 상점의 영향권을 대상으로 한다. 상업지역 연구가 상점이나 상점가의 입지 장소를 분석하는 것임에 대하여 상권 연구는 상점이나 상점가 주변의 소비자에게 공급하는 범위인 시장 지역을 분석하는 것이다.

소매 상권에 대해서는 지리학 이외에도 많은 연구가 축적되어 있는데, 都道府縣이나 각 지역의 상공회 등은 지방 상점가의 활성화 대책의 입안이나 대규모 상점의 신규 입지에 미치는 영향을 분석하기 위하여 상권을 조사하는 경우가 많다.

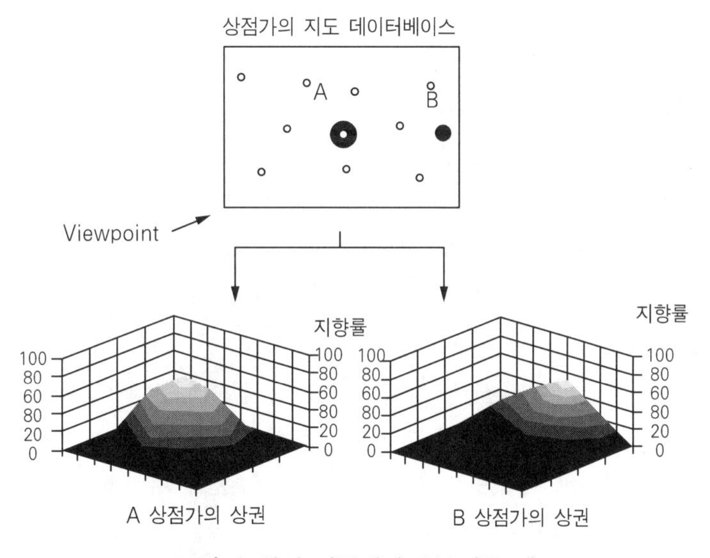

그림 3 상권 연구에의 GIS이용 예

상권 연구에는 전통적으로 중심 조사법과 주변 조사법이 있다(奧野 외 1999). 중심 조사법은 상점이나 상점가를 방문하는 고객에 대하여 주거지, 방문 목적, 방문 수단 등을 설문조사하는 것이고, 주변 조사법은 상점 혹은 상점가를 둘러싼 주변 지역 개개의 소비자를 대상으로 방문 상점이나 상점가, 구입 상품, 쇼핑 횟수 등을 조사하는 것이다. 이러한 데이터의 수집법으로는 청취 조사나 앙케이트 조사 등이 주로 이용되고 수집된 데이터는 GIS로 지도 데이터베이스화하여 유용하게 이용할 수 있다(그림 3).

상권 연구에서 구축된 모델로는 라이리・콘바스의 소매 인력(引力) 모델과 하프의 확률 상권 모델이 유명한데 이러한 모델 연구에는 지리적 요소에 관한 정확한 위치 데이터를 얻을 수 있는 GIS의 지원이 유용하다. 한편 GIS는 요소간의 실 거리뿐만 아니라 시간 거리나 운임 거리 등도 데이터로서 저장할 수 있기 때문에 각각의 모델에 의한 상권의 산출이 가능하다. 또한 GIS는 상세하고도 대량인 공간 데이터를 다루는 것이 가능하여 과거보다 정밀도가 높은 결과를 얻을 수 있다. 따라서 상권 분석에 따른 정책 결정 지원을 의도하는 경우에는 지금보다 훨씬 큰 공헌이 가능할 것이다.

4. 소비자 행동 연구와 GIS

소비자 행동 연구는 주민 각각의 각종 판단이 어떻게 작용하고 어느 상점이나 상점가를 이용할 것인가를 규명하는 것이 목적이다. 소비자 구매 행동과 상점 입지는 서로 영향을 미치기 때문에 당 연구는 전 절까지의 연구와 밀접하게 관련되어 있다. 그리고 이 소비자 행동 연구는 행동지리학 연구나 환경인지 연구와도 밀접하게 관련되어 있어(荒井 외 1996), Potter 1979)와 같이 정보원역과 행동역의 관계 등에 주목한 연구 사례도 있다.

소비자 행동 연구에서는 상품별 구입 지향지 비율 등의 데이터를 GIS로 지도 데이터베이스화하여 상권 연구와 유사한 성과를 얻을 수 있다. 또한 소비자 속성의 차이에 주목하여 비집계 어프로치 등을 이용할 경우에도 GIS를 이용함으로써 새로운 분석 모델을 구축할 수 있다.

시간 지리학이나 다목적 트립 연구 수법을 소비자 행동 연구에 도입하는 경우 어떤 지도 데이터베이스를 작성하는가가 문제시 된다. 예를 들어 GIS에 의해 시간별 주민 개개인의 목적별 체류 상황을 나타낸 레이어를 작성하고 그것을 중첩시키면 개인행동을 데이터베이스화할 수 있다. 이 때 레이어간의 시계열적 관계를 구축하는 것이 중요한 문제이다. 이 관계 구축을 위한 하나의 방법으로 한 레이어 속성 데이터로서 列요소에 시간별 행동 목적군을 항목으로 설정하고, 현실 행동에 해당하는 항목에 「1」, 해당하지 않는 것에 「0」을 입력하여 지도 데이터베이스를 작성하는 것을 생각할 수 있다(그림 4).

이상과 같이 소비자 행동 연구에서의 GIS 이용은 연구 목적에 대응하여 어떤 지도 데이터베이스를 만들 것인가가 문제이며, 점포나 상점가 등에 관한 속성 데이터와의 링크 등도 중요한 문제가 된다.

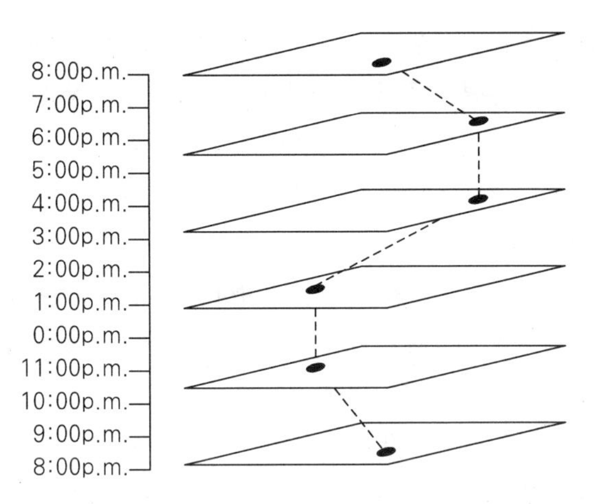

개인 A의 목적별 행동 데이터									
지점	8:00 a.m.				9:00 a.m.				…
	목적1	목적2	…	목적10	목적1	목적2	…	목적10	…
01	1	0	…	0	0	0	…	0	…
02	0	0	…	0	0	0	…	0	…
03	0	0	…	0	0	1	…	0	…
04	0	0	…	0	0	0	…	0	…
05	0	0	…	0	0	0	…	0	…

개인 B의 목적별 행동 데이터									
지점	8:00 a.m.				9:00 a.m.				…
	목적1	목적2	…	목적10	목적1	목적2	…	목적10	…
01	0	0	…	0	0	0	…	0	…
02	0	0	…	0	0	0	…	0	…
03	0	1	…	0	0	0	…	0	…
04	0	0	…	0	0	0	…	0	…
05	0	0	…	0	0	0	…	1	…

그림 4 소비자 행동 연구에의 GIS 이용 예

Ⅲ 상업지역 연구에의 GIS 적용 사례

1. 목적과 방법

앞 절의 소매업의 지리학적 연구에 대한 GIS의 적용 가능성에 관한 논의에서 연구 목적 달성을 위하여 어떤 지도 데이터베이스를 구축하는가가 공통의 문제임을 설명하였다. 여기서는 도심 지구에 있어서의 상업지역 연구를 예로 들어 GIS에 의한 구체적 지도 데이터베이스의 이용에 대하여 논한다. 이를 위하여 우선 3차원 건물용도 데이터베이스를 작성한다.

3차원 건물용도 데이터베이스 작성을 위한 자료로서 1995년 7월에 帶廣市 중심부에서 실시한 현지 조사를 통해 수집된 자료를 이용한다. 이 조사는 대상지역 내에 존재하는 건물의 지하 1층, 1층, 3층, 6층의 용도에 대하여 조사한 것으로, 이것을 폴리곤 데이터로하여 GIS를 통해 지도 데이터베이스화 한다. 또한 공시 지가도 포인트 데이터로서 입력하고 50만엔 단위 등의 지가대 데이터를 작성한다.

본문에서는 우선 층수별 건물 이용 현황을 파악하기 위하여 3차원 건물용도 데이터베이스 정보로부터 건물 이용에 관한 3차원 그래픽을 작성한다. 그리고 GIS 데이터를 퍼스널 컴퓨터 상에서 3차원 그래픽화하기 위한 시스템에 관하여 검토한다.

다음으로 건물용도별 분포 패턴을 밝히기 위하여 경향면 분석을 이용하여 검토한다. 구체적으로는 건물용도별로 1층 건평 및 전 조사대상 층의 총 건평을 산출하고 각각을 종속 변수로 하여 경향면 분석을 실시한다. 독립 변수는 집계 단위 지구의 중심 X좌표치와 Y좌표치이다.

끝으로 건물 용도와 지가와의 관련을 알기 위하여 양 데이터를 이용하여 오버레이 분석을 실시한다. 먼저 대상지역에 대해 250만엔에서 850만엔까지의 등지가대 데이터를 50만엔 단위로 작성한다. 이 지가대 데이터와 층수별 건물용도 데이터를 중첩시켜서 분석하고 지가대별의 건물용도별 건평을 집계하여 고찰한다.

2. 3차원 그래픽의 작성과 애니메이션화

먼저 3차원 건물용도 데이터베이스 정보로부터 건물 이용에 관한 3차원 그래픽을 작성하고 층수별 건물 이용현황을 파악한다.

층수별 건물용도 등의 3차원 데이터는 GIS를 이용하면 지도화한 상태로 보존할 수 있다. 그러나 그 표시는 2차원적인 것에 그치는 경우가 많고 직감적으로 건물용도 분포 패턴을 이해하기에는 부족하였다. 또한 GIS가 갖는 해석 기능을 이용하여 건물용도에 관한 분포 패턴의 경향면 분석이나 지가와 건물용도와의 오버레이 분석을 실행해도 그 결과는 2차원적으로 표현되는 경우가 많았다. 신속한 이해를 얻기 위해서는 3차원적인 표시 등을 이용할 필요가 있다.

GIS 소프트웨어 상에서도 작성된 데이터를 DXF파일 등의 3차원 정보로 출력하는 것은 가능하나 개별 건물에 높이 정보를 부여하여 도시 내부의 경관 시뮬레이션을 실시하는 것 등은 곤란하다. 그래서 3차원 그래픽 소프트웨어를 이용하여 GIS 소프트웨어로 작성한 2차원의 도시내부 토지이용도로부터 3차원의 건물 이용도를 작성한다. 이 3차원 데이터를 이용하여 애니메이션을 작성하고 CG무비에 의한 3차원 데이터의 효과적 프레젠테이션에 대하여 검토한다.

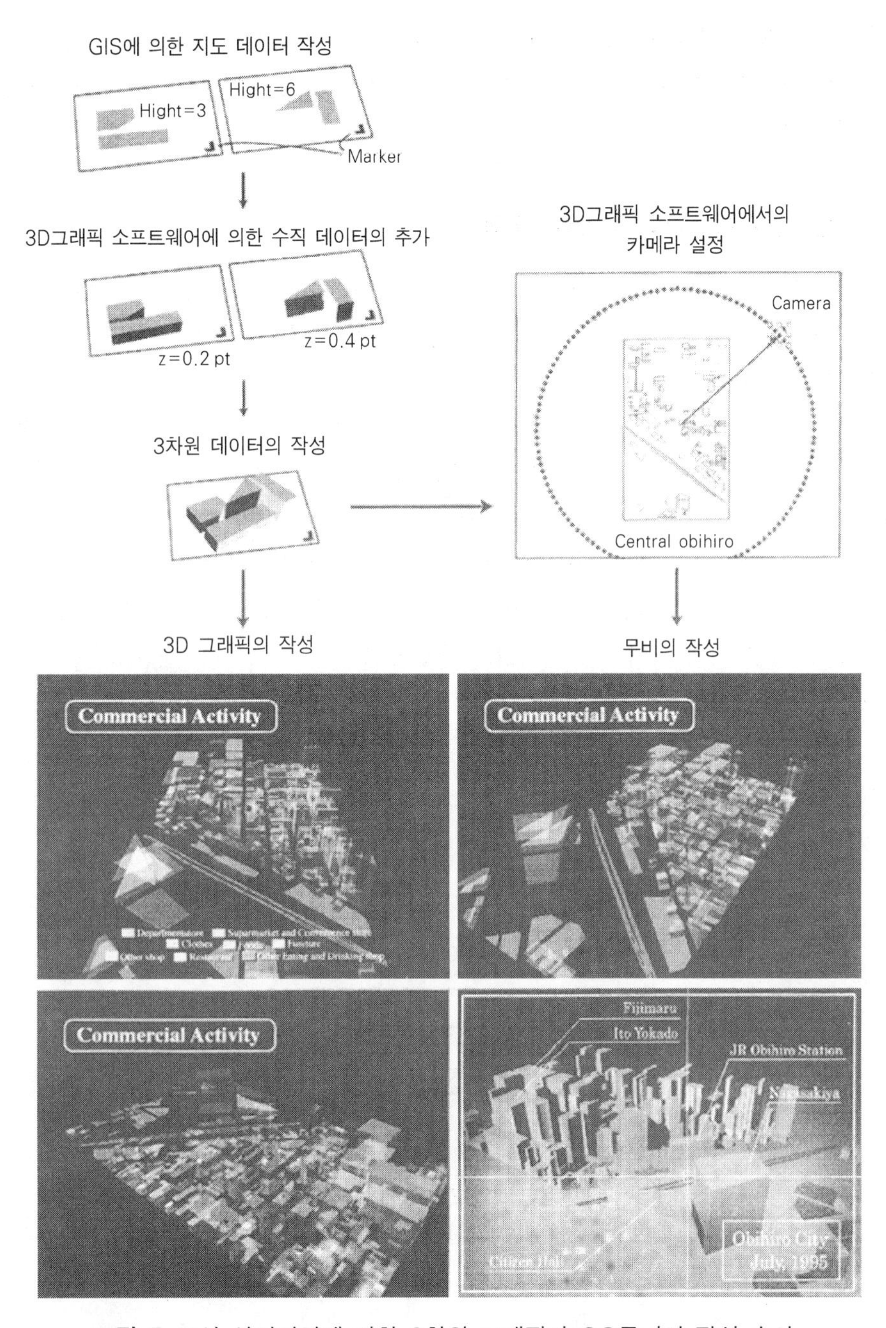

그림 5 도심 상업지역에 관한 3차원 그래픽과 CG무비의 작성 순서

그림 5는 3차원 그래픽과 CG무비의 작성 방법을 나타낸 것이다[2]. 이와 같이 정지영상보다 동영상으로 공간 정보를 제공하는 편이 대상을 신속히 이해할 수 있어 보다 좋은 프리젠테이션 효과를 가져 올 수 있다.

3. 건물 용도에 관한 경향면 분석

건물 용도별 분포 패턴을 밝히기 위하여 경향면 분석을 검토한다. 독립변수는 집계 단위 지구 중심의 X좌표치와 Y좌표치, 종속변수는 건물 용도별 총 건평으로서 각각 표준화하여 분석에 이용한다.

이전의 연구에서는 가로별로 건평 등의 데이터를 집계하고 있기 때문에 가로의 형상이나 분포에 따라 틀리게 되는 문제가 발생한다. 메쉬 데이터로 변환하여 분석해도 같은 문제가 발생하는데 메쉬의 크기나 분할선의 위치에 따라 결과가 다르다. 그래서 본 글에서는 이동 평균법으로 건물 용도별 총 건평을 산출한다. 이 방법을 이용하여 집계 단위 지구의 경계선을 설정하면 경계선의 설정 위치에 따라 생기는 작은 변동을 제거할 수 있다. 각 건물 용도별 총 건평을 50 m 메쉬 단위로 집계한 데이터와 메쉬의 중심으로부터 반경 50 m 단위의 버퍼를 설정하여 집계한 데이터로 1차에서 10차까지의 경향면을 산출하면(그림 6), 이들의 결정 계수(자유도 수정 후)는 후자가 안정된 결과를 보인다(그림 7). 이후의 분석에서는 이동 평균법의 데이터에 있어서 상업적 토지 이용에 관한 결정계수의 천완점(경사가 완만해지기 시작하는 점)인 7차원을 채용한다.

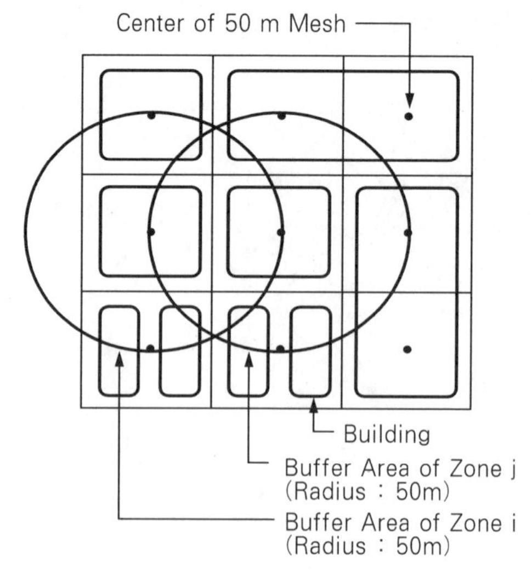

그림 6 버퍼에 의한 용도별 부지 면적 데이터의 작성

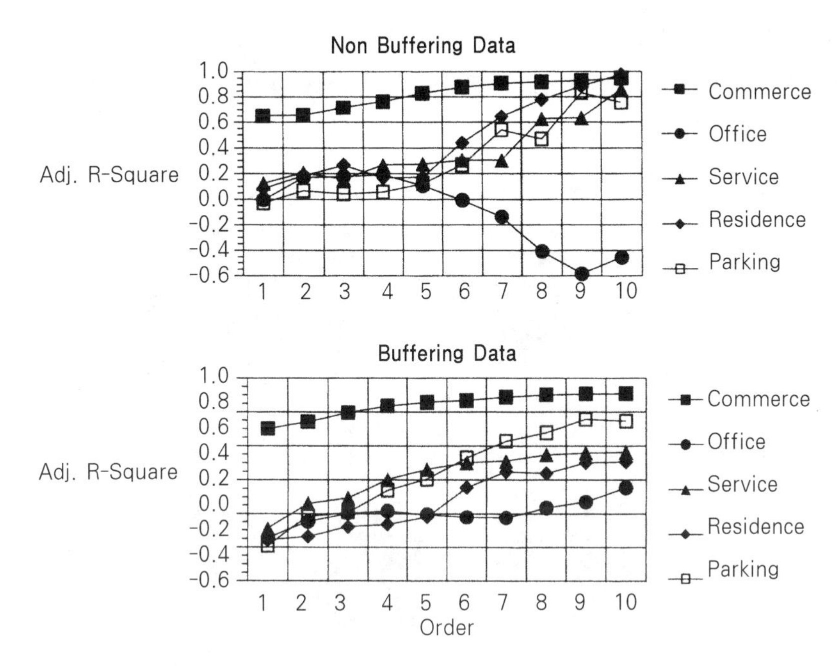

그림 7 경향면 분석에서의 결정계수(자유도 수정 후)

그림 8은 버퍼별로 집계한 총 건평을 종속 변수로 하여 7차 경향면을 구한 결과이다. 우선, 1층에 관한 7차 경향면 분석 결과를 보면 기능 분화가 되었음을 알 수 있고 도심 건물의 선택적 이용 상황을 확인할 수 있다. 다음으로 조사 대상층수 전부에 관한 7차 경향면 분석 결과를 보면 1층부터 공간적 기능 분화가 진행되고 있음을 알 수 있다[3].

4. 건물 용도와 지가와의 관련

GIS는 복수의 지도 데이터를 결합하여 새로운 지도 데이터를 만들어낼 수 있다. 여기서는 건물 용도와 공시 지가와의 관련을 알아보기 위하여 양 지도 데이터를 이용하여 오버레이 분석하였다. 먼저 대상 지역에 대한 250만에서 850만 엔까지 50만 엔 간격의 등지가대를 나타내는 지도 데이터를 작성하고(그림 9), 이것과 건물 용도에 관한 지도 데이터를 오버레이하여 지가와 건물 용도와의 관계를 정량적이며 시각적으로 밝힌다(그림 10).

오버레이 후의 데이터로부터 지가대별로 건물 용도를 보면(그림 11), 도심 중심부에서는 상업과 오피스가 대부분이고 주변부에는 주차장이 대부분을 차지함을 알 수 있다. 이것을 층수별로 보면(그림 12) 용도는 수직적으로도 분화를 보이는데, 도심부에서는 하층부에 상업이 우세하고 상층부에는 서비스업이 우세함을 알 수 있다. 이러한 결과는 예전부터 검토되어온 付

値地代論을 실제 데이터를 통해 확인 가능하게 한다.

이상과 같이 도심지역의 분석에서도 GIS의 공헌이 크고 이것을 이용하면 과거에는 어려웠던 상세한 분석을 실행할 수 있다.

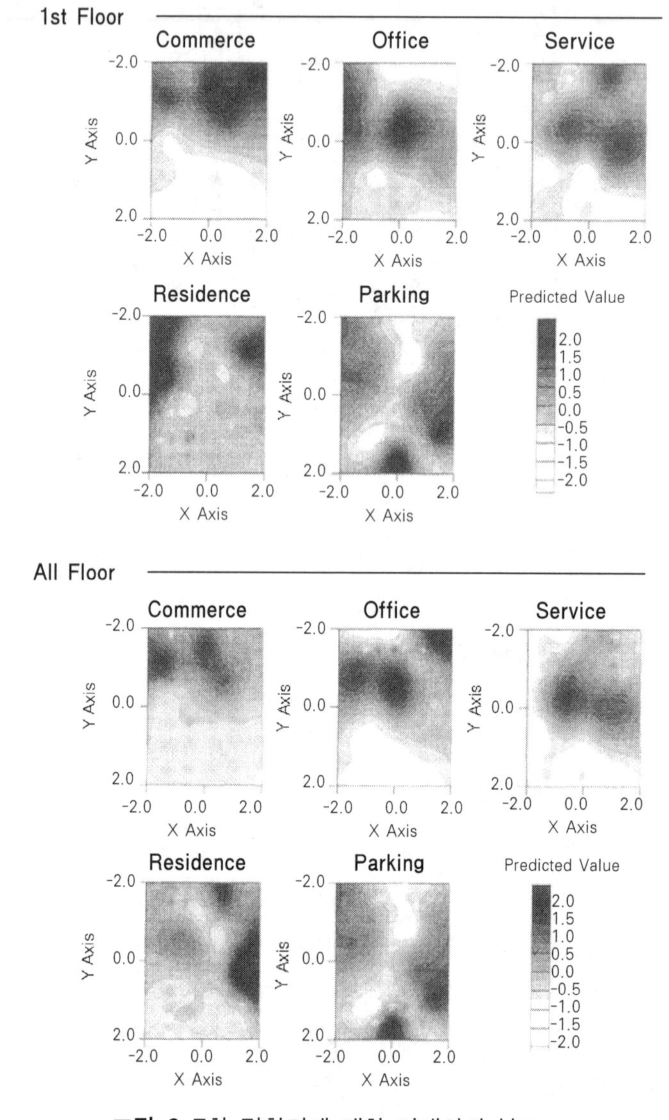

그림 8 7차 경향면에 대한 기대치의 분포

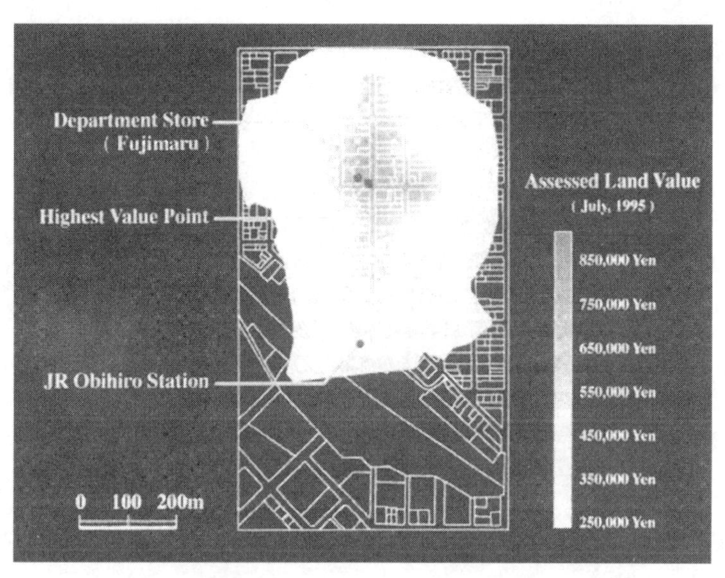

그림 9 帶廣市 도심부의 공시지가 분포(1995년)

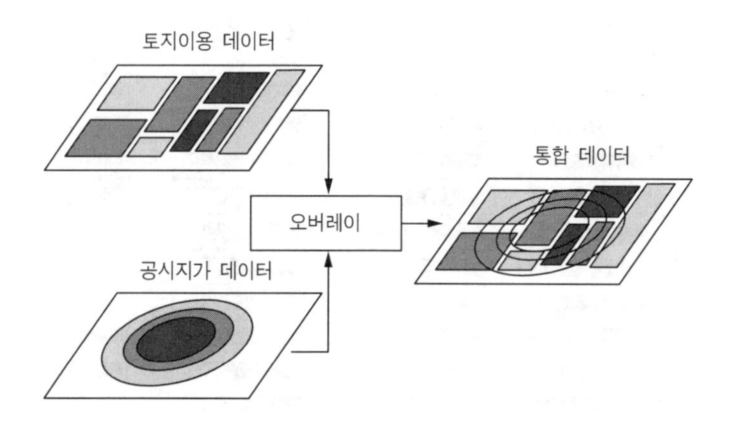

그림 10 건물용도 데이터와 공시지가 데이터의 오버레이

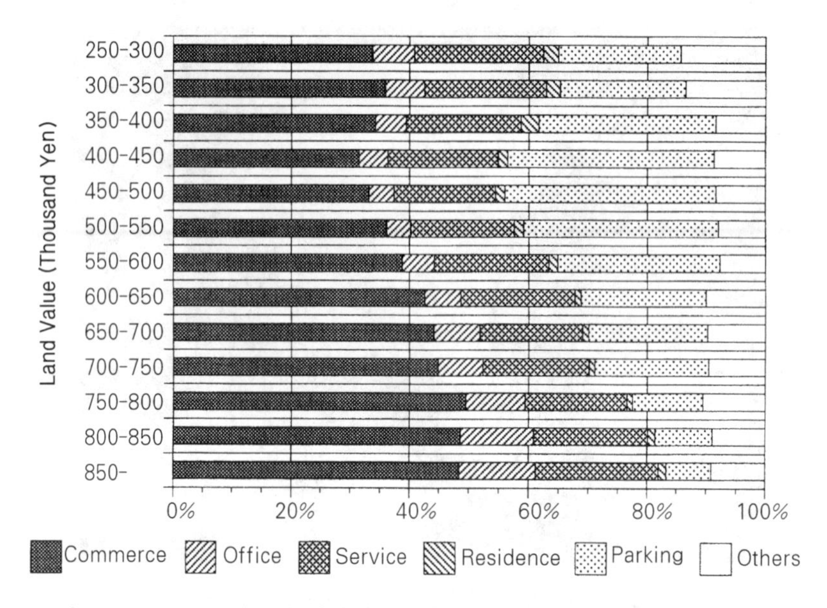

그림 11 帶廣市 도심부의 지가대별 · 건물 용도별 부지 면적 비율(1995년)

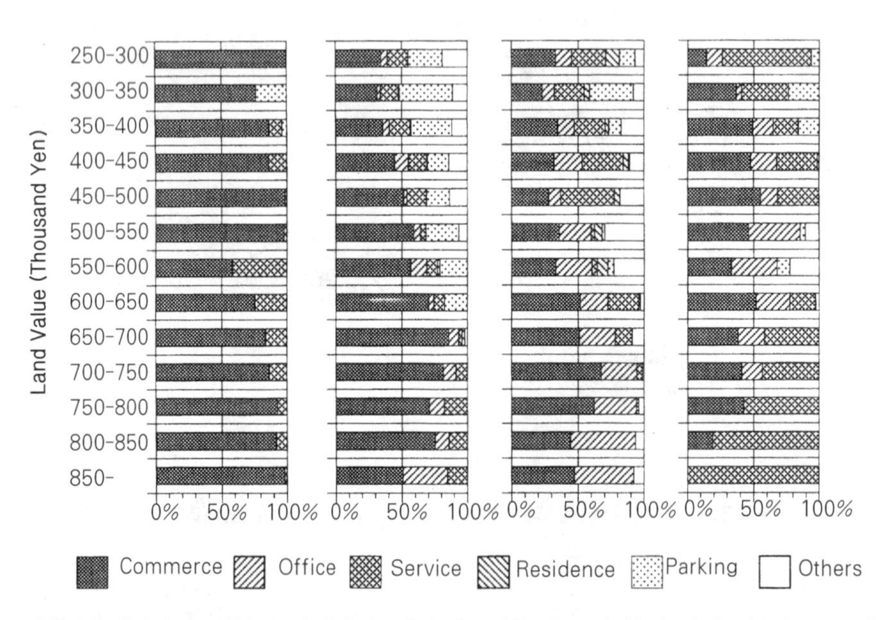

그림 12 帶廣市 도심부의 지가대별 · 층수별 · 건물 용도별 부지 면적 비율(1995년)

Ⅳ 마치면서

이 글은 소매업 활동에 관한 지리학적 연구에 대한 GIS의 공헌을 사례를 들어 검토한 것이다.

GIS로 작성한 상업 활동에 관한 지도 데이터베이스는 도시계획이나 지역계획을 위한 기초 자료로서도 활용할 수 있다. 특히 판매촉진, 신규점계획, 적지선정, 기존점포 활성화계획, 판매점 적정 배치계획, 자동판매기 설치계획 등의 분야에서 GIS의 활용이 기대된다[4].

최근 상업지리학에서는 다음과 같은 새로운 연구의 흐름이 일어나고 있는데 이에 대응한 GIS의 활용도 검토할 필요가 있다. 먼저, 지리학에서 기업의 입지전략 등 상점 전개의 메카니즘에 관한 연구가 이루어지고 있지만, 편의점 등의 체인점포의 입지에 관련해서는 시장의 잠재적 고객추정, 배송센터의 입지와 효율적인 배송루트의 설정, POS에 의한 정보망 확립 등의 문제가 서로 얽혀 있듯이 이전의 연구에서 충분히 다루어지지 않은 요소가 수없이 존재한다. 그러나 이러한 요소도 공간적인 대상으로서 파악하는 것이 가능하다면 GIS의 분석 대상이 될 수 있을 것이다. 따라서 앞으로 이와 같은 새로운 문제에 대한 공간 분석법의 구축이 상업 지리학에서 GIS를 활용하기 위한 과제가 될 것이다.

다음으로 슈퍼마켓, 편의점, 가로변 상점 등 비교적 새로운 업종이나 업태의 소매업 연구를 실시하는 경우, 이들의 공간적 배치나 변화의 정보를 담은 지도 데이터베이스의 구축이 필요하게 된다. 이 데이터베이스를 분석하는 것에 의해 새로운 업종이나 업태의 소매업에 관한 동향 파악이 가능하게 되고, 기업의 의사결정 등에의 어프로치, 다른 지역 데이터나 주민 데이터와의 오버레이 등과 같은 연구로 발전할 수 있다. 또한, 최근 무상점 판매, 방문 판매, 통신 · 카달로그 판매, 자동판매기에 의한 판매 등 점포없이 소비자에게 상품이나 서비스를 제공하는 소매업 형태가 늘고 있는데 인터넷의 보급이 그 증가에 박차를 가하고 있다. 이러한 상업 형태는 데이터베이스화가 어렵기 때문에 상세한 데이터가 부족한 실정이다. 그러나 그 어떤 경우이든 소매업 활동이나 소비의 공간적 측면에 대하여 고찰하기 위해서는 GIS가 갖는 공간 검색이나 공간 분석을 위한 기능을 유효하게 활용할 수 있을 것이다[5].

소매업은 주로 도시군 시스템이나 도시 구조를 규명하기 위한 지표로서 다루어 왔기 때문에 상업지리학은 도시지리학과 함께 발전해 왔다고 할 수 있다. 특히 도시의 내부 구조 등은 면적 데이터로서 정보 수집하는 것이 빈번했으므로 지도 데이터베이스의 구축이 용이하였다. 따라서 최근의 소매업 연구도 이러한 형태와 마찬가지 방법으로 지도 데이터베이스를 구축하여 이용하고 있다. 그러나 앞서 밝힌 바와 같이 새로운 상업지리학 연구 중에는 도시군 시스템이나 내부 구조의 연구 성과와 관련이 적고, 면적인 지도 데이터베이스를 구축하기 어려운 것도 존재한다. 이에 대하여는 사례의 축적 이후에 보다 유효한 데이터베이스의 구축 방법에 대해 검토할 필요가 있다.

주

1) 도매업에 관한 지리학적 연구가 적은 이유에 대해서는 須原(1986)이 검토하였다.

2) 3차원 그래픽 소프트웨어 Strata Vision 3D(미국 Strata사제. 이하 Vision 3D라고 칭함)을 이용해서, GIS 소프트웨어 ARC/INFO(미국 ESRI사제)에 의해 출력한 2차원의 건물 이용도를 기초로 하여 3차원 CG를 작성하는 과정에 대해 설명한다. 우선, 3차원 정보의 생성에 대한 것으로서 Vision 3D는 EPSF나 Illustrator등의 파일 형식을 지원하고 있으므로 Vision 3D상에서 파일→Import 함으로써 Arc/ INFO로 작성한 2차원 CG를 그대로 읽어 들일 수 있다. 그리고 읽어 들인 데이터는 Vision 3D상에서 높이와 특성(3차원 모델의 표면을 정의하는 화상)을 지정하게 되는데, 이 작업을 쉽게 하기위해 ARC/INFO 상에서 데이터를 작성할 때 건물 이용별로 개개의 2차원 CG를 작성하여 Vision 3D상에서 통합한다. Vision 3D에 읽어 들인 건물이용도에 모델링→3차원 가공→추출의 과정을 통해 높이를 지정한다. 본 연구에서는 이 높이 값의 지정을 한 층에 대해 0.2 pt로 하였다. 이렇게 하여 얻어진 복수의 3차원 모델을 모델→정렬하여 통합하였다. 위와 같이하여 얻어진 3차원 모델은 어떤 시점으로부터 볼 것인지를 자유롭게 지정할 수 있다. 또한 시간 축에 따라 시점을 이동하는 것으로서 애니메이션화하는 것이 가능하다. 이제 그 예로서 시점이 모델의 주위를 한바퀴 도는 것과 같은 애니메이션을 작성하는 방법에 대해서 설명한다. Vision 3D에서는 시점의 정의를 카메라툴에 의해 설정한다. 구체적으로는 시점의 위치는 카메라의 위치로, 시야는 카메라의 방향으로 설정한다. 이 카메라가 모델의 주위를 한바퀴 순회하도록 하기 위해서는 모델의 주위에 원을 그려 카메라가 이 원을 따라 움직이도록 한다. 원을 그린 후의 구체적 조작은 애니메이션→패스변환에서 생산된 대화형 상자에서 패스를 변환시키는 대상에 신규 카메라를 지정한다. 마지막으로 CG나 CG 무비를 작성하기 위해서는 랜더링을 실시한다. 랜더링→랜더링 개시를 설정한 후, 랜더링에 관한 상세한 설정을 실시한다. 여기서는 레이트 래싱 방법을 이용해서 랜더링을 실시한다.

3) 두 분석 모두 잔차를 3차원으로 표시하면 거의 평탄하기 때문에 모델이 잘 적합하고 있음을 알 수 있다.

4) 平下(1998)는 기존 상점 또는 기존 상점가 활성화 계획에서의 GIS의 이용으로서 해당 점 혹은 상점가와 유사한 상권을 대상으로 양호한 경영상태에 있는 상점 혹은 상점가를 전국규모의 지도 데이터베이스로 검색하고, 선택된 상점 혹은 상점가의 경영을 참고로 한 활성화 계획을 고안하는 방법 등을 소개하고 있다.

5) 예를 들어 자동판매기의 최적 배치계획 등으로 GIS의 활용이 기대되고 있다.

참고문헌

荒井良雄・岡本耕平・神谷浩夫・川口太郎 1996.『都市の空間と時間——生活活動の時間地理学——』古今書院.

奥野隆史・高橋重雄・根田克彦 1999.『商業地理学入門』東洋書林.

須原芙士雄 1986. 近年における我が国商業地理学の研究テーマ——その特色と問題点——. 水津一朗先生退官記念事業会編『人文地理学の視圏』625-635. 大明堂.

根田克彦 1985. 仙台市における小売商業地の分布とその変容——1972年と1981年との比較——. 地理学評論 58A:715-733.

橋本雄一 1992. 三浦半島における中心地システムの変容. 地理学評論 65A:665-688.

平下　治 1998.『GISマーケティング入門』ダイヤモンド社.

Alonso, W. 1964. *Location and Land Use: Toward a General Theory of Land Rent*. Harvard University Press.

Berry, B.J.L. 1959. Ribbon developments in the urban business pattern. *Ann. Assoc. Amer. Geogr*. 49: 145-155.

Berry, B.J.L. 1963. *Commercial Structure and Commercial Blight*. Research Paper, No. 85, Department of Geography, University of Chicago.

Carol, H. 1960. The hierarchy of central function within the city. *Ann. Assoc. Amer. Geogr*. 50: 419-438.

Christaller, W. 1933. *Die zentralen Orte in Süddeutschland: Eine ökonomischgeographische Untersuchung über die Gesetzmässigkeit der Verbreitung und Entwicklung der Siedlungen mit städtischen Functionen*. Fischer. クリスタラー, W. 著, 江沢譲爾訳 1969.『都市の立地と発展』大明堂.

Davies, R.L. 1972. Structural models of retail distribution. *Trans. Inst. Br. Geogr*. 57: 59-81.

Lösch, A. 1940. *Die räumliche Ordnung der Wirtschaft: eine Untersuchung über Standort, Wirtschaftgebiete und internationalen Handel*. Fischer. レッシュ, A. 著, 篠原泰三訳 1968.『経済立地論』大明堂.

Potter, R.B. 1979. Perception of urban retailing facilities: an analysis of consumer information fields. *Geografiska Annaler* 61B: 19-29.

Potter, R.B. 1982. *The Urban Retailing System: Location, Cognition and Behaviour*. Gower.

Proudfoot, M.J. 1937. City retail structure. *Econ. Geogr*. 13: 425-428.

Simmons, J.W. 1964. *The Changing Pattern of Retail Location*. Research Paper, No. 92, Department of Geography, University of Chicago.

chapter 4

시간지리학과 GIS

宮 澤 仁

I 들어가며

생활의 질 향상은 의료와 사회복지, 국민생활 전반 등의 여러 가지 영역에서 과제가 되고 있는데 그 중에서도 지리학은 공간적 측면에 주목하여 기회(시설) 접근성의 공간적 패턴을 연구하여 왔다. 접근성의 계측을 비롯하여 공공시설의 입지 평가나 배치계획의 입안, 혐오시설을 둘러싼 입지 분쟁과 같은 응용연구를 포함한 다양한 테마가 추구되어 왔다.

이러한 연구를 주도한 것은 사회적 분업과 상품 경제가 확립된 현대 사회에서 사회적 · 문화적 생활의 실현을 위해서는 여러 기능에의 접근이 보장되어야 한다는 문제의식에 기인한다. 물리적 · 사회적 장벽에 따른 여러 기회에의 접근 제한은 생활권의 보장을 위협하기 때문이다. 이와 같은 관점에서 도시 주민의 제반 기회에 대한 접근성의 차이를 불평 등의 문제로서 다루고 있는 연구도 있다(예를 들어 Pinch 1984; Pacione 1989). 그러나 불평등을 논하기 이전에 채용하는 척도와 거리의 정의에 따라 접근성의 계측 결과에 차이가 발생하기 때문에 그 타당성에 대하여 논의할 필요가 있다(Talen and Anselin 1998).

접근성의 척도를 그 특징을 토대로 하여 분류하면 크게 상대 척도, 누적 척도, 시공간 척도의 3가지로 나눌 수 있다(Morris, Dumble and Wigan 1979). 상대 척도는 계측 대상이 되는 2지점간의 거리를 접근도의 지표로 한다. 누적 척도는 계측 대상지점의 지역 전체에 대한 접근도를 기회의 총수로 지표화한 것이고 거리에 대한 역치를 설정한 것은 누적 기회 척도, 거리 체감 효과를 고려한 것은 중력 척도라고 한다. 이러한 척도는 조작성이 우수하기 때문에 이용 빈도가 높다. 그러나 개인을 대상으로 한 미크로 스케일의 접근성 계측에 이용할 경우에는 인간의 행동 특성과 관련된 문제점이 크게 나타난다. 그것은 두 척도 모두 다목적 트립 및 개인 능동적 행동을 제약하는 시공간 수지를 고려하지 않기 때문에 접근성의 계측에 미크로 스케일의 인간 행동을 충실히 반영할 수 없기 때문이다.

이 문제점을 개선할 수 있는 척도가 시간 지리학의 기본 개념(그림 1)을 토대로 하는 시공간 척도이다(Miller 1991; Kwan 1999). 시공간 척도는 Lenntorp(1976) 및 Burns(1979)에 의해 정식화되었는데, 잠재 경로역의 면적 및 잠재 경로역 내에 위치하는 시간적으로 액세스 가능한 기회 총수를 접근성의 지표로 한다. 또 Lenntorp(1976, 1978)이 개발한 시간 지리학의 시뮬레이션 수법을 이용하면 실행 가능한 시공간 경로수가 얻어지는데, 이것은 다목적 트립을 고려한 접근성의 지표로서 이용할 수 있다. 이런 시공간 척도는 응용성도 우수하다. 예를 들어 이산형 선택 모델은 시공간 척도를 이용하여 선택지 집합을 특정 짓고 있고 시설 배치 모델은 시공간적인 효용을 정의하는데 이용된다(예를 들어 Golledge, Kwan and Galing 1994; Thill and Horowitz 1997; 瀨川・貞廣 1996; 武田 1999).

시공간 척도에 의한 접근성의 계측에는 시공간 경로 및 잠재 경로역의 전개 조작이 필요하다. 시공간 경로와 잠재 경로역의 조작화는 연속 공간을 대상으로 한 경우 기하학적으로는 용이하지만 그 지정 결과의 현실성에는 의문이 있다. 왜냐하면 실제로 개인이 이동할 수 있는 경로는 공간상에서 한정되어 있기 때문이다. 이 점을 해결하기 위하여 Miller(1991)는 대상이 되는 공간을 실제 환경을 보다 충실히 반영할 수 있는 街路 네트워크로서 정의하고 거리로서 경로의 시간 거리를 이용할 것을 제안하였다. 가로 네트워크에는 직선적 이동에 대한 장벽(광폭원 도로나 철도 노선, 하천 등)의 존재나 가로・도로 구획의 형태, 지형 조건과 같은 요소를 도입할 수 있으므로, 그 위에서 현실 세계의 인간 행동에 입각한 시공간 경로와 잠재 경로역을 지정할 수 있다(宮澤 2000b). 이와 같은 장점 때문에 최근에는 가로 네트워크상에서 시공간 척도를 이용하여 접근성을 계측하는 실증적 연구가 늘고 있다(예를 들어 Golledge, Kwan and Galling 1994; Kwan 1998, 1999; Kwan and Hong 1998; 瀨川・貞廣 1996; 宮澤 1998 a, b).

이런 연구는 GIS의 이용을 전제로 하고 있는 것이 특징이다. 이것은 다양한 네트워크 조작 기능을 갖춘 GIS가 등장하여 가로 네트워크의 시공간 경로와 잠재 경로역의 조작성이 향상되었기 때문이다. 또한 연구가 활발해진 배경은 GIS에서 이용할 수 있는 가로 네트워크의 디지털 데이터가 널리 그리고 일반적으로 제공되기 시작했기 때문이다. 일본에서도 「수치 지도 2500(공간 데이터 기반)」에 가로 중심선의 좌표 데이터가 수록되는 등 데이터를 손쉽게 제공받을 수 있게 됨에 따라 앞으로 GIS를 이용한 가로 네트워크 상에서의 시공간 분석 실용화가 진전을 보일 것으로 예상된다.

이상과 같은 점에서 본 장에서는 (1) 시공간 척도에 의한 접근성 계측에 필요한 시공간 경로와 잠재 경로역의 전개를 GIS를 이용하여 가로 네트워크상에서 실행하는 방법을 구체적으로 설명함과 동시에, 시공간적인 접근성을 가로 네트워크상에서 계측하는 방법의 타당성에 대하여 확인한다(II절). 그리고 (2) 시공간 척도에 의한 접근성 계측을 구체적 문제에 응용한 사례로서 보육원의 시공간적인 액세스 가능성에 관한 시뮬레이션 분석을 소개한다(III절). 그리고 마지막으로 (3) 시간 지리학 연구에 있어서 GIS를 이용하는 유효성과 향후의 과제에 대하여 언급한다(IV절).

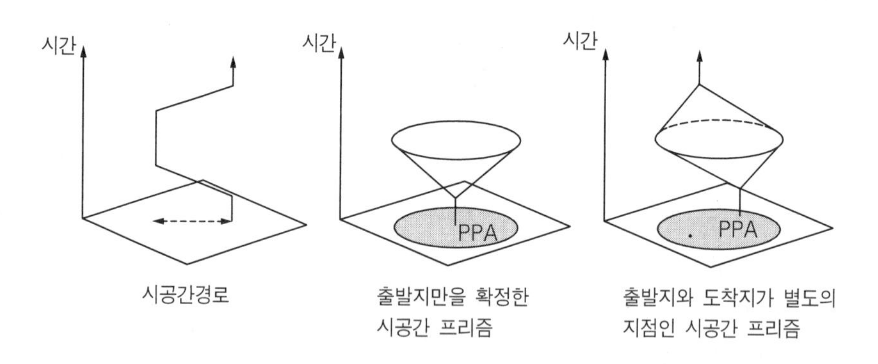

그림 1 연속 공간에서의 시공간 경로와 시공간 프리즘, 잠재 경로역(PPA)

II 가로 네트워크에서의 시간지리학 기본 개념의 조작화와 그 유효성

1. 가로 네트워크의 구성 요소

가로 네트워크는 가로망을 모델화한 네트워크로서 가로에 해당되는 링크와 가로의 端点·交点에 해당하는 노드로서 구성된다. 가로 네트워크상에서 시공간 경로와 잠재 경로역을 전개하려면 (1) 이동의 출발지와 도착지, (2) 활동하는 여러 가지 기회, (3) 이동·교통 조건에 관한 각종 설정이 필요하다. 기회라는 것은 그 공간적 위치와 거기서 활동 가능한 시간을 설정한다. 또 이동·교통 조건에 대하여는 저항 impedance라고 불리는 가로의 시간 거리와 가로의 교점에 생기는 통과소요 시간을 설정한다. 이러한 저항치는 가로 네트워크의 링크 및 노드 속성의 하나로서 주어진다.

저항치는 가로 네트워크에서 거리의 계측 결과를 좌우하므로 그 적절한 설정이 요구된다.

예를 들어 링크의 저항치에는 이동수단별 이동속도를 토대로 한 통과소요 시간이나, 지체에 의한 이동 속도의 저하를 고려한 소요 시간을 설정한다. 그리고 링크의 순방향과 역방향에 서로 다른 저항치를 부여할 수 있다. 이것을 응용하면 경사진 가로의 오르막, 내리막에 따른 통과 소요시간의 차이를 가로 네트워크에 반영할 수 있다. 노드에는 노드 통과 후의 진행 방향별 저항치를 부여하는 것이 가능하다. 따라서 교차점에서의 진행 방향별 신호대기 시간이나 특정 가로에의 진입금지를 가로 네트워크에 설정할 수 있다. 이러한 저항치는 시간대에 따라 값을 변화시킬 수도 있다. 이와 같이 실제의 이동·교통 조건을 충실히 반영한 가로 네트워크 상에서는 보다 현실에 입각한 시공간 경로와 잠재경로역의 지정이 가능하다.

2. 시공간 경로의 조작화

가로 네트워크의 시공간 경로 전개에는 GIS의 최단 경로 탐색기능을 사용한다. 출발지로부터 방문 지점을 경유하여 도착지까지를 최단 거리로 연결하는 경로를 탐색하는 이 기능은 GIS 네트워크 조작 기능의 기본이다. 최단 경로를 탐색할 때에는 방문 지점의 체재 시간을 설정하거나 복수의 방문 지점의 방문 순번을 고려하는 것이 가능하다. 가로 네트워크의 저항치에 시간적 변수가 설정되어 있어서, 이 기능에 의해 탐색된 경로가 출발지와 도착지를 최단 시간으로 연결하는 시공간 경로에 해당한다.

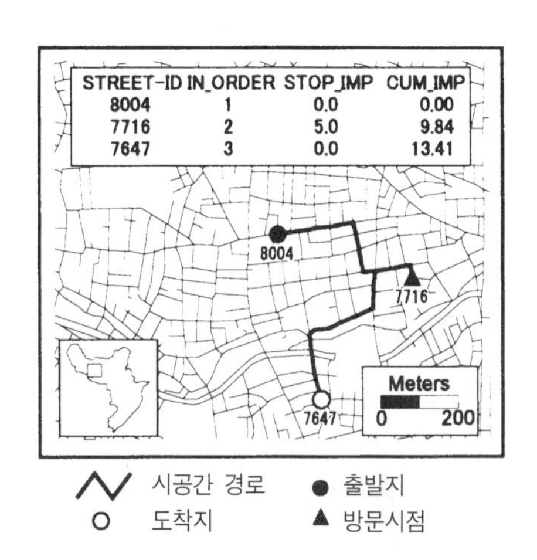

그림 2 가로 네트워크의 시공간 경로

주: 그림중의 STREET-ID는 출발·도착지 및 방문지점에 대응하는 노드의 유저 ID번호, IN-ORDER는 노드별 순번, Stop-IMP는 노드별 체재 시간, CUM-IMP는 해당 노드까지의 누적소요 시간이다. 그림의 범위는 동경의 中野區의 北西部이다.

그림 2는 가로 네트워크상에서 지정된 시공간 경로의 일례이다. 경로를 탐색한 후에는 그림의 표와 같이 경로의 출발지로부터 각 지점까지의 소요 시간이 계산된다. 이 표에서 보면 사례 경로는 8004번의 노드를 출발하여 7716번의 노드에 5분간 체재하고, 그 후 7647번의 노드에 도착하는 과정의 경로로 소요 시간이 13.41분인 것을 알 수 있다. 따라서 출발지에서 출발할 수 있는 시간과 도착지에 도착해야만 하는 시간, 방문 지점에서의 활동 가능한 시간을 조건으로 부여함으로써 이 경로의 실행 가능성을 평가할 수 있다.

3. 잠재 경로역의 조작화

시공간 프리즘은 개인의 도달 가능성을 나타내는 효과적 개념이기는 하지만 가로 네트워크에서의 전개는 조작상 곤란한 측면이 있다. 그렇기 때문에 대체 수단으로서 시공간 프리즘을 2차원 공간에 투영하는 잠재 경로역을 전개한다. 잠재 경로역은 시간 축을 생략한 2차원 공간에 개인이 특정 시간 내에 도달 가능한 범위를 표시한다. 가로 네트워크상의 특정 노드로부터 일정 거리 내에 있는 링크 및 노드를 탐색하는 GIS의 배분 조작(네트워크 공간에서의 접근 조작)기능을 활용함으로써 잠재 경로역을 전개할 수 있다.

배분 조작에 있어서 탐색 기점이 되는 노드의 공간적 위치와 탐색 범위의 상한을 설정한다. 전자의 설정은 이동의 출발지 혹은 도착지의 위치에 관한 것이고, 후자의 설정은 출발지의 출발 시각과 도착지의 도착 시각의 차이인 이동 가능 시간에 관한 설정이 된다. 또한 탐색의 방향을 기점 노드로부터 외부로 향한 방향과 기점 노드로 향한 방향으로 구별할 수 있다. 이로부터 잠재 경로역의 기점 노드가 이동의 출발지인지, 도착지인지를 결정 지울 수 있다.

출발지만 혹은 도착지만을 확정시킨 시공간 프리즘에 대응한 잠재 경로역은 출발지로부터 일정 시간 내에 도달 가능한 범위, 혹은 도착지에 일정 시간 내에 도착 가능한 범위에 해당한다. 그러므로 이 잠재 경로역은 1회의 배분 조작으로 지정된다. 그림 3에 예시한 흑색의 잠재 경로역은 가로 네트워크상에서 지정된 출발지만이 정해진 경우의 잠재 경로역이다. 이것은 8004번의 노드를 출발하여 5분 이내에 도착할 수 있는 범위를 나타내고 있다. 배분 조작을 실시한 후에는 잠재 경로역내의 각 노드에 대하여 기점 노드로부터의 시간 거리가 계산되어 있다. 그래서 기점 노드의 출발 시각과 노드 상의 기회에서 활동이 가능한 시각에 관한 조건을 부여하면 기회에 대한 시공간적 액세스 가능성을 평가할 수 있다.

그림 3 가로 네트워크의 잠재 경로역 (이동 가능시간 : 5분)

출발지와 도착지가 동일 지점인 시공간 프리즘은 두 가지 원추를 바닥면에서 합한 형태가 된다. 이에 대응하는 잠재 경로역은 탐색 방향이 기점 노드로부터 외부로 향하는 경우와 기점 노드로 향하는 경우인 2회의 배분 조작에 의해 지정된다. 그리고 출발지와 도착지가 다른 지점인 잠재 경로역도 출발지와 도착지가 다르다는 차이가 있을 뿐 같은 과정으로 지정된다. 그림 3에서 출발지와 도착지가 다른 경우의 잠재 경로역을 회색으로 예시하였다. 이것은 8004번의 노드를 출발하여 늦어도 5분 후에 7647번의 노드에 도착해야만 하는 상황에서 도달 가능한 범위를 나타내고 있다. 출발지와 도착지 둘 다 확정된 잠재 경로역에 있어서는 출발지 및 도착지로부터 각 노드까지의 시간 거리와 이동 가능 시간과의 차이로부터 각 노드의 잠재 가능 시간을 계산할 수 있다. 따라서 시간적인 제약 조건을 출발지 및 도착지, 노드상의 각 기회에 추가하면 각 기회별 시공간적인 접근 가능성의 평가가 가능해진다.

4. 공간의 종류에 따른 접근성의 계측 결과 차이

여기서는 (1) 연속 시간, (2) 특정 저항치를 설정하지 않은 가로 네트워크, (3) 특정 저항치를 설정한 가로 네트워크와 같은 3종류의 공간을 대상으로, 공간의 차이가 시공간 척도에 따라 접근성의 계측 결과에 주는 영향에 대하여 확인한다(자세한 것은 宮澤 2000b를 참조).

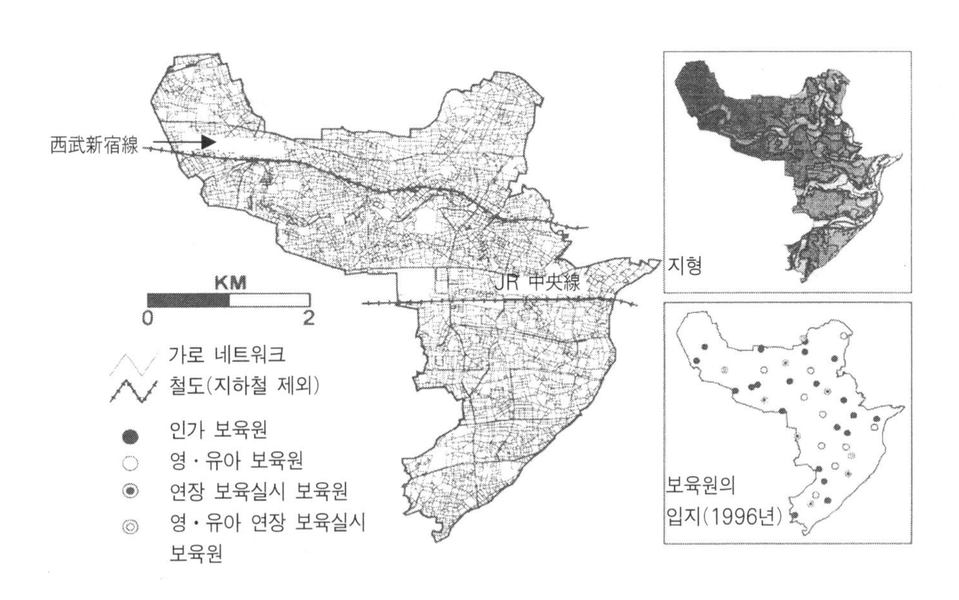

그림 4 사례 지역(東京都 中野區)

주: 등고선은 2m 간격, 하천은 암거를 제외하여 표시

사례 지역으로 동경의 中野區를 선택하여 가로 네트워크를 구축하였다(그림 4). 특히 광폭의 간선 도로에 대해서는 실제 도보로 이동할 수 있는 차도 옆 보도부분에 링크를 걸어 이동 가능한 도로로 하였다. 이와 같은 간선 도로는 中野區를 동서 방향으로 7로선, 남북 방향으로 4로선이 있다. 또한 區의 북부에는 西武新宿선이, 중앙부에는 JR중앙선이 있다. 中野區의 지형을 보면 비교적 평탄한 대지에 폭 300 m 정도의 길고 가는 형태의 저지가 여러 군데

보인다. 따라서 대지와 저지의 경계에 위치하는 경사가 있는 가로에 대하여 특정 저항치를 설정한 가로 네트워크에는 링크로 경사를 설정하였다.

미크로 스케일의 이동을 대상으로 하기 위하여 개인은 도보로 이동한다고 가정하고 기본 보행 속도를 3 km/h로 하였다. 연속 공간에서의 시간 거리는 직선거리와 보행 속도로부터, 저항치를 설정하지 않은 가로 네트워크에서의 시간 거리는 경로 거리와 보행 속도로부터 계산하였다. 그리고 특정 저항치를 설정한 가로 네트워크에서의 시간 거리는 경사가 있는 가로와 계단에서는 가중치를 주어 보행 속도를 변화시켜서 계산하고, 횡단보도와 차단기에서는 일정의 정지 시간을 가산하였다(표 1). 경사진 가로에서의 보행 속도는 운동 생리학의 성과(Margaria 1976)를 도입하여 경사각과 에너지 소비량이 최소가 되는 보행 속도와의 관계를 토대로 계산하였다. 또한 신호와 차단기에서 대기하는 시간을 일중 시간대에 관계없이 일정하게 한 것은 현실과 동떨어진 설정이라고 생각될 것이다. 그러나 신호의 변화와 차단기의 개폐에 관한 시각 정보를 대상 지역의 전 시설을 대상으로 전일에 걸쳐 관측하여 얻는 것은 쉽지 않은 일이다.

표 1 특정 저항치를 설정한 가로 네트워크에서의 보행 속도

기본 보행속도(km/h)	3.0
특정 저항치에 의한 보행속도의 변화	
경사진 가로의 보행속도(km/h)	4.5~2.1
계단의 보행속도(km/h)	1.0
차단기에서의 정지속도(분)	2.0/4.0
횡단보도에서의 정지속도(분)	1.5

그림 5에 3종류의 공간에서 각각 지정된 잠재 경로역을 나타내었다. 그림의 범위는 中野區의 북동부에 위치하고 있고, 동서에 新青梅街道와 西武新宿線이 북동으로부터 남서에 걸쳐 中野거리가 위치하고 있다. 그림에서 비교적 넓은 구역은 공원이나 사찰, 학교 부지이다. 또한 西武新宿線의 도중에서 꺾어져서 中野거리를 북상하는 듯이 폭 200 m 정도의 좁고 긴 저지가 형성되어 있는데 이곳에 妙正寺川이 흐르고 있다. 왼쪽 그림은 출발지만이 확정된 잠재 경로역이고 오른쪽은 출발지와 도착지가 다른 지점인 잠재 경로역이다.

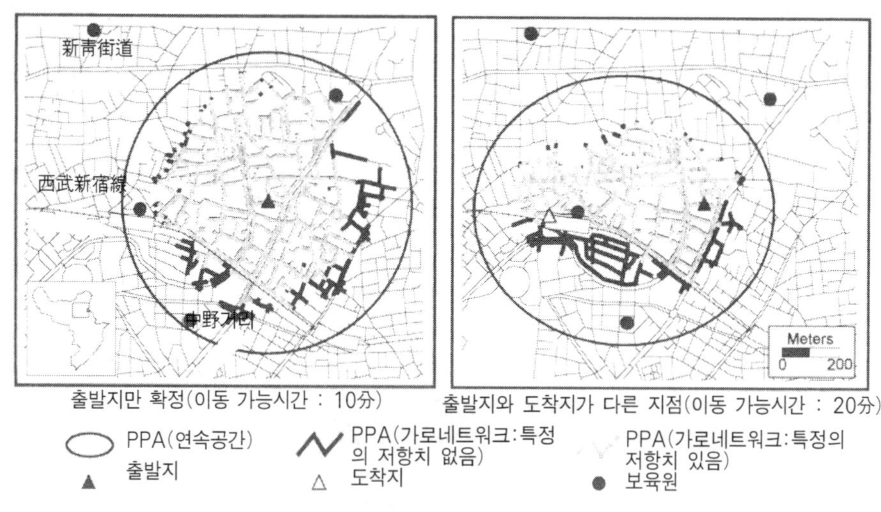

그림 5 공간 종류에 따른 잠재 경로역의 차이와 보육원에의 접근성

이 그림에서 잠재 경로역의 형태에 관한 공간의 종류에 따른 차이점을 구체적으로 확인할 수 있다. 연속 공간인 잠재 경로역과 2종류의 가로 네트워크의 잠재 경로역에서 이동 출발지로부터 도달지까지의 거리에는 100 m에서 200 m의 차이가 발생하고 있는데, 이 차이는 이동 과정에서 간선도로나 철도노선, 하천을 횡단해야만 하는 방향, 관계자 이외에 통과가 허가되지 않는 넓은 부지 시설이 있는 방향에서 그 차이가 커지게 된다. 그리고 특정 저항치를 갖는 가로 네트워크와 특정 저항치를 갖지 않는 가로 네트워크에서는 전자가 연속 공간의 잠재 경로역과 괴리가 크다는 것을 알 수 있다.

여기서 잠재 경로역의 출발지를 거주지로 하여 공공시설의 일례로서 그림 중의 인가 보육원에 대한 접근 가능성을 평가하고자 한다. 왼쪽 그림에서 거주지로부터 일정 시간 이동하여 접근 가능한 보육원을 찾을 수 있다. 오른쪽 그림에서는 보다 현실적인 보육원의 이용 행동에 입각하여, 거주지로부터 역까지 이동 시간이 한정된 행로에서의 접근 가능 보육원을 검색해 낼 수 있다. 결과는 왼쪽 그림의 접근 가능한 보육원 수는 연속 공간인 경우가 3곳인 것에 대하여 양 가로 네트워크의 경우는 1곳이다. 오른 쪽 그림에서는 연속 공간의 경우에 접근 가능하다고 판단되는 보육원은 2곳이고, 양 가로네트워크의 경우에는 역에 인접한 보육원만이 접근 가능하다고 판단된다.

이상의 사례에서 보육원에 대한 접근성을 시공간적으로 계측하려면 보육원의 개소 시각에 관한 제약 조건을 가미해야 한다. 그러나 그 이전에 잠재 경로역의 형태는 적용한 공간의 종류에 따라 현저한 차이가 있고 그것이 접근성의 계측 결과에 끼치는 영향은 크다. 특히 연속 공간상에서 지정된 잠재 경로역은 직선적 이동에 대한 장벽의 존재나 가로·도로 구획의 형태, 지형 조건 등을 고려하지 않기 때문에 비현실적이다. 그러므로 미크로 스케일의 시공간적 접근성 계측에 있어서는 대상이 되는 공간을 가로 네트워크로서 정의하는 것이 타당하고, 그 범용성도 높다고 판단된다. 따라서 다음 절에서는 가로 네트워크의 시공간 척도에 따른 접근성 계측을 구체적 문제에 응용한 사례로서, 中野區의 인가 보육원을 대상으로 실시한 보육원의 시공간적인 접근 가능성에 관한 시뮬레이션 분석을 소개한다.

III GIS를 이용한 보육원 이용의 시뮬레이션

자녀수가 줄어드는 사회가 도래함에 따라 보육원은 취업자의 육아와 일 모두를 지원하는 역할로서 기대를 모으고 있다. 통원형의 시설인 보육원을 이용하려면 자녀를 보내고 데려와야 한다. 부모가 출근 도중에 보육원에 들러서 아이를 맡기고 퇴근길에 찾아오는 것이 일반적이기 때문에 이를 담당하는 부모의 입장에서 자택과 직장 양쪽으로부터 보육원에의 공간적 접근이 용이할 필요가 있다. 그러나 보육원에 자녀를 맡기는 시간대가 한정되어 있기 때문에 단순히 공간적으로 근접해 있는 것만으로 보육원의 편리성이 높다고는 할 수 없다. 자녀를 맡기고 데려오는 일이 시간적으로 어렵다면 그 편리성은 낮아진다. 보육원에 자녀를 맡기면서 생활을 실현하려면 (1) 아침, 보육원의 개소시각 후에 보육원에 아이를 맡긴다, (2) 그 후 출근시간 전에 직장에 도착할 수 있다, (3) 저녁, 퇴근시간 후에 직장에서 출발할 수 있다, (4) 그 후 보육원의 폐소 시각 전에 보육원에 도착하여 아이를 찾는 시간적·공간적인 4가지 조건을 충족시켜야만 한다. 이와 같은 생활의 실현 가능성을 모의실험 결과로 평가하는 방법이 시간 지리학 시뮬레이션 수법이다(谷貝 1989; 宮澤 1998a, 2000a).

그림 6은 보육원의 이용 가능성을 연속 공간에서 시공간 프리즘과 잠재 경로역을 이용하여 모식적으로 나타낸 것이다. 이 그림의 아래쪽 원추는 앞의 조건 (1)과 (2)를 충족시키는 내용의 시공간 프리즘이고 그에 대응하는 잠재 경로역은 2차원 평면상의 외측 타원이다. 따라서 그 내부에 위치하는 보육원은 아침시간에 이용 가능한 것으로 판단된다. 한편, 위쪽의 원추는 조건 (3)과 (4)를 충족시키는 내용의 시공간 프리즘이다. 이에 대응하는 잠재 경로역은 평면상의 내측 타원이고 그 내부에 위치하는 보육원은 저녁시간에 이용 가능한 것으로 판단된다. 그리고 아침, 저녁 모두 같은 사람이 아이 맡기기, 데려오기를 담당하는 경우에는 평면상의 내측 타원 내에 입지하는 보육원만이 이용가능하다. 잠재 경로역의 넓이와 그 내부에 위치하는 보육원의 수는 아이 맡기기, 데려오기를 담당하는 사람의 근무 시간 및 근무지까지의 통근 소

요 시간과 보육원의 개소 시간 및 그 입지 지점과의 시간적 · 공간적 관계로 규정된다.

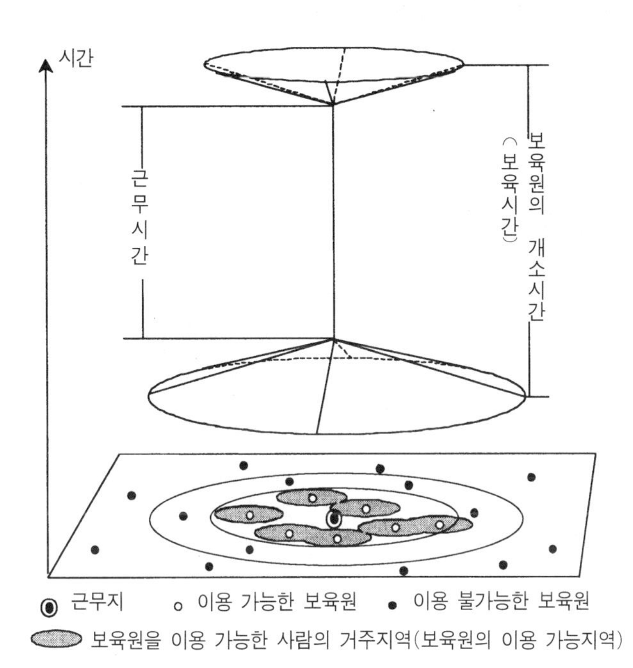

그림 6 보육원의 이용 가능성에 관한 시간 지리학적 표현
주: 자택과 보육원간의 마중, 배웅에 관한 공간 프리즘은 그림의 간결화를 위해 생략함.

그리고 자택과 보육원의 거리는 자녀가 잘 걷지 못하는 경우를 고려하여 거리가 짧아야 한다. 따라서 보육원의 이용이 비교적 쉽다고 판단되는 지역은 이용 가능하다고 판단된 보육원으로부터 시간적으로 한정된 범위가 된다(그림 6의 회색 타원). 여기에 사는 사람은 「자택 가까이에 보육원이 입지하기 때문에 자녀를 맡기고 찾는 것이 용이하고 또한, 보육원의 개소 시간 내에 자녀를 맡기고 정해진 시간동안 직장에 근무한다」라는 내용의 생활이 가능하다고 판단된다. 따라서 이 지역은 보육원 이용 가능 지역이라고 할 수 있다. 실제 시뮬레이션에서는 특정 저항치를 설정한 가로 네트워크상에서 잠재 경로역을 지정하게 되는데 이와 같이 잠재 경로역을 이용하여 보육원의 이용 가능성을 평가할 수 있다.

대상 지역인 中野區의 인가 보육원 수는 분석 대상 연도인 1996년에는 40곳이었다(그림 4 참조). 그 가운데 31곳이 0세 아이를 받아주었으나 출산휴가가 끝난 직후의 아기를 받아주는 보육원은 13곳에 지나지 않았다. 통상 보육이라고 하는 통상의 보육 시간은 8시 30분에서 17시까지이고, 1세 이상의 아이를 대상으로 통상 보육의 전후 1시간을 연장하는 특례 보육이 전 보육원에서 실시되고 있다. 또 19시까지의 연장 보육이 9곳에서 실시되고 있는데 그 실시 보육원의 비율은 東京都의 평균치보다 15% 낮다.

中野區의 인가 보육원의 시공간적 접근 가능성을 아이를 맡기고 데려오는 담당자가 다음과 같은 생활을 실현할 수 있는가 아닌가에 관해 시뮬레이션을 통해 검토한다. 그 생활은 「아침, 부모가 아이를 데리고 자택을 자동차나 도보로 출발하여 10분 이내에 있는 보육원에 아이를 맡기고 근무지로 향한다. 보육원으로부터 도보나 자동차로 가장 가까운 역으로 가서 거기서부터 철도로 직장에서 가장 가까운 역으로 간다. 직장에서 최단거리 역은 東京 도심의 JR 神田역이다. 그리고 神田역에서 도보 등으로 10분 내에 직장에 도착한다. 저녁에는 근무가 끝난 후에 아침과 마찬가지 행로의 역방향으로 귀가한다」라는 내용이다.

그림 7은 시간 지리학적 시뮬레이션으로 얻어진 결과로서 위의 생활이 실현 가능하다고 판단되는 사람의 수를 이용하는 보육 시간별, 아이를 맡기고 찾을 때의 이동 수단별, 아이의 연령별, 아이를 맡기는 사람의 근무 시간별로 나타낸 것이다. 여기서 아이를 보육원에 맡기고 일하는 사람의 수를 보육을 요하는 영·유아에 비례한다고 가정하고, 보육을 필요로 하는 영·유아 전체에 대한 보육원 이용 가능 지역에 거주하는 그 비율을 대체 지표로서 이용하였다. 또 그림 8은 동경 도심의 근무지에서 9시부터 17시까지 풀타임으로 일하면서 1세의 자녀를 보육원에 맡기는 것을 전제로 한 시뮬레이션으로부터 지정된 보육원의 이용 가능 지역을 이용하는 보육시간별, 아이를 맡기고 찾을 때의 이동 수단별로 나타낸 것이다. 왼쪽의 그림이 특례 보육까지 보육원을 이용하는 경우, 오른쪽이 연장 보육까지 보육원을 이용하는 경우의 보육원 이용 가능 지역이다.

이러한 그림에 의하면 풀타임으로 17시까지 일하는 사람이 보육원에 통상의 보육 시간 내에서만 자녀를 맡기는 경우는 도심 지역에서 일하는 것이 어렵다고 판단된다(그림 7 왼쪽 위). 그리고 16시까지 파트타임으로 일하는 사람도 근무 시작 시간이 9시 혹은 그 이후이고 中野區의 北部에 사는 경우는 도심 지역에서 일하는 것이 어렵다고 판단된다. 이것이 특례 보육의 이용에 의해 자녀를 18시까지 보육원에 맡기게 되면 대부분의 사람은 도심 지역에서 일하는 것이 가능해진다(그림 7 오른쪽 위). 그러나 中野區 北部에 사는 사람과 남단부에 살면서 도보로 아이를 맡기고 찾아가는 사람은 도심 지역에서 일하는 것이 어렵다(그림 8 왼쪽). 19시까지 자녀를 맡기는 연장 보육을 이용하면 도심에서 일할 기회를 얻는 사람은 보다 늘어날 것으로 추측되나, 실제 연장 보육을 실시하는 보육원은 한정되어 있고 효과적인 장소에 입지하고 있지 않다. 따라서 연장 보육을 이용해도 도심에서 풀타임으로 일할 수 있다고 판단되는 사람은 그렇게 증가하지 않는다(그림 7 왼쪽 밑, 그림 8 오른쪽).

그림 7 보육원의 이용이 가능해지는 보육이 필요한 영·유아 비율(근무지: 도심지역)

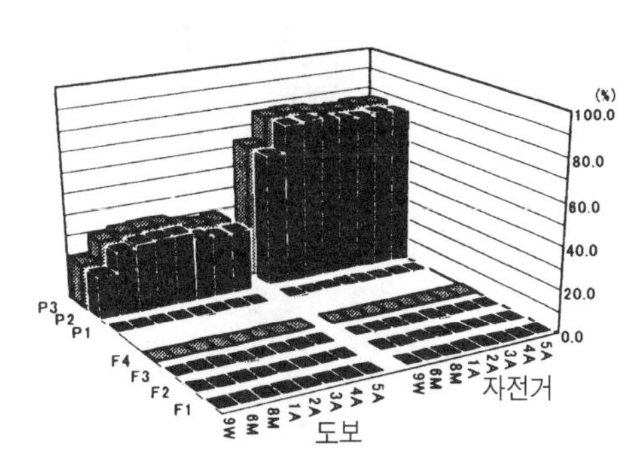

통상의 보육까지 이용

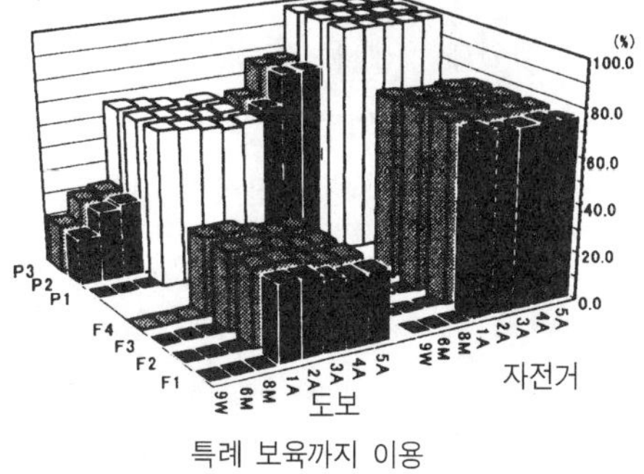

특례 보육까지 이용

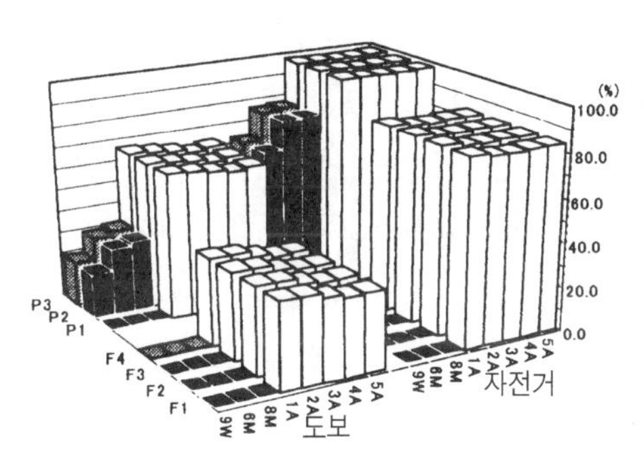

연장 보육까지 이용

범례

근무형태(근무시간)	어린이 연령
F1 : 풀타임 8:30-17:00	9W : 출산휴가 후
F2 : 풀타임 9:00-17:00	6M : 6개월
F3 : 풀타임 9:30-17:00	8M : 8개월
F4 : 풀타임 10:00-17:00	1A : 1세
P1 : 파트타임 9:00-16:00	2A : 2세
P2 : 파트타임 9:30-16:00	3A : 3세
P3 : 파트타임 10:00-16:00	4A : 4세
	5A : 5세

아침과 저녁별 보육원의 이용가능성

- 아침저녁 모두 전 보육원이 가능
- 아침은 전보육이 가능, 저녁은 전보육원 혹은 일부지역의 보육원이 곤란
- 아침저녁 모두 전보육원 혹은 일부지역의 보육원이 곤란

도보로 맡기고 데려옴

자전거로 〃

특례 보육까지 이용

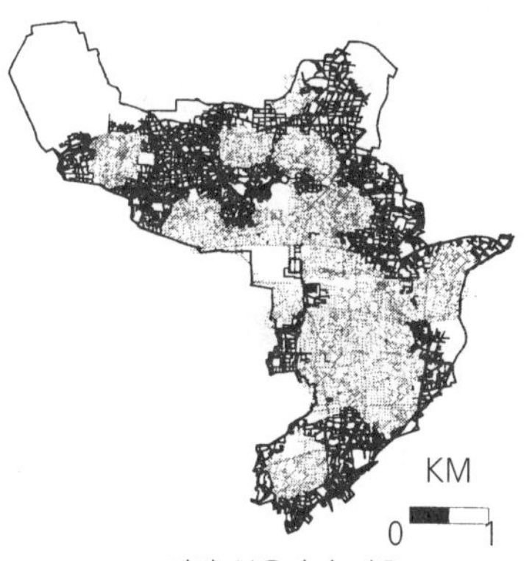

연장 보육까지 이용

그림 8 보육원의 이용 가능 지역
(근무지 : 도심지역, 근무형태 : 풀타임, 아이 연령 : 1세)

이상의 시뮬레이션 결과를 정리하면 다음과 같다. 먼저 보육원의 개소 시간 및 그 입지 지점과의 관계인데, 中野區의 북부에 사는 사람은 보육원에 아이를 맡기고 동경 도심에서 풀타임으로 일하는 것이 어렵다. 또한 中野區에서는 출산휴가 후의 아기를 받아주는 보육원이 적고 0세 아이는 보육시간의 연장이 적용되지 않는다. 따라서 0세 아이를 보육원에 맡기고 일하는 경우에는 동경 도심에서 풀타임으로 일한다는 선택은 불가능하다고 판단된다. 보육원을 이용하더라도 자녀가 어릴 때부터 일하는 것이 얼마나 시간적・공간적으로 제약이 있는가를 엿볼 수 있다(자세한 것은 宮澤 1998a를 참조).

시간 지리학의 시뮬레이션 수법은 아이를 맡기고 찾아가는 사람의 생활 행동(근무지나 근무 시간, 통근과 아이를 맡기고 찾을 때의 이동 수단, 다른 사람과 아이를 맡기고 찾는 일을 분담하는 등)에 관하여 여러 가지 조건을 설정하고 보육원의 이용 가능 지역을 구하는 것이 가능할 뿐만 아니라, 보육원의 개소 시간이나 입지 지점의 설정을 변경하여 시뮬레이션을 실행하는 것도 가능하다. 앞의 사례에서 中野區의 북부에 사는 사람은 보육원에 아이를 맡기고 동경 도심에서 풀타임으로 일하는 것이 곤란하다고 판단되었다(그림 8 참조). 따라서 시설 계획론적으로 이용자에게 있어 보육원의 편리성을 더욱 높이기 위하여 中野區의 북부에 입지하는 보육원의 개소 시간을 몇 시까지 연장하면 보다 많은 사람이 동경 도심에서 풀타임으로 일할 수 있는 것일까? 이 경우 어디에 있는 보육원이 보육 시간을 연장하면 효과적일까? 라는 문제를 생각해야만 한다. 시간 지리학의 시뮬레이션 수법은 이와 같은 보육원의 정비 계획의 입안이나 그 평가와 같은 실천적 과제에의 응용도 가능하다(예를 들어 谷貝 1989; 賴川・貞廣 1996; 宮澤 1998b).

Ⅳ 마치면서

시간 지리학의 기본 개념을 이용한 접근성의 시공간 척도는 개인을 대상으로 한 미크로 스케일의 접근성 계측에 적합한 척도이다. 지금까지 시공간 척도는 개인의 일상생활 행동의 시뮬레이션 분석이나 이산형 선택 모델의 선택지 집합의 특정, 교통계획・시설배치계획의 입안이나 그 평가 등에 채용되어 왔다. 여기에는 공간적인 측면에 시간적인 측면을 합한 생활 문제의 해결・개선이라는 사회적 공헌을 의도한 연구도 포함되어 있다. 이는 시간 지리학이 여러 가지 시공간 제약의 완화로부터 사람들의 기회에의 접근성을 개선하고, 사람들의 생활의 질을 향상시키는 것을 목적의 하나로 제창한 것과 관련이 있고 앞으로도 폭넓은 응용 연구가 기대된다.

그러나 1990년대까지 실제 접근성의 시공간 척도를 채용한 연구 사례는 많지 않았다. 시공간 척도로 접근성을 계측할 때 불가결한 시공간 경로와 잠재 경로역의 정밀한 지정에는 상세한 대량의 공간 데이터 조작이 필요한데 과거에는 그에 관한 기술상의 제약이 컸기 때문이다(Lenntop 1976; Miller 1991). 이러한 이유로 대상이 되는 공간을 시공간 경로와 잠재 경로역의 조작이 기하학적으로 용이한 연속 공간으로 정의하거나 거리로서 계측이 용이한 직선거리를 적용한 연구가 많았다. 그러나 연속 공간에서 지정된 잠재 경로역은 그 현실성이 의문시된다. 이런 점에 관하여 본 장에서는 연속 공간상에 지정된 잠재 경로역은 직선적 이동에 대한 장벽의 존재나 가로・도로 구획의 형태, 지형 조건 등을 고려해야 하기 때문에 비현실적이다라는 점, 따라서 미크로 스케일에서 시공간적 접근성을 계측하는 데는 대상이 되는 공간을 가로 네트워크로서 정의하는 것이 타당하다는 것을 확인하였다.

과거, 가로 네트워크에서 시공간 경로와 잠재 경로역을 조작할 때 직면했던 상세한 대량의 공간 데이터를 높은 정밀도로 조작하는 것의 어려움은, Ⅱ절에서 설명한 바와 같이 GIS를 이용하면서 최근 대폭 개선되었다. 해석 지향의 시간 지리학 연구에 있어서 GIS의 이용은 현실에 입각한 정밀도가 높은 분석 결과를 기대할 수 있고, 동시에 조작성이 우수한 도구의 입수를 의미한다고 할 수 있다. 한편으로 시간 지리학은 GIS를 채용한 시공간 분석에 개념적 프레임 워크를 제공하였다. 시간 지리학과 GIS 기술의 접합은 인간 행동을 보다 충실하게 반영한 시공간 분석의 실용화에 크게 공헌하고 있다.

그런데 그 진정한 실용화에는 가로 네트워크를 이용하여 개인이 이동 가능한 공간에 관한 분해능이 대폭 향상된 한편, 시간적 분해능이 공간적 분해능을 추종할 수 없다는 문제가 남아 있다. 이와 관련하여 2종류의 시간적 데이터를 이용할 수 있어야만 한다.

그 하나는 개인 활동의 시간 특성에 관한 데이터이다(Forer 1993; Mey and ter Heide 1997; Kwan 1998). 시공간 경로와 시공간 프리즘의 형성은 개인이 이동 가능한 시각에 규정되기 때문에, 지정 결과의 타당성 확보에는 현실에 입각한 활동의 개시・종료 시각의 설정이 필요하다. 이 때의 시간적 분해능은 적어도 분 단위가 요구된다. 그러나 조사비용의 제약이나 조사 대상자에게 주어지는 부담 때문에 분단위로 개인의 활동 데이터를 입수하는 것은 쉽지 않다. 조사 대상자의 추출 방법이나 개인 활동의 기록 방식 개량으로 활동 데이터의 입수 비용을 낮추거나, 한정된 데이터로부터 타당성이 높은 설정을 하는 수법의 개발이 필요하다(山田 1987; Mey and ter Heide 1997).

또 한가지 지적할 수 있는 것은 개인을 둘러싼 환경을 구성하는 여러 가지 요소, 즉 교통시설이나 여러 기회의 시간 특성에 관한 데이터의 이용 가능성이다. 이러한 것은 특정 저항치를 가로 네트워크에 설정하거나, 잠재 경로역내에 위치하는 기회의 시간적 액세스 가능성을 평가할 때 기초 데이터가 된다. 예를 들어 하루 동안의 신호의 변화 시각이나 차단기의 개폐 시각, 대상지역에 입지하는 공공시설이나 상업시설의 개설 시각이 그에 해당한다. 이와 같은 정보의 대부분은 현시점에서 데이터베이스로서 정비되어 있지 않기 때문에 독자적으로 데이터를 취득해야만 한다.

시간 지리학의 기본 개념을 이용한 시공간 분석은 앞으로 GIS에 시공간 데이터베이스(Langran 1992)를 도입함으로써 더욱 실용화되리라고 기대된다. 그와 동시에 시공간 데이터베이스에 입력하는 행위주체나 이를 둘러싼 환경의 시간 특성에 대한 데이터를 고분해능으로 취득하는 것에의 대응도 필요하다.

본 글의 제 Ⅰ·Ⅱ·Ⅳ절은 宮澤(2000b)를, 제 Ⅲ절은 宮澤(1998a, 2000a)의 내용을 일부 변경하여 게재한 것이다.

참고문헌

瀬川祥子・貞広幸雄 1996. GISを利用した保育施設計画立案支援システムの開発. GIS-理論と応用 4(1):11-18.

武田祐子 1999. 時空間プリズムを考慮した中継施設の立地・配分モデル. 地理学評論 72A: 721-745.

宮澤 仁 1998a. 東京都中野区における保育所へのアクセス可能性に関する時空間制約の分析. 地理学評論 71A: 859-886.

宮澤 仁 1998b. 今後の保育所の立地・利用環境整備に関する一考察——東京都中野区における延長保育の拡充を事例に——. 経済地理学年報 44: 310-327.

宮澤 仁 2000a.「地理情報システム」で描く女性の就業と保育所利用の問題点②. 地理 45(4):68-74.

宮澤 仁 2000b. 街路ネットワークにおける時間地理学の基本概念の操作化とその有効性. 人文地理 52:74-89.

谷貝 等 1989. 時間地理学のシミュレーション・モデル——私はどこへ行くことができるのだろうか? 地理 34(12): 44-50.

山田晴通 1987. 時間地理学の展開とマーケティング論への応用の可能性. 松商短大論叢 36:1-37.

Burns, L.D. 1979. *Transportation, Temporal, and Spatial Components of Accessibility*, Lexington: Lexington Books.

Forer, P. 1993. An implementation of a discrete 3-D space time model of urban accessibility. *Proceedings of the Seventeenth New Zealand Geographical Society Conference*: 51-57.

Golledge, R.G., Kwan, M. -P. and Gärling, T. 1994. Computational process modeling of household travel decisions using a geographical information system. *Papers in Regional Science* 73: 99-117.

Kwan, M. -P. 1998. Space-time and integral measures of individual accessibility: a comparative analysis using a point-based framework. *Geographical Analysis* 30: 191-216.

Kwan, M. -P. 1999. Gender and individual access to urban opportunities: a study using space-time measures. *Professional Geographer* 51: 210-227.

Kwan, M. -P. and Hong, X. -D. 1998. Network-based constraints-oriented choice set formation using GIS. *Geographical Systems* 5: 139-162.

Langran, G. 1992. *Time in Geographic Information Systems*. London: Taylor and Francis.

Lenntorp, B. 1976. Paths in space-time environments: a time-geographic study of movement possibilities of individuals. *Lund Studies in Geography Series B* 44, Lund: CWK Gleerup.

Lenntorp, B. 1978. A time-geographic simulation model of individual activity programms. In Carlstein, T., Parkes, D. and Thrift, N. eds. *Timing Space and Spacing Time, Vol. 2: human Activity and Time Geography*. 162-180. London: Edward Arnold. レントルプ, B. 著, 荒井良雄訳 1989. 個人活動プログラムの時間地理学的シミュレーション・モデル. 荒井良雄・川口太郎・岡本耕平・神谷浩夫編訳『生活の空間都市の時間』179-201. 古今書院.

Margaria, R. 1976. *Biomechanics and Energetics of Muscular Exercise*. Oxford: Clarendon Press. マルガリア, R. 著, 金子公宥訳 1978.『身体運動のエネルギー』ベースボール・マガジン社.

Mey, M.G. and ter Heide, H. 1997. Towards spatiotemporal planning: practicable analysis of day-to-day paths through space and time. *Environment and Planning B: Planning and Design* 24: 709-723.

Miller, H.J. 1991. Modelling accessibility using space-time prism concepts within geographical information systems. *International Journal of Geographical Information Systems* 5: 287-301.

Morris, J.M., Dumble, P.L. and Wigan, M.R. 1979. Accessibility indicators for transport planning. *Transportation Research* 13A: 91-109.

Pacione, M. 1989. Access to urban service —— the case of secondary schools in Glasgow. *Scottish Geographical Magazine* 105: 12-18.

Pinch, S. eds. 1984. Inequality in pre-school provision: a geographical perspective. In Kirby, P., Knox, P. and Pinch, S. eds. *Public Service Provision and Urban Development*. 231-282. London: Croom Helm, 1984.

Talen, E. and Anselin, L. 1998. Assessing spatial equity: an evaluation of measures of accessibility to public playgrounds. *Environment and Planning A* 30: 595-613.

Thill, J. -C. and Horowitz, J.L. 1997. Travel-time constraints on destination-choice sets. *Geographical Analysis* 29: 109-123.

chapter 5

농촌지리학과 GIS

作野廣和

I 들어가며

1990년 이후 공간 데이터나 지도의 디지털화가 급속히 진행됨에 따라 일본의 지리학 연구에도 GIS를 활용한 실증적 연구가 급증하였다. 그러나 지리학 여러 분야에 있어 GIS 도입이 반드시 보조를 맞추어 진행된 것은 아니다. 인문 지리학에서는 도시지리학이나 상업지리학 등에서 GIS의 활용이 활발하였고, 분야에 따라서는 GIS가 존재하지 않으면 연구가 성립될 수 없을 정도로 그 필요성이 높아지고 있다. 한편 GIS의 필요성은 인정되지만 그 도입이 충분하지 않거나 GIS에 대하여 회의적인 견해가 존재하는 분야도 있다. 본 장에서 다루는 농촌지리학에서도 GIS의 활용이 활발하다고는 말하기 어렵다.

물론, 농촌 지리학 중에도 GIS를 적극적으로 활용하고 있는 분야도 있기는 하지만 일부 토픽에 한정된 것이다. 그렇지만 농촌지리학도 다른 분야와 마찬가지로 GIS를 활용할 방도는 다채롭게 존재한다고 생각된다.

본 장에서는 농촌지리학에서의 GIS의 활용 상황을 전망함으로써 이전의 연구 수법과 비교해 본다. 그리고 필자 등이 진행시키고 있는 중산간 지역 집락 데이터베이스와 집락 맵의 작성을 사례로 GIS 도입의 프로세스와 분석 결과를 소개한다. 이어서 농촌지리학 연구에서 GIS를 활용할 때의 문제점을 주로 농업 집락을 예로 고찰한다. 마지막으로 앞으로 농촌지리학의 GIS 연구에서 중요하게 다루어야 할 과제에 대하여 살펴본다.

본 장에서는 농촌지리학을 촌락을 대상으로 한 일련의 연구 카테고리로서 취급하고자 하며 단순히 농촌에 국한하지 않고 어촌, 산촌, 나아가 촌락 사회 관련 연구와 GIS와의 관계에 대하여 다룬다. 그리고 이러한 분야에서는 농림업, 수산업, 축산업과 같은 대부분의 제 1차 산업과의 관계가 중요하지만, 본 장에서는 필요에 따라 이런 산업을 다룬 지리학적 연구를 참조해 가면서 기본적으로는 협의의 농촌지리학과 GIS와의 관계에 대하여 언급하고자 한다.

또한 본 장에서는 GIS를 長澤(1995)의 「다종 다양한 공간(지도)정보를 그 속성정보와 함께 컴퓨터 안에서 일원적으로 관리하고, 도형이나 속성의 특성에 따라 여러 가지 조건 검색을 하거나 중첩 등의 공간해석을 모델화하여 평가 지도 등의 새로운 지도 정보를 작성, 출력하는 시스템」이라는 정의와 일치하는 것이라고 본다. 즉, GIS란 지리적 정보를 합리적 · 과학적으로 작성, 축적, 관리하기 위한 지리적 해석 도구라고 보고 논지를 전개할 것이다.

II GIS를 활용한 연구 동향

1. 농촌지리학에서의 GIS의 활용 상황

국내 · 외를 막론하고 농촌지리학에서 GIS를 활용한 연구는 다른 지리학 분야와 비교하여 볼 때 압도적으로 그 축적이 적다. 이것은 GIS 연구의 진행에 불가결한 공간 데이터의 입수가 용이한 지역을 대상으로 연구를 진행시킨 결과 도시나 환경을 키워드로 한 연구가 선행되었기 때문이라고 여겨진다. 이에 비해 미크로 한 지역을 대상으로 하는 경우가 많고 필드 워크에 의한 데이터 수집이 많은 농촌지리학에서는 GIS를 도입하는 것이 상당히 늦었다고 하지 않을 수 없다.

1990년대에 들어서 일본에서도 마침내 농산촌 지역을 대상으로 한 연구에 GIS를 사용하게 되었다. 이 분야에서 GIS를 활용한 선구적 연구로서 側島(1993)를 들 수 있다. 側島는 新潟현 阿賀 북지구의 사구열의 자연적 기반과 토지이용과의 관계를 GIS소프트웨어 ARC/INFO를 활용하여 분석하였다. 그 후 Hashimoto and Nakamura(1994)는 GIS를 이용하여 사면부의 농업적 토지이용과 경사각도, 경사 방향, 지질과의 관계에 대하여 분석하고, 中村(1995)는 토지이용과 자연 조건의 관련과 함께 주민의 인식이라는 시점을 분석에 포함시키는 등 농산촌 지역을 대상으로 한 연구가 진행되었다. 그리고 橋本 · 木村(1997)은 농업적 토지이용과 자연 조건과의 관계를 정량적으로 파악하기 위하여 대량의 데이터를 중첩시켰고 동시에 벡터 데이터와 래스터 데이터의 통합에 관하여도 고찰하였다.

이와 같이 농산촌 지역을 대상으로 한 지리학 연구에서의 GIS 도입은 주로 농업적 토지이용과 자연 조건과의 관계를 해명하는 것에서 비롯되었다. 1990년대 전반에 이 분야의 연구가 선행된 이유로서 GIS에 불가결한 디지털 데이터가 존재하고 있었음을 들 수 있다. 농업적 토지이용을 나타내는 디지털 데이터로서 국토수치정보 「1/10세분구획 토지이용 데이터」[1]나 「농촌센서스 메쉬 데이터」[2] 등이 있다. 또한 자연 조건에 관한 데이터도 국토수치정보에 따라 표고, 표층지질, 지형분류, 토양 등의 데이터를 구할 수 있고, 그 외에 기후 값도 메쉬 데이터로서 얻을 수 있다[3),4)].

그러나 상기 연구들은 농업 지리학의 범위에 들어가는 것으로 간주할 수 있고, 협의의 농촌 지리학 연구에 GIS가 활용된 것은 1990년대 후반부터이다. 먼저 永田(1996)은 타이의 촌락 데이터베이스를 소개하고 촌락정보시스템의 구성과 출력 결과에 대하여 고찰하였다. 이에 따르면 타이에서는 일본의 小字나 자치회에 해당하는 행정촌 단위의 촌락 기초 데이터 조사가 1986년부터 실시되어 인구, 공공시설, 교통, 농업생산, 교육, 취업 등 폭넓은 정보가 수집되었다. 이 데이터는 농촌 지리학 연구에 있어서 불가결한 데이터이지만, 永田은 개발도상국 데이터의 신빙성과 해석 가능한 레벨까지 데이터를 정밀화시키는 데에 따른 어려움을 강조하고 있다. 마찬가지로 佐藤 등(1997)도 인도의 센서스 데이터를 이용하여 GIS 해석의 수법과 분석 사례를 보여주고 있다. 여기서도 조사 연도에 따른 단위 촌락의 증가나 명칭 변경 등에 의해 GIS를 이용하기까지의 가공 작업에 상당한 노력이 기울여졌음을 지적하고 있다.

이러한 연구에서는 GIS를 이용할 때에 불가결한 데이터베이스의 구축 수법에 대하여 자세하게 검토하고 있으나 GIS를 이용하여 구체적으로 농산촌 지역을 해석하지는 못하였다. 예를 들어 해외에서는 Higgs and White(1997)나 White et al.(1997)가 GIS로 농촌지역의 기능 박탈 상황을 해석하였는데 일본에서는 이러한 계통 지리학의 한 분야로서의 농촌지리학 연구에서 GIS를 주요한 도구로 이용한 연구는 찾아볼 수 없다. 이와 같이 농촌지리학에서 GIS활용의 이점과 유용성은 지적되었으나 GIS의 도입으로 인하여 연구 수법이나 분석 시각이 큰 폭으로 변화했다고는 말할 수 없다.

2. GIS에 의한 농업 집락카드 활용의 가능성

그렇다면 농촌지리학 전반에서 GIS를 이용한 연구를 전혀 지향하지 않았는가 하면 반드시 그렇지는 않다. 농촌지리학에서도 오늘날과 같이 GIS 기술이 보급되기 이전부터 GIS를 지향하는 연구가 이루어졌다. 예를 들어 浮田(1987)은 농업 집락카드를 활용하여 滋賀縣의 농업집락의 유형을 밝혔고, 岡本・氷見山(1983)은 북해도내의 전농업 집락의 변수를 다루어 계층 분산의 농업 지리학에의 응용을 시도하였다. 또한 농촌 계획학 분야에서도 藍澤(1992)[5] 등의 일련의 연구에서 볼 수 있듯이 농업집락의 유형화를 시도하였다. 이러한 연구는 정성적인 관찰로는 파악하기 어려운 메소 스케일의 공간 구조와 그 시계열 변화를 밝히기 위하여 오늘날과 같은 GIS적 기술의 도입이 농촌지리학 연구에 매우 유효함을 지적하고 있다.

이와 같이 일본에서는 府縣 레벨의 메소 스케일에 의한 농산촌 지역과 농업집락의 유형화에 대하여 깊은 관심을 가지고 있었음에도 불구하고[6], 가장 유효한 자료라고 생각되는 농촌집락 카드의 정보는 충분히 활용하지 못하였다. 이것은 대량 데이터를 해석하기 위한 분석 도구가 발달하지 못했다는 기술적 문제에 기인한다고 생각된다. 그러나 퍼스널 컴퓨터가 보급된 1980년대 후반과 GIS가 도입되기 시작한 1990년대 전반에도 충분히 활용되지는 못하였다. 石田(1995)은 농학에서의 지리학적 정보 활용상황에 대해서도 리뷰하고 있는데 많지 않은 연구사례를 들어 농업집락 카드의 활용에 따른 어려움을 지적하고 있다.

농촌지리학에서 농업집락 카드에 담겨진 정보에 대하여 GIS를 적극적으로 이용하지 못한 몇 가지 이유를 생각해볼 수 있다. 먼저 농업집락 카드는 집락 단위라는 매우 미크로 한 지역 단위이기 때문에 데이터량이 커지게 되고 그 데이터의 처리가 정보 해석의 기술적 문제가 된다는 것이다. 府縣 단위로 볼 경우 東京都와 沖繩縣을 제외한 전체 府縣에서의 농업집락 수는 1,000을 넘으며 최대인 북해도는 5,689집락에 이른다.

다음으로 과거에는 이러한 데이터가 서류형태의 아날로그 데이터로서 취급되거나 디지털 데이터라 하더라도 자기 테이프 등 다루기 힘든 미디어로만 공개되었다는 것을 들 수 있다.

또한 각 농업집락에 대한 위치를 정하는 것이 어렵다는 점과 함께 농업집락의 위치를 나타내는 디지털화 된 지도 데이터가 존재하지 않았다는 점도 이유로서 들 수 있다[7]. GIS는 수치정보가 있어도 디지털 지도가 없으면 기능할 수 없다. 뒤에서도 다루겠지만 농업집락의 위치를 나타내는 디지털 지도가 이전에도 없지는 않았으나 GIS와의 호환성이 매우 희박했다.

그러나 1995년의 농업 센서스 이후에 농업집락 카드가 CD-ROM화 됨에 따라 磯田・川口(1998)와 佐藤(1998) 등에 의해 농촌집락을 대상으로 하는 GIS를 이용한 연구가 마침내 나타나게 되었다. 磯田・川口는 농업집락 카드에 담긴 정보의 데이터베이스화를 시도하였고, 佐藤은 이러한 데이터의 지도화를 시도하였다. 그러나 이러한 연구 사례는 아직 많지 않아서 앞으로 축적되어야 할 필요가 있다고 생각된다.

중산간 지역 집락 데이터베이스 · 집락 맵의 작성

1. 작성 프로세스

본 글에서는 집필자 등이 실행한 중산간 지역 집락 데이터베이스(이하「집락 데이터베이스」로 한다)의 구축과 집락 맵의 작성을 통하여 농촌지리학에서의 GIS의 활용 기술을 구체적으로 예시한다.

농촌지리학이 대상으로 하는 농산촌 지역은 일본에 보편적으로 존재한다. 산지 지형이 많은 일본에서는 평지농촌 이외의 즉, 중산간 지역에도 많은 사람들이 거주하고 있고 농업생산이 이루어지고 있다[8]. 그러나 이런 지역의 대부분은 자연적 조건이나 농업 생산 조건에 불리한 지역이고 공통적인 문제를 가지고 있다. 즉, 이전부터 인구 감소와 인구 고령화로 대표되는 과소문제와 더불어 식료 생산의 축소 문제, 지역 자원 관리의 문제 등 다양한 문제가 전국에 걸쳐서 보편화 되어 있다. 이러한 중산간 지역의 실태를 파악함과 동시에 문제 해결을 위한 기본적 데이터의 제시가 시급하다[9].

이러한 상황에서 中國지방 중산간 지역진흥협의회[10]는 중국지방의 과소지정지역[11]을 대상으로 한 집락 상세조사를 실시하였다. 이 조사로 집락을 단위로 한 인구의 추이(1990년과 1998년의 인구)와 함께 상점이나 슈퍼마켓 등의 상업시설, 우체국 · 간이역 등의 공공시설, 병원 · 진료소 등의 의료시설, 초 · 중학교 등의 교육시설의 분포, 자치회 · 노인회 · 부인회 등의 사회조직의 조직 범위가 파악되었다(표 1). 그리고 島根縣에서는 중산간지역 집락유지 · 활성화 긴급대책사업(이하「집락사업」이라 한다)[12]을 실시하기 위하여 1999년에 島根縣만을 대상으로 하여 집락 단위의 인구, 세대수, 고령자수를 집계하였다. 이러한 자료조사 베이스의 데이터에 추가하여 집필자 등은 특정 집락을 선정하여 필드워크에 의해 집락의 생활, 복지, 산업, 세대경제, 주민의식 등의 정성 데이터를 얻었다.

집필자 등은 이 데이터를 동일 시스템에 보존하고 농업집락 카드나 국세조사의 기본 단위구 데이터 등 센서스 베이스의 집계 데이터와 중첩시켜서 중산간 지역을 대상으로 한 종합적인 데이터베이스의 구축을 모색 중이다(그림 1). 그리고 완성된 데이터베이스로부터 GIS에 대한 지리적 정보를 인포트하여 중산간 지역의 집락 분포도나 집락 시스템의 지도화를 원활히 할 시스템도 개발 중이다. 동 시스템을 개발하는 단계로서 시험적으로 島根縣 내의 중산간 지역 지정집락[13]을 대상으로 집락 맵의 작성을 시도하였다. 본 연구에서는 벡터형 GIS의 대표적 소프트웨어의 하나인 MapInfo를 사용하였다.

표 1 중산간 지역 집락 데이터베이스에 저장된 지리적 정보(島根縣 橫田町)

현 町村名	구 町村名	大字名	集落名	코드번호	인구 (주민기본대장)		호수 (주민기본대장)		인구 (국세조사)
					1990년	1998년	1990년	1998년	1990년
橫田町	鳥上村	大呂	代山	342010010	184	175	43	42	173
		大呂	山縣	342010020	156	152	41	44	157
		大呂	中丁	342010030	201	179	50	50	195
		大呂	福賴	342010040	205	200	45	45	201
		竹崎	山郡	342010050	161	141	39	37	149
		竹崎	中籾	342010060	84	75	21	21	96
		竹崎	日向側	342010070	141	142	36	34	123
		竹崎	山根側	342010080	88	81	21	20	79
		竹崎	追谷	342010090	132	137	39	39	135
		竹崎	船通山	342010100	15	18	5	6	19
	橫田町	橫田	加食	342020010	75	65	17	17	69
		橫田	大曲	342020020	118	118	27	27	128
		橫田	六日市	342020030	155	131	48	43	132
		橫田	大市	342020040	1,025	1,018	305	333	1,077
		橫田	角	342020050	328	279	112	92	322
		中村	馬場	342020060	195	188	51	52	185
		中村	やりめ	342020070	100	101	24	23	144
		中村	五反田	342020080	230	220	57	57	180
		中村	樋口	342020090	151	142	33	32	144
		中村	藏屋	342020100	293	265	67	67	287
		稻原	稻田	342020110	657	641	216	226	588
		稻原	原口	342020120	400	355	96	94	403
	八川村	八川	三井野	342030130	128	118	30	29	128
		八川	坂根	342030120	57	47	24	21	54
		八川	奧八川	342030110	116	105	30	27	108
		八川	小八川	342030100	122	107	26	25	114
		八川	中八川	342030089	172	159	41	40	164
		八川	八川本鄕	342030030	302	259	82	71	301
		大谷	大谷本鄕	342030029	315	307	78	78	314
		大谷	雨川	342030010	126	125	35	35	125
		下橫田	土橋	342030060	79	69	24	23	79
		下橫田	古市	342030050	417	436	124	129	415
		下橫田	川西	342030040	133	123	34	31	130
	馬木村	大馬木	旭	342040119	177	175	41	42	170
		大馬木	女良木	342040099	130	115	30	30	123
		大馬木	大馬木・第1本鄕	342040139	254	231	60	60	240
		大馬木	大馬木・第2本鄕	342040159	170	159	42	41	165
		大馬木	堅田・中原	342040180	131	115	35	33	136
		大馬木	反保	342040190	216	181	57	51	214
		小馬木	本谷	342040029	205	190	45	44	199
		小馬木	矢入・中原	342040010	163	134	42	39	150
		小馬木	小森	342040050	168	153	43	45	173
		小馬木	小馬木・本鄕	342040069	275	247	65	64	262

자료 : 중국지방 중산간지역 진흥협의회의 조사에 의함.
주 : 본 표는 중산간 지역 집락 데이터베이스에 저장된 지리적 정보 중 島根縣橫田 마을 전 집락을 대상으로 한 데이터의 일부를 나타낸 것임. 공공시설의 번호는 각 시설의 관할영역을 나타내며, 번호에 ○표시가 있는 것은 집락에 시설이 입지하고 있는 것을 나타냄.

(계속)

보육원	유치원	초등학교구	중학교구	출장소	JA지소	우편집배	공민관	어린이회	부인회	노인회	상점수	슈퍼	편의점	병원·진료소	그 밖의 공공시설
1	1	1	1	1	1	1	1		1	1	1				
1	1	1	1	1	1	1	1		1	1					운동공원
1	①	①	1	1	1	1	1		1	1	1			1	
1	1	1	1	1	1	1	1		1	1					
1	1	1	1	①	①	1	①		1	1	2	1			
1	1	1	1	1	1	1	1		1	1	1				
1	1	1	1	1	1	1	1		1	1	1				
1	1	1	1	1	1	1	1		1	1					
1	1	1	1	1	1	1	1		1	1					
1	1	1	1	1	1	1	1		1	1					노인복지센터, 온천 숙박, 연수시설
1	2	2	1		2	1	2		2	2					
1	2	2	1		2	1	2		2	2					
1	2	2	1		2	1	2		2	2	2				
①	②	②	1		②	①	②		2	2	9	2	1	2	커뮤니티센터, 박물관, 이동공원 외
1	2	2	1		2	1	2		2	2	1				
1	2	2	1		2	1	2		2	2	1				
1	2	2	1		2	1	2		2	2					
1	2	2	1		2	1	2		2	2					
1	2	2	1		2	1	2		2	2					
1	2	2	1		2	1	2		2	2	1				
1	2	2	①		2	1	2		2	2	1				특별양호노인홈, 데이케어센터, 운동공원, 박물관, 고교
1	2	2	1		2	1	2		2	2	1				
1	3	3	1	2	3	1	3		3	3					스키장
1	3	3	1	2	3	1	3		3	3					농림어업 체험실습관(레스토랑)
1	3	3	1	2	3	1	3		3	3					
1	3	3	1	2	3	1	3		3	3					
1	3	3	1	2	3	1	3		3	3					
1	3	3	1	2	3	1	3		3	3	1				
1	3	3	1	2	3	1	3		3	3	1				
1	3	3	1	2	3	1	3		3	3					
1	3	3	1	2	3	1	3		3	3					운동공원
1	③	③	1	②	③	1	③		3	3	3	1		1	스시회관, 청년관, 자료관
1	3	3	1	2	3	1	3		3	3					스테이크 레스토랑
2	4	4	1	3	4	2	4		4	4	1				
2	4	4	1	3	4	2	4		4	4					
2	4	4	1	3	4	2	4		4	4					
2	4	4	1	3	4	2	4		4	4					캠프장
2	4	4	1	3	4	2	4		4	4	1				
2	4	4	1	3	4	2	4		4	4	3	1		1	운동공원
2	4	4	1	3	4	2	4		4	4					
2	4	4	1	3	4	2	4		4	4	1				
2	4	4	1	3	4	2	4		4	4	2	1			
2	4	4	1	3	4	2	4		4	4	1			1	

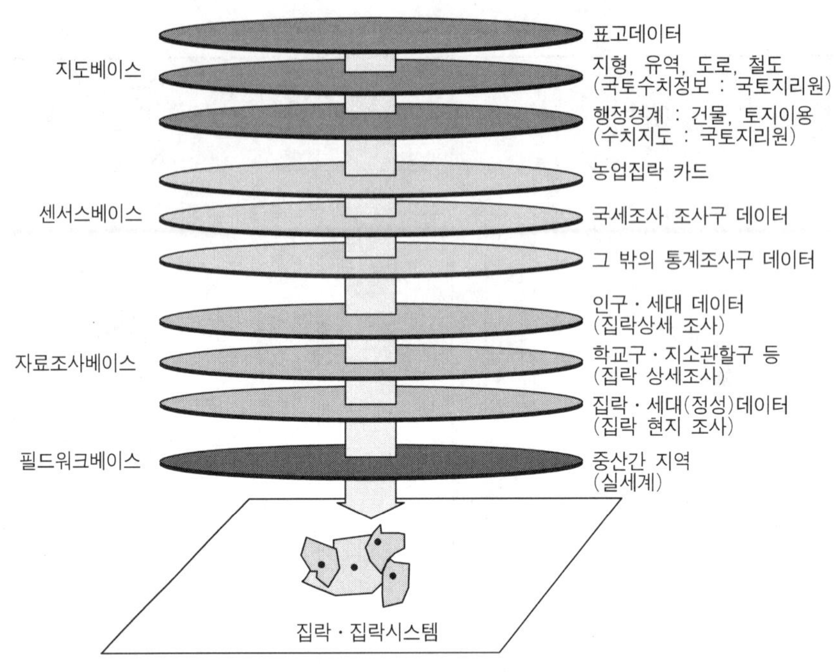

그림 1 중산간 지역 집락 데이터베이스의 구조

그러면 집락 맵 작성의 프로세스를 간단하게 소개한다(그림 2). 먼저 집계된 데이터를 Excel에 입력하고 일정 기준에 따라서 각 집락에 코드 번호를 붙인다. 다음으로 국토지리원 발행의 「지도화상 25000」으로 집락 위치를 확정해 나가는 작업이 필요하다. 그러나 「지도화상 25000」에 포함된 각 요소는 폴리곤 데이터로 되어 있지 않고, 저장되어 있는 지도화상도 종이지도인 2만 5천분의 1 지형도의 도곽 단위이다. 따라서 컴퓨터에 표시된 지도화상의 도곽을 서로 맞출 필요가 있다. 구체적으로는 각 도곽 여백 부분을 컴퓨터상에서 잘라내어 네 귀퉁이의 위도 경도를 확인한 후 서로 맞춘다[14]. 이와 같이 맞춘 지도화상 위에 집락의 위치를 표시해 나간다. 이 작업에서 島根縣 통계과 소유의 「농림업 센서스 市區町村 분할 지도」를 사용하여 필자 등이 눈으로 확인하면서 집락 코드번호를 부여하였다. 이렇게 대상지역 내 3,941 집락의 위치를 확정하고, 코드 번호를 붙여서 데이터베이스로 저장한 지리적 정보를 지도화 하는 것이 가능하였다.

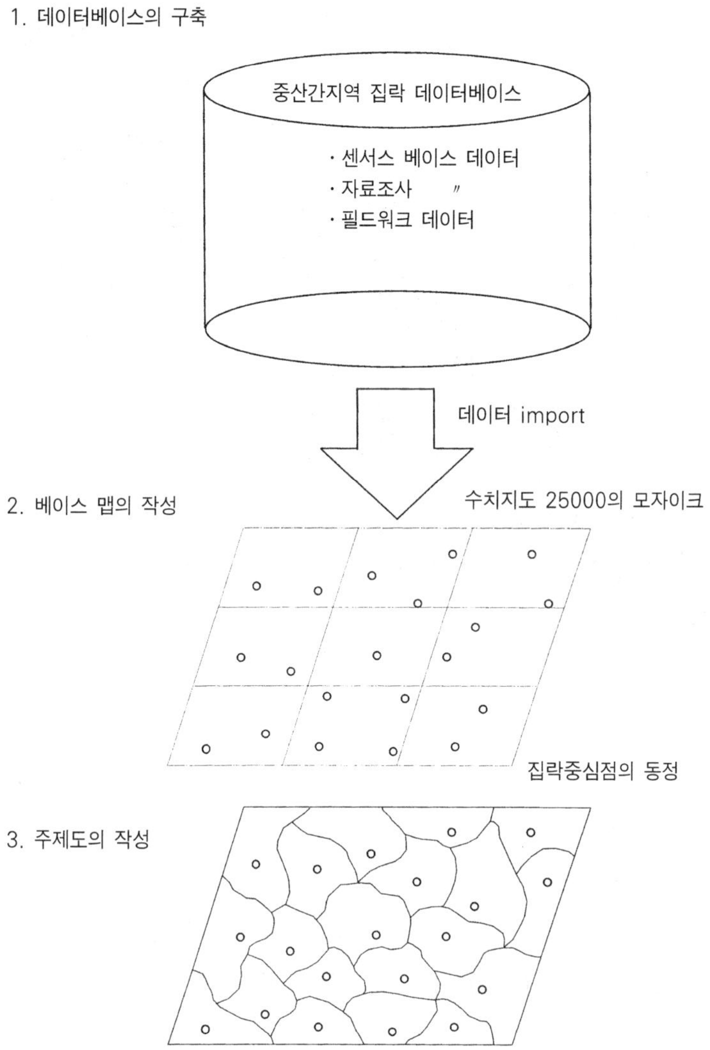

1. 데이터베이스의 구축

중산간지역 집락 데이터베이스

· 센서스 베이스 데이터
· 자료조사 〃
· 필드워크 데이터

데이터 import

2. 베이스 맵의 작성

수치지도 25000의 모자이크

집락중심점의 동정

3. 주제도의 작성

그림 2 중산간지역 집락 맵의 작성 프로세스

2. GIS 활용의 의의

이와 같이 島根縣의 중산간 지역에 지정된 전 집락의 인구, 세대수, 고령자 비율 등의 수치를 순식간에 지도화하는 것이 가능했다. 그 일례로서 島根縣 내의 중산간 지역 지정집락의 인구 분포를 나타낸 것이 그림 3이다. 이 그림으로 현 내의 집락 분포나 인구 편재 상황 등을 가시적으로 나타낼 수 있다.

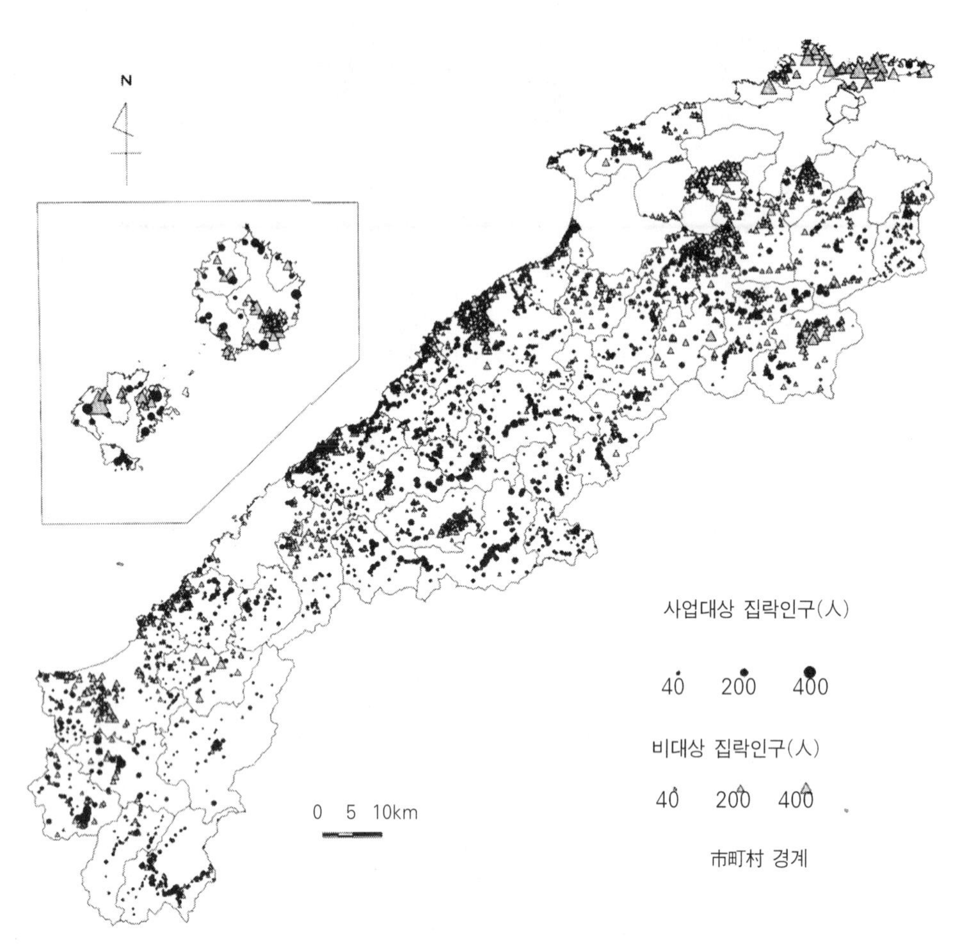

그림 3 島根縣 중산간 지역 집락 인구 분포도(1999년)
자료 : 島根縣 기획조정과 자료로부터 작성

여기서 GIS를 활용하는 의의를 정리해보자. 먼저 무엇보다도 맵핑 · 시스템으로서의 유효성을 평가할 수 있다. 여기서 중요한 것은 GIS가 갖는 대량 데이터로 순식간에 지도화가 가능하고 반복이 가능한 점이다. 예를 들어 矢野(1992)는 국세조사지역 메쉬 통계를 이용하여 전국의 고령인구비율을 지도화하고 있다. 이와 같은 지도는 府縣 단위나 중국지방과 같은 블록 단위로는 실행되어 있지만 전국 레벨의 지도화는 예상 이상으로 지연되었다. 이것은 주로 기술적인 문제로서 GIS의 출현으로 이러한 문제가 해결되었다고 할 수 있다. 이와 같이 GIS는 이제까지 데이터량이 너무 많아서 손을 쓸 수 없었던 많은 연구 테마를 실현 가능하게 할 것으로 보인다. 특히 농촌지리학에 있어서 이전부터 필드워크를 중심으로 한 정성적이며 미크로 스케일에 의한 인텐시브한 연구가 많았는데 이후는 정량적이며 메소 스케일, 또는 마크로 스케일에 의한 광역적인 관점으로부터의 실태 파악에 크게 공헌할 수 있을 것이다.

다음으로 데이터베이스에 저장된 지리적 정보를 갱신함으로써 시계열 비교에 의한 동태적 파악이 가능하게 되었다. 필드워크를 중심으로 한 종래의 수법에서는 연한을 둔 재조사와 그에 의한 시계열 비교에 의해 동태적 파악을 실시하고 있는 연구는 의외로 적다. GIS를 이용하는 것에 의해 수치가 정기적으로 갱신된다면 동태적 파악도 가능해진다. 이것은 지리적 정보에 의한 정점 관측이라는 의미에서도 중요하다고 본다.

또한 데이터베이스를 공개하고 동시에 맵핑 시스템을 보다 간편하게 함으로써 연구자만이 아니라 행정, 민간기업, 지역 주민 등과 지역 정보를 공유화 할 수 있다. 이것은 단순히 수치 데이터를 공유하고 속보성이나 신빙성을 높이는 측면만이 아니라 지역 자원과 지역 재산을 가시적으로 다루어 지역 주민의 정주의식 향상에도 기여할 것으로 보인다. 그리고 인터페이스의 개발로 환경 정보 등의 데이터를 주민 자신이 데이터베이스에 기록한다는 참가형 GIS의 가능성도 포함하고 있다. 이와 같이 GIS는 연구 기술의 향상뿐만 아니라 지역을 대상으로 한 연구와 지역에서 생활하는 주민과의 접점을 낳을 가능성을 지니고 있다.

Ⅳ GIS 활용의 문제점

1. 집락 개념에 대한 재검토의 필요성

종래에는 집락지리학의 범위로 도시와 촌락의 2가지 주요 분야가 존재하였다. 전자를 대상으로 하는 도시지리학과 후자를 대상으로 하는 촌락지리학으로 분류하였다. 그러나 오늘날에는 도시와 촌락의 구별이 애매해지고 있으며 집락지리학의 범위는 정형화 되어가고 있다. 그 결과 「집락」은 「지표상의 주거의 집합체」로서 도시와 촌락의 쌍방을 포함하는 포괄적인 개념에서 오늘날에는 사실상 농촌, 산촌, 어촌의 촌락을 나타내는 개념으로 변화하고 있다(島津 1995)[15].

이와 같이 생각할 때 집락은 주거의 집합체가 지표에 표상된 형태로서의 공간적 성격과 사회적 연대를 갖는 커뮤니티 자체를 나타내는 비공간적 성격을 모두 갖는다고 할 수 있다. 이 점에서 집락의 공간 영역을 명확하게 확정하는 것의 어려움이 있다.

그런데 일본에서는 농림업 센서스의 조사・집계 단위로서 농업 집락(이하, 센서스 집락)[16]이 존재하는데 그 개념은 「市町村區의 구역에 있어서 농업상 형성되어 있는 지역 사회이고, 본시 자연 발생적인 지역사회로서 가구와 가구가 지연적, 혈연적으로 연결되어 각종의 사회를 형성한 농촌 사회생활의 기초적인 단위이다」라고 정의되어 있다[17]. 따라서 센서스 집락은 애당초 농산촌 지역의 자연촌 단위로 설정되어 있어 양자는 자연히 일치하게 된다. 그러나 센서스 집락의 비농업 집락화나 규모 축소에 의한 집락 간의 합병 등에 의해 센서스 집락의 공간 영역은 변동할 수도 있다. 그리고 농산촌 지역에는 중심지와 같은 도시적 집락도 존재하지만 이와 같은 집락에서는 가옥이나 상점 등이 밀집된 지구를 하나로 묶어 하나의 센서스 집락으로 취급하는 경우가 있다. 이와 같이 센서스 집락과 자연촌으로서의 집락은 미묘하게 그 공간영역이 다르다.

한편 농산촌 지역에서 커뮤니티를 단위로 하는 지구를 행정적으로 인정하여 행정구, 자치회, 행정 집락 등이 형성되는 경우가 많다(이하, 행정 집락이라고 한다). 농업 통계를 얻는 것을 목적으로 하여 설정된 센서스 집락과 달리 행정 집락의 영역은 보다 자연촌의 영역과 합치할 가능성이 높다. 그러나 중심 집락 등에서 드문드문 보이는 아파트나 신흥 주택단지가 건설된 경우, 기존의 집락과는 다른 자치 조직이 형성된 예가 많아서 기존의 행정 집락 안에 새로운 행정 집락이 섬 모양으로 형성되는 이른바 왜곡된 공간 구조를 보이는 경우도 있다.

島根縣에서 실시되고 있는 집락 사업에서는 그 단위로서 센서스 집락과 행정 집락 중 하나의 기준을 채용하도록 되어있다. 그 결과 市町村에 의해 채용된 집락 구분의 기준이 다르든지, 町村에 따라서는 센서스 집락과 행정 집락이 뒤섞여 지역 지정을 받고 있는 곳도 있다.

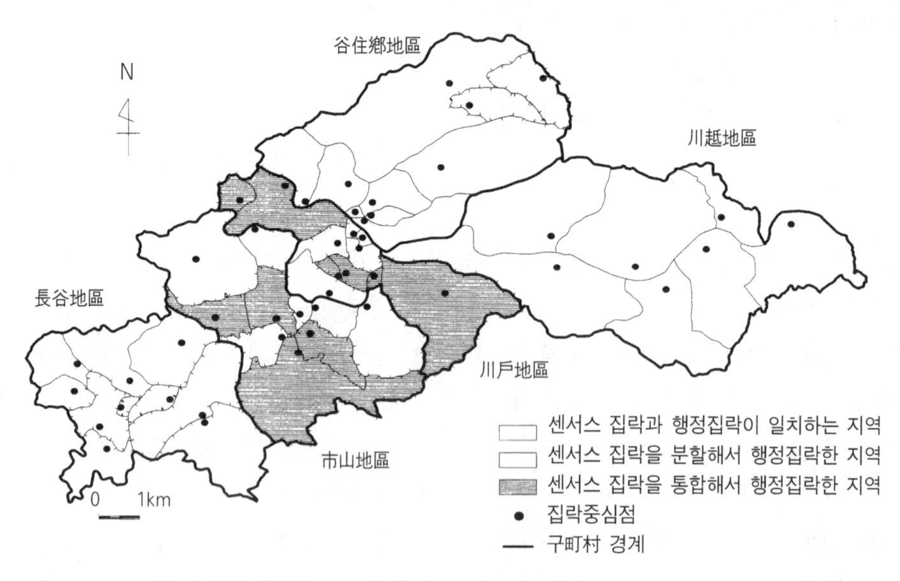

그림 4 島根縣 櫻江町의 센서스 집락과 행정 집락의 적합 상황
자료: 島根縣 기획조정과 자료, 통계자료로부터 작성

이상과 같은 센서스 집락과 행정 집락의 복잡한 관계에 대하여 島根縣의 櫻江町의 사례를 그림 4로 나타내었다. 이에 따르면 川戶지구나 市山지구의 집락에서 볼 수 있듯이 센서스 집락을 통합하여 행정 집락을 형성한 예가 있는가 하면, 谷住鄕지구나 長谷지구와 같이 센서스 집락을 분할하여 행정 집락으로 한 예도 볼 수 있다. 전자의 경우, 농업 집락 카드에 들어 있는 데이터를 행정 집락 단위로 활용하는 것이 가능하나 후자의 경우에는 불가능하다.

이와 같이 일률적으로 집락이라고 하는 경우에도 그 기준에 따라 미묘하게 공간 영역이 달라진다. 그 결과, GIS를 이용하여 島根縣내의 집락 분포를 지도화할 때, 각각의 집락이 갖는 영역을 확정하는 작업이 필요하게 되고 그 시점에서 지리학적 판단이 필요해진다.

최근, 일본은 물론이고 세계 각지에서 공간 데이터의 디지털화를 단행하고 있다. 일본에서도 국토 공간데이터 기반정비[18]의 이름으로, 종래의 자연적 조건뿐만 아니라 사회・생활・인구에 관한 데이터도 통일된 지역 단위로 집계하고 있다. 이 때 어떤 지역 단위를 채택해야 하는가에 대하여 지리학으로부터의 적극적인 발언이 요구된다.

2. 집락의 특성을 고려한 처리

다음으로 집락의 위치 결정 문제에 대하여 검토하고자 한다. 전 절에서의 사례는 2만 5천분의 1 지형도에 집락 중심점을 표시하고 집락을 점으로 보고 작업을 실행하였다. 그 경우에도 집락의 영역을 지형도 상에서 확인할 필요가 있어서 島根縣 통계과가 보유하고 있는 「농림업 센서스 市區町村 분할 지도」를 활용하였다. 단, 이 지도의 축척은 市町村에 따라 다르기 때문에 2만 5천분의 1 지형도에 집락 경계선을 그린 후에 중심점을 확정할 필요가 있었다.

그러나 앞 절에서 언급했듯이 사업 대상이 되는 집락은 반드시 센서스 집락에 의거하는 것은 아니다. 이 때문에 행정 집락 단위의 집락 영역도 알 필요가 있는데 센서스 집락의 구분도는 존재하지만 행정 집락의 집락 경계를 나타내는 자료는 매우 적다. 따라서 행정 집락의 경우에는 지형도에 기재되어 있는 지명으로 판단하거나 市町村 기관에 직접 문의할 필요가 있다.

그런데 하나의 집락 영역 중에 가옥이 밀집된 지점이 한 곳인 경우 집락의 중심점을 쉽게 설정할 수 있다. 그러나 중국 지방의 경우에는 작은 촌이 많기 때문에 집락의 중심점을 설정하는 것이 매우 곤란하였다. 따라서 가옥이 밀집된 지점이 명료하지 않은 경우 우체국, 초등학교, 관공소・농협지소 등 중심 시설이 있는 경우에는 그 시설이 입지하는 지점을 집락의 중심점으로 삼았다. 필자 등은 이와 같은 지점을 집락의 사회적 중심점이라고 칭하였으나 반드시 객관적인 기준에 따른 것은 아니고 작업자의 주관이 들어갈 여지를 남기고 있다[19),20)].

그 밖에 집락의 계층성에 관하여도 고려할 필요가 있다. 전 절의 사례에서는 각 집락의 규모나 기능에 차이가 있음에도 불구하고 모든 집락이 동일 계층이라고 전제하였다. 그러나 전

절의 연구에서 집락의 규모나 기능에 계층성이 인정되었고, 계층이 다른 집락이 결합하여 하나의 시스템으로서 구조화되고 일체가 되어 변동하는 경우도 증명되었다[21]. 전 집락을 대등하게 보는 경우에 이런 집락의 계층성을 무시하는 결과가 된다.

또한, 전 절에서 집락을 점으로 나타내었는데 센서스 집락은 경계선이 존재하며 면으로 다루어지고 있다. 그러나 면으로 확정된 집락 영역 중에는 주택, 산림, 경작지 등 다양한 토지이용을 보이고 있고 집락 면적이 갖는 의미를 상실하게 된다. 그러므로 경작지나 삼림을 면적으로 나타내는 경우에는 GIS가 매우 유효하지만, 거주 단위로서의 집락을 면적으로 나타내는 경우에는 지도 표현에 있어 심도 깊은 논의가 필요하다.

3. 기존 통계와의 정합성 문제

그런데 필자 등이 구축 중인 중산간 지역 집락 데이터베이스는 기존 농림업 센서스나 국세조사 등 지정 통계의 미크로 데이터를 집락 단위로 제시하는 것을 의도하고 있다. 그러나 이에는 여러 가지 제약이 따른다.

먼저 농업 집락 카드와의 정합성에 대하여 검토한다. 앞서 밝힌 바와 같이 1995년의 농업센서스를 CD-ROM으로 디지털 데이터화하여 시판하게 되었다. 이에 따라 농업 집락 데이터의 이용이 매우 편리하게 되었다.

그리고 농업 집락 카드를 도화하는 퍼스널 컴퓨터 소프트웨어 「농림수산 통계지도 정보시스템」(이하 AFFMAP)도 개발되어 농업 집락 카드에 들어있는 데이터를 자유로이 지도화 할 수 있게 되었다. 그러나 AFFMAP에 이용된 지도 데이터는 GIS 소프트웨어와의 호환성이 매우 낮기 때문에[22], GIS 소프트웨어에서 농업 집락 카드의 데이터를 이용하는 경우에는 별도의 지도 데이터를 작성해야 한다. 그리고 AFFMAP을 사용하는 경우에도 같은 소프트웨어와 지도 데이터 모두를 구입해야 되기 때문에 예상 이상의 경비가 든다. AFFMAP과 그 밖의 GIS 소프트웨어의 호환성이 빨리 좋아지기를 기대해 본다.

다음으로 국세조사 등 지정 통계의 집락 결과를 집락 단위로 표시하는 가능성에 대하여 검토하고자 한다. 1990년의 국세조사부터 항구적으로 최소의 지역 단위로서 기본 단위구가 도입되었다. 기본 단위구는 종래의 조사구와는 달리 특별한 사정이 없는 한 변경되지 않고, 또 조사구보다 미크로 한 단위로 집계하는 등 지역 분석을 위한 조치가 취해진 것이다. 그러나 기본 단위구와 센서스 집락과의 정합성이 반드시 확보된 상태는 아니다. 기본 단위구 몇 개를 결합하여 하나의 센서스 집락을 형성하는 경우에는 국세조사로 얻은 인구나 세대수 등을 센서스 집락 단위로 표시할 수 있다. 그러나 기본 단위구의 경계선과 센서스 집락의 경계선이 교차하는 경우에는 기본 단위구 데이터를 집계해도 센서스 집락 단위의 데이터는 얻을 수 없다. 그 경우 GIS 소프트웨어 등을 사용하여 면적비 등으로부터 배분 계산을 실시할 수는 있으나 정확성은 떨어지게 된다.

이와 같이 법률이 정한 지정 통계라 하더라도 집계 단위가 다르기 때문에 데이터의 호환성이 보증되어지지 않는다. 따라서 본 장의 사례와 같이 집락 단위 데이터를 얻으려는 경우에는 행정기관에서 집계된 데이터를 이용하지 않을 수 없다. 이 때에도 집계된 데이터의 신빙성 문제 등 검토해야 할 사항이 많다고 본다.

V 마치면서

본 장에서 밝힌 바와 같이 현 시점에서 농촌 지리학에의 GIS 활용이 반드시 진전되었다고 말할 수 없으나 그 유효 이용의 가능성은 엿볼 수 있다. 그것은 집락 단위 통계 등 농산촌 지역의 지리적 정보가 디지털화되거나 지도 데이터를 정비해 나가는 것과 밀접하게 관련되어 있다. 본 장의 결론으로서 농촌 지리학에서의 GIS 활용의 장래 전망과 중요 연구 과제를 제시하고자 한다.

먼저 비집계 데이터에 대한 GIS 활용 기법의 확립이 필요하다. 구체적으로 필드워크로 얻은 비집계 데이터를 GIS에서 활용할 수 있는 데이터 형태로 변환시킬 수 있는 기법이 개발되어야 한다. 이미 佐藤・作野(1999) 등이 필드워크에서 GIS 활용 기법과 그 의의를 소개하고 있으나 앞으로도 더 많은 실천적 연구가 필요하다.

다음으로 리모트센싱으로 얻은 데이터를 GIS에 적극적으로 도입할 필요성이 있다. GIS기술이 아무리 진보해도 GIS에 이용하는 지리정보와 지도데이터는 빼놓을 수 없다. 이 때 집계 데이터의 활용은 물론이고 상술한 비집계 데이터의 활용도 필요하다[23]. 그리고 위성 리모트센싱이나 항공사진의 디지털화에 의한 GIS에의 이용도 검토해야 한다.

버퍼링, 중첩기술 등 공간해석 도구를 활용해야 한다. 현 단계에서의 농촌지리학에의 GIS 도입은 농촌지역을 대상으로 한 지도화를 겨우 착수한 것에 지나지 않는다. 예를 들어 농산촌 지역의 유형화 등에 중첩기법을 응용할 수 있을 것이다.

농촌지리학이 대상으로 하는 농산촌 지역에서는 자연과 인간이 밀접히 관계되어 거주하고 생산 활동을 영위하고 있다. 다시 말해, 지리학의 2대 분야인 자연지리학과 인문지리학 쌍방은 가장 관계가 깊은 분야의 하나라고 할 수 있겠다. GIS를 이용함으로써 농산촌 지역의 경관, 환경, 지형・지질 데이터와 지역 통계로 얻어지는 인구와 생산 지표와의 관계에 대하여 보다 깊이 있는 관계 규명이 가능해진다. 이와 같이 GIS는 자연지리학과 인문지리학과의 융합을 가능하는 계기가 되었고, 지리학이 갖는 본질적 과제로의 회귀를 촉구하게 되었다. 그러므로 이 분야에서 GIS를 활용한 더 많은 연구의 축적이 있어야 하고 새로운 연구에 대한 구상을 구축해야 한다.

본 연구는 島根縣 중산간지역 연구센터(藤山 浩 주임 연구원)와 島根대학(생물자원과학부 · 山本伸幸 조수와 필자)이 공동으로 실시한 연구성과의 일부로서, 주로 島根縣 중산간지역연구센터가 데이터 수집과 정리를, 島根대학이 데이터 해석을 담당하였다. 데이터 제공은 島根縣 기획조정과와 통계과의 협력을 얻었다. 그리고 본 연구의 일부는 1998년 1999년도 과학 연구비 보조금 장려연구(A) (과제 번호 10780056)에 의한 성과이기도 하다. 이러한 일련의 연구는 島根대학 연구생 · 中山大介씨의 헌신적인 협력이 없었으면 이루어질 수 없었다. 깊이 감사드립니다.

주

1) 国土庁が所轄する国土数値情報は各種の地理的情報（道路，鉄道，地形，土地分類，海岸域，湖沼，流域，土地利用，行政界など）を地形図上で計測して数値データ化されたものであるが，データは受注生産により頒布される。ただ，利用にはコンピュータの専門的知識が必要とされるとともに，1/10細分区画土地利用データは国土地理院の許可が必要である。また，同様にミクロ地域の土地利用データとして「細密数値情報」が存在している。このデータは約５年ごとに行われる宅地利用動向調査をもとに作成された数値情報であり，空中写真判読による15種類の土地利用分類がなされている。しかし，この調査は首都圏，中部圏，近畿圏についてのみ実施されている。
2) 国土数値情報の一つで，1975年および1980年のデータが存在している。人口，耕地面積，使用機械，家畜頭数などの諸データがメッシュ形式で格納されており，大学等の公的機関へ無料で貸し出されている。
3) ただし，資料年度は限定されている。
4) 長澤（1995）は，海外における地域環境情報の利用手法を詳しく述べている。
5) この他に，藍澤・古川（1992），藍澤ほか（1994），藍澤・有泉（1995），藍澤ほか（1998）などの研究において，島根県内における農業集落の類型化が試みられている。
6) 山本ほか（1987）の出版に代表されるように，1970年代から1980年代にかけては農村地域の地域類型の分析が農村地理学の主要な研究課題の一つであった。
7) デジタルデータはもちろんのこと，農業集落の位置を示す紙地図も一般にはあまり用いられていない。このような地図は市町村役場ないしは都道府県の統計主幹課において閲覧可能であるが，首長の公式な許可が必要である。
8) 農林統計協会（2000）によれば，1995年時点で農業粗生産額の37%，総農家数の42%，耕地面積の41%が中山間地域によって占められている。
9) 中山間地域という用語は農政や農業経済学において頻繁に使用されており，たとえば今村（1992）や小田切（1994）などによって中山間地域に関するまとまった研究成果が報告されている。
10) 中国地方の５県の知事によって結成されている中国地方知事会共同研究の事業として設立された。
11) ここでいう過疎指定地域とは，調査が実施された1997年時点に施行されていた過疎地域活性化特別措置法による指定地域をさす。
12) 島根県では1999年４月より中山間地域活性化基本条例（以下，基本条例）が施行され，中山間地域の活性化が県や市町村の責務として明記された。同条例の具体的施策として集落事業が策定され，高齢者比率35%以上の集落のうち，集落プランを策定した場合には一律100万円以内の集落活性化交付金が支給されることとなった。
13) 島根県では過疎地域活性化特別措置法（2000年より過疎地域自立促進特別措置法）が規定する過疎地域，特定農山村法が規定する特定農山村地域，辺地法が規定する辺地をもって中山間地域とされている。また，集落とは農林業センサスが定める農業集落または自治会等の集落とされており，基本条例が定める領域内の集落を中山間地域指定集落と表現した。

14） ArcView など他のGIS ソフトにおいては「数値地図25000」をジオリファレンスするソフトが存在しているが，筆者らが分析した時点においては「数値地図25000」をMapInfo に適した形でジオリファレンスを行うソフトは存在していなかった。

15） 本章における集落の概念は，特にことわりのない限り，冒頭からこのような意味で用いている。

16） 本章において，Ⅳ節までは「センサス集落」の同義として「農業集落」を用いてきた。しかし，Ⅴ節以下では「行政集落」との差異を強調するために，「センサス集落」という表現を用いることとする。

17） 農林水産省の資料による。

18） 計画では国土空間データ基盤の位置参照情報として，統計調査区，住所に対応する位置，農地や宅地の筆界なども盛り込まれる予定である。しかし，国土空間データ基盤が整備されたとしても，センサス集落との整合性が保たれるか否かは不明である。

19） Weeks *et al*.（2000）は，リモートセンシングデータによって集落区域内のうち家屋が密集する地点を抽出し，GIS によって集落の社会・経済的データを地図化している。同研究はエジプトを事例としているが，疎塊村の場合には，そのような手法を用いても集落中心点を抽出することは難しい。

20） 総務庁統計局（1999）は地域メッシュ作成の際に人口分布点の決定方法を示しているが，ここでも主要な建物，施設の立地点や人口の集積点を基準にしている。しかし，完全に客観的な基準とはなり得ていない。

21） 岡橋（1995）や作野（1997）などによって指摘されている。

22） 農林統計協会ではAFFMAP の地図データとGIS との互換性が持たれるよう現在開発中である。

23） 非集計情報のデータ化については篠原（1998）が具体的に論究している。

참고문헌

藍澤　宏 1992. 集落モデルの分布構造とその成立基盤の変化に関する研究——農村地域の類型に関する研究4——. 日本建築学会計画系論文報告集 431：97-106.

藍澤　宏・有泉龍之 1995. 過疎地域における集落人口変容からみた集落類型に関する研究. 農村計画学会誌 14(3)：18-29.

藍澤　宏・古川秀樹 1992. 農業的土地利用からみた集落の類型とその構造変化に関する研究——神奈川県と島根県の全農業集落を比較対象地として——. 日本建築学会計画系論文報告集 434：79-88.

藍澤　宏・鈴木直子・有泉龍之 1998. 過疎地域における中心集落との関係からみた集落の分布構造に関する研究. 農村計画学会誌 16(4)：304-314.

藍澤　宏・林　宏規・保住秀樹 1994. 農村地域における地域資源からみた集落類型に関する研究. 農村計画学会誌 13(4)：7-18.

石田憲治 1995. 農学と地理情報科学. GIS-理論と応用 3(2)：35-38.

磯田　弦・川口裕輔 1998. 農業集落カードの空間データベース化とその活用例. 日本地理学会発表要旨集 54：194-195.

今村奈良臣監修 1992.『中山間地域問題』農林統計協会.

浮田典良 1987. 村落研究における広域全数調査について——滋賀県全村落の農家数・耕地面積の増減——. 米倉二郎監修『集落地理学の展開』85-102. 大明堂.

岡橋秀典 1995. 西中国山地・広島県加計町における過疎化と集落システムの変動. 地理学評論 68A：657-679.

岡本次郎・氷見山幸夫 1983. Scale-Variance（階層分散）の農業地理学への応用. 東北地理 35：116-118.

小田切徳美 1994.『日本農業の中山間地帯問題』農林統計協会.

作野広和 1997. 広島県山間地域における過疎化と集落システム. 森川　洋編『都市と地域構造』423-443. 大明堂.

佐藤崇徳 1998. ベクター型GISによる地域統計情報の分析——農業集落GIS構築の試み——. 佐藤崇徳『パソコンベースの地理情報システムの活用——地図化・視覚化を中心として——』(総合地誌研研究叢書31) 23-37. 広島大学総合地誌研究資料センター.

佐藤崇徳・作野広和 1999. インド農村調査におけるGISの導入——センサスデータおよび現地調査データのGIS化への試み. 地誌研年報 8：121-142.

佐藤崇徳・作野広和・杉浦真一郎・岡橋秀典 1997. GISを用いた海外地誌データの分析——インド・センサスデータの分析を例に. 岡橋秀典編『インドにおける工業化の新展開と地域構造の変容——マディヤ・プラデーシュ州ピータンプル工業成長センターの事例——』233-260. 広島大学総合地誌研究資料センター.

篠原秀一 1998. 非集計情報の地理行列化を前提とする検索・収集の課題——水産関連の地域情報の事例——. 村山祐司『地理情報システム（GIS）を活用した非集計データの時空間分析』(平成9年度科学研究費補助金重点領域研究研究成果報告書) 36-43.

島津俊之 1995. 村落の社会と空間. 菊池俊夫・若林芳樹・山根　拓・島津俊之『人間環境の地理学』163-178. 開成出版.

総務庁統計局 1999.『地域メッシュ統計の概要』日本統計協会.

側島康子 1993. 新潟県阿賀北地区における砂丘列の自然的基盤と土地利用との関係. 地域調査報告 15：85-93.

長澤良太 1995. 地理情報システム（GIS）を用いた地域環境情報の整備ー開発途上国におけるこれからの環境管理の考え方. 立命館地理学 7：1-22.

永田好克 1996. 村落データベースを基にした東北タイ村落情報システム（NETVIS）の開発. GIS 理論と応用 4(1)：19-26.

中村康子 1995. 秩父山地における斜面中腹集落住民による自然条件の認識と土地利用. 地理学評論 68A: 229-248.

農林統計協会 2000.『図説食料・農業・農村白書』農林統計協会.

橋本雄一・木村圭司 1997. 十勝平野の農業的土地利用と自然条件との関連――ベクターデータとラスターデータの統合に関する考察――. GIS 理論と応用 5(1)：19-28.

山本正三・小林吉弘・田林　明 1987.『日本の農村空間――変貌する日本農村の地域構造――』古今書院.

矢野桂司 1992. 地域メッシュ・データの利用システムの開発――地理情報システム（GIS）と地理学――. 立命館地理学 4：27-40.

Hashimoto, Y. and Nakamura, Y. 1994. Applications of ARC/INFO in geographical analysis. *Proceedings of the International Symposium on Geographic Information Systems: 'Geographic Information Systems: Present and Future', United Nations Center for Regional Development* 3: 197-222.

Higgs, G. and White, S.D. 1997. Changes in service provision in rural areas. Part 1: The use of GIS in analyzing accessibility to services in rural deprivation research. *Journal of Rural Studies* 13: 441-450.

Weeks, J.R., Gadalla, M.S., Rashed, T., Stanforth, J. and Hill, A.G. 2000. Spatial variability in fertility in Menoufia, Egypt. Assessed through the application of remote-sensing and GIS technologies. *Environment and Planning A*. 32: 695-714.

White, S.D., Guy, C.M. and Higgs, G. 1997. Changes in service provision in rural areas. Part 2: Changes in post office provision in Mid Wales: A GIS-based evaluation. *Journal of Rural Studies* 13: 451-465.

chapter 6

입지분석과 GIS

石崎研二

I 들어가며

필자의 개인적인 경험을 이야기하여 송구하지만 필자가 대학 학부생일 때 가장 흥미깊게 읽은 지리학 전문서는 크리스타라의 『도시의 입지와 발전』(크리스타라 1969)과 하게트의 『입지분석』(하게트 1976)이다. 전자는 필자가 학부 3학년 때 수강한 세미나의 텍스트로 사용된 것이다. 거의 평야가 없는 장소에서 태어나서 자란 필자로서는 광대한 평야에 빈틈없이 규칙적으로 펼쳐진 중심이 육각형망인 쉐마는 어느 의미에서 컬쳐 쇼크였다. 그것은 필자를 「공간 과학으로서의 지리학」으로 유인하기에 충분했다. 후자는 「지리학에서 모델이란 무엇인가」에 대하여 필자로 하여금 생각하게 하였는데, 구체적이고 풍부한 실례를 통하여 모델 분석을 위한 계량적 수법의 해설이 필자의 상상력을 불러일으켰고 지리적 현상을 이해하기 위한 섬광을 제공하였다고 생각한다.

두 책의 공통점은 모두 「입지」를 키워드로 하고 입지론 혹은 입지 모델을 다루고 있다는 점인데 필자에게 있어서의 기묘한 공통점은 실은 읽는 방식이 같다는 것이다. 다시 말해 텍스트의 전반 부분(크리스타라는 Ⅰ의 이론편까지, 하게트는 번역서의 상권)은 몇 번이고 반복하여 읽었지만 후반 부분(크리스타라는 Ⅱ의 응용편~Ⅳ의 결론, 하게트는 번역서의 하권)은 그다지 열심히 읽을 수 없었다.

크리스타라는 제쳐두고 하게트의 텍스트를 지금 다시 읽어보면 본격적인 GIS가 출현하기 전에 쓴 본서의 내용이 오늘날의 GIS 연구에 매우 시사적이라는 것을 알 수 있다. 그것도 이제까지 간과하고 있던 특히 후반 부분에서 소개된 입지 분석의 방법은 GIS 이용으로 가능한 연구의 힌트로 가득하여 많은 GIS 소프트웨어에 갖추어져 있는 표준적인 분석 도구를 발견할 수 있다. 본 글에서는 이 하게트의 『입지 분석』을 실마리로 삼아[1] GIS에서 입지분석의 위치를 명확히 하고, 입지분석에서의 GIS의 유효성에 대하여 고찰하고자 한다.

II 「입지분석」에서 GIS의 시초

1965년에 출판된 하게트의 "Locational Analysis in Human Geography "(이하 『입지 분석』이라고 약칭)은 시스템론의 사고방식을 채용하고 있는데, 특히 열린 시스템으로서의 결절(結節)구조에 착안하여 주로 인문 지리학에서 다루는 현상의 기하학적 속성의 분석과 모델 구축의 가능성을 탐구한 것이다. 책의 구성은 입지 분석의 이론적 구조를 추구한 제 1부 「입지 구조의 모델」과 기술론적인 입지 분석방법을 제시한 제 2부 「입지 분석의 방법」으로 나뉘어 있다.

결절(結節)지역을 구성하는 여러 가지 대상(도로, 집락, 도시계층, 토지이용 등)은 점, 선, 면의 기하학적 속성으로 표현되고, 각각 결절점 · 계층, 네트워크, 面域 등 「지역 시스템」의 분석 단계로서 조직화되어 있다. 이런 현상의 기하학적 측면에 비친 시점은 자칫 정태적 · 기술적인 공간 기하학을 상기시키는데, 하게트가 지향했던 것은 「과정(process)과 형태(form)의 연결」(하게트 1976 : 26)로 동태적 · 설명적인 구조였다. 이것은 ① 『입지 분석』 의 제 1부「입지 구조의 모델」이 동태적 현상인 공간적 상호 작용을 다룬 「이동」으로부터 시작된다는 것, ② 1977년의 『입지 분석』 제 2판 (Haggett et al. 1977)에 모델로서 「공간적 확산」이 추가된 점, ③ 튜넨, 웨버, 크리스타라 등의 고전적 입지론을 「지역 시스템」의 분석 단계에 있어 하나의 모델로서 자리매김하고, 입지 분석의 설명적 구조로서 구성하려고 한 점도 밝히고 있다.

또한 제 2부 「입지 분석의 방법」에서는 제 1부에서 제시한 모델을 실증적으로 검토하기 위한 기술에 대하여 해설하고 있다. 그 문제 설정은 ① 공간 데이터를 어떻게 수집하는가, ② 모델을 적용할 때의 단위 지역을 어떻게 설정하는가, ③ 데이터를 어떻게 지도화(주제도화)하는가, ④ 공간의 형상을 어떻게 기술하는가, ⑤ 지역의 경계가 어떻게 겹치고, 지역간에 어떤 집합 관계가 있는가, ⑥ 지역의 경계를 어떻게 확정하는가, ⑦ 지역 스케일과 단위 지역의 변화에 따라 통계치가 어떻게 변하는가, ⑧ 수집된 데이터를 어떻게 통계적으로 검정하는가 등이다. 그리고 하게트 자신이 남미에서 야외 조사를 한 경험을 바탕으로 야외에서의 데이터 수집 방법과 통계학적인 데이터 분석 방법을 상세하게 소개하고 있다.

예를 들어 브라질에서 삼림의 잔존 요인을 분석할 때 그는 다음과 같은 수순으로 데이터를 수집하였다(Haggett 1964).

1) 삼림의 분포를 규정하는 요인인 자연 조건(토지의 기복, 토양)과 사회 · 경제적 조건(농장의 규모, 농장의 접근성)에 대하여 각각 어떤 기준치를 세워 따로 따로 지역 구분한다.
2) 각 지역 구분도를 중첩하여 세분화한 단위 지역으로부터 각각 무작위로 같은 수의 샘플 지점을 취한다.
3) 각 샘플 지점에 일정 면적의 원을 그리고 항공사진 판독을 통해 원내의 삼림 비율을 측정한다.

하게트는 이와 같이하여 얻은 데이터를 바탕으로 통계적 분석을 시도하여 삼림의 잔존 요인을 찾았다. 물론 상기 데이터 수집은 모두 지형도와 항공사진을 이용한 수작업으로 이루어졌다. 그렇다면 이것을 오늘날의 GIS 조작으로 바꾸면 어떻게 될까? 1) 속성 조작에 의한 재분류, 2) 폴리곤 · 오버레이, 3) 버퍼링 등이 상기 수순에 해당할 것이다. 다시 말해 하게트는 약 40년 전에 오늘날 GIS의 기본적인 조작 컴맨드를 실천했던 것이다.

그리고 제 2부 「입지 분석의 방법」에서 전개된 문제 설정에서 보이는 지역 형상의 측정, 복수 지역과 그 경계의 포함 관계, 티센 · 폴리곤에 의한 경계 설정 등은 오늘날 GIS기술 · 개념의 근간인 계산 기하학이나 공간 위상 구조화와 밀접하게 관계하고 있다. 또한 단위 지역의 경계 변화에 따른 통계치의 자의성이나 스케일의 차이에 의한 현상의 규정 요인의 차이 등 GIS를 이용함에 따라 대두되는 문제(생태학적 오류, 가변지역 단위문제 MAUP 등)도 제기하고 있다. 오늘날 GIS의 이용에 따라 대처해야 할 공간 분석의 과제로서 형태와 과정의 연결, 생태학적 오류, 가변지역 단위문제 등이 있다고 한다면(Goodchild 1996), 『입지 분석』은 이미 이러한 것을 예견하였고 지리학의 입지(공간) 분석의 근원적인 과제를 인식하고 있었다고 할 수 있다.

무엇보다도 하게트가 『입지 분석』에서 시도한 것은 상기 데이터 수집의 예에서 볼 수 있듯이, 객관적인 데이터 수집과 분석을 토대로 인간과 자연 환경과의 관계를 명확히 하고 종합적인 지역 이해를 목표로 하는 것이었다. 다시 말해, 지리학이 다루는 현상을 기하학적 속성으로 분류하여 변환함으로써 「자연과 인문의 기하학적 융합」(杉浦 1994: 87)을 하게트가 구하려고 하였다면, 그것은 컴퓨터 디스플레이상에서 지역을 俯瞰的으로 관찰할 수 있는 GIS를 이용한 현대적인 지지학의 실천이었다고 할 수 있다.

III GIS의 입지 분석

1. 공간 데이터 분석이란

상기와 같이 『입지 분석』에서 오늘날 지리학의 프론티어인 GIS의 맹아를 찾을 수 있다. 그러나 『입지 분석』에 전개된 공간 기하학적 시점은 지리학에서의 공간 데이터 분석[2]의 계보 중에서도 초기 단계의 자리를 차지(Fischer 1999)하고, 그 후에는 대부분 통계학적 수법을 이용한 공간 데이터 분석으로 이행되었다.

Fischer(1999)에 의하면 공간 데이터 분석은 입지정보와 속성정보의 두가지 정보로부터 이루어지고 ① 입지정보만을 이용한 분석과, ② 입지정보와 속성정보 양쪽 모두를 이용한 분석으로 나눌 수 있다. 예를 들어 최근엔 척도 등의 점 패턴 분석은 전자에 해당하고, 공간적 회귀 모델 등과 같은 속성정보의 공간적 변동 분석은 후자에 속한다. 다시 말해서 공간 기하학적 시점을 강조한 분석은 입지정보만을 다룬 공간 데이터 분석이고, 입지정보를 가미한 속성정보의 분석에는 다변량 해석 등의 통계적 수법이 이제까지 많이 이용되어 왔다.

그러나 지리학에서 다루는 공간 데이터는 ① 공간적 의존 spatial dependence, ② 공간적 이질성 spatial heterogeneity의 두 가지 성질을 보유하기 때문에 특수하여(Anselin 1990), 종래의 추론적 구조의 통계적 수법은 유효성을 잃는다. 다시 말해 공간적 의존은 예를 들어 인접한 단위 지역간의 속성정보가 서로 연동하는 것과 같이 공간적 자기 상관이 존재하는 것이고, 관찰 데이터는 서로 독립되어야 한다는 통계학상의 전제가 성립하지 않는다. 그리고 공간적 이질성이란 단위 지역이 각각 독자적 존재라는 지역 분화를 의미하고, 관찰 데이터는 같은 모집단으로부터 무작위로 추출된 것이라는 표본 추출의 통계학적 전제가 역시 성립되지 않는다.

그러므로 종래와 같이 추측 통계학을 공간 데이터에 엄밀하게 적용하기보다는 보다 기술적 혹은 탐색적으로 공간 데이터를 분석하는 것이 GIS 환경 하에서 대량의 풍부한 공간 데이터에 대처하는 유용한 방법이라고 Openshaw(1991)는 지적하였다. 구체적으로는 뉴럴네트워크 등의 컴퓨터 · 인텔리전스 기술의 이용인데 이러한 기술로 상술한 공간 데이터 특유의 성질을 도입하면 불확실성 · 오차를 포함한 공간 데이터에 대하여 견실하고 유연한 분석이 가능하다고 한다(Fischer 1999).

Openshaw 등이 주장하는 차세대의 공간 데이터 분석은 종래의 가설 검증적 · 연역적 모델 구축과는 달리 귀납적 · 실용적 측면이 강하다. 이 분석 구조의 차이는 전자가 확증적 공간 데이터 분석 confirmatory spatial data analysis, 후자가 탐색적 공간 데이터 분석 exploratory spatial data analysis이라고 불리며, GIS의 기능 중에서는 데이터 분석 모듈로서 그림 1과 같은 위치를 차지한다(Anselin 1999)[3]. 여기서는 「공간분석」이라는 말이 오로지 두 가지 데이터 분석을 가리키는 것으로 고려해서 그림 1 우측 부분의 「공간 데이터 분석」을 협의의 공간분석이라고 하였다.

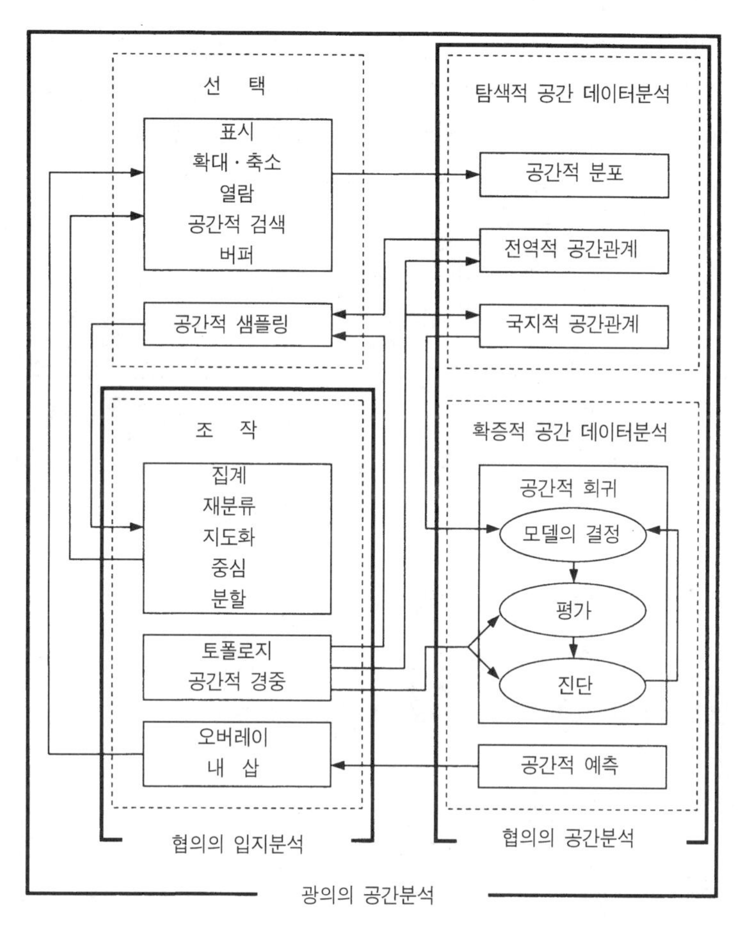

그림 1 GIS에서의 공간분석 개념
(Anselin 1999: 263에 필자가 첨가)

2. GIS에서의 입지 분석의 정의

그러면 하게트가 모색한 공간 기하학적 시점에 의거한 「입지 분석」은 GIS의 기능 중에서 어떤 위치를 차지하는가? 현상의 기하학적 속성에 착안하여 기하학의 조합으로 「지역 시스템」을 이해하려는 시도는 점, 선, 면, 표면과 같은 4종류의 데이터 배열(Unwin 1981), 다시 말해서 GIS에서 취급하는 「공간 오브젝트」의 입지정보를 분석·조작하는 과정이다. 이것은 앞의 Fischer(1999)에 의한 공간 데이터 분석 분류의 ① 입지정보만을 이용한 분석과 거의 같은 의미이며 그림 1에서는 「조작(manipulation)」의 기능에 해당한다. 단 여기서는 입지정보에 속성정보를 가미한 협의의 공간 분석을 입지 분석의 범위에 포함시키지 않는다는 의미로 「조작」 기능을 협의의 입지 분석이라고 정의하고자 한다.

「조작」은 데이터 수집으로 얻어진 공간 오브젝트를 그 오브젝트간의 공간 관계에 따라 집계・재분류하거나 공간 오브젝트의 기하학적 속성을 변환하기도 한다. 예를 들어 GIS 조작에 있어서의 포인트・라인・폴리곤은 점과 면의 공간 관계를 토대로 한 데이터 집계이고 점 데이터에 대한 티센(보로노이)분할은 점으로부터 면으로의 기하학적 속성 변환이다. 그리고 「조작」에 의해 생성된 새로운 공간 오브젝트나 속성정보는 그림 1과 같이 「선택」을 위한 지도 표시나 「공간 데이터 분석」을 위한 입력 변수로서 투입된다.

협의의 공간 분석에 해당하는 「공간 데이터 분석」은 GIS의 옵션・툴로서의 의미가 강하고 보통의 상업용 시스템에는 모듈로서 들어 있지 않은 경우가 많다(Anselin 1999). 이에 대하여 협의의 입지 분석에 해당하는 「조작」은 대부분의 GIS에 갖추어진 GIS모듈로서 실제로 이 데이터 조작이야말로 GIS를 이용하지 않았던 종래의 공간 분석의 분석 방법에서는 볼 수 없었던 GIS 특유의 새로운 분석 수순인 것이다(Getis 1999)[4].

3. GIS에 의한 입지 분석의 사례

여기서 한가지 사례를 살펴보자. 그림 2는 世田谷區의 편의점의 분포를 나타낸 것이다[5]. 분포 패턴은 대상지역 내의 도심 가까이로부터 약간 동쪽으로 치우치긴 했지만 거의 전 지역 내에 분포하고 있음을 알 수 있다.

이러한 편의점의 분포를 규정하는 요인으로서 수요 분포의 한 지표인 인구 분포와 비교하여 보자. 현재 취득 가능한 최소 지역 단위의 인구 데이터는 『국세조사 기본단위 구별집계』에 의한 기본 단위구 데이터이다. 그러나 기본 단위구 데이터는 각 단위구의 대표 지점에 대한 위치 정보만을 가지고 있으며 실제의 기본 단위구 경계를 디지털화한 폴리곤・데이터를 취득할 수 없다. 따라서 보통은 인구의 절대량 분포를 각 대표 지점별로 기호화 표시할 수 밖에 없다. 이것으로는 대상지역 내의 인구분포를 연속적임과 동시에 면적으로 확산하는 수요 분포로서 정확하게 표현하는 것이 어렵다.

인구 분포를 연속면으로 표시하기에는 속성정보를 인구 밀도로 가공하여 표시 단위를 면으로 한 콜프레스・맵이 좋다. 이것은 기본 단위구의 폴리곤・데이터를 필요로 한다. 폴리곤・데이터의 작성은 기본 단위구의 경계를 나타낸 종이지도를 디지타이징하여 얻을 수 있지만 작업량이 매우 많다. 그래서 각 기본 단위구의 대표 지점에 대하여 티센 분할을 하고 점으로부터 면으로 기하학적 속성을 변환함으로써 간이적인 폴리곤・데이터를 얻는다.

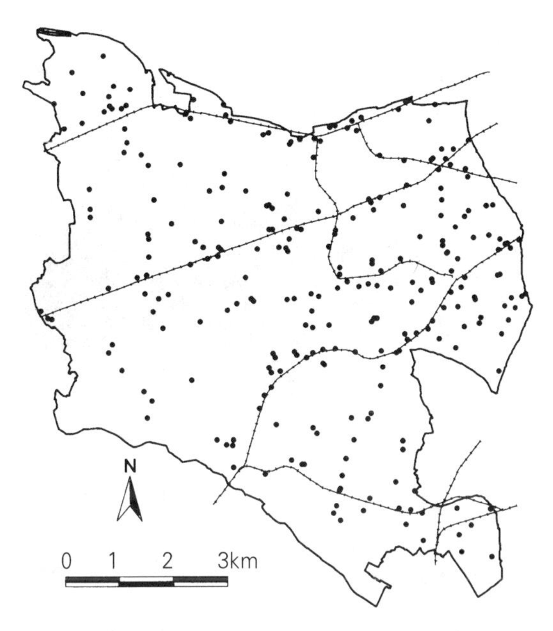

그림 2 世田谷區의 편의점의 분포

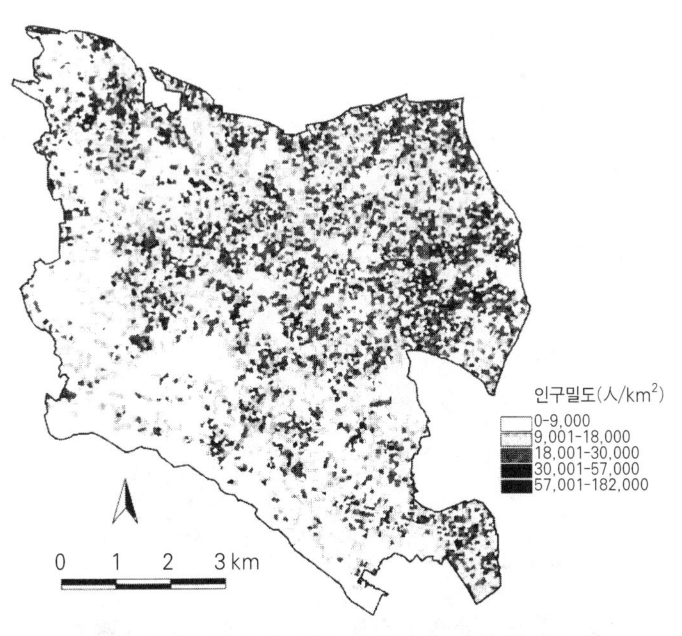

그림 3 世田谷區의 기본 단위구별 인구 밀도의 분포
주: 번잡함을 피하기 위해 틴센 다각형의 경계는 표시하지 않음.
자료: 「1995년 국세조사 기본단위 구별 집계」

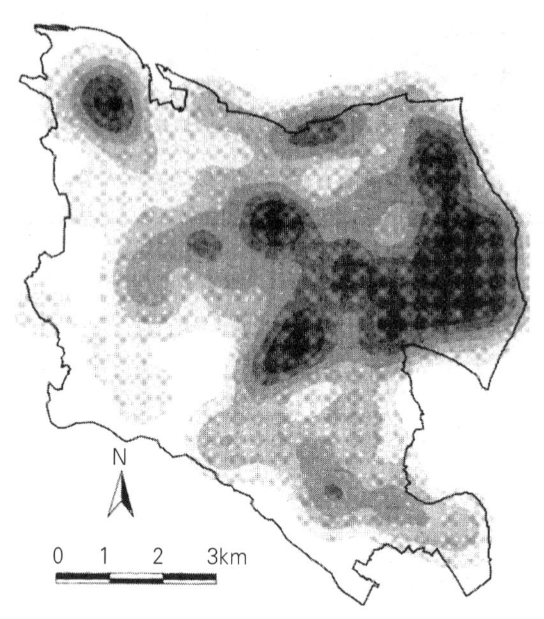

그림 4 편의점 분포의 커넬 추정치(반경 1km)

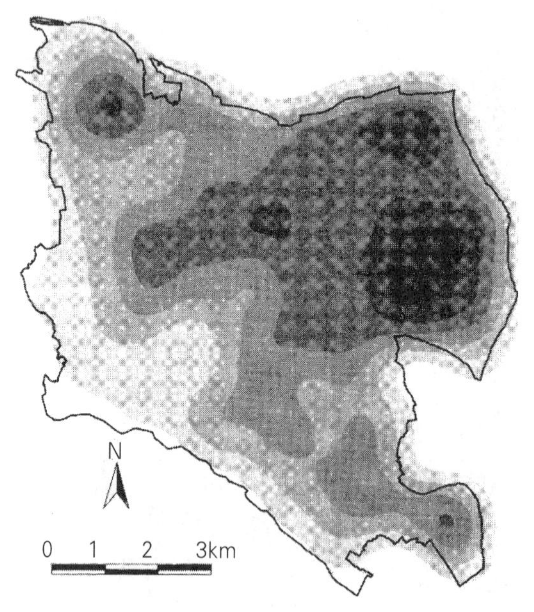

그림 5 기본 단위구 인구 분포의 커넬 추정치(반경 1km)

그림 3은 이러한 데이터 조작에 의해 얻어진 폴리곤(티센 다각형) 단위로 인구를 각 폴리곤의 면적에서 뺀 인구 밀도 분포를 나타내고 있다. 그림 2와 비교하면 편의점의 분포가 조밀한 곳과 인구 밀도가 높은 지역이 공간적으로 어느 정도 대응하고 있음을 알 수 있다.

그러나 그림 2와 그림 3을 통해서는 편의점과 인구 분포 패턴간의 전 지역적 경향의 유이성을 명료하게 인정하기 어렵다. 그래서 점 패턴에 대한 평활화 기법의 하나인 커넬 밀도 추정(Bailey and Gatrell 1995)에 의해 양자의 밀도 분포를 구하고 점으로부터 표면으로 변환한 것이 그림 4와 그림 5이다. 커넬 밀도 추정은 각 점으로부터 일정 거리를 검색 범위로 하여 검색 범위내의 점집합을 집계・밀도 변환하고 밀도 관수를 토대로 검색 범위내의 연속적인 밀도 분포를 추정하는 것이다[6].

검색 범위를 반경 1 km의 원으로 한 커넬 밀도 추정 결과, 편의점과 인구밀도 분포패턴은 양자 모두 대상 지역의 동쪽에서 높은 밀도 분포를 나타내고 있고 북부에 국소적인 고밀도 지역이 존재함을 알 수 있다. 다시 말해 단순한 지도의 비교이긴 하지만 양자의 분포 패턴에는 공간적으로 명료한 대응 관계가 인정되고, 수요 분포가 편의점 분포의 규정 요인임을 시사한다는 인과 관계의 존재를 확인할 수 있다.

이상과 같은 공간 오브젝트의 기하학적 변환과 오브젝트간의 공간관계를 토대로 집계・가공하여 얻은 새로운 속성정보는 공간적 패턴으로부터 현상의 생성 과정을 읽으려는 분석자에게 유익한 정보를 제공하고, 앞으로 생각해야 할 현상의 모델화나 데이터 분석 방향성의 지표가 될 수 있다.

GIS 특유의 분석 방법인 「조작」을 통하여 입지 분석을 실시하고 공간 데이터 분석과 연결함으로써 GIS에 있어서의 공간분석이 실현된다. 그림 1에 나타난 「선택」, 「조작」, 「탐색적・확증적 공간 데이터 분석」의 전체 기능을 광의의 공간분석이라고 정의하면, GIS에서의 입지 분석은 ① 기하학적 속성의 변환, ② 공간 관계를 토대로 한 속성정보의 생성 기능을 갖는 공간분석의 서브시스템으로서 자리 매겨진다.

Ⅳ 마치면서

하게트의 『입지 분석』은 1977년에 제 2판(Haggett et al. 1977)이 출판되었는데 1965년의 초판과 비교하면 그 간의 분석 기술의 진전과 방법론적 향상과 더불어 특히 제 2부의 「입지 분석의 방법」을 중심으로 대폭 개정되었다. 만약 『입지 분석』 제 3판이 간행된다면 아마도 오늘날의 GIS기술 발전이 크게 다루어 질 것임에 틀림없다(Johnston 1999). 그러나 이미 살펴보았듯이 『입지 분석』에는 그 초판에서부터 오늘날의 GIS 기술・개념, GIS를 이용한 입지(공간) 분석상의 문제, GIS를 통한 지지학(地誌學)의 실천이라는 시점 등이 내포되어 있어 시사하는 바가 크다.

입지 분석을 위한 GIS의 유용성을 생각해 볼 때 이미 확립되어 있는 입지 분석 방법을 GIS의 옵션・툴로서 도입하고 GIS상에서 선택적인 입지 분석과 효율적인 분석 결과 표시가 가능해졌다는 편리성을 지적하는 것은 쉬운 것이다. 그러나 이것은 인터페이스 향상의 문제로서 GIS 이용에 따른 입지 분석, 혹은 입지 분석을 위한 GIS의 본질적인 중요 문제는 아니다. 오히려 분석 툴의 이용이 손쉽게 된 반면, 예를 들어 규칙 위반의 주제도 작성이나 불충분한 이해에서의 모델 선택 및 파라메타 값의 설정 등 알지 못하는 사이의 툴 오용을 가져올 위험성도 있다.

Ⅱ절에서 소개한 하게트의 브라질에서의 데이터 수집 사례에서 우리가 배워야 할 것은 무엇인가? 그것은 모델 구축과 데이터 분석에 걸맞는 입지정보나 속성정보를 데이터 조작에 의해 변환・생성하는 과정의 중요성이다. 이러한 지적과 더불어 입지 분석을 위한 GIS 이용의 유용성에 대하여 본 글에서 다음과 같은 2가지 사항을 지적하고자 한다.

1) 공간 기하학의 실천

하게트가 주장한 것과 같이 현상의 기하학적 측면에 집중하여 자연과 인문을 융합하는 지리학이 가능하다면 공간 기하학은 하나의 공통 언어가 될 수 있다. GIS의 벡터・데이터 구조와 공간 오브젝트의 위상 구조화는 지역 형상의 계측이나 집합 관계를 분석할 때 유용하다. 그리고 공간 오브젝트의 기하학적 속성의 변환에 의해 현상의 공간적 패턴을 이해하기 위한 보다 유익한 정보가 제공된다면 GIS의 데이터 조작은 공간 기하학, 혹은 입지 분석의 실천이라는 의미에서 유용하다.

2) 공간관계를 토대로 한 데이터 생성

현상의 이해・설명을 위한 모델 구축이나 데이터 분석에는 그것에 맞는 단위 지역의 설정 및 속성정보의 집계・가공이 필요하다. 공간 오브젝트 간의 공간관계를 토대로 한 데이터 조작은 새로운 단위 지역의 설정이나 속성정보의 생성을 가능하게 한다. GIS로 데이터 생성을 위한 입지 분석을 실시하여 얻은 데이터로부터 정밀한 공간 분석이 실현된다. 이러한 분석과 GIS 조작의 상호작용 관계가 GIS 이용의 유용성이라고 생각된다.

주

1) 本稿では『立地分析』の初版（1965年出版）を対象とする。
2) 空間データ分析とは，厳密な意味での空間分析と同義であり（Fischer 1999），後述するように，本稿でも空間分析の中に空間データ分析を含むような包含関係を想定している。
3) Anselin（1999）によれば，GISの機能は，①入力，②貯蔵，③分析，④出力に分類され，このうち③の分析機能は，さらに「選択」，「操作」，「探索的空間データ分析」，「確証的空間データ分析」に細分される。図1はこの③の分析機能をまとめたものである。
4) Getis（1999）によれば，従来の空間統計分析 spatial statistics analysis の手順として，①問題の定義，②（データ）収集，③調査（データ処理），④モデルの特定，⑤モデルの実行，⑥結果報告というアプローチをとるが，GISによるアプローチでは，②と③の間にデータ操作 data manipulation という分析手順が新たに加わる。
5) コンビニエンス・ストアの分布は1994年時点のものであり，詳細は石﨑（1998）を参照されたい。
6) ArcViewでは，オプション・ツールのSpatial Analystの中でカーネル密度推定のコマンドを実行しうる。

참고문헌

石﨑研二 1998．店舗特性・立地特性からみた世田谷区におけるコンビニエンス・ストアの立地分析．総合都市研究 65: 45-67.

クリスタラー，W. 著，江沢譲爾訳 1969.『都市の立地と発展』大明堂．Christaller, W. 1933. *Die zentralen Orte in Süddeutschland.* Jena: Fischer.

杉浦芳夫 1994．ピーター・ハゲット　現代地理学における知の冒険者．地理39(11): 81-89.

ハゲット，P. 著，野間三郎監訳・梶川勇作訳 1976.『立地分析　上・下』大明堂．Haggett, P. 1965. *Locational Analysis in Human Geography.* London: Edward Arnord.

Anselin, L. 1999. Interactive techniques and exploratory spatial data analysis. In Longley, P. A., Goodchild, M. F., Maguire, D. J. and Rhind, D. W. ed. *Geographical Information Systems: Principles and Technical Issues 2nd ed.*, 253-266. New York: John Wiley & Sons Inc.

Bailey, T. C. and Gatrell, A. C. 1995. *Interactive Spatial Data Analysis.* New York: John Wiley & Sons Inc.

Fischer, M. M. 1999. Spatial analysis: Retrospect and prospect. In Longley, Goodchild, Maguire and Rhind ed. op. cit., 283-292.

Getis, A. 1999. Spatial statistics. In ibid., 239-251.

Goodchild, M. F. 1996. Geographical information systems and spatial analysis in the social sciences. In Aldenderfer, M. and Maschner, H. D. G. ed. *Anthropology, Space, and Geographic Information Systems,* 241-250. New York: Oxford University Press.

Haggett, P. 1964. Regional and local components in the distribution of forested areas in southeast Brazil: A multivariate approach. *Geographical Journal* 130: 365-380.

Haggett, P., Cliff, A. and Frey, A. 1977. *Locational Analysis in Human Geography 2nd ed.* London: Edward Arnord.

Johnston, R. J. 1999. Geography and GIS. In Longley, Goodchild, Maguire and Rhind ed. op. cit., 39-47.

Openshaw, S. 1991. Developing appropriate spatial analysis methods for GIS. In Maguire, D., Goodchild, M. F. and Rhind, D, ed. *Geographical Information Systems: Principles and Applications*, 389-402. New York: John Wiley & Sons Inc.

chapter 7

토지이용 연구와 GIS

鈴木厚志

I 들어가며

토지 이용을 「인간의 토지에 대한 운영」(山口 1989)이라고 할 경우 그 연구 의의는 매우 크고, GIS를 사용하기 이전부터 많은 연구자에 의해 그 방법론과 함께 연구의 축적이 있어왔다(長谷川 1972; 奥野 1972; 瀨戸 1972). 1995년에 간행된 근대 이후 일본의 토지이용 변화를 테마로 한 『아틀라스 일본 열도의 환경 변화』(西川 1995)에서 볼 수 있듯이, 최근의 토지 이용 연구는 데이터 수집 · 조합(照合) · 표시의 과정에서 리모트센싱이나 지리정보시스템의 사용이 전제가 되고 있다(Johnston 2000).

본 장에서는 먼저 GIS에 의한 토지이용 연구를 추진하는데 빼놓을 수 없는 디지털지도 데이터의 특성과 문제점을 정리한다. 계속해서 GIS를 이용한 토지이용 연구의 사례를 마크로 스케일로부터 미크로 스케일의 순서로 보고한다. 이로부터 GIS 이용의 유효성과 과제를 전통적 연구 방법과 대비시켜서 고찰하고자 한다. 또 본 장에서는 토지이용을 「지표의 이용 상태를 기능적으로 구분하거나 사회적인 이용 상태를 나타낸 것」(長谷川 1998)으로 보고, 「지표의 물리적 상태에 해당되는 지표를 덮고 있는 물체의 속성에 기초한 구분」(長谷川 1998)을 나타내는 토지피복분류와 구별하여 다루고 오직 전자만을 고찰 대상으로 한다.

II 디지털 지도 데이터와 공간 스케일

토지이용 상황을 식별하는 속성 데이터에는 표 1과 같은 것이 있다. 이는 일본 전국, 혹은 대도시권의 비교적 광역에 대한 디지털 지도 데이터이기도 하다. 이 가운데 「국토수치정보 1/10 세분구획 토지이용 데이터」는 열다섯 가지의 토지이용 구분(1989년은 13구분)을 100 m 메쉬로 표시할 수 있다(건설성 국토지리원 감수 1992). 이 지도 데이터는 현재 일본에 존재하는 토지이용 데이터 가운데에서 가장 널리 쓰이는 것 중의 하나이다.

「농업센서스 메쉬 데이터」는 농업적 토지이용을 보다 상세하게 파악할 수 있고 밭, 과수원, 뽕밭 등의 각 경영 경지 면적이 제 3차 지역 구획별로 집계되어 있다. 데이터 작성 과정에 있어서 은닉 장치가 있는 등 약간의 제약이 있지만 광역의 농지 이용의 실태 파악에는 유용하다(尾藤 1998).

「LUIS(Land Use Information System」는 표 1중의 다른 데이터와는 달리 매우 독특하다. 1980년대 후반부터 氷見山幸씨 등에 의해 제작되었고, 원자료로는 국토지리원 발행의 5만분의 1 지형도를 사용하고 있다. LUIS는 지형도를 2 km 메쉬로 구분하여 메쉬별 토지이용 상황을 판독·디지털화하여 표시용 소프트와 함께 시스템화하였다. 토지이용 데이터는 근세에서 현대까지 4시점에 걸쳐 정비되어 있다(氷見山 1993). 지리학자에 의해 제작된 귀중한 데이터라고 하겠다.

「정밀 수치정보 10 m 메쉬 토지이용」은 국토기본도와 컬러 항공사진을 원자료로 하여 작성된 토지이용 데이터이다. 지역 단위가 10 m 메쉬이므로 세밀한 토지이용을 표시할 수 있고 그 변화를 파악할 수 있다. 수도권인 경우 자료의 경신 주기가 5년이기 때문에 토지이용 연구를 추진하는데 있어서 매우 유효한 속성 데이터이다.

표 1의 토지이용을 식별하는 속성 데이터에 추가하여 이것과 병용하는 디지털지도 데이터를 데이터 종류와 공간 스케일을 표시하는 직교축 상에 각각 배치시켜 보았다(그림 1). 이 축은 데이터의 종류와 공간 스케일을 나타낸다. 토지이용에 대한 속성정보와 표고 데이터는 일반적으로 래스터형식으로 정비되지만 도로·철도·가로 구획·행정경계는 벡터 형식으로 제공된다. 최근의 경향은 민간기업에 의한 미크로 스케일 한 연구에 대응 가능한 지도 데이터 제작과 그 판매가 활발하다((주)인포메틱스 2000). 이와 같은 디지털지도 데이터를 연구에 이용하려면 토지이용 구분 등의 내용, 정비 상황(간행 범위), 갱신 시기와 간격, 이용이나 가공의 용이함 그리고 무엇보다 가격 확인을 해야 할 것이다.

이상과 같은 점에서 판단해 볼 때 데이터의 내용에 제약이 따르는데 일본 전국에 걸쳐 이용 가능한 「국토수치 정보 1/10 세분구획 토지이용 데이터」가 1989년 이후 간행되지 않는다는 점, 「수치지도 2500(공간데이터 기반)」을 비롯한 미크로 스케일의 토지이용 연구에 유용한 지도 데이터의 정비가 대도시권에 한정되어 있는 등의 제약이 있다. 지도 데이터는 만드는 것에서 구입하는 것으로 이행되고 있다고 하지만 현지 조사를 실시하여 조사 결과를 디지타이저를 사용하여 GIS로 입력하는 것도 고려해야만 한다.

표 1 토지이용 상황을 식별하기 위한 디지털 지도 데이터

데이터	제작년도	데이터 종류	작성기관	정비 상황	내 용
국토수치정보 1/10 세분구획 토지이용 데이터	1976년 1989년	래스터	국토지리원	전국	100 m 메쉬로 논, 밭, 과수원, 건물용지 간선교통용지 등 15구분(단, 1989년은 12구분)
농업 센서스 메쉬 데이터	1980년	래스터	농립수산성	전국	제3차 지역구획(약 1 km 메쉬)으로 보통밭, 과수원, 차밭 등의 경영 경지면적 등 8구분
LUIS (Land Use Information System)	1850년경 1900년경 1955년경 1985년경	래스터	氷見山幸夫 등에 의해	전국	2 km 메쉬로서 5만분의 1 지형도 도식을 기반으로 하여 농업적 토지이용, 삼림, 도시집락, 도로, 철도 기타의 20구분
정밀수치정보 10 m 메쉬 토지이용	1974년 1979년 1984년 1989년 1994년	래스터	국토지리원	수도권 중부권 近畿圈	10 m 메쉬로서, 산림, 황무지 등, 밭·나대지, 공업용지, 밀집저층주택지, 도로용지 등 16구분(수도권의 경우)

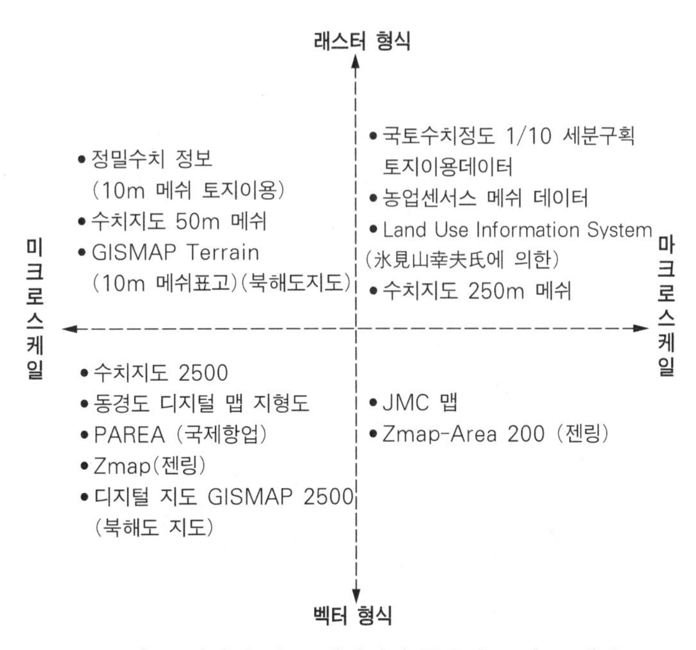

그림 1 디지털 지도 데이터의 종류와 공간 스케일

GIS에 의한 토지이용 분석

본 장에서는 마크로 스케일로부터 미크로 스케일로 시점을 전개하면서 필자가 이제까지 실시해 온 연구의 일부를 소개한다.

1. 「水戸」의 고도대별 토지이용 구성

표준지역 메쉬 · 코드의 제 1차 지역구획(지역명 : 水戸, 코드번호 : 5440)을 기본으로 그림 2에 나타낸 흐름에 따라 작업을 하였다. 데이터로는 「국토수치정보 1/10 세분구획 토지이용 데이터」와 「전국 市區町村 경계데이터」(파스코사 제공)와 「수치지도 250 m 메쉬」를 사용하였다. 채용한 지도 투영법은 UTM(제 54대)으로 타원체는 Bessel, GIS 어플리케이션은 ArcView(Spatial Analyst를 사용)를 사용하였다. 각 지도 데이터는 이미 파스코사의 「수치지도 데이터 변환 툴」을 이용하여 쉐이프 파일로 변환하였다.

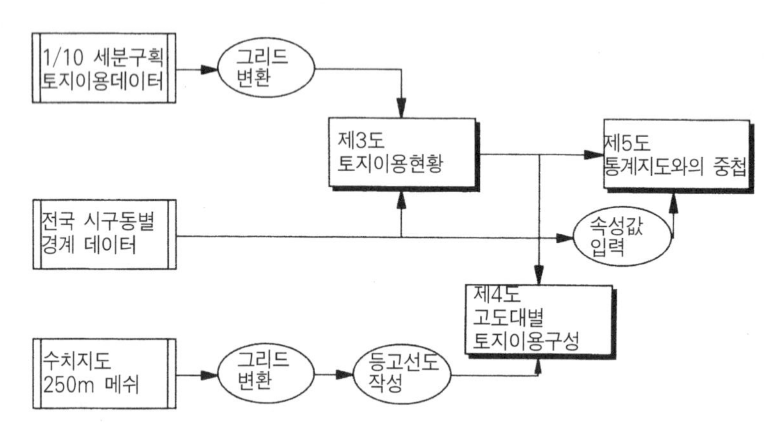

그림 2 「水戸」의 고도대별 토지이용 구성 데이터 처리의 흐름

그림 3은 그리드 파일로 변환된 1989년의 「1/10 세분구획 토지이용 데이터」에 각 토지이용 구분에 따라 색을 부여하고, 「전국 市區町村 경계데이터」를 백지도로 사용하여 양자를 중첩시킨 것이다. 이것을 통해 광역의 토지이용 상황을 파악할 수 있다.

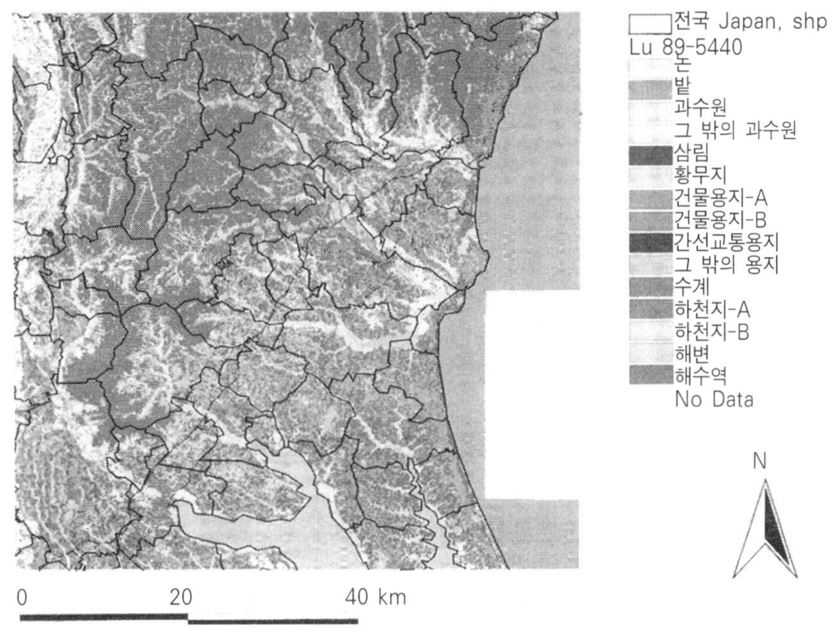

그림 3 「水戶」의 토지이용 상황(1989년)

다음의 그림 4는 「수치지도 250 m 메쉬」로부터 10 m 간격의 등고선도를 작성하고, 그림 3에 나타낸 각 토지이용 상황과 크로스 집계하여 고도대별 토지이용 구성을 그래프화한 것이다. 「수치지도 250 m 메쉬」의 정밀도를 고려해야 하겠지만 표고치의 증가에 수반되는 수역 · 농지 · 건물용지 등의 구성비 감소와 삼림 등의 면적 증가를 읽어낼 수 있다. 이와 같은 표현 외에 경사각도나 경사방향과 토지이용 상황과의 크로스 집계도 가능하다.

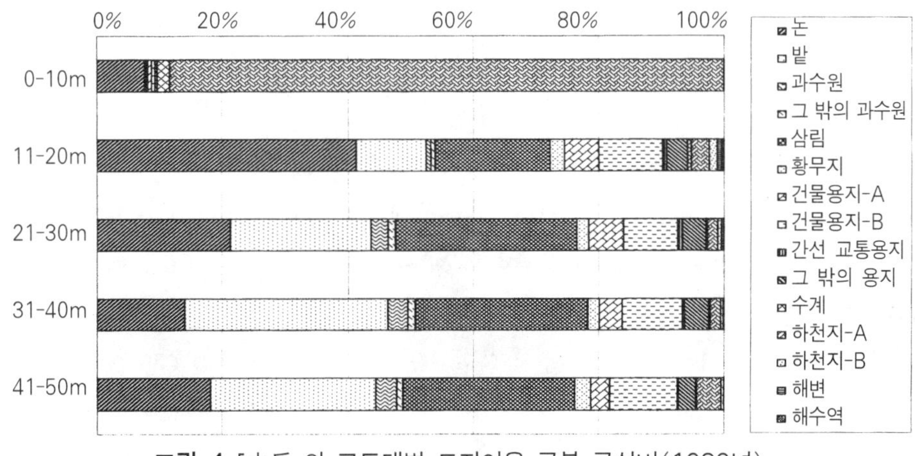

그림 4 「水戶」의 고도대별 토지이용 구분 구성비(1989년)

그림 5는 그림 3에 사용한 「전국 市區町村 경계데이터」에 산업별 취업자수와 인구수 등의 속성 데이터를 입력하여 파이차트로 표현한 통계 지도와 중첩한 것이다. 원의 크기는 市區町村별 인구수에 대응한다.

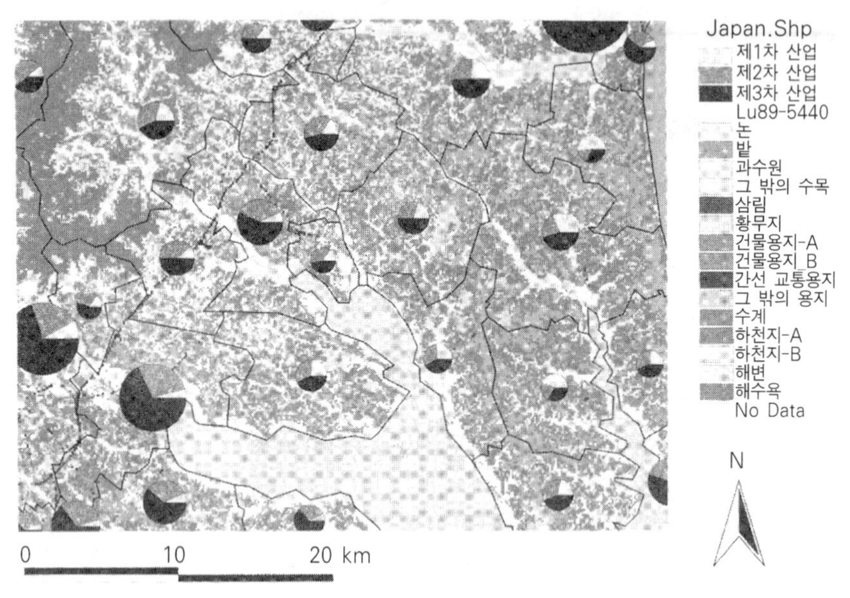

그림 5 霞介浦 주변지역의 토지이용 상황과 산업 구성비(1989년)
주: 산업구성비에 사용한 자료는 국세조사(1995)를 참조함.

여기에 나타낸 지도는 토지이용과 자연적 기반, 토지이용과 사회경제적 특성과의 대응 형태를 표현·파악하고자 작성한 것이다. 그림 3과 같은 단순한 토지이용 상황의 표현은 지형도 상에 채색하는 것만으로도 가능하다. 그러나 그림 4나 5와 같은 현상간의 대응관계를 객관적으로 분석할 때 GIS가 큰 힘을 발휘하게 된다.

2. 秋留台의 토지이용 변화

秋留台(동경도 아키루野市)의 토지이용 변화에 대하여 소개한다. 여기서는 메소 스케일로부터 미크로 스케일의 토지이용 상황 파악을 위하여 「정밀수치정보 10 m 메쉬 토지이용」(1974년, 1994년)과 「수치지도 50 m 메쉬」와 「수치지도 2500」을 이용하였다(그림 6). 지도 투영법은 평면 직각 좌표계(제 9계), 준거 타원체는 Bessel이다. 사용한 GIS 어플리케이션은 ArcView(Spatial Analyst를 사용)이다. 전 절과 마찬가지로 각 지도 데이터는 「수치지도 데이터 변환 툴」에 의해 쉐이프 파일로 변환을 실시하여 사용하고 있다.

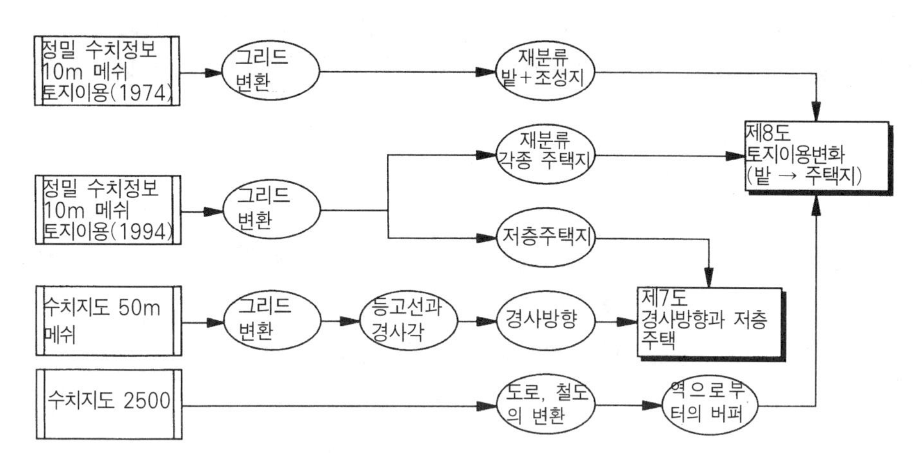

그림 6 秋留台의 토지이용 변화에 대한 데이터 처리 흐름

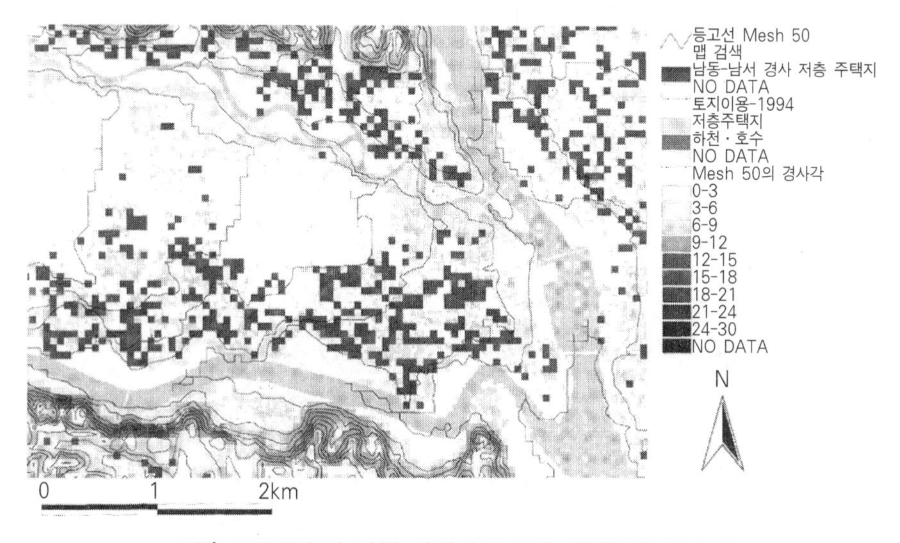

그림 7 秋留台의 남향 사면상의 저층 주택지(1994년)

그림 7은 먼저 「수치지도 50 m 메쉬」를 기본으로 한 10 m 간격의 등고선과 경사각을 계급 구분도로 표현한다. 그 그림에 남동 · 남 · 남서의 소위 남쪽방향 사면과 저층 주택지와의 논리합(AND)의 결과를 중첩시킨 것으로 그 분포는 *秋留台*의 남동에 많다는 것을 확인할 수 있다.

그림 8에서는 1974년 「정밀 수치정보 10 m 메쉬 토지이용」의 토지이용 구분인 '밭'과 '조성지'를 재분류하여 통합하고, 또 1999년의 '저층 주택지'와 '밀집 저층 주택지'와 '중고층 집

택지'를 같은 방법으로 통합한다. 그리고 양자의 논리합(AND)을 구한다. 다음으로 「수치지도 2500」으로부터 도로와 철도, 역으로부터 1 km 버퍼(250 m 간격)를 작성한 지도와 중첩시킨다. 이 도면으로부터 밭에서 주택지로의 토지이용 변화는 東秋留역의 북부와 JR 五日市線의 남측, 그리고 역에서 250 m 범위에서 750 m의 거리대로 많이 진전되었음을 알 수 있다

그림 7은 토지이용과 자연적 기반과의 관계에 착안한 점에서 그림 4와 공통점이 있다. 그러나 그림 7에서는 GIS의 처리 기능인 지역 검색(논리합)을 이용하여 특정 토지의 상태와 토지이용과의 관계를 보여주고 있다. 그림 8은 토지이용 구분의 재분류(통합)를 실시하여 두 시점간의 토지이용 변화를 추출하여 역으로부터의 버퍼상에 표현하였다. 다시 말해 공간(거리)의 제약성을 독립변수로 하여 토지이용 변화를 분석하고자 시도한 것이다.

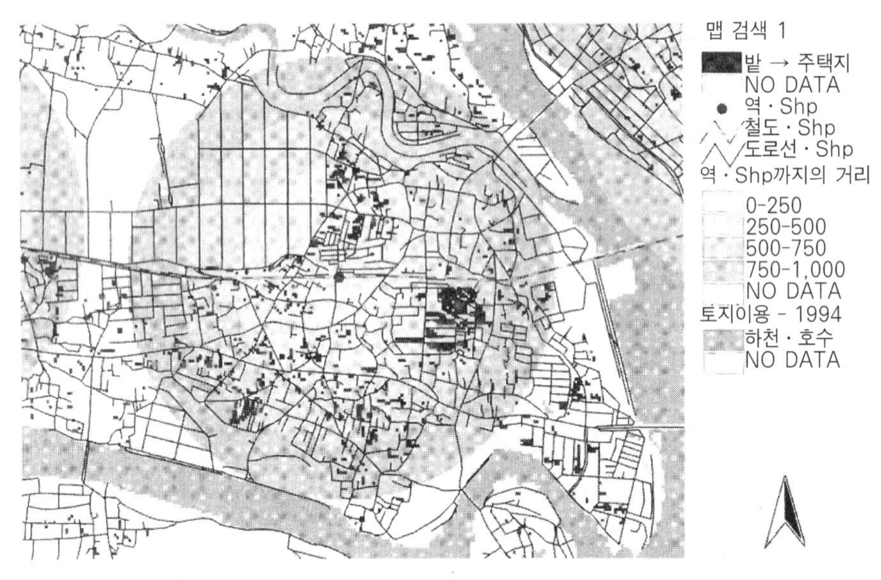

그림 8 東秋留역 주변의 밭으로부터 주택지로 토지이용 변화한 지역과 버퍼 존(1974 · 1994년)

3. 輕井澤町 塩澤 지구의 토지이용 변화

마지막으로 미크로 스케일의 사례를 소개한다(鈴木 1998). 여기서는 2500분의 1 국토기본도를 토대로 건물과 토지이용에 대한 현지 조사를 실시하여 그 결과를 디지타이저로 입력하고 분석하였다. 그림 9에 나타낸 바와 같이 토지이용 상황은 이미 현지 조사로 확인하였다.

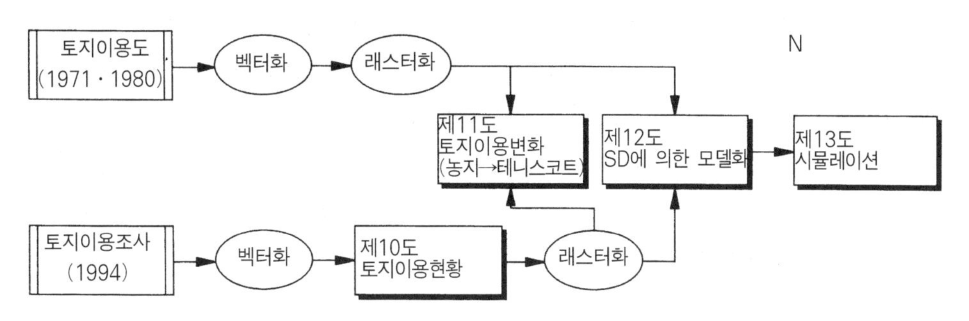

그림 9 輕井澤町 塩澤지구의 토지이용 변화 데이터 처리 흐름

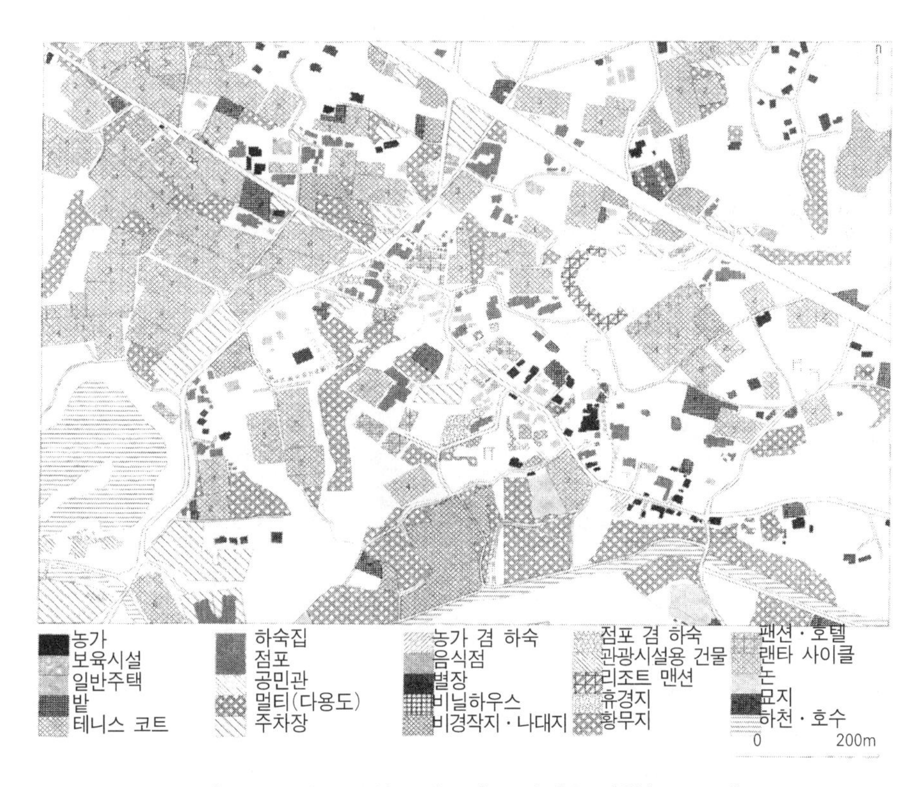

그림 10 輕井澤町 塩澤지구의 토지이용 현황(1994년)

단, 1971년과 1980년의 토지이용은 문헌(宇野 1981)에 게재된 지도를 확대하여 디지타이저로 입력하였다. 따라서 지도의 정밀도에 약간 문제가 생기고 있다. 이것을 제거하기 위하여 래스터화 한 이후에 분석하였다. 지도 투영법은 평면직각 좌표계(제 9계), 준거 타원체는 Bessel이다. 어플리케이션으로 MapGrafix와 STELLA를 사용하였다.

그림 10은 현지조사 결과를 기본도에 기입하고 그것을 디지타이저로 입력하여 벡터 형식으로 표시한 것이다. 토지이용 구분별로 레이어를 작성하였기 때문에 선행적 표시가 가능하고 중첩에 의한 분석이 가능하다. 그림 11은 1971년도와 1980년의 토지이용도를 20 m 메쉬를 단위로 래스터화 하였다. 이 도면에서 1971년의 농지와 1980년의 테니스 코트를 중첩시킴으로서 진한 색의 래스터 부분으로 토지이용 변화가 있었던 위치를 표현하고 있다. 또한 동그라미 기호는 농가와 점포를 나타낸다.

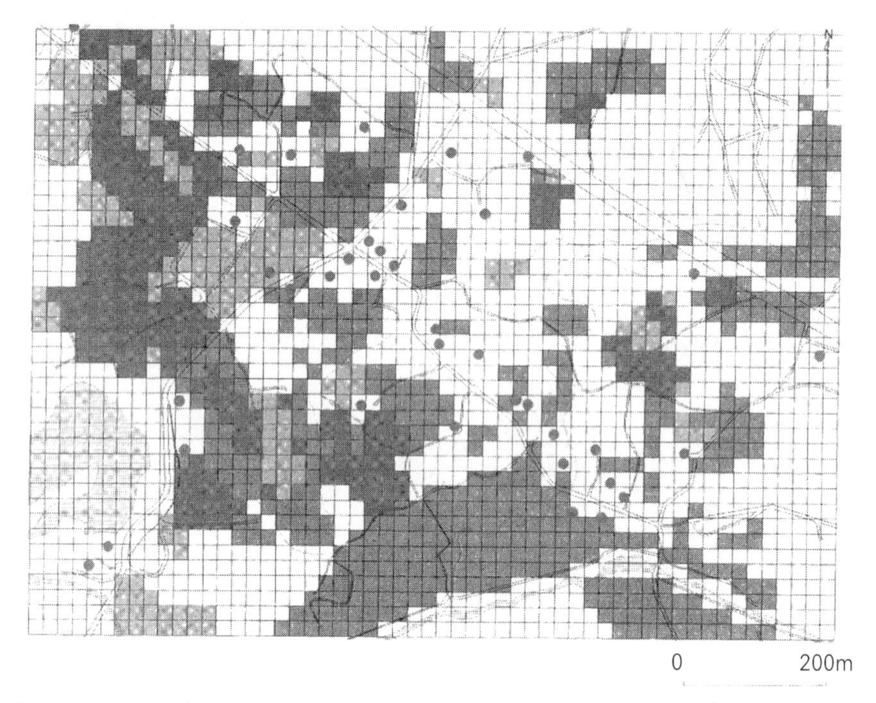

그림 11 軽井澤町 塩澤지구 농지에서 테니스 코트로의 토지이용 변화(1971 · 1980년)

그림 12는 같은 지구에서의 현지 조사를 토대로 한 토지이용을 테니스 코트, 농지, 황무지의 3섹터로 나누어 시스템 다이나믹스 모델에 의해 섹터 내와 섹터간의 연결을 나타낸 플로어 다이아그램이다(島田 1994). 그림 중의 외생 변수나 그래프 관수는 현지 조사나 농업 센서스나 輕井澤町 관공서 발행의 자료를 사용하여 결정하였다. 이 모델을 기본으로 그래프 관계수 등의 조작을 실시하여 1971년부터 2010년을 목표 연차로 시뮬레이션 한 결과가 그림 13이다. 3시점의 각 섹터 면적치의 추이를 나타내었으며 이와 동시에 2010년까지의 예측치도 나타내고 있다. 앞으로의 토지이용 변화를 알아 볼 수 있고 참고가 되는 데이터를 제공하고 있다.

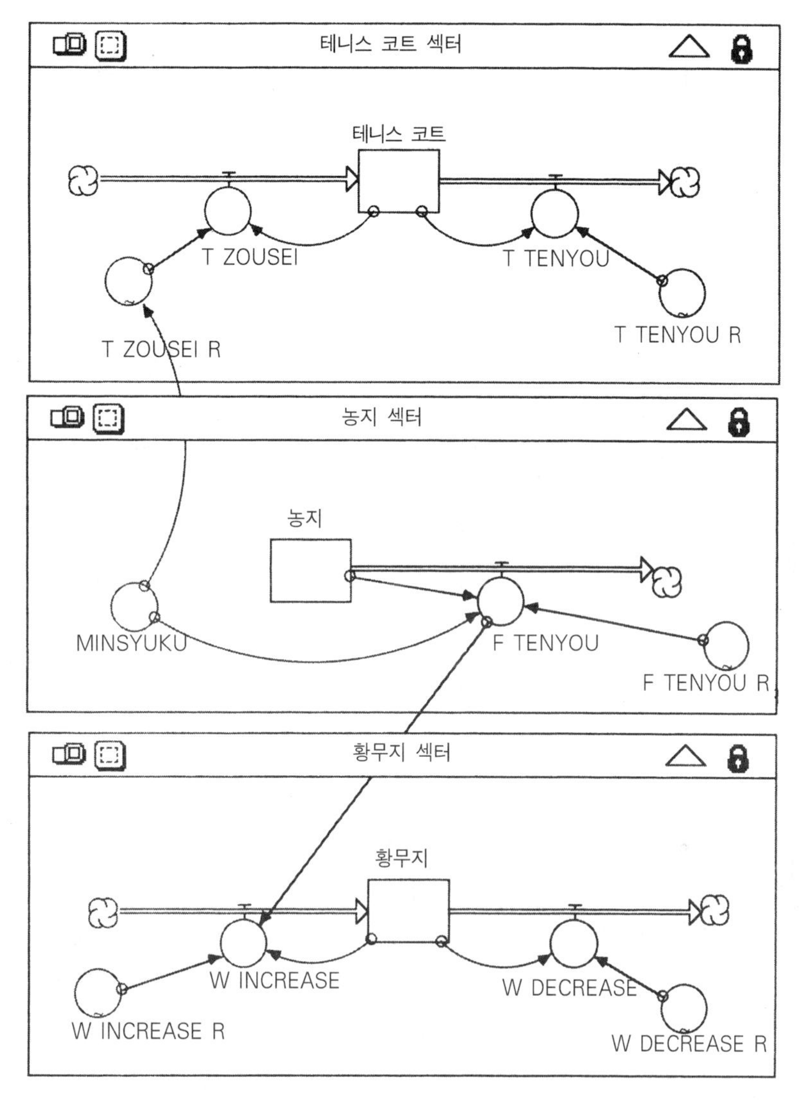

그림 12 輕井澤町 塩澤지구의 시스템 다이나믹 플로어 다이어그램

여기의 사례에서는 디지털지도 데이터를 전혀 사용하지 않았다. GIS는 현지조사 결과를 입력·표시·면적을 계측하는 툴로서 사용하고 있다. 계측된 면적치는 모델화를 위한 기초적 자료로서 사용되었고 이로부터 연구 대상지역에 전개되는 지역 요소와의 순환적인 관계가 분석되었다.

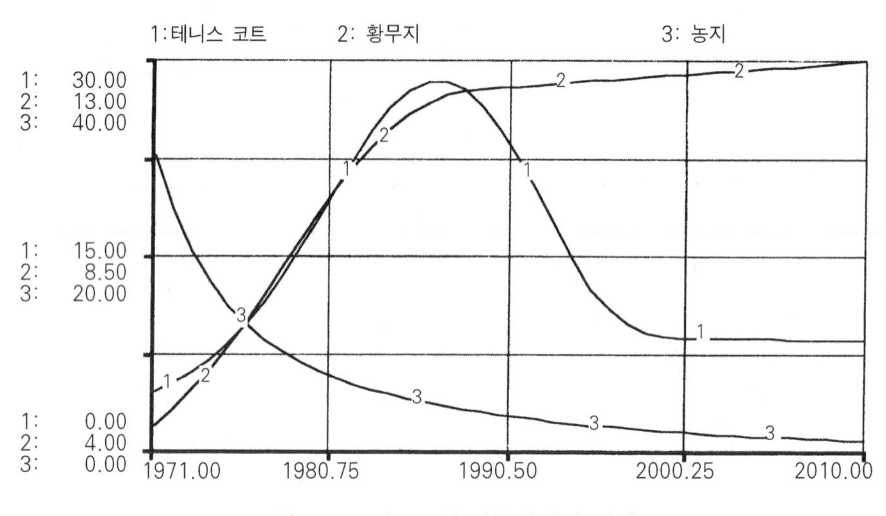

그림 13 그림 12의 시뮬레이션 결과

Ⅳ 마치면서

본 장에서는 토지이용 연구에서의 GIS 이용 사례를 소개하고 그 유용성과 문제점을 살펴보았다. 마지막으로 과제를 정리하고 약간의 전망을 살펴본다.

제 1의 과제는 지도 데이터의 소유 확인과 선택이다. 디지털지도 데이터의 클리어링 하우스를 정비하는 한편, 개인에게 있어서는 토지이용 연구에 사용할 수 있는 지도 데이터의 작성기관, 작성 목적, 자료 연도, 내용 등을 정확하게 파악해 둘 필요가 있다. 특히 지도 데이터의 토지이용 구분 그 자체에 연구 내용이 규정되는 경우가 많으므로 각 구분의 정의나 대응하는 지도의 스케일에도 주의를 기울여야 한다.

제 2의 과제는 적절한 분석법의 선택과 고찰이다. 여기서는 다루지 않았으나 토지이용의 계량분석은 토지이용의 구성비나 천이, 그리고 토지이용 혼합에 관한 분석이 잘 알려져 있다. 처음에 밝혔듯이 지리학에서 토지이용을 다루는 의의를 염두에 둔 분석법이나 지도 데이터의 선택과 고찰이 필요하다.

제 3의 과제는 연구자 자신에 의한 지도 데이터 작성이다. 광역에 이르는 디지털지도 데이터를 싼 값에 입수할 수 있게 된지 오래다. 그러나 스스로 조사 가능한 면적이라면 현지조사를 하고 그것을 디지털화해야 한다. 분석 결과에 대해서는 자신 있는 해석과 고찰을 할 수 있고 무엇보다도 오리지널리티가 강점이다. 기존 디지털지도 데이터만을 이용하는 것은 유사한 연구가 지역을 바꾸어 재생산되는 것일 뿐이다.

GIS에 의한 데이터의 시각화는 지도로 공간정보를 전달한다는 본래의 목적을 넘어서 이용자의 주목을 보다 많이 받는 것에 관심이 주어지고 있다. 더불어 GIS의 해석 기능도 아주 충실하다. 예산만 있다면 여러 종류의 해석기능을 갖출 수 있고 지도 데이터를 여러 각도에서 분석하는 것이 가능하다. 다시 말해서 시간 경과와 함께 장치를 고도화할 수 있는 「기술」의 측면이 존재한다. 한편 연구자에게는 대상이 되는 현상을 바르게 시각화하고 인식해야 하는 사명이 있다. 즉, 시각화한 현상을 자연적 기반이나 공간의 제약성과의 대응관계, 또는 발생이나 형성과정이라는 시점으로부터 고찰해야 하는 것을 잊지 말아야 한다. 이것을 「知」의 측면이라고 한다면, 후자를 우선시하는 태도로 GIS를 활용해야 할 것이다.

참고문헌

宇野大吉郎 1981. 観光化に伴う農業地域の変貌——長野県軽井沢町塩沢地域の場合——. 立正大学大学院文学研究科修士論文.

奥野隆史 1972. 都市の土地利用調査とその分析法. 尾留川正平・市川正巳・吉野正敏・山本正三・正井泰夫・奥野隆史編『現代地理調査法III 人文地理調査法』35-51. 朝倉書店.

㈱インフォマティクス 2000. 空間情報システムSIS地図データサポートガイド.

建設省国土地理院監修 1992.『数値地図ユーザーズガイド』㈶日本地図センター.

木平勇吉・西川匡英・田中和博・龍原 哲 1998『森林GIS入門——これからの森林管理のために——』㈳日本林業技術協会.

島田俊郎編 1994.『システムダイナミックス入門』日科技連.

鈴木厚志 1998. 地図に関わる教育とGIS. 測量 48(3)：32-34.

瀬戸玲子 1972. 日本の都市の土地利用図と土地利用調査. 尾留川正平・市川正巳・吉野正敏・山本正三・正井泰夫・奥野隆史編『現代地理調査法III 人文地理調査法』54-67. 朝倉書店.

西川 治監修 1995.『アトラス 日本列島の環境変化』朝倉書店.

長谷川典夫 1972. 農業的土地利用. 尾留川正平・市川正巳・吉野正敏・山本正三・正井泰夫・奥野隆史編『現代地理調査法III 人文地理調査法』5-35. 朝倉書店.

長谷川 均 1998.『リモートセンシングデータ解析の基礎』古今書院.

尾藤章雄 1998. 数値情報を使う. 中村和郎・寄藤 昂・村山祐司編『地理情報システムを学ぶ』60-69. 古今書院.

氷見山幸夫 1993. 日本の近代化と土地利用変化. 西川 治（研究代表者）『近代化による環境変化の地理情報システム』43-46. 平成2年度—平成4年度科学研究費重点領域研究（領域番号101）研究成果報告書.

山口恵一郎 1989. 土地利用. 日本地誌研究所編『地理学辞典 改訂版』524. 二宮書店.

Johnston, R.G. 2000. Land-use survey. In *The Dictionary of Human Geography, 4th ed*. Oxford: Blackwell Publishers.

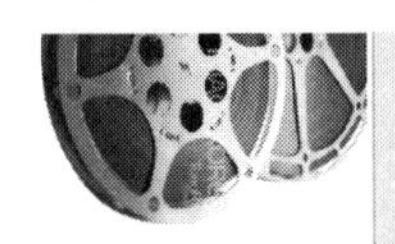

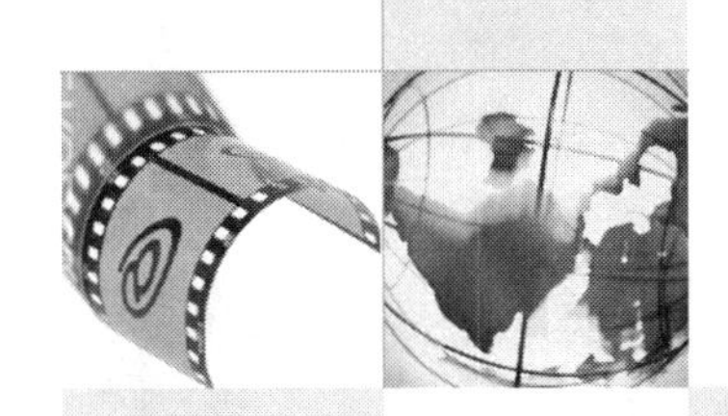

Part 3

이론 · 응용 분야

1. 계량지리학과 GIS
2. 지도학과 GIS
3. 공간분석과 GIS
4. 도시해석과 GIS
5. 해외지역 연구와 GIS
6. 재해연구와 GIS
7. 지리교육과 GIS

chapter 1

계량지리학과 GIS

矢野 桂司

I 들어가며

1980년대 후반에 시작된 GIS 혁명은 GISystem을 GISciences로 발전시켰다(Goodchild 1992). 본 글에서는 이 GIS 혁명이 1980·90년대의 지리학과 어떻게 관계하면서 전개되었는가를 지리학의 내부사회와 외부사회 각각의 관점에서 검토하고자 한다.

GIS 연구는 지리학뿐만 아니라 지도와 관계가 있는 모든 학문 분야에 걸친 매우 학제적인 연구 영역이다. 그리고 GIS는 마케팅GIS, 자치단체GIS, 복지GIS, 방재GIS 등 사회와 밀접하게 관련된 응용적 측면도 가지며 GIS 산업으로서 거대한 시장이 형성되고 있다. 또한 GIS 혁명을 학문적인 발전으로서만 이해하는 것은 불충분하고 학문과 사회, 즉 학문의 내부사회·외부사회의 양측면으로 보지 않으면 안 된다.

그 중에서도 본 글에서는 특히 계량지리학과 GIS와의 관계를 살피고자 한다. 구미에서의 GIS 혁명은 사실상 1970년대 이후의 계량지리학을 비판하는 가운데 계속되었고, 계량지리학을 정력적으로 발전시켜 온 지리학자들에 의해 추진되어왔다. 그리고 또한 구미의 지리학은 GIS 연구를 대학의 연구·교육에 도입하여 가면서 응용 지리학에의 발전을 꾀하면서 크게 전개하고 있다. 이와 같은 상황은 GIS와 관련한 일본의 지리학계에 있어서 앞으로의 전개에 매우 시사적이라고 하겠다.

II 1980년대 후반의 GIS 혁명 전야

여기서는 1980년대 후반에 시작된 GIS 혁명 전의 구미 지리학에 있어서 계량지리학을 둘러싼 논의가 GIS 혁명에 어떤 영향을 주었는가를 개관한다.

GIS혁명 초기 단계에서 계량지리학 비판자의 GIS에 대한 태도는 다음과 같았다. Taylor (1990)는 GIS는 지리학내에서 아주 작은 하이테크 혁명일 뿐이라는 회의적인 주장을 하였다. 그의 주장은 GIS는 1970년대에 비판된 소박한 경험주의를 토대로 한 계량지리학의 리벤지로서 최근의 계량지리학자는 GIS로 지리적 지식 시스템(GKS)을 바꾸려고 하고 있다는 것이다. 그리고 그것은 지리학을 지적으로 헛되게 하는 하이테크를 이용한 대수롭지 않은 연구라고 하였다.

이에 대하여 NCGIA(다음 절 참조)의 중심 멤버의 한 사람인 Goodchild(1991)는 지리학에서 GIS 연구는 컴퓨터 과학 기술의 개발만이 아닌, 그 이용을 둘러싼 일련의 것을 문제시하는 것이며 지도화에 대한 기술 혁신이 지리학자의 광범위한 사고를 자극하는 것이라고 반론하고 있다. 그리고 Openshaw(1991)는 정보 없는 지식은 존재하지 않는다며 GIS가 지리학의 위기를 타파할 가능성을 가지고 있다고 대응하고 있다(이후, 수차례에 걸쳐 논쟁이 있었다. Taylor and Overton 1991; Openshaw 1992).

이러한 1990년대 초에 전개된 극론적인 논쟁은 「사회이론 지리학자」와 「GIS-계량지리학자」와의 차이를 분명히 했다. 전자의 대부분은 GIS를 이용하던 하지 않던 간에 그 가치에 회의적이었고 그들의 관심은 사회 내 GIS의 이용방법에 있었다(Curry 1998). 그리고 공간분석은 그 자체의 매력과 그 잠재적인 응용적 가치에 따라 계속해서 지리학자를 끌어들일 것임에 틀림없었다. 그 결과 존스톤(1999: 198~203)은 이러한 논쟁이 얼마간 계속될 것이라고 지적하고 있다(그 후의 의론으로서는 Johnston 1999 등).

지리학에서 GIS를 계량지리학의 후계자라고 인정하고 GIS와 계량지리학과의 관계에 주목할 필요가 있다. Taylor and Johnston(1995)은 이제까지의 GIS 붐에 대하여 계량혁명 후의 계량지리학 내부에서의 두 가지 긴장으로부터 그 학사적 해석을 하고 있다. 그것은 계량지리학내의 귀납적 측면과 연역적 측면의 긴장인데 달리 말하면 아카데믹 지리학 지향과 응용 지리학 지향의 긴장이다.

1. 지리학 내부의 계량지리학을 둘러싼 논의

공간과학에 대한 비판이 반복적으로 확산된 1970 · 80년대(Harvey 1973; Sayer 1976; Gregory 1978 등)에는 구미의 계량지리학이 지리학의 중심이지만은 아니었다. 그러나 1950

년대 후반에 북미에서 시작된 계량혁명 이후 계량지리학이 착실한 진전을 보였다는 것은 사실이다(Wrigley and Bennett 1981).

지리학에서 계량지리학을 둘러싼 논쟁은 Chorley and Haggett의 "Models in Geography"(1967)의 20주년을 기념하여 출판된 Macmillan편의 "Remodelling Geography"(1989)에서 지리학에 있어 모델이 갖는 의미를 재고하면서 전개되었다.

Harvey(1989)는 정확한 모델 구축이 가능해졌다는 것을 인식하고, 실증주의 공간 과학의 주형에 끼워 맞춘 지리학적 연구는 부적절하며 싸구려에도 미치지 못한다고 잘라 말했다. 이는 1970 · 80년대에 진전되었다고 하는 통근 · 매물 행동이나 상업 활동, 이윤 전파의 모델화(이것은 Wilson의 도시 모델과, Haggett의 시 · 공간 프로세스 · 모델) 등을 지적하여 비판한 것이다. 이에 대하여 Wilson(1989)과 Macmillan(1989)은 인문 지리학의 모델 작성이나 계량적 이론 구축의 한계를 인정하면서 모델이 복잡한 시스템 현상을 이해하는 데 매우 중요한 도구라고 대응하였다.

그러나 같은 실증주의 공간과학 가운데에는 그와 같은 모델 작성의 연구 내용 그 자체에 비판은 없었으나 응용연구 · 경험적 연구에의 관계가 빠져 있는 점을 비판하고 현실사회에서의 지리학의 유효성을 어필해야 한다는 이도 있었다. Openshaw(1989)는 현실사회에서는 거의 이용되지 않는 「고귀한 목적」(가설 · 연역적 구성으로 수리 모델을 정밀화하는 시도)을 비판하고 보다 귀납론적으로 지리적 데이터에 가치를 두어 그것을 제공하는 프래그매틱(pragmatics)한 학문으로서 지리학을 자리매김하려고 한다. 그것이 혼미화하는 지리학이 살아남을 수 있는 하나의 수단이라고 보고 있는 것이다.

또한 계량 수법의 정밀화에 대하여 보다 고도의 통계학적 수법이 일반 사람들에게는 거의 이용되지 않고, 대상이 되는 것도 지리학의 주류가 아니고 주변적인 것이라고 비판을 받았다(Cox1989). 그리하여 자신의 연구 테마로서 보다 잘 알려진 단순한 계량 수법을 경험적으로 이용하는 입장이 지지를 얻고 있다.

이와 같이 1980년대의 계량지리학은 귀납적 · 연역적 측면과 순수 학문으로서의 아카데믹 지리학과 응용 지리학이라는 두 가지 측면을 가지고 있다고 할 수 있다. 그리고 그러한 상황에서 GIS 혁명이 착실하게 진행되었다.

2. 계량지리학의 귀납적 측면과 연역적 측면

1950년대 후반에 북미에서 시작된 지리학에서의 계량 혁명은 통계 지리학으로부터 이론 지리학으로 전개되었다고 본다(Wilson 1972). 다시 말해 워싱턴학파의 계량지리학은 (기술) 통계 지리학으로서 이것은 크게 지리행렬에의 다변량 해석의 적용과 점 · 선 · 면 등의 공간적 요소의 패턴 분석 두 가지로 나뉜다. 후자는 공간 통계학으로서 진화되고 나아가서 영국의 브리스톨(Bristol) 등에 의해 시공간 프로세스 분석으로 크게 양분된다. 초기의 통계 지리학은 1970년대의 공간적 자기상관 문제에 대해 지적을 받았고, 비공간적 현상을 전제로 한 통계학적 수법을 지리학적 데이터에 적용하는 부당함에 대해 비판당하게 된다. 그 결과 모집단이나 샘플의 독립성을 전제하는 추측 통계학적 수법이 아닌 기술 통계학적 수법으로서 다변량 해석의 지리 행렬에의 적용이 용인되고, 그에 따른 문제를 극복하려는 시공간 계열모델 등의 공간 통계학적 수법이나 이산적인 데이터 처리를 전제한 Logistics · 모델과 같은 보다 고도화된 통계 수법의 전개가 촉진되었다.

그리고 초보적인 점 패턴 분석으로부터 복잡한 시공간 계열 모델까지 오늘날의 GIS 환경에 공간 분석의 기본 툴로서 도입되었다(Fotheringham and Rogerson 1994). 그 중에서도 고도의 공간 통계학은 GIS환경에 있어서 병렬처리 컴퓨터나 인공지능 연구(AI)와 밀접하게 관련되어 있으며 그 발전을 비약적으로 촉진시키고 있다(Fisher and Getis 1997).

한편, 이론 지리학의 추진은 1970년대 영국 리즈대학의 A.G.Wilson의 엔트로피 최대화 공간적 상호작용 모델을 축으로 하는 도시 모델과 입지 모델을 중심으로 전개되었다. 특히 공간적 상호작용 모델에 의한 동태적인 고전적 입지론의 전개 등이 주목되는데, GIS에의 관여는 결과의 지도 표현에 한정되어 있다. 그러나 GIS를 이용한 입지 · 배분 모델 등의 공간의사결정 지원시스템(SDSS)에의 이용이 그와 같은 모델의 유효성과 조작성을 높이고(Densham 1996), 병렬처리 컴퓨팅이나 AI 등 새로운 수법의 개발에 의한 이론적인 모델의 실증 연구에서의 비약적 처리능력의 향상은 후술하는 응용지리학적 지향과 더불어 GIS 산업과 밀접하게 관련되어 성공을 거두고 있다(Birkin et al. 1995; Birkin 1996).

3. 응용 지리학에의 이동

이상과 같은 계량지리학의 전개에서도 기술적인 귀납적 측면 혹은 사회적으로 공헌하고자하는 응용 지리학적 측면이 비약적인 컴퓨터 테크놀로지의 발전과 대규모 지리정보의 축적에 따른 지원에 힘입어 1990년대에 구미의 지리학에서도 GIS와 연계되어 전개되었다. 이것은 지리학과 사회와의 관계에 있어서 매우 중요한 문제이다. 1990년대 구미 대학교육에서의 지리학은 GIS라고 하는 요술 방망이를 가지고 크게 응용분야 혹은 사회적 관련에 중점을 두게 되었다. 이것은 또한 연구비의 획득과 함께 학생 확보의 수단으로서 기능하고 있다(존스톤 1999).

이와 같은 배경으로 지리학과 사회의 관계를 들 수 있는데 미국에서의 전후 계통 지리학에의 이동, 나아가서는 1950년대 후반에 시작된 계량 혁명에 큰 영향을 주었다는 사실은 말할 것도 없고(예를 들어 전시중의 국가 서비스의 공헌 등) 아카데믹 지리학의 전개와 그 사회 상황과의 관계를 무시할 수 없다는 것이다.

또한 영국에서는 1980년대의 대처 · 메이저 정권의 긴축 재정으로 대학간 경쟁과 연구 평가에 시장 원리를 도입하여 대학 혹은 학문 그 자체가 크게 변화하였다. 그리하여 1990년대의 영국 고등교육에 가장 큰 영향을 끼친 것은 연구 · 교육 양면에 걸친 평가 제도의 도입과 그것을 토대로 한 공적자금 배분제도의 실시였다.

1996년에 실시된 연구 평가는 이 제도가 도입되어 4회째를 맞이하고 있고 각 대학에의 자금 제공은 연구의 질에 따른 선택적인 자금 배분을 가능케 했고, 연구 성과의 양뿐만 아니라 일반 사회에 대하여 유익한 연구 성과를 생산하는가 아닌가하는 연구의 질에 중점을 둔 평가가 실시되고 있다. 또한 대학 내에서의 교육에 대한 평가도 실시되어 각 대학에서의 교육의 질이 유지 · 개선되도록 지원하는 일, 일반 사회로부터의 액세스가 용이한 정보를 제공하는 일, 그리고 공적 자금이 가장 적절하게 사용되도록 확인하는 일 등에 주력하고 있다. 이상과 같은 연구평가나 교육평가의 결과, 또는 학생수를 토대로 하여 HEFCE(고등교육재정협의회)가 각각의 대학에 대하여 공적 보조금을 중점적으로 배분하고 있다. 부언하면 영국의 지리학과 · 지리학부의 상위 랭킹은 표 1과 같다. 이 랭킹과 관련하여 지리학 교실은 더욱 새로운 연구 · 교육의 추진을 꾀하게 되었다.

표 1 영국의 지리학과 · 학부의 연구평가 랭킹(상위 랭킹 2까지)

랭크	1992년
5	University of Bristol
5	University of Cambridge
5	University of Durham
5	University College London
5	University of Oxford
5	University of Edinburgh
4	University of Brimingham
4	University of East Anglia
4	University of Exeter
4	University of Leeds
4	University of Liverpool
4	London School of Economics and Political Science
4	Royal Holloway and Bedford New College
4	University of Newcastle upon Tyne
4	Open University
4	University of Sheffield
4	University of Southampton
4	University College of Wales Aberystwyth

랭크	1996년
5*	University of Bristol
5*	University of Cambridge
5*	University of Durham
5*	University College London
5*	University of Edinburgh
5	University of Leeds
5	University of Newcastle upon Tyne
5	Royal Holloway, University of London
5	University of Sheffield
5	University of Southampton

注: 랭크의 기준은 연도에 따라 다름. 1992년은 60학과·학부를 대상으로 5단계, 1996년은 69학과·학부를 대상으로 7단계로 평가하고 있다. 평가기준은 국내·국제 레벨에서의 연구업적과 연구비의 취득과 사회적 관련 등에 의해 평가되었다.

출전 : http://www.hefce.ac.uk/Research/assessment/default.htm

구미에서는 이 2, 30년간에 지리학의 응용적 측면에 대한 필요성이 더욱 커지고 있다. 경제 불황시에는 고등교육 · 연구에 대한 공적 자금이 삭감되는데 그 여파를 줄이기 위하여 부득이 하게 모든 연구보조금을 획득하여야 한다. 그리하여 개개의 지리학자 혹은 지리학회가, 사회에 대하여(구체적으로는 국가나 민간, 혹은 대학) 지리학에 투자할 가치가 있다는 것을 인식시키기 시작함으로써 그와 같은 원조를 기대할 수 있게 된다. 여기서 학문 발전의 내부 사회적 측면과 외부 사회적 측면이 보이게 되고 아카데믹 지리학과 응용 지리학 모두가 필요하게 된다. 지리학자는 아카데믹 지리학자로서 학술 잡지나 학회 발표 등을 통하여 지적 생산을 계속 하지 않으면 안 되고, 응용지리학자로서 지리학의 외부에 대하여 지리학이 사회에 유익한 학문임을 강조해야만 한다.

지리학과 사회와의 관련 혹은 지리학의 사회 공헌에 관한 논의는 새로운 것이 아니다. 이 경우 사회와의 관련이란 구미에서 전후의 과학 만능주의적 세계관과 비교적 순조롭던 경제 성장이 파탄을 맞이한 1960년대 이후의 여러 가지 문제(경제 불황, 사회적 불평등, 공해 문제, 공민권 운동, 베트남 반전운동 등)에 대한 이의 주장으로서의 radical 지리학에서 그 전개를 볼 수 있다. 그러나 그런 과격한 대응과는 별도로 보다 리베럴(liberal)한 지리학의 사회적 공헌도 많이 볼 수 있다.

영국에서의 응용 지리학 전통은 1930년대의 D.Stamp의 토지이용 조사로 시작되어 전후의 토지이용 계획에서 크게 발전하였다. 그리고 1960년대 후반에서 70년대에 걸쳐서 토지이용계획과 교통계획과의 전략적 계획 분야에 크게 관여하였고, 종합적 도시 모델 연구가 그를 위한 이론적 구조를 제공하였다(矢野 1990). 또한 미국에서도 마찬가지로 전시중의 군부에의 서비스는 별도로 하더라도 전후 대규모 토지이용계획을 책정할 때 많은 지리학자가 관여하였고, 계량 혁명기의 W.L. Garrison을 중심으로 한 워싱턴학파에 의한 고속도로의 임펙트 연구 등도 응용 지리학의 대표적 사례이다(杉浦 1989). 그 외에 지도와의 관련을 말하자면 광범위한 지도작성 활동이나 국세조사 실시에 관한 작업, 연방 의회 선거구의 구획 분할 문제에 대한 공헌 등 여러 가지 형태로 아카데믹한 지리학자가 관여하였다고 할 수 있다. 이러한 공헌은 경험주의적 혹은 실증주의적 연구 구조로 이루어지는 것으로서 암묵적으로 현상 유지의 리베럴한 사회적 공헌이라고 할 수 있다. 지리학자는 공간적 데이터를 수집 · 분석하고, 그것을 질서화하여 기술 · 설명하는 기술을 가진 사람이라고 생각한다. 특히 토지이용계획이나 교통유동에 관한 모델링 연구는 이론적 연구를 실용적으로 응용한 것으로서 정책 영향의 평가나 정책 의사결정의 이론 구축 등에도 지리학자가 참여하고 있다(예를 들어 영국의 P. Hall).

그리고 GIS혁명기의 지리학은 확실히 GIS를 활용하여 응용지리학으로 변모하고자 하고 있다. 그리고 이는 1980년대 후반에 보여진 GIS의 제도화에 의해 크게 전개되었다.

GIS의 제도화

1. 미국에서의 경험

1988년 8월 19일 NSF(전미과학재단)은 NCGIA(National Center for Geographic Information and Analysis)의 설립에 5년간 매년 110만 달러(3년간 연장 가능)를 제공한다고 공표하였다. NCGIA는 캘리포니아주립대학 산타바바라교, 메인대학, 뉴욕주립대학 버팔로교 3곳을 거점으로 다음의 4가지 목적을 설정하였다.

(1) GIS 연구에 관련된 많은 학문에 대하여 GIS를 토대로 한 지리학적 분석이론, 방법, 기술을 전진시키는 것
(2) 관계있는 학문분야에 대하여 GIS와 지리학적 분석 전문가를 국가가 공급하는 것을 증대하는 것
(3) 과학적 공동체에 GIS에 기초한 분석의 보급을 촉진하는 것
(4) 연구, 교육, 적용에 관한 정보를 확대하기 위한 중심적인 클리어링 하우스나 Conduit를 제공하는 것

다시 말해 NCGIA의 사명은 기본 연구, 학생의 훈련, 보다 넓은 아카데믹과 관련 분야에의 지식 보급이었다(Fotheringham and MacKinnon 1989).

당시 NSF가 지리학적 연구에 대하여 연구 지원하려 한 사실은 각 대학이 각각의 지리학과가 GIS에 의해 아카데믹한 성장 잠재 가능성을 가지게 될 것을 기대한 것이고, NCGIA의 지리학에 대한 연구 과제는 NCGIA 내외의 지리학과와 주요 컴퓨터 하드・소프트웨어 회사와의 연대를 강하게 하였다. 그 결과 NCGIA는 미국 내 지리학의 지위 향상에 크게 공헌하였다.

미국에서의 지리학과 GIS의 배경에는 1970년대 후반 이후의 경제 불황, 고등교육 예산 삭감, 사회과학 연구에의 조성금 삭감 등의 외부 사회적 환경이 지리학의 동향에 큰 영향을 주었다. 미시간 대학의 지리학과 폐지(野口 1986)로 상징되는 지리학의 위기는 응용 지리학을 강조하여 기술지향적인 학생을 끌어들어야 한다는 AAG(미국 지리학자협회)의 전략과도 밀접한 관계가 있다(존스톤 1999).

2. 영국에서의 경험

대처・메이저 정권하에서의 대학 개혁이 영국 지리학에 큰 영향을 주고 있을 시기에 GIS와 지리정보처리는 새롭고 중요한 분야라는 인식이 사회 일반에 미치고 있었다. 1987년의 영

국 정부 환경청의 보고서(소위 Chorley 리포트)에 정부가 지리정보를 처리하기 위한 기관을 설립하고, GIS의 적용과 편익에 관한 정보를 활발하게 펼치기 위하여 연구자를 장려하여야 한다는 내용을 담고 있다. 이것을 받아들여 최종적으로 ESRC(영국경제사회연구평의회)에 의하여 연구 조성된 일련의 RRL(지역연구랩 Regional Research Laboratory)이 설립되기에 이르렀다. 이것은 전술한 미국에서의 NCGIA에 견줄만한 것이었다.

RRL의 주된 목적은 「랩」으로서 연구나 정책 분석에 대한 자원적 기초를 확립할 필요를 시사하고, 「연구」로서 대규모 데이터 자원의 관리에 관련된 방법론적 문제에 대한 연구의 필요를 강조하며, 「지역」으로서 국내의 다른 지역적 연구 커뮤니티의 특색있는 요구에 맞는 전문적 지식을 발전시키는 지방 센터로서의 필요를 인식시키는 것이었다.

1987년 2월부터 1988년 10월 시범단계로 4개의 RRL(스코틀랜드, 북부잉글랜드, 웨일즈 · 남서 잉글랜드, 남동 잉글랜드)이 설치되었고 지역별 데이터베이스의 작성 · 관리, 분석 시스템의 개발, GIS 연구의 보급과 교육을 목적으로 삼았다. 그리고 또 4개의 RRL(북아일랜드, 북동잉글랜드, 미드랜드, 리버플 · 맨체스터)을 추가한 본 사업은 지역 센터의 확립과 GIS의 응용 연구를 목적으로 200만 파운드 이상의 자금조성과 더불어 1988년 10월부터 1991년 12월까지 계속되었다. 그 후의 조성은 끊겼으나 한정된 자금에서 GIS 활동을 유지하기 위한 네트워크가 형성되었다(Clarke et al. 1995).

RRL이 전개된 시기는 바로 영국에서 연구비가 삭감된 시기여서 외부의 민간이나 공적 부문 기관으로부터의 연구비 획득에 대한 중요성이 강조되었다. 그 결과 RRL의 목적 재조정은 대학으로부터 공적 · 민간 부문의 연구 등 보다 광범위한 커뮤니티의 연구 활동으로 방향지어졌다. RRL의 성과는 RRL 연구자의 580개에 달하는 공표물과 획득한 조성금에 의해 평가되지만 RRL에의 의뢰자에 의해서도 알 수 있다. 그 대부분은 정부기관, 자치체 등의 공적 기관이나 GIS 혹은 컴퓨터 전문기업 등이었다. 영국에서 RRL의 역할은 짧은 기간에 GIS를 보급시켰고 대학에 컨설턴트 기능을 부여했다는 점에서 성공적이었음이 틀림없다.

또한 RRL과는 다른 형태로 GIS를 소개한 민간과 대학의 연결 사례로서 리즈대학의 GMAP(Geographical Modelling And Planning)사의 사례가 있다.

리즈대학 지리학부는 1970년에 A.G. Wilson을 도시 · 지역 지리학 교수로 초빙한 이후 세계의 이론 계량지리학의 중심에 위치해 왔다. 특히 엔트로피 최대화 공간적 상호작용 모델을 중심으로 한 도시 · 지역시스템의 모델링 연구를 정력적으로 연구하였다. Wilson학파의 연구는 실증연구보다도 이론적 연구 지향이 강하였고, 1980년대에는 동태적 도시 시스템의 모델화와 공간적 상호작용 모델에 의한 고전적 모델의 재정식화가 주목 받았다. 그러나 한편으로는 이론적 모델의 유효성은 인정받았지만 실증연구와의 괴리를 지적당했음도 사실이다.

1980년대 중반부터 이 학부에서는 이론 일변도의 연구로부터 그것을 활용한 응용 연구로 크게 변모하였다. 이 시기는 바로 GIS 혁명의 시작임과 동시에 연구비 획득을 위해서는 응용 지리학으로 변모해야만 하는 상황이었다. 동 학부에서는 「응용」공간모델링 개발 기회의 도래를 인식하고 GIS와 공간모델링 양쪽이 가진 장점을 살린 결합이 응용 분야로의 진출에 유력한 무기가 될 수 있다고 생각했던 것이다.

리즈대학 지리학부는 여러 비난에 RRL의 메인・페이스의 거점에서는 제외되었지만 독자적으로 전개를 펼쳐나갔다. 그 결과 동 학부는 1989년에 Wilson과 그 제자 M. Clarke(1982년부터 강사, 1994년부터 교수), M. Birkin(1991년부터 강사) 등을 중심으로 GMAP사를 설립하였다. 그리고 Wilson이 부학장(영국에서는 실질적인 학장)에 취임하면서 그 후임에 북부 잉글랜드 RRL 본부가 된 뉴캐슬대학 지리학부로부터 S. Openshaw를 초빙하여 인공지능이나 병렬처리 컴퓨터를 구사한 컴퓨테셔널 지리학의 전개를 꾀하였고, GMAP사와의 연대를 더욱 깊게 하였다(리즈대학 지리학부에는 Openshaw가 갑작스런 병으로 쓰러진 후 그의 제자이며 컬트그램으로 유명한 D. Dorling이 계량인문 지리학교수로 취임하였다).

GAMP사에서는 1994년 현재, 75명의 상근 스텝이 근무하고 있고 연간 350만 파운드의 수입을 올리고 있다. GAMP사의 주된 근무 내용은 마켓・모델링, 소매 입지점이나 네트워트의 최적화, 경영효율 등을 판단하기 위한 기준화, 소비삭감・수익 최대화 전략, 소매 네트워트 계획, 투자평가 등이고 다양한 의사결정을 지원하기 위한 컨설턴트 업무를 전개하고 있다. 1970 ・80년대 민간기업의 서비스 공급 네트워크의 전개는 쉐어 확대에 공헌하였으나 1990년대의 경기후퇴기에는 그와 같은 네트워크 확대전략보다는 기존의 네트워크를 활용하여 기업간 경쟁 속에서 어떻게 이윤을 최대화시킬 것인가 하는 전략에 관심이 높았다(Clarke and Clarke 1995).

이 회사 스텝의 대부분은 공간 분석이나 공간 모델링 기술을 가진 지리학과 졸업생이었고 나머지는 그래픽이나 데이터베이스 관리에 익숙한 컴퓨터・엔지니어, 혹은 경영학 출신자이었다.

표 2 GMAP사로의 주요 의뢰자

업 종	의뢰자
소 매	W.H.Smith, Storehouse, Thorn EMI, Asda, Sainsbury(Homebase)
자동차	Toyota(UK, Belgium, US, Canada), Ford(UK, Europe), Polk, Midas Muffler
레 저	Whitbread, Pizza Hut
금 융	Bank of Scotland, Leeds Permanent Building Society, State Bank of South Austral

출처 : Longley, P. and Clarke G. eds. 1995 : GIS for Business and Service Planning. Geoinfor-mation International. p.278

이 회사의 의뢰자로는 민간기업이 많다(표 2). RRL이 톱・다운적으로 비지니스계에 작용하기 시작한 것에 대하여 GAMP사의 학문과 비지니스의 관계는 급속히 발전하는 GIS 연구분야 중에서도 특정의 응용적 컨설턴트 수요에 대응한 것이고, 소위 비즈니스계로부터의 작용에 의한 보톰・업 형식으로 시작되었다. 활동 영역도 넓어져서 미국의 컨설턴트 회사나 오스트리아의 연구소 등과 협정이 이루어졌고, 의뢰자의 공간적 스케일도 영국 국내에서 유럽, 캐나다, 미국으로 전개되어 갔다(Clarke et al. 1995).

이와 같은 응용 지리학의 성과는 데이터가 상세해질수록 기밀성을 갖게 되고, 특히 민간 기업의 의뢰에 의한 것은 고객이나 수익에 관한 경영정보를 많이 포함하기 때문에 아카데믹한 경우에는 상세한 정보를 거의 공개하는 일이 없다(예를 들어 Birkin et al. 1995 등에는 GMAP사의 컨설턴트 업무의 실례가 자세하게 소개되어 있다).

시장 분석에서 빼놓을 수 없는 지오데모그래픽스의 구축이나 신규 입지점을 선정하기 위한 입지・배분모델에 의한 공간의사 결정지원 시스템(SDSS)은 아카데믹 지리학에서 이론적으로 정밀화되어 RRL이나 GAMP사를 통하여 현실 사회의 데이터를 토대로 검증 혹은 응용되고, 나아가 그 결과 의뢰자의 기업 전략에 유효하게 활용됨으로써 매우 효율적인 대학과 비지니스의 파트너쉽이 형성되었다. 그리고 거기서 생긴 이익은 아카데믹 지리학에 환원됨과 동시에 사회에 공헌한 것으로 평가되는 정부의 대학, 학과, 나아가서는 학문에의 자금 배분에 크게 기여하게 되는 것이다.

3. 1990년대의 전개

학문의 제도화란 해당 학문분야 혹은 연구 분야가 프로패션이 되는 것을 의미한다. 1980년대 후반에 시작된 GIS붐에는 컴퓨터・테크놀로지 발전이 크게 영향을 끼쳤고, 한편 그것을 지원하는 여러 가지 레벨에서의 제도화가 GIS의 발전을 촉진시켰다.

미국에서는 1988년부터 5년간 NSF의 기금을 기반으로 3개 대학을 중심으로 한 NCGIA가, 영국에서는 1989년 이후 NERC와 ESRC의 기금으로 전 영국 8곳에서 RRL이 설립되었다. NCGIA와 RRL이 선도하는 형태로 세계의 GIS 혁명이 추진되었다.

특히 NCGIA에서는 1988년부터 1997년까지 21개의 연구 의안이 실행되었다(http://www.ncgia.ucsb.edu). 그 중에서도 Accuracy of Spatial Databases(Goodchild, M.), Spatial Decisiosn Support Systems(Densham, P. and Goodchild, M.), Spatio-Temporal Reasoning in GIS(Egenhofer, R. and Golledge, R.), GIS and Spatial Analysis(Fotheringham, A. S. and Rogerson, P.), GIS and Society: The Social Implications of How People, Space, and Environment Are Represented in GIS(Harris, T. and Weiner, D.) 등의 테마는 이후의 지리

학에 있어서 GIS 연구의 출발점이 된다. 그 후 NCGIA에서는 1997년부터 Varenius프로젝트가 개시되어 Cognitive models of geographic space, Computational implementations of geographic concepts, Geograghies of the information society의 세가지 연구 테마가 새로이 진행된다.

또한 1990년대 NCGIA와 연대하여 유럽의 EUROGI : European Umbrella Organisation for Geographic Information, 영국 런던대학의 CASA : Centre for Advanced Spatial Analysis, 오스트레일리아 아데레드대학의 National Key Centre for the Social Applications of Geographical Information Systems, 펜실베니아 주립대학 지리학과를 모체로 하는 Geo VISTA : Geographic Visualization Science, Technology, and Applications Center, 캘리포니아대학 버클리의 GISC : Geographic Information Science Center 등이, 그리고 일본에서는 1998년에 동경대학 공간정보과학 연구센터 CSIS : Center for Spatial Information Science가 설립되었다.

또한 GIS 혹은 GIS 환경을 기반으로 한 지리학에 관한 학술 잡지 International Jorunal of Geographical Information Systems(1987년 발간, 1997년에 International Jouranl of Geographical Information Science로 명칭 변경), Transactions in GIS(1996년 발간), GeoInformatica(1997년 발간), 상업지인 GIS World(1988년 발간), Mapping Awareness (1987년 발간), 그리고 일본에서는 지리정보시스템학회의 『GIS-이론과 응용』(1993년 발행)이 발간되었다(岡部 1999).

GIS의 보급에 빼놓을 수 없는 GIS 소프트웨어나 GIS에 대응하는 공간 데이터베이스가 비약적으로 정비되고(일본에서는 국토 공간 데이터기반) GIS에 관한 입문서도 다수 출판되었다(矢野 1999).

Ⅳ GIS 환경하에서의 새로운 계량지리학

1990년대 전반에는 튤로서의 GIS 혁명이 완료되고 GIS와 공간 분석과의 관계를 밝히려는 시도가 시작되었다. 1989년 3월에 NCGIA의 자문위원회에 제출된 「GIS와 공간분석」에 관한 의안은 1991년 6월에 「GIS와 통계분석」과 「GIS와 공간모델링」의 두 가지로 나뉘어 정식으로 제안되었다. 그리고 전자가 「GIS와 공간분석」이라는 형태로 발전적으로 채택되고, 후자는 후에 전개될 계획으로 결정되었다. 다시 말해서 공간 데이터의 확립이나 GIS의 대중화 단계에서 공간데이터의 패턴분석이나 패턴에 관한 해석을 추구하게 된 것이다(Fotheringham and Rogerson 1994).

NCGIA의 「GIS와 공간분석」에 관한 프로젝트의 최초 전문가 집회가 1992년 4월에 캘리포니아주 샌디에고에서 열렸다. 이 곳엔 전 세계로부터 35인의 전문가가 초청되었는데 참가자의 절반은 1970 · 80년대에도 계속해서 계량지리학적 분야를 리드해 온 지리학자들이었다.

GIS와 공간분석의 관계를 다루는 경우 공간분석이 무엇인지를 정의하는 것은 어렵다. Bailey(1994)는 「공간 데이터를 다른 형식으로 가공하여 결과적으로 부가적인 의미를 끌어낼 수 있는 종합적 방법」이라고 광의의 정의를 내리고 있다. 그리고 순수하게 결정론적인 분석이 아닌 패턴이나 관계의 추측 통계학적 본질에 중점을 둔 것을 통계 공간분석이라고 부르며, 통계 공간분석을 데이터의 공간적 요약과 그와 같은 데이터의 공간분석으로 나누고 있다. 전자는 연구대상 내 공간정보의 선택적 검색, 해당 정보의 여러 가지 기본 통계량의 계산, 크로스집계, 지도화 등의 기본적 기능에 관한 것이고, 후자는 공간적 패턴과 대상 지역의 기타 속성이나 특징 사이에 나타나는 관계를 추구하는 공간데이터 패턴분석이나 이해나 예측을 위한 그와 같은 관계의 모델링에 관한 것이다(矢野 1997).

이와 같은 공간분석의 대부분은 프로그램이 복잡하고 일부 선진적인 연구자만이 이용할 수 있었으나, 오늘날엔 GIS 소프트웨어와 통계패키지 소프트웨어를 링크하거나 GIS 소프트웨어에 포함시킴으로써 그 이용자 폭을 넓히고 있다. 이러한 종래형의 공간분석 툴의 보급과 함께 다양하고 방대한 새로운 공간 데이터의 출현은 새로운 분석방법과 모델을 필요로 한다. GIS를 활용하여 Data mining이나 Pattern hunting과 같은 Geocyberspace상의 데이터베이스로부터 지리학적으로 의미 있는 데이터를 발굴하거나 시각화하는 것과 관련하여 새로운 연구테마가 나타나고 있다(Openshaw 1998; Hearnshaw and Unwin 1994; Dorling 1995).

계량지리학과 가장 관계가 깊은 NCGIA의 연구 과제 「GIS와 공간분석」은 1995년에 종료되었고, 그 중심에 있던 A.S. Fotheringham이 뉴캐슬대학으로 이동하였고 M. Batty는 런던대학 CASA로 자리를 옮겼다. 1950년대 후반에 시작된 계량혁명 때와 같이 GIS를 이용한 계량지리학은 그 중심을 미국으로부터 영국으로 이동하게 된다.

영국에서는 현대 GIS의 공간분석 기초를 세운 P.Haggett가 일선에서 물러난 프린스턴대학에서(Cliff et al. 1995) 지리학부로부터 지리과학부(School of Geographical Sciences)로 명칭을 바꾸고 P.A. Longley 등이 중심이 되어 새로운 계량지리학 Geocomputation (Longley et al. 1998)을 모색하게 된다. 그리고 A.G. Wilson이 부학장으로 근무하는 리즈대학 지리학부에서는 후계자인 S. Openshaw가 중심이 되어(혹은 GMAP사와 제휴하여) 방대한 지리정보로부터 AI를 구사한 컴퓨테이셔널 지리학을 제창하고 있다(Openshaw and Openshaw 1997). 그리고 지오데모그래픽스 등의 비즈니스와 관련한 센서스 지리학

(Openshaw 1995) 등 민간 · 공적기관에의 GIS를 통한 공헌은 구미에서 지리학의 생존에 크게 기여하고 있다. 부언하면 최근 영국의 계량지리학자의 이동은 매우 심한편이다. 예를 들어 P. Longley(브리스톨대학에서 UCL로), R. Haining(세필드대학에서 켐브리지대학으로), R. Flowerdew(랭카스터대학에서 세인트앤드류스대학으로), D. Dorling(브리스톨대학에서 리즈대학으로), K. Jones(포이츠마스대학에서 브리스톨대학으로) 등.

1996년에는 Longley and Batty에 의해 약 30년 전의 Berry and Marble(1968)과 같은 타이틀의 책 "Spatial Analysis"가 출판되었다. 그러나 부제는 a reader in statistical geography에서 modelling in a GIS environment로 바뀌었다. 이와 같은 새로운 동향은 이미 종래의 지리학 체계로는 감당할 수도 없으며 산관학의 연대에 의해 거대 프로젝트화 된 공간정보과학이라고 불러야 할 새로운 과학으로서 발전하고 있다.

V 일본의 계량지리학과 GIS

이에 반하여 일본의 지리학계와 GIS의 관계를 살펴보자. 일본의 계량지리학의 동향은 의도하지 않았으나 구미에서의 전개를 단순히 따라가지는 않았다. 1960년대 구미에서의 새로운 지리학의 동향이 소개되기는 하였으나 일본의 계량혁명은 1970년대 전반에 일어났다고 한다(山田 1986; 石川 1994). 이것은 다음의 점에서 존스톤(1997)이 소개한 구미 지리학의 동향과는 다른 일본 독자의 전개를 촉진한 것이라고 생각된다. 그것은 (1) 일본의 계량지리학은 구미에서 전개된 계량지리학의 어느 일부분, 특히 초기의 기술적인 통계학적 수법에 의거한 계량지리학을 받아들인 점, (2) 1970년대 전반, 이미 구미에서는 계량지리학에 대한 비판이 시작되었고 일본은 계량지리학을 수용하면서 동시에 구미에서의 비판도 수용하였다.

이와 같은 일본 계량지리학의 특징은 전통적인 지역을 기술한다는 지지학적 지리학에 계량적(여기서는 수리적이 아니고 통계학적) 수법을 가미한 것이었다. 그것은 등질 지역이나 기능지역 등의 지역 개념과 밀접한 관계가 있고 객관적인 지역 구분 방법을 모색하고 있던 전통적 지리학과 계량지리학과의 접점이기도 하였다. 그 결과 지리 행렬에 대한 다변량 해석의 적용이라고 하는 지역 구분(혹은 지역 분류)연구, 중심지 연구, 인자 생태연구 등이 일본의 계량지리학의 주류가 되었다. 1970년대 후반부터는 그것이 도시(군) 시스템 연구로 바뀌는데 기술적인 분석수법으로서의 계량 수법이 계속해서 적용되었다는 것은 변함이 없었다. 이런 다변량 해석을 이용하여 지리행렬을 요약 · 기술하는 계량지리학은 통계 패키지의 보급과 함께 대중화되는 한편 당연한 결과 이상은 기대할 수 없다는 비판을 달게 받아야 하였다.

또한 구미에서는 1970·80년대에 발전한 공간통계학이나 이론적 계량지리학이 일본의 지리학에서는 충분히 전개되지 않고 사회공학, 도시공학, 도시경제학, 지역과학 또는 토목계획학 등의 보다 사회와 관계가 있는 응용적 학분 분야로 흡수되었다. 이 배경에는 전 후, 일본대학의 인문지리학이 전후 대학에서의 일반교양이나 초중고교의 사회과 교육에 대하여 공헌하였지만(주지의 사실이나 대학에서의 계열화, 지리역사과에서의 지리의 선택에 의해 학교 교육에의 제도적 관련이 축소되는 경향이 있다) 도시계획이나 국토계획, 또는 비지니스 등의 응용 분야에는 적극적으로 참가하지 않았다는 점이 있다. 응용지리학으로서의 GIS는 阪神淡路대지진(岩井외 1996)이나 지구환경 문제에의 적용 등 일부에서는 적극적으로 진행되고 있으나 지리학회나 대학의 지리학 교실 레벨에서는 충분치 않은 실정이다. 최근 활발해진 산관학 프로젝트로 대표되는 응용적 연구에 GIS를 이용하는 지리학의 참가가 요망된다.

그러나 일본 지리학 내에서의 GIS 발전은 인문 지리학에 한정하여 볼 때 현 상황에서는 매우 비관적이다. 그것은 지난 10년간에 구미에서의 GIS의 전개가 1970·80년대에 발전을 계속했던 구미의 계량지리학(유감스럽게도 일본의 지리학에서는 충분히 전개되지 않았다)에 의해 추진되었다는 것을 보아도 알 수 있다.

또한 일본의 지리학은 앞으로도 GIS를 필요로 하는 계획분야(C. 스타이니츠 편저 1999)나 비지니스 분야(高阪 1994)와의 제휴가 클 것이라고는 기대하기 어렵다. 미국에서도 비지니스와 지리학의 관계는 희박하다고 보여 진다. 그것은 비지니스계(혹은 정계)에서 중요한 위치에 있는 대부분의 사람은 지리학이 사회에 유용한 학문이라는 인식을 전혀 갖고 있지 않기 때문이다(Sherwood 1995). 지리학과 비지니스의 제휴를 권장하기 위해서는 지리학 이외의 사람들에게 지리학의 내용이 사회에 유용하다고 교육할 필요가 있다. 다시 말해서 초·중·고등학교는 물론 대학에서의 지리교육에서 지리학의 응용적 측면을 강조해야 하는 것이다.

일본 지리학계에서의 GIS 보급은 1970년대에 보였던 일본 계량혁명의 수용과 같은 상황을 재현할 가능성이 있다. 그것은 일본 계량지리학이 기술적인 통계 지리학으로 특화한 것과 같이 1990년대 구미에서의 GIS 연구의 한 측면만(단순히 컴퓨터에서의 지도 작성이나, 단순한 공간분석 툴로서 GIS를 이용)을 교육·연구하는 상태에 머무르고 마는 것이다. 다변량 해석이 통계 패키지의 보급과 함께 대중화된 것과 마찬가지로 가까운 장래에 단순한 공간분석 툴을 갖춘 GIS 소프트웨어가 일반화되고 인터넷을 통한 GIS 이용이 일상화되는 시대가 올 것이다.

현재 구미에서 진행되고 있는 GIS 환경을 기반으로 한 응용 지향적인 새로운 계량지리학은 지리학의 틀, 혹은 국내의 틀에 구애받지 않고 오히려 학술적이고 국제적인 새로운 공간정보과학으로서 전개되어야 할 것이다. 사실 구미에서도 GIS에 관련된 새로운 전개는 지리학의 주류에서 떨어져나가 새로운 학문 분야를 형성하고 있다. 이것은 인문 지리학의 해체와 리스트럭춰링을 보다 빠른 템포로 진행시키는 것이 될 것이다.

일본의 많은 지리학자들은 이런 선진적인 GIS 연구에 적극적으로 관심을 기울이고 논의해 나가야 한다. 그리고 GIS가 지리학에 어떻게 공헌하는가가 아니고 지리학이 GIS(공간정보과학)에 어떻게 공헌할 수 있는가를 생각해야할 지 모른다.

Ⅵ 마치면서

최근 GIS는 툴과 과학의 연속체로서 자리 잡으려 하고 있다(Wright et al. 1997). 그러나 Macmillan(1998)이 지적한 바와 같이 GIS기술, GIS기술의 과학, GIS기술로 지원된 과학적 연구의 세 가지를 구별할 필요가 있다.

예를 들어 현미경이나 망원경과 같은 광학적 기구는 도구이면서 기술의 결과이다. 이 경우 현미경이나 망원경은 두 가지 의미에서 과학적이다. 다시 말해 그 도구는 과학적인 목적으로 이용된다(분자생물학이나 천문학 등)는 점과 광학과 같이 현미경・망원경 그 자체에 관련된 과학이 존재한다는 점이다. GIS에 관하여도 그것과 마찬가지의 자리매김이 가능하다. 단, 단순히 지도를 컴퓨터로 작성하는 GIS 소프트웨어의 설계나 매뉴얼 작성으로부터 어떻게 공간 데이터를 핸들링할 것인가라는 새로운 알고리즘이나 공간분석의 개발, 그리고 고해상도의 위성영상 등 이제까지 없었던 새로운 공간 데이터에 의해 실시되는 연구와 같이 GIS를 이용하여 비로소 가능해지는 지리학적 연구라는 차이이다. 단순한 관찰 이상으로 고성능 도구가 있음으로써 비로소 가능해지는 많은 연구 주제가 생기고 있다. GIS기술은 21세기 지리학의 「현미경・망원경」이 될 수 있을 것인지!

GIS는 지리학에 일종의 IT혁명을 가져왔다. 그것을 단순히 종이지도를 디지털 지도로 바꾸고, 여러 가지 형태의 지도 작성을 효율적으로 할 수 있다는 기술 혁신으로서만 여긴다면 지리학에 대하여 큰 영향을 끼치지는 않을 것이다.

그리고 GIS는 그런 아카데믹 지리학에의 공헌과 마찬가지로 본 글에서 밝힌 바와 같은 지리학으로부터의 사회적 공헌에 대한 커다란 가능성을 가지고 있다. 다시 말해 이제까지 아카데믹 지리학이 실행해 온 여러 가지 연구 성과를 GIS를 통하여 사회에 유익하도록 한다는 응용지리학의 전개 가능성이 있는 것이다. 이제까지의 아카데믹 지리학의 전통을 응용지리학으로 변모시키면서, 21세기의 새로운 지리학의 전개를 기대한다.

이 글은 2000년 일본지리학회 춘계 학술대회 심포지움 「GIS는 지리학에 어떻게 공헌하는가?」에서 필자가 발표한 「계량지리학과 GIS」의 내용을 골자로 하고 矢野(2000a, 2000b)의 내용을 덧붙이고 수정한 것이다.

참고문헌

石川義孝 1994.『人口移動の計量地理学』古今書院.

岩井 哲・亀田宏行・碓井照子・盛川 仁 1996. 兵庫県南部地震による西宮市の都市施設被害GISのデータベース化と多重分析. GIS-理論と応用 4(2)：63-73.

岡部篤行 1999. 地理情報システム（GIS）と数理地理分析関連の学術雑誌概観. 地学雑誌 108：673-677.

高阪宏行 1994.『行政とビジネスのための地理情報システム』古今書院.

杉浦芳夫 1989. Garrisonとその時代——アメリカ地理学再生の時——. 地理学評論 62A: 25-47.

野口泰生 1986. ミシガン大学地理学科閉鎖の背景(一)~(三). 地理 30(1)：38-47, 地理 30(2)：64-72, 地理 30(3)：72-79.

矢野桂司 1990. イギリスを中心とした都市モデル研究の動向——引用分析的アプローチを用いて——. 人文地理 42：118-145.

矢野桂司 1997. 地理情報システム(GIS)革命におけるパラダイム転換. 立命館文学 551：223-243.

矢野桂司 1999.『地理情報システムの世界』ニュートンプレス.

矢野桂司 2000a. 学界展望「特設レポート：地理情報」. 人文地理 52：71-79.

矢野桂司 2000b. GISによる応用地理学へのシフト——1980年代後半以降の英国での試み——. 地理 45(9)：41-50.

山田 誠 1986.「新しい地理学」の日本への普及過程——現代日本地理学史の一つの試み——. 地理学報 24：1-16.

ジョンストン, R.J. 著, 立岡裕士訳 1997.『現代地理学の潮流(上)』地人書房（Johnston, R.J. 1997. *Geography and Geographers: Anglo-American Human Geography since 1945*. Wiley）

ジョンストン, R.J. 著, 立岡裕士訳 1999.『現代地理学の潮流(下)』地人書房（Johnston, R.J. 1997. *Geography and Geographers: Anglo-American Human Geography Since 1945*. Wiley）

スタイニッツ, C. 編著, 矢野桂司・中谷友樹訳 1999.『地理情報システムを用いた生物多様性と景観計画』地人書房.

Bailey, T. 1994. A review of statistical spatial analysis in geographical information systems. In Fotheringham, S. and Rogerson, P. *Spatial Analysis and GIS*. 13-44. Taylor & Francis.

Berry, B.J.L. and Marble, D.F. ed. 1968. *Spatial Analysis: A Reader in Statistical Geography*. Prentice-hall.

Birkin, M. 1996. Retail location modelling in GIS. In Longley, P.A. and Batty, M. *Spatial Analysis: Modelling in a GIS Environment*. 207-226. Geoinformation International.

Birkin, M., Clarke, G.P., Clarke, M. and Wilson, A.G. ed. 1995. *Intelligent GIS*. Longman.

Chorley, R.J. and Haggett, P. ed. 1967. *Models in Geography*. Methuen.

Cliff, A.D., Gould, P.R., Hoare, A.G. and Thrift, N.J. ed. 1995. *Diffusing Geography*. Blackwell.

Cox, N.J. 1989. Modelling, data analysis and Pygmalion's problem. In Macmillan, B. ed. *Remodelling Geography*. 204-210. Basil Blackwell.

Clarke, G. and Clarke, M. 1995. The development and benefits of customized spatial decision support systems. In Longley, P. and Clarke, G. ed. *GIS for Business and Service Planning*, 227-245. Geoinformation International.

Clarke, G., Longley, P. and Masser, I. 1995. Business, geography and academia in the UK. In Longley, P. and Clarke, G. ed. *GIS for Business and Service Planning*. 271-283. Geoinformation International.

Curry, M. 1998. *Digital Places: Living with Geographic Information Technologies*. Routledge.

Densham, P.J. 1996. Visual interactive locational analysis. In Longley, P.A. and Batty, M. ed. *Spatial Analysis: Modelling in a GIS Environment*. 185-206. Geoinformation International.

Dorling, D. 1995. *A New Social Atlas of Britain*. Wiley.

Fisher, M.M. and Getis, A. ed. 1997. *Recent Developments in Spatial Analysis: Spatial Statistics, Behavioural Modelling and Computational Intelligence*. Springer.

Fotheringham, S. and MacKinnon, R.D. 1989. The National Center for Geographic Information and Analysis. *EPA* 21: 142-144.

Fotheringham, S. and Rogerson, P. ed. 1994. *Spatial Analysis and GIS*. Taylor & Francis.

Goodchild, M.F. 1991. Comment: just the facts. *Political Geography Quarterly* 10: 335-337.

Goodchild, M.F. 1992. Geographical information science. *IJGIS* 6: 31-45.

Gregory, D. 1978. *Ideology, Science and Human Geography*. Methuen.

Harvey, D. 1973. *Social Justice in the City*. Edward Arnold. (竹内啓一・松本正美訳 1980.『都市と社会的不平等』日本ブリタニカ)

Harvey, D. 1989. From models to Marx: notes on the project to 'remodel' contemporary geography. In Macmillan, B. ed. *Remodelling Geography*. 211-216. Basil Blackwell.

Hearnshaw, H.M. and Unwin, D.J. ed. 1994. *Visualization in Geographical information systems*. Wiley.

Johnston, R.J. 1999. Geography and GIS. In Longley, P., Goodchild, M.F., Maguire, D. J. and Rhind, R.W. ed. *Geographical Information Systems: Volume 1 Principles and Technical issues 2nd ed*. 39-47. John Wiley & Sons.

Longley, P.A., Brooks, S.M., Mcdonnell, R. and Macmillan, B. ed. 1998. G*eocomputation: A Primer*. Wiley.

Longley, P.A. and Batty, M. ed. 1996. *Spatial Analysis: Modelling in a GIS Environment*. Geoinformation International.

Macmillan, B. ed. 1989. *Remodelling Geography*. Basil Blackwell.

Macmillan, B. 1989. Quantitative theory construction in human geography. In Macmillan B. ed. *Remodelling Geography*. 89-107. Basil Blackwell.

Macmillan, B. 1998. Epilogue. In Longley, P.A. Brooks, S.M., Mcdonnell R. and Macmillan, B. ed. *Geocomputation: A Primer*. 257-264. Wiley.

Openshaw, S. 1989. Computer modelling in human geography. In Macmillan, B. ed. *Remodelling Geography*. 70-88. Basil Blackwell.

Openshaw, S. 1991. A view on the GIS crisis in geography, or, using GIS to put Humpty-Dumpty back to again. *EPA* 23: 407-409.

Openshaw, S. 1992. Further thoughts on geography and GIS-a reply. *EPA* 24: 463-466.

Openshaw, S. ed. 1995, *Census Users' Handbook*. Geoinformation International.

Openshaw, S. 1998. Marketing spatial analysis: a review of prospects and technologies relevant to marketing. In Longley, P. and Clarke, G. ed. *GIS for Business and Service Planning*. 150-165. Geoinformation International.

Openshaw, S. and Openshaw, C. 1997. *Artificial Intelligence in Geography*. Wiley.

Sayer, A. 1976. A critique of urban modelling from regional science to urban and regional political economy. *Progress in Planning* 6: 189-254.

Sherwood, N. 1995. 'Business geographics' - a US perspective. In and Longley, P. Clarke, G. ed. *GIS for Business and Service Planning*. 250-270. Geoinformation International.

Taylor, P.J. 1990. Editorial comment: GKS. *Political Geography Quarterly* 9: 211-212.

Taylor, P.J. and Johnston, R.J. 1995. Geographical information systems and geography. In Picklen, J. ed. *Ground Truth: Geographical Information Systems*. 51-67. Guilford Press.

Taylor, P.J. and Overton, M. 1991. Further thoughts on geography and GIS - a preemptive strike. *EPA* 23: 1087-1090.

Unwin, T. 1992. *The Place of Geography*. Longman.

Wilson, A.G. 1972. Theoretical geography: some speculation. *TIBG* 57: 31-44.

Wilson, A.G. 1989. Classics, modelling and critical theory: human geography as structured pluralism. In Macmillan, B. ed. *Remodelling Geography*. 61-69. Basil Blackwell.

Wright, D.J., Goodchild, M.F. and Proctor, J.D. 1997. GIS: Tool or Science? Demystifying the persistent ambiguity of GIS as 'tool' versus 'science'. *A.A.A.G.* 87: 346-362.

Wrigley, N. and Bennett, R.J. ed. 1981. *Quantitative Geography: A British View*. Routledge & Kegan Paul.

chapter 2

지도학과 GIS

關根智子

I 들어가며 : 지도는 무엇인가?

지도의 역할과 목적을 생각하면 지도가 무엇인지, 혹은 지도는 무엇을 위하여 있는가라는 의문이 생긴다. 사람들에게 대표적인 지도의 종류를 물으면 도로지도와 지형도를 떠올리는 경우가 많다. 도로지도는 어느 장소로부터 목적지까지 이르는 길을 나타내는 것으로 주로 여행에 이용된다. 지형도는 토지의 기복을 나타내고 토목공사를 위한 계획 등에 이용된다. 이러한 지도의 역할로 알 수 있듯이 지도는 기본적으로 표현의 수단이다. 그것은 실세계의 일부분을 추상화하여 표현한 것으로 도로나 지형과 같은 선택된 사항에 주목하고 있다.

지도는 시각에 의한 사고와 시각에 의한 전달의 두 가지 목적으로 이용되어 왔다. 시각에 의한 사고(visual thinking)의 측면에서 지도는 사고하기 위한 도구이다. 지도는 통찰을 촉진시키고 데이터내의 패턴을 분명하게 해주며 특이성을 강조하기 위하여 이용된다. 예를 들어 산업 입지와 질병 발생과의 관계와 같이 어떤 사항을 연구자로 하여금 주목시킨다. 지도의 설계나 기호화는 예기하지 않은 것에 주목하도록 한다. 연구의 초기 단계에서 지도는 각 연구자의 사적인 영역 내에서의 탐구 도구이다. 연구가 진행되고 가설이 나오면 지도는 그 가설을 확증하는 방법으로서 이용된다.

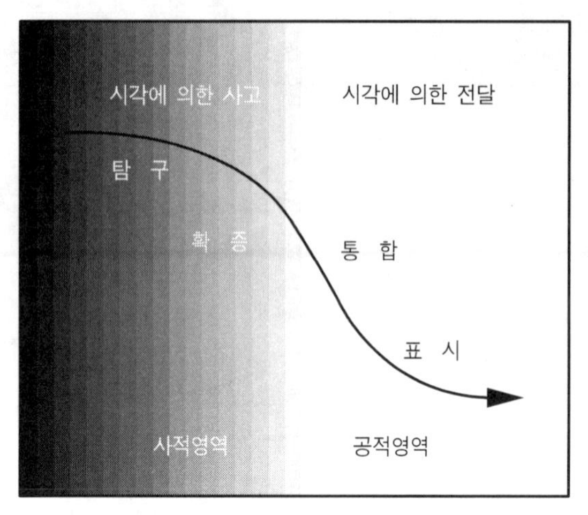

그림 1 사고 도구와 전달 도구로서의 지도
출전: Dibiase 1990

시각에 의한 전달(visual communication)의 목적은 연구자가 생각하고 있는 것이나 알고 있는 것을 널리 전달하는 것이다. 지도나 기록문서, 통계 등을 이용한 포괄적인 분석에 의해, 예를 들어 오염물질의 지리적 분포와 질병 간에 인과관계가 있다는 것이 밝혀졌다면 이 결론을 사람들에게 알리고 정책에 반영하기 위해 지도가 이용된다.

그림 1에 나타낸 바와 같이 연구자의 관점에서 보면 지도가 사고 도구로부터 전달 도구로 변화하는 것은 연구가 사적 영역에서 공적 영역으로 확대되는 것이다(DiBiase 1990). 그림에서 곡선이 하향하는 것은 시각에 의한 사고가 시각에 의한 전달보다도 연구자의 높은 차원의 인식 작업과 관련되어 있다는 것을 나타내고 있다. 시각에 의한 사고와 전달은 지도의 목적으로서 상호 배타적이지 않고 점차 변화하여 지도의 설계나 기호화의 차이에 이르는 연속체의 두 끝점을 표시하고 있다. 시각에 의한 사고는 이미 연구자가 주목해야 할 점이 지도에 강조되어 있어 지도를 보는 사람의 흥미를 이끄는 시각적 조작은 필요치 않다.

최근까지 지도는 종이 위에 인쇄된 종이지도였다. 종이지도는 작성과 배포가 용이하지만 정보를 표시하고 사고·전달하기 위한 최적의 방법이라고는 할 수 없다. 실세계는 복잡하고 동태적으로 변화하고 있으므로 정적인 표현으로 종이에 그리는 것만으로는 충분하지 않다. 하고자 하는 일에 대하여 그 일에 맞는 적절한 표현 방법을 선택하고 최적의 지도를 작성할 필요가 있다. 지도의 표현 방법에는 전체 묘사의 정도나 데이터 분류방법 그리고 지도의 기호화 등이 이용된다. 이러한 표현 방법을 사용하여 종이지도상에 정보를 인쇄한 경우 지도의 이용자는 그 정보를 조작할 수는 없다.

컴퓨터를 중심으로 한 정보기술의 발전은 컴퓨터 지도학을 낳았고 이용자가 표현방법을 변경할 수 있는 새로운 지도의 이용 방식을 제안하고 있다. 본 글은 컴퓨터 지도학으로부터 지리정보시스템(GIS)에의 진보를 소개하고 지도학의 새로운 표현방법의 하나로서 지도 애니메이션을 예로 들어 그 제작 방법과 이용 방법을 알아보고자 한다.

II 컴퓨터 지도학과 GIS

1. 컴퓨터 지도학의 성립

먼저 컴퓨터 지도학(Computer Cartography)의 역사를 간단하게 정리한다. 컴퓨터 지도학은 컴퓨터로 지도를 작성하는 방법을 연구하고 있다. 이전의 지도는 펜이나 도화기를 이용하여 종이지도로서 작성되었으나 오늘날에는 컴퓨터를 이용하여 작성할 수 있게 되었다. 컴퓨터 지도학에 관한 최초의 논문은 1959년에 Geographic Review에 발표되었던 Waldo Tobler의 'Automation and Cartography'로 알려지고 있다(Clarke 1995). 컴퓨터 지도학의 제 1의 문제는 컴퓨터에 등고선과 같은 지도적인 선을 어떻게 그릴 것인가였다. 1968년이 되자 하버드 대학에서 SYMAP라는 지도 작성 패키지가 작성되었다. 이 프로그램은 당시 컴퓨터의 출력 장치였던 라인 프린터를 이용하여 알파벳과 숫자를 나열하여 선을 그리고 있다.

1970년이 되어 본격적으로 지도학에 컴퓨터를 도입한 컴퓨터 지도학이 탄생하였다. 컴퓨터 지도학에 의한 지도학의 변화를 정리하면 다음과 같다. 첫번째는 지도 작성의 용이성이다. 예를 들어 오늘날에는 지도학 교육을 받지 않은 사람도 간단한 지도 작성 소프트웨어를 사용하여 통계를 이용한 주제도 등을 쉽게 작성할 수 있게 되었다. 여기에는 채색 표시나 지도 투영법, 축척 변경의 용이함도 포함된다. 두번째는 지도 표현방법의 고도화이다. 가장 좋은 예로 지형의 표현을 들 수 있는데 관찰자가 실제로 보는 것과 같은 시점으로부터 3차원의 보다 리얼한 표현이 가능해졌다(關根 1994; 關根・高阪 1996). 그리고 통계 지도에 있어서의 컬트그램(Dorling 1994)도 그 한 예이며 후술할 지도 애니메이션도 시간 등의 새로운 차원을 도입하고 있기 때문에 이 예에 해당한다고 할 수 있다.

세번째는 새로운 지도학 이론의 전개이다. 종이지도로부터 디지털지도로 바뀌면서 컴퓨터에 맞는 형식의 지도학 이론이 필요하게 되었다. 지도학자는 지도 데이터의 도식적 표현에만 관심을 가져서는 부족하며 데이터의 코드화, 구조화, 지도 분석 등을 고려한 데이터베이스로서의 새로운 지도학 이론을 전개하는 방향을 취하였다. 이는 분석지도학(analytical cartography)이라고 불리는 분야로 발전하였고, 지도학의 수학적 기초나 알고리즘의 원리를 연구하고 있다(Clarke 1995). 분석지도학은 컴퓨터로 지리 데이터를 관리할 때 기초가 되는 데이터 모델, 지도 묘사, 기하 변환 등을 포함한 지도 데이터의 변환, 컴퓨터 프로그램으로서의 지도 데이터 구조, 지형의 3차원 표현 등을 다룬다.

네번째는 지도학에 대한 수요의 확대이다. 컴퓨터의 도입에 따라 데이터베이스나 컴퓨터 과학의 전문가가 컴퓨터 지도학에 흥미를 갖게 되었고, GIS와 더욱 연결되어감에 따라 여러 분야의 사람들이 지도와 관련을 맺게 되었다. 그 결과 지도학은 이전보다도 넓은 분야로부터 주목 받게 되었고 그 연구나 교육에의 수요도 높아졌다. 다섯번째는 지도 정밀도의 향상이다. 일반적으로 정밀도에는 정확성(accuracy)과 정밀성(precision) 두 가지 측면이 있다. 정확성은 1 km의 거리를 1 km라고 측량하는 것이다. 정밀성은 1 km보다 1.000 km의 쪽이 우수하다고 본다. 정확성은 측정의 옳음에 대응하는 것이고 정밀성은 측정의 세밀함에 관련된 것이다. 컴퓨터를 도입함으로써 정밀성은 당연히 향상되었고 GPS 등의 최신 위치 측정 기구를 조합함으로써 정확성도 개선되었다. 따라서 컴퓨터 지도학에서는 지도의 정확성의 수준이 실세계와 어느 정도 다른가를 측정할 수도 있게 되었다.

2. GIS의 출현

1970년대 후반에 이르러 사람들은 컴퓨터 지도학의 응용이 비지니스로서의 가치를 가지고 있음을 알기 시작하였다. 구미에서는 이 시기에 작은 기업이 다수 출현하였고 경쟁적으로 보다 우수한 지도 작성 소프트웨어를 개발하게 되었다. 그 결과 최종적으로는 GIS의 출현을 맞게 되었다.

GIS는 여러 가지 타입의 지리 정보를 일원적으로 관리하고 분석하는 시스템이다. 이 시스템은 데이터의 취득, 보존, 갱신, 분석, 표시의 기능을 가지고 있다. 이런 기능 가운데에도 특히 지도상에서의 분석에 중점이 두어져 표 1과 같이 다수의 지도 분석기능을 실행할 수 있게 되었다. 이러한 분석을 통하여 GIS로 지도학적 해석을 도출하는 것이 가능해졌다. GIS는 단순한 지도 작성 도구가 아니라 여러 가지 지리학적 정보를 포함한 분석 시스템으로 볼 수 있다. 컴퓨터 지도학은 컴퓨터로 지도를 작성하는 것을 목적으로 하는 반면에 GIS는 문제 해결을 위한 수단으로서 지도를 이용한다는 것이 그 차이점이다. 일반 사회로의 GIS 보급은 컴퓨터 지도학으로의 흥미를 더욱 촉진시키고 지도 표현의 새로운 방법에도 커다란 영향을 주고 있다.

표 1 GIS로 실행 가능한 지도분석

분 석 법	분석 내용
주소조합(address matching)	주소를 지도상의 지점에 부여
공간보간(spatial interpolation)	데이터가 없는 지점의 데이터 값을 주위의 데이터 값이 있는 지점으로부터 추정
버퍼분석(buffering)	지점이나 선분을 중심으로 주위의 지역을 설정함
클러스터 검출(cluster detection)	특이한 값을 갖는 지점을 검출함
크리깅(kriging)	공간상에 분포하는 사상의 주기성을 밝힘
지도 중첩분석(map overlay)	지도의 레이어간에 공통적인 부분을 추출
가변적 지연단위(modifiable areal unit)	지역단위의 영향을 평가함
점패턴분석(point pattern analysis)	점의 분포패턴을 찾음
인접성 분석(poisson regression models)	지도요소의 인접관계를 조사
공간적 자기상관(spatial autocorrelation)	거리의 영향을 밝힘
공간필터(spatial filters)	지점데이터의 평활화를 실시
폴리곤 내 점분석(point in polygon analysis)	지역 내의 지점을 추출함

GIS는 최근 데이터베이스, 모델 작성방법 뿐만 아니라 멀티미디어, 가상현실(VR), WWW 등 여러 가지 새로운 정보 기술과 제휴하는 경향이 있다. 이러한 신기술에 의해 지도표현이나 지도 배포가 크게 변화하고 있다. 멀티미디어는 문자만이 아니라 정지영상이나 동영상(애니메이션) 등의 화상이나 영상, 음성의 지도에의 조합 등을 통해 이용자가 지도를 보다 잘 이해하도록 돕는다. 가상현실에서는 컴퓨터로 구축한 3차원의 세계로 자기의 분신을 이동시켜 여러 가지 체험을 할 수 있는 상황을 인공적으로 만들어 낸다. 이것은 지도보다 추상도가 낮으며 현실에 가까운 세계를 표현할 수 있다(Camara and Raper 1999). WWW에서는 정보 네트워크를 통하여 WebGIS로부터 대화적으로 지도를 작성, 업로드·다운로드하는 기술이 확립되어 있다(高阪 1999). 다음에서는 멀티미디어 중에서도 애니메이션의 지도학에의 응용에 대하여 고찰한다.

Ⅲ 지도 애니메이션

1. 지도 애니메이션의 종류

최근 지도학에서는 컴퓨터·애니메이션을 응용하여 지도상에서 시간적 변화뿐만 아니라 시간과 관련이 없는 지리적 변화를 표시하는 지도 애니메이션을 연구하고 있다. 컴퓨터·애니메이션에서는 프레임(코마 혹은 셀)을 작성하고 그것을 연속적으로 표시하여 내용의 변화나 이동의 착각을 일으키는 프레임 베이스・애니메이션이 이용되어 왔다. 이 애니메이션 기술을 응용하여 프레임에 지도를 표시한 지도 애니메이션으로는 다음의 5종류가 알려져 있다(Peterson 1995; 關根 1998).

시간 애니메이션(temporal animation)은 시간을 통한 변화를 표현한다. 나머지 4종류는 시간 이외의 다른 인자로 인해 발생된 변화를 나타내는 비시간 애니메이션(non-temporal animation)이다. 먼저 일반화 애니메이션(generalization animation)은 데이터의 클래스 수를 변화시켜 작성한 지도를 비교하고 클래스 수가 지도에 주는 영향을 애니메이션으로 나타낸다. 분류 애니메이션(classification animation)은 정량적 데이터를 여러 가지 통계 수법을 이용하여 분류하고 그것을 애니메이션으로 표시한다. 공간경향 애니메이션(spatial trend animation)은 하나의 변수를 다시 구분하여 그것의 공간적 분포 경향을 밝힌다. 비행 애니메이션(fly-through animation)은 3차원으로 표현된 지도상에서 비행에 의한 시점의 위치 변화를 통하여 지도를 보는 방식을 동적으로 변화시킨다.

2. 지도 애니메이션의 제작

1) 경계 파일의 입수

이상과 같은 지도 애니메이션을 제작하는 방법을 콜프레스 지도를 사용하여 설명한다. 콜프레스 지도를 작성하기 위해서는 먼저 디지털 형식의 경계 파일을 준비한다. 경계 파일이란 市區町村경계나 통계구의 경계 혹은 町丁경계 등과 같은 지구의 경계선을 표시하는 위상 구조를 지닌 파일이다[1]. 시판되는 경계 파일을 입수할 수 있는 경우에는 그것을 이용한다. 예를 들어 GIS 소프트웨어 ArcView3.2에 첨부되어 있는 볼륨팩 2(PASCO사 첨부 CD-ROM)에는 일본 전국 市區町村계가 들어 있다. 그 일부를 잘라내면 이하에서 표시하는 것과 같은 千葉縣의 市區町村 경계 파일을 얻을 수 있다. 한편 시판되는 경계 파일을 입수할 수 없는 경우에는 GIS 소프트웨어를 사용하여 경계 파일을 디지타이저 등으로 작성할 필요가 있다(關根・高阪 2000).

2) 콜프레스 지도의 작성

경계 파일을 입수하였다면 다음에는 지역의 통계를 입수하여 콜프레스 지도를 작성한다. 콜프레스 지도는 지도별 사상의 공간적 분포로부터 공간 패턴(경향)을 파악하는 것을 목적으로 한다. 코로프레스 지도는 사상을 지구별로 수치 데이터로서 계량화하고 여러 가지 분류법을 이용하여 수치 카테고리(클래스)로 정리한 후, 이를 기반으로 지역별로 채색・음영으로 표시한다.

구체적으로 다음 4가지 측면을 고려한다. 첫째는 변수의 선택이다. 두 번째는 분류법의 선택이며 분위수, 등간격, 표준편차, 최적화, 등면적, 임의의 지정 등이 있다(자세한 것은 關根 2000을 참조). 세 번째 측면은 분류하는 클래스 수의 선택이다. 이상의 세 가지 측면으로부터 예를 들어 변수로서는 인구가, 분류법으로서 최적화가, 클래스 수로서는 4클래스가 선택된다. 그리고 최후의 제 4의 측면으로서 각 클래스에 어떤 채색・음영을 줄 것인가 하는 채색・음영 패턴을 선택한다. 이와 같이하여 콜프레스 지도를 작성한다.

3) 지도 애니메이션의 제작과 표시

지도 애니메이션을 제작하기 위해서는 먼저 지도 애니메이션의 종류에 따른 콜프레스 지도를 여러 장 작성한다. 그리고 변화를 표현하기 위하여 각 콜프레스 지도를 1매의 프레임으로 간주하여 지도 애니메이션을 제작한다. 콜프레스 지도는 통상 그것을 표시하는 GIS소프트웨어에 따라 파일 형식이 정해져 있다. 예를 들어 ArcView는 확장자가 apr인 프로젝트 파일로서 지도를 보존하는데, 애니메이션을 제작하기 위해서는 EXPORT 명령어를 사용해 JPEG파일로서 보존한다. 이 후 이 JPEG파일은 GIF컨스트락션 세트(Alchemy Mindworks사) 등의 애니메이션 소프트웨어에 입력하여 애니메이션으로 제작하고 GIF파일로서 보존한다. 여기서 GIF는 애니메이션파일의 확장자이다.

애니메이션을 표시하기 위해서는 GIF파일을 더블 클릭한다. 그러나 이와 같은 표시 방법으로는 애니메이션의 표시 속도를 조절할 수 없다. 그래서 GIF컨스트락션과 같은 소프트웨어를 사용하여 표시 속도를 변경하게 된다. 그리고 아래의 WWW의 URL에서 볼 수 있는 지도 애니메이션은 Web서버상에 지도 애니메이션을 보존하고 있다. 클라이언트가 Web서버에 엑세스하여 지도 애니메이션을 표시하는 시스템이다. 이 경우 JavaScript를 이용하여 표시 속도를 조절할 수 있다.

3. 지도 애니메이션의 사례

이어서 4종류의 지도 애니메이션(비행 애니메이션은 제외)의 구체적 사례를 소개한다. 데이터로서는 국세 조사를 통한 千葉縣의 85市町村의 인구를 이용하였다. 시간 애니메이션으로는 1955년부터 95년까지의 10년 간격의 인구를 4클래스로 분류하였다. 분류법은 시간 경과에 따른 인구 변화에 주목하기 위하여 「임의의 지정」을 이용하였다. 그림 2에서는 시간 애니메이션을 이용한 각 프레임의 지도를 나열하여 보여주고 있다. 인구가 많은(인구 20만 이상의) 市町村은 검은색으로 표시하였고 인구가 적어짐에 따라 순차적으로 종선, 점, 백색으로 나타내었다. 그림 2-a를 보면 1965년에 검은색으로 분류되었던 지역은 千葉市뿐 이었으나, 1955년이 되면

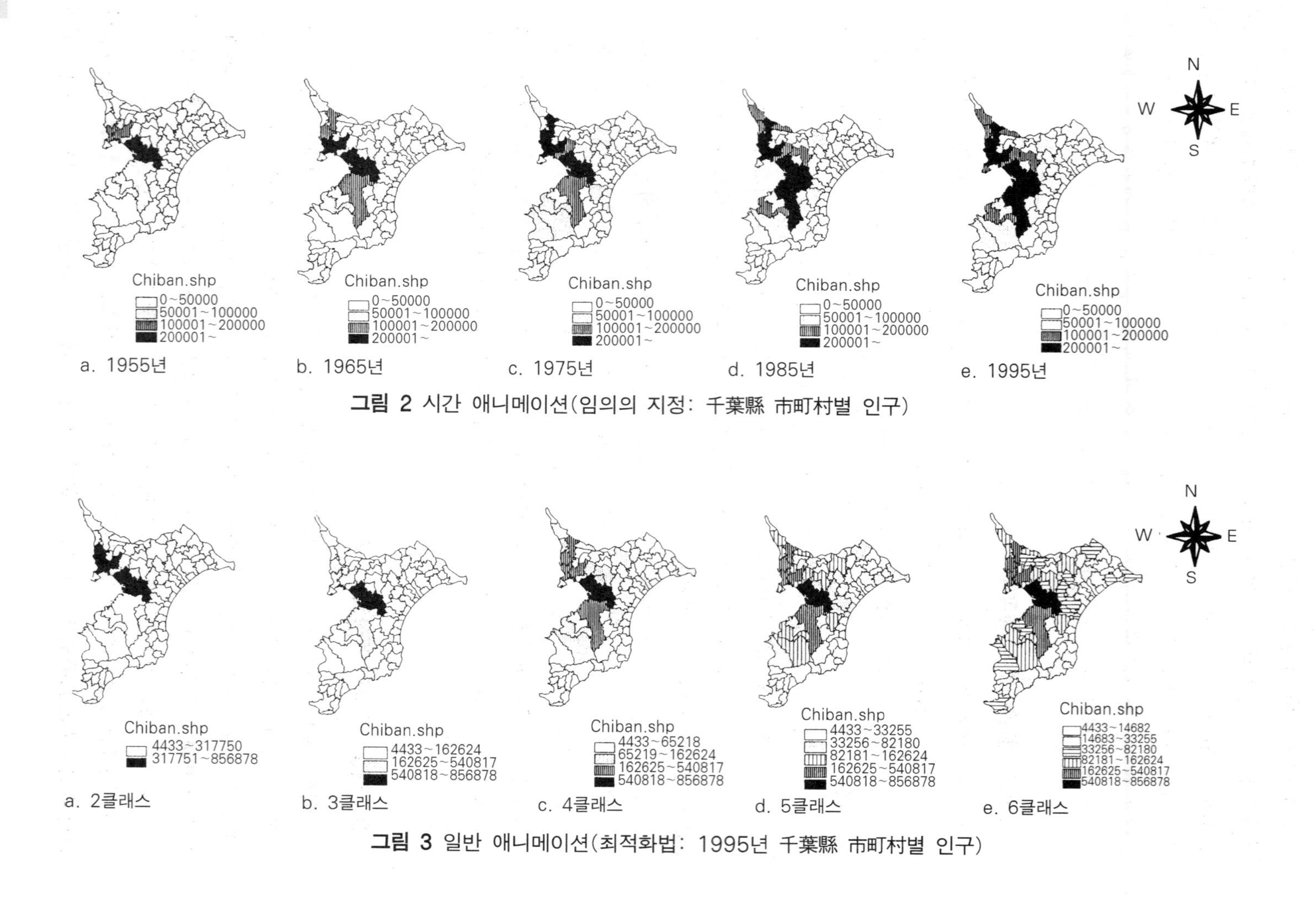

그림 2 시간 애니메이션(임의의 지정: 千葉縣 市町村별 인구)

그림 3 일반 애니메이션(최적화법: 1995년 千葉縣 市町村별 인구)

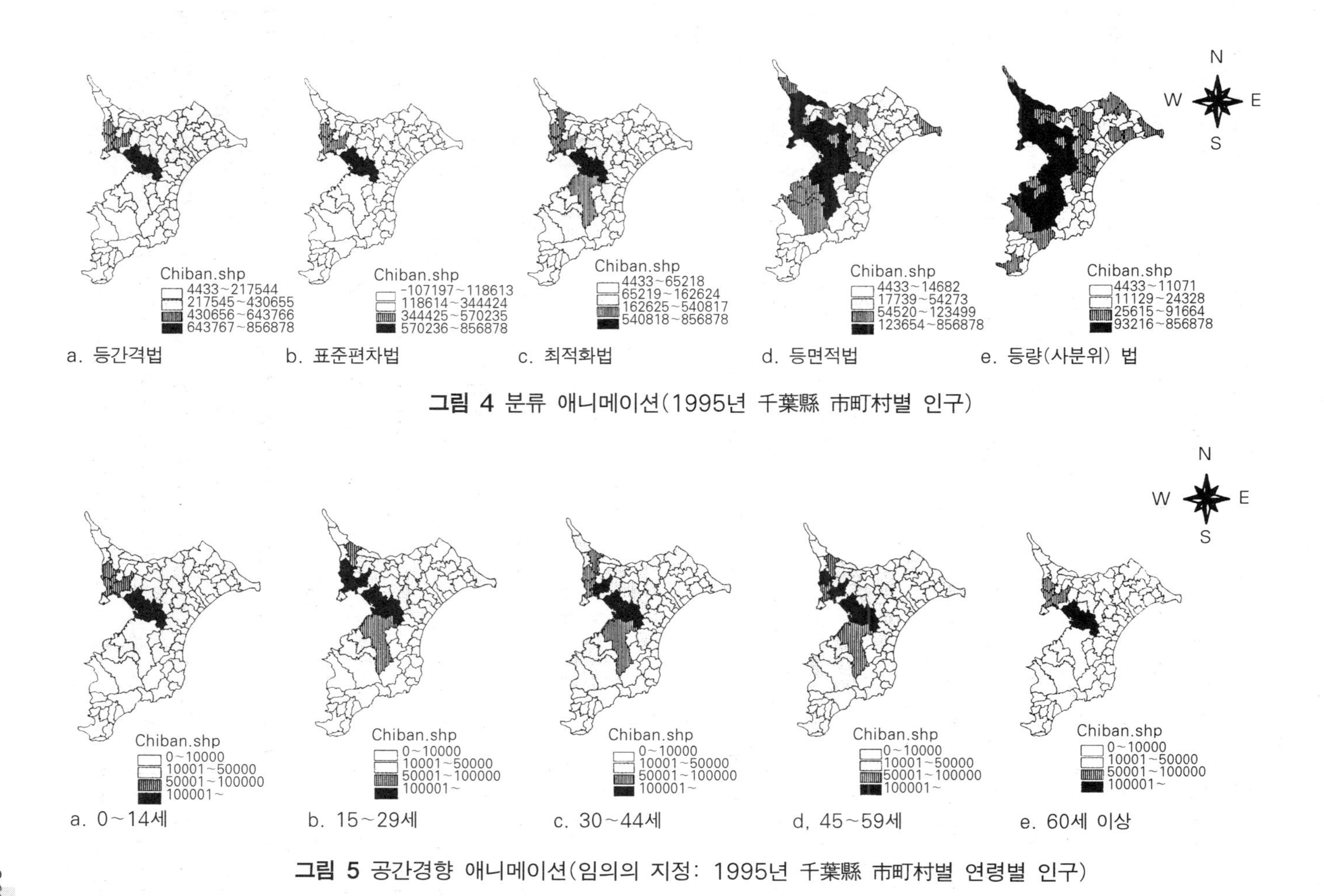

그림 4 분류 애니메이션(1995년 千葉縣 市町村별 인구)

그림 5 공간경향 애니메이션(임의의 지정: 1995년 千葉縣 市町村별 연령별 인구)

동경에 가까운 市川市와 船橋市에, 1975년에는 松戶市, 栢市로 확대되고 있다(같은 그림 b, c). 1985년에는 千葉市에 대하여 남측의 市原市로 확대되지만 1995년에는 변화가 보이지 않는다(같은 그림 d, e).

이들 프레임을 이용하여 제작한 시간 애니메이션은 http://chiri.chs.niho-u.ac.jp/gis/sekine.htm의 「시간 애니메이션」을 클릭하여 Web상에서 볼 수 있다. 이 시간 애니메이션으로 千葉縣의 인구 증가에 대한 공간적 확대 과정을 연도 경과와 같은 주기로(10년마다) 표시하는 동태적 가시화가 가능해진다. 다시 말해 공간적 확대 과정이라는 동태와 시간적 추이라는 동태를 적절히 융합하여 표시하는 것이 시간적 지도 애니메이션의 장점이다. 각각의 지도를 비교하여 그 중의 변화를 읽어내려는 과거의 방법과 비교하여 시간 애니메이션은 직감적으로 그 변화를 파악할 수 있는 효과적인 방법이다. 이와 같이 시간 애니메이션은 지도상에서 시간적 변화를 표시하여 그 패턴을 해독하고 시각에 의한 사고에 유용함과 동시에 그것을 전달하기에 매우 우수한 수법이라 할 수 있다.

일반화 애니메이션으로 지도 일반화 중에서도 특히 클래스 수에 주목하고 클래스 수의 변화와 공간적 분포 패턴과의 관계를 살피는 사례를 들어보고자 한다. 그림 3은 1995년의 인구를 「최적화법」을 이용하여 2~6클래스로 분류한 지도를 나타내고 있다. 최적화법을 이용한 이유는 關根(2000)이 어떤 통계적 특성을 갖는 데이터에 대하여도 최적화법이 가장 우수하다는 것을 밝혔기 때문이다. 그림 3-a의 2클래스의 분류를 보면 千葉, 市川, 船橋, 松戶의 네개 시가 인구 약 31.7만 이상의 상위 클래스(검은색)이다. 3클래스로는 千葉市만이 상위 클래스가 되고 중위 클래스에는 위의 3개 시 이외에 栢市와 市原市가 추가되고 나머지 市町村이 하위 클래스가 된다(같은 그림 b). 4클래스로는 3클래스의 하위 클래스에 들었던 市町村이 다시 이분된다(같은 그림 c). 5와 6클래스에서는 상위의 두 클래스는 변화가 없고 하위의 두 클래스가 더욱 세분된다(같은 그림 d, e). 이 분류 결과를 비교한 결과 인구 분포 패턴을 파악하기에는 4클래스가 최적이라고 판단된다. 왜냐하면 3클래스로는 분류가 너무 개략적이고, 5클래스 이상이 되면 분류가 너무 세밀하기 때문이다. 분류의 정밀도는 연구 목적에 따라 변하므로 4클래스가 적절하다는 것은 어디까지나 지역을 클래스로 분류할 때 시각적인 판단의 용이함 측면에서의 일반적인 결과이다.

이 일반화 애니메이션은 http://chiri.chs.nihon-u.ac.jp/gis/sekine.htm의 「일반화 애니메이션」으로 볼 수 있다. 이 애니메이션으로 千葉縣의 인구 분포를 가장 알기 쉽게 표현한 클래스 수가 어느 것인가를 시각적으로 파악하는 것이 가능하다. 일반 애니메이션과 같은 비시간 애니메이션에는 상기의 시간 애니메이션에서 지적한 시간적 추이라는 동태는 포함되지 않는다. 오히려 클래스 수를 바꾸는 것에 의해 인구 분포를 파악하는 분류 정밀도가 변화하고, 그 결과 어떤 정밀도로 지역의 인구분포를 가장 적절하게 표현할 수 있는가를 동태적 표시를 통해 판단하는 점에 애니메이션의 효과가 있다. 즉, 분류 정밀도를 순차적으로 바꾼 공간적 분포패턴을 짧은 시간에 표시하여 어느 정밀도가 그러한 패턴의 구별을 확실히 하였는가를 인식하는 탐구 도구로서 일반화 애니메이션이 효과적이다.

분류 애니메이션은 분류법을 바꿈으로써 공간적 패턴이 어떻게 변화하는가를 보여준다. 그림 4의 각 지도는 1995년의 인구를 등간격, 표준편차, 최적화, 등면적, 등량(4분위)의 5가지 방법으로 네 가지의 클래스로 분류한 결과를 나타내고 있다. 그림 4-a의 등간격법은 최대인구와 최소인구의 차를 클래스 수로 나눈 등클래스 간격으로 분류하고 있다. 최상위 클래스는 千葉市, 2번째의 클래스는 市川, 船橋, 松戸의 3개시, 3번째의 클래스는 柏市와 市原市이다. 千葉縣의 인구와 같이 데이터가 크게 정의 방향으로(우측방향) 왜곡되어 있는(인구가 많은 소수의 지구와 인구가 적은 다수의 지구로 구성되어 있다) 경우 등간격법을 이용하면 데이터 수가 적은 클래스(이 사례에서는 상위 3클래스)가 생긴다는 문제가 발생한다(關根 2000).

표준 편차법은 평균을 중심으로 표준편차로 분류하는 방법으로 $2\sigma<$, $1\sigma\leq 2\sigma$, $0\leq 1\sigma$, $-1\sigma\leq 0$의 클래스 간격으로 4분류하였다(같은 그림 b). 등간격법과 비교하면 3번째의 클래스(점)에 속하는 市町村이 많다. 최적화법은 데이터내의 총 변동을 최대한 잘 반영하는 클래스 분류방법이다. 분류결과(그림 3-c의 일반화 애니메이션의 4클래스와 동일)는 표준편차법에 비교하면 가장 상위의 클래스는 변화가 없으나 두 번째의 클래스에 市原市와 柏市가 추가되고 세번째의 클래스에는 더욱 많은 市町村이 포함된다(같은 그림 c).

등면적법은 市町村을 인구가 많은 순서로 열거하고 각 클래스 내에 포함되는 시정촌의 면적이 같도록 분류하는 방법이다. 위의 세가지 방법과 분류결과는 크게 다르다. 각 클래스가 차지하는 면적의 비율이 같기 때문에 상위 2개 클래스에 포함되는 市町村의 수가 많아진다(같은 그림 d). 등량(4분위)법도 마찬가지로 인구가 많은 순으로 열거하여 각 클래스에 속하는 市町村의 수가 같도록 나눈다. 최상위 클래스(검정)에 속하는 市町村이 차지하는 비율이 다섯가지 방법 가운데 가장 높다(같은 그림 e).

이 분류 애니메이션은 http://chiri.chs.nihon-u.ac.jp/gis/sekine.htm의 「분류 애니메이션」에서 볼 수 있다. 애니메이션은 분류법을 바꾸는 것에 의해 공간적 분포패턴이 크게 변화한다는 것을 알 수 있다. 다섯가지 분류법을 비교하면 등간격, 표준편차, 최적화, 등면적, 등량의 순으로 상위 세가지 클래스에 속하는 市町村의 차지 비율이 높아진다. 등간격, 표준편차, 최적화와 등면적, 등량간에는 분포패턴에 큰 차이가 있다는 것도 시각적으로 확인할 수 있다. 그리고 앞의 세가지 분류법 중에서 최적화법은 2, 3번째의 클래스에 많은 市町村을 분류하고 있으므로 분류결과로서 적절하다고 판단된다.

공간경향 애니메이션은 하나의 변수를 세분하여 구분된 변수의 공간적 패턴 차이를 고찰하는 방법이다. 사례로서 그림 5와 같이 1995년의 인구를 0~14세, 15~29세, 30~44세, 45~59세, 60세 이상인 다섯가지로 구분하고 구분된 변수마다 「임의의 지정」으로 4클래스로 분류하였다. 그 결과 인구 10만명 이상의 클래스를 보면 0~14세는 千葉市만 해당된다(그림 5-a). 15~29세는 市川, 船橋, 松戸의 3개 시가 추가되고(같은 그림 b), 30~55세는 千葉市, 船橋의 2개 시, 45~59세는 千葉, 船橋, 松戸의 3개 시가 된다(같은 그림 c, d). 60세 이상은 0~14세와 같은 패턴을 취한다(같은 그림 e).

이 애니메이션은 http://chiri.chs.nihon-u.ac.jp/gis/sekine.htm의 「공간 경향 애니메이션」에서 볼 수 있다. 이 애니메이션으로 15~29세, 30~44세, 45~59세의 생산 연령층 인구가 千葉市와 東京에 가까운 도시에 많이 거주하는데 비하여 유소년층(0~14세)이나 노년층(60세 이상)의 인구는 상대적으로 적다는 것을 알 수 있다. 따라서 공간 경향으로서 유소년층으로부터 연령이 올라갈수록 千葉市로부터 東京 근교로 인구가 증가하지만 60세 이상이 되면 千葉市로 돌아온다는 경향을 파악할 수 있다.

Ⅳ 마치면서

본 글에서는 GIS와 관련된 지도학 발전의 구체적 사례로서 지도 애니메이션을 들었다. 지도 애니메이션은 지도를 연속 표시하여 지도 상호간의 차이를 비교, 검토하여 최적의 지도 작성법과 분석법을 선택할 때 유효한 수단이다. 지도 애니메이션의 효용은 ① 시간적 추이에 따른 사상의 변화, ② 공간적 분포패턴의 차이, ③ 위치의 이동에 의한 시점의 추이에 동반한 사상의 변화를 동태적으로 표시 가능하다는 점에 있다.

시간적 지도 애니메이션은 연도별 인구 증가의 공간적 확대 과정과 같이 시간적인 추이에 따른 사상의 공간적 변화를 잘 표시할 수 있다. 일반화와 분류의 각 애니메이션은 지역 분류에 관한 두 가지 측면, 클래스 수와 분류법을 바꿈으로서 공간적 분포패턴의 차이를 파악할 수 있었다. 공간적 경향 애니메이션은 변수의 구성 내용(예를 들어 연령 구성)에 공간적 경향이 있는가 하는 것을 보는 수단으로서 이용되었다. 지도 애니메이션의 이러한 방법은 최종적으로 지역을 시간과 공간상에서 시각적으로 사고하고 전달하기 위한 유효한 수단이 될 것이다. 그리고 Web기술을 이용하는 것에 의해 지도 애니메이션에 어떤 장소로부터든 액세스 가능하게 되었다. 이와 같은 연구 결과는 지도 애니메이션이 사회에 대하여 보다 가까운 존재가 될 것임을 분명하게 보여주는 것이다.

끝으로 GIS의 발전에 따른 지도학의 장래에 대하여 고찰한다. 지도학의 장래는 정보과학 기술의 발전과 크게 관련되어 있다. 예를 들어 지도학에서 GPS로 취득한 최신 위치 데이터를 전송하여 GIS 내의 데이터베이스를 자동적으로 갱신하는 등의 지도 데이터베이스 연구가 시작되고 있다. 이 연구의 최종목표는 지도의 리얼타임 갱신이다. 이 기술이 완성되면 측량학과 지도학이 일체화되고 앞으로의 커다란 과제인 지도 갱신의 문제가 해결된다. M.F.Goodchild는 지도학이 Geomatics나 공간정보과학이라고 불리기보다 커다란 학문 영역의 일부로서 재편성되고 지리정보를 표현하기 위한 기술로서 더욱 발전해야 할 것임을 역설하고 있다. 또한 일상생활에 있어서도 정보검색 수단으로서 지구상의 위치가 추가되고 「정보의 지리화」가 실현되어 거주지의 자연・사회・교육환경이나 생활의 편리함 등을 WWW를 통하여 사전에 평가할 수 있게 될 것이다(金窪 외 2000: 18).

또한 GIS는 CG나 VR 등의 분야와도 관련성을 크게 하여 실세계에 가까운 경관을 표현할 수 있게 될 것이다. 예를 들어 버추얼 삼림 소프트웨어를 사용하여 산등성이의 자연환경 VR 씬을 작성하려면 3D의 지형 투시도상에 토지피복의 폴리곤을 설정하고 각 폴리곤에 피복 텍스쳐를 붙이게 된다. 그리고 수목 대상물을 심어 넣고 거기에 안개 등의 대기 상황을 부가한다. 이와 같은 경관의 VR씬을 시점별로 작성하고 애니메이션으로 표시하면 버추얼 삼림상에서의 비행 애니메이션을 제작할 수 있다(Berry 2000a, b).

버추얼 삼림의 예에서도 알 수 있듯이 지도 표시는 VR로 진화해 간다. 여기선 묘사가 얼마나 정확한가가 문제이다. 지도학에서 계승되고 있는 것은 공간과 주제의 정확성이었다. 그러나 VR에서는 3차원 형상 모델을 2차원의 화상으로 디스플레이상에 표시하기 위한 수순인 렌더링(rendering)의 충실성이라는 전혀 새로운 개념이 도입된다. VR은 지도를 완전히 넘어선 존재로서 VR로 경관을 표현할 수 있게 되면, 전통적인 지도에서 사용하고 있는 채색표시나 기호화 등의 지도 수법은 거의 사용하지 않게 될 것이다. 이미 3D의 VR경관을 불러내어 그 안을 리얼타임으로 네비게이션 가능한 손목 시계형의 PC가 개발되기 시작하였다.

주

1) 위상구조는 경계선(선분) 상호가 절점(노드)으로 연결된 구조이고, 지구의 경계가 폐합된 상태이므로 그 지구를 채색・음영 표시하는 것이 가능하다.

참고문헌

金窪敏知・太田　弘・細井将右・太田守重・長井　茂・金澤　敬・森田　喬・小堀　昇 2000. 第11回 ICA 総会および第19回国際地図学会会議出席報告. 地図 38(2) : 17-32.

高阪宏行 1999. 情報ネットワークによる空間データの提供. 日本大学地理学会地理誌叢 40(2) : 29-36.

関根智子 1994. 生活環境に対する満足度の空間的変動とその規定要因――盛岡を事例として――. 日本大学地理学会地理誌叢 36(1) : 1-8.

関根智子 1998. マルチメディアと地図アニメーション. 日本大学地理学教室編『地理学の見方・考え方――地理学の可能性をさぐる――』35-48. 古今書院.

関根智子 2000. GIS を利用したコロプレス地図作成におけるクラス分け方法の諸問題. GIS-理論と応用 8(2) : 109-119.

関根智子・高阪宏行 1996. ARC／INFO による数値地図の表示と分析――日本大学地理情報分析室における実行例――. 日本大学地理学会地理誌叢 38(1) : 49-60.

関根智子・高阪宏行 2000. ArcView を使ったコロプレス地図の作成. 日本大学地理学会地理誌叢 41(1/2) : 65-77.

Alchemy Mindworks 社. http://www.mindworkshop.com/alchemy/order.txt.

Berry, J.K. 2000a. How to rapidly construct a virtual scene. *GEO World* 13(7) : 22-23.

Berry, J.K. 2000b. How to represent changes in a virtual forest. *GEO World*. 13(8): 24-25.

Camara, A.S. and Raper, J. eds. 1999. *Spatial Multimedia and Virtual Reality*. London: Taylor & Francis.

Clarke, K.C. 1995. *Analytical and Computer Cartography 2nd Edition*. New Jersey: Prentice Hall.

DiBiase, D. 1990. Visualization in the earth sciences. *Earth and Mineral Sciences*, Bulletin of the College of Earth and Mineral Sciences, PSU 59(2): 13-18.

Dorling, D. 1994. Cartograms for visualising human geography. In Hearnshaw, H.M. and Unwin, D.J. eds. *Visualization in Geographical Information Systems*. 85-102. Chichester: John Wiley & Sons.

Peterson, M.P. 1995. *Interactive and Animated Cartography*. New Jersey: Prentice Hall.

chapter 3

공간분석과 GIS

貞廣幸雄

I 들어가며

GIS가 공간분석에 대하여 얼마나 공헌하는가 하는 문제를 다루려면 먼저 공간분석이라는 말이 가리키는 범위를 명시할 필요가 있다. 그러나 공간분석이라는 말에 대하여 명확하고 동시에 일반성이 높은 정의를 부여하는 것은 어려우며, 정의를 내리는 그 자체가 본 글의 목적은 아니므로 여기서는 편의상 공간분석에 대하여 다음의 내용을 취급하고자 한다(Fotheringham and Rogerson 1994; Bailey and Gatrell 1995).

(1) 가시화 visualization
(2) 공간조작 spatial operation
(3) 공간통계 spatial statistics
(4) 공간모델화 spatial modelling

(1)~(3)은 주로 탐색적 공간데이터 분석(exploratory spatial data analysis), (4)는 확신적 공간데이터 분석(confirmatory spatial data analysis)이라고 불리 운다.

II 공간분석을 위한 GIS의 효용

GIS의 효용이라고 하면 먼저 GIS의 도입에 의해 종래의 연구 과정의 일부가 원활하게 되었다는 점이 떠오른다. 예를 들어 GIS를 분석을 위한 데이터 관리시스템으로서 이용하면 이제까지 다루기 어려웠던 대용량의 공간 데이터를 체계적으로 정리할 수 있다. 그리고 GIS를 데이터의 가시화 도구로서 이용하면 도화를 위한 특별 프로그램을 작성하거나 수작업으로 지도를 작성하는 수고를 덜 수 있다. 이런「데이터 관리시스템과 가시화 도구」로서의 GIS 이용은 현재의 GIS 이용 중 적지 않은 범위를 차지하고 있다.

다소 발전된 이용은 버퍼링이나 공간적 검색, 공간적 중첩 등의 조작을 들 수 있다. 이러한 조작은 종래에는 스스로 프로그램을 만들어서 실시하였으나 현재는 GIS에 의해 대부분 자동화되었다. GIS가 가진 이런 종류의 효용은 등직선도 작성이나 가시영역 동정 등 3차원 데이터의 분석에 특히 뛰어나다.

그러나 이런 효용은 모두 종래의 연구 과정을 원활화한 것에 지나지 않는다. 즉, 지금까지 시간을 들여 해왔던 조작을 단시간에 할 수 있게 되었다는 것에 지나지 않으며 그다지 본질적인 효용이라고는 말할 수 없다. 그래서 본 글에서는 이제부터 진일보한 단계에서의 GIS의 공간분석에의 효용을 논하고자 한다. 즉,

(1) 분석의 내포화
(2) 분석의 고속화
(3) 새로운 공간 데이터의 출현
(4) 비즈니스와의 연결
(5) 분야 횡단적 연구의 촉진

의 다섯 가지이다. 물론 GIS의 효용은 이 외에도 많지만 여기서는 특히 중요하다고 생각되는 위의 다섯 가지를 다룬다. 한마디로 효용이라 하고 있지만 현재 이미 누리고 있는 효용에서부터 가까운 장래에 실현될 효용, 효용을 얻으려면 몇 가지 문제점을 해결해야 하는 효용까지 여러 가지 단계의 효용이 존재한다. 그것들을 명확히 구별하는 것이 곤란하기 때문에 본 글에서는 구별하지 않고 다루고자 한다.

1. 분석의 내포화

공간분석의 역사는 GIS보다도 오래이다. 그러므로 상당수의 수법이 축적되어 이루어지고 있다. 그 가운데에서 예를 들어 공간통계의 구획법이나 최근린 거리법 등 비교적 간단한 것도 적지 않다. 그러나 보다 고도의 공간분석 방법, 예를 들어 Moran's I(Cliff and Ord 1981)나 Getis의 G-statistic(Getis and Ord 1992; Ord and Getis 1995), 연속 분포의 보간에 많이 이용되는 kriging(Isaaks and Srivastava 1989) 등은 아무나 가볍게 이용할 수 있는 것은 아니다. 그 이유는 대개 아래의 3가지 점에 있다.

(1) 방법의 프로그램화가 복잡하다.
(2) 동일 대상에 적용 가능한 여러 가지 방법이 존재하고 적절한 방법 선택이 어렵다.
(3) 방법 이용자가 부여해야 할 제어 파라메타의 결정 방법이 확립되어 있지 않다.

이러한 것은 공간분석 방법의 보급을 막는 원인의 하나로 간주되며(Goodchild and Getis 2000), 그것들을 제거하는 것이 공간분석에서의 중요한 연구 과제이다. 이 가운데 (1)에 대해서는 GIS의 출현과 더불어 프로그램을 사전에 포함시키고 GIS나 통계 소프트웨어의 서브 모듈을 제공하는 움직임이 진행되고 있다. 가장 유명한 예는 SpaceStat(Anselin 1993)이다. 이것은 현재 통계 소프트웨어인 S-Plus의 서브 모듈로서 시판되고 있고 점 패턴분석이나 geostatistics 등의 기능을 제공한다. 또한 S-Plus는 ArcView(GIS 소프트웨어)와 연계하여 이용하는 것이 가능하고, ArcView의 공간 데이터에 대하여 여러 가지 통계 처리를 직접 시행할 수 있다.

공간분석 방법의 내포화는 이외에도 Openshaw 등에 의한 Geographical Analysis Machine(Openshaw et al. 1987)이나 Spatial Analysis Module(Ding and Fotheringham 1992), SPLANCS(Rowlingson and Diggle 1993) 등에서도 시행되고 있다. 그리고 최근에는 공간 모델까지 내포화한 것(Batty and Xie 1994)도 출현하는 등 이 방향의 연구가 크게 확대되고 있다.

분석의 내포화는 이제까지 충분히 활용되지 못했던 공간분석 방법의 보급을 촉진하였는데 그 의의는 아주 크다. 그러나 이것은 동시에 분석 자체를 블랙박스화 할 위험도 안고 있다. 즉, 이용자는 상세한 분석을 알지 못해도 그것을 이용하여 간단히 결과를 얻을 수 있다. 그런데 일반적으로 방법의 선택이나 결과 해석에는 분석방법의 구조를 이해하는 것이 필요하고 분석의 블랙박스화는 부적절한 방법의 이용이나 잘못된 결과의 해석을 가져 올 우려가 있다. 그렇기 때문에 앞으로는 (2)와 (3)의 문제점을 해결하기 위한 연구가 필요하다.

2. 분석의 고속화

이것은 GIS의 효용이라기보다도 컴퓨터의 효용이라고 하는 편이 나을지 모른다. 그러나 GIS는 컴퓨터의 능력을 공간분석에 충분히 활용하는데 있어 불가결한 존재이므로 굳이 여기서 다루고자 한다.

분석의 고속화는 단순히 연구 시간을 단축하는 것만이 아니다. 복잡한 혹은 대량 계산을 필요로 하는 분석은 실용적인 시간 내에 실행하는 것이 어렵기 때문에 실제로 이루어지는 일이 적었다. 즉, 이론적으로는 가능해도 현실적으로는 불가능했다. 그러나 컴퓨터의 고속화와 그것에 따른 GIS의 정비로 인하여 종래에는 이루어지지 못했던 대량의 계산을 필요로 하는 분석 방법이 출현하고 있다.

그 대부분은 공간분석이나 지리학이라기 보다도 보다 광범위한 연구 분야 중에서 구축되어 온 분석 방법의 공간분석에의 적용이다. 예를 들어 탐색적 공간 데이터 분석은 통계학의 탐색적 데이터 분석(Tukey 1977)의 사고방식을 공간분석에 적용한 것이다. 여기서는 종래의 가설 검정형의 분석이 아닌 데이터로부터 특징적인 패턴을 추출하는 것에 주안점을 두고, 여러 가지 공간 영역이나 공간 패턴의 적용과 공간 통계를 비롯한 여러 가지 정량적 분석방법의 적용이 계속적으로 이루어진다. 전술한 Geographical Analysis Machine이나 일련의 국지 통계량, 예를 들어 LISA(Anselin 1995) 등은 바로 이와 같은 발상에 의한 것이다. 최근에는 이 사고 방식을 더욱 발전시킨 공간 데이터 마이닝(spatial data mining)에 대한 연구가 진행되고 있다. 이것은 이제까지 주로 계산기 과학 분야에서 연구되어왔던 데이터 마이닝(Cios et al. 1998)의 사고방식을 공간분석에 적용한 것으로 마케팅 분야 등에서의 이용이 예상된다.

이러한 탐색적 공간 데이터 분석은 데이터양이 대량일 뿐만 아니라 시도되는 분석도 다수이기 때문에 실로 많은 계산량이 필요하다. 그리고 통계수법 적용을 위하여 몬테카를로 시뮬레이션이 이용되는 경우도 많다. 컴퓨터의 성능이 향상됨에 따라서 비로소 가능해진 것이다.

공간 모델화에 있어서 고속화의 효용으로서는 다음의 2가지를 들 수 있다. 하나는 도시나 지구 전체를 대상으로 한 모델 등 대량 데이터를 이용한 복잡한 모델의 실용화가 진전된 것이다. 이것은 일반적으로 큰 계산량을 필요로 하기 때문에 슈퍼 컴퓨터급의 계산기 이용을 전제로 하여 구축되고 고속화를 위해서 범용성은 희생되고 만다. 그러나 퍼스널 컴퓨터와 GIS라는 비교적 사용이 간편한 도구를 고속 계산에 이용함으로써 대형이면서 일반성이 큰 모델을 움직이는 것이 현실화 되고 있다. 다른 하나의 효용은 모델의 탐색적 적용이 가능해진 것이다. 이제까지 모델 적용을 확신적 공간데이터 분석이라는 문맥으로 파악하는 경우가 많았다. 그러나 현재에는 공간 모델을 적용하여 그 잔차를 분석하고 모델을 개량하여 그것을 재적용・재평가하는 다시 말해 탐색적 적용이 흔히 이루어지고 있다. 이러한 종류의 분석을 대화적으로 하기 위해서는 역시 고속 컴퓨터가 꼭 필요하다.

공간분석의 범위에 포함되는가의 여부에 대해 약간 의론이 분분하지만 공간 최적화에 있어서도 분석의 고속화가 가져다 준 영향은 크다. NP-hard에 속하는 문제는 다항식 시간 내에서의 계산이(필시) 불가능하고 실용적으로도 해석이 불가능한 문제라고 생각된다. 이런 종류의 문제에 대하여 어느 정도 현실적인 최적해를 생각하기 위한 유력한 방법이 발견적 방법(heuristic approach)이다. 이것을 공간데이터에 적용한 것이 발견적 공간 최적화(Heuristic spatial optimization; 예를 들어 Macmillian and Pierce 1994)이다. 발견적 방법을 이용하면 어려운 문제에 정면으로 맞서는(예를 들어 이 잡듯이 모든 것을 조사하는) 것보다는 짧은 시간에 비교적 만족할 수 있는 답을 얻을 수 있으나 많은 계산 양에는 변화가 없다. 특히 공간 최적화의 경우에는 고려해야 할 변수가 많고 계산에 필요한 시간이 큰 문제였다. 이 문제가 컴퓨터 성능의 향상에 의해 해결되고 그것이 공간 최적화의 연구를 가속화시키는 하나의 원동력이 되고 있다.

분석의 고속화는 단순히 연구시간을 단축시키는 것만이 아니라 종래의 발상의 전환과 그 결과로서 새로운 분석 방법의 개발을 촉진시키고 있다. 그 결과는 이미 몇 가지 형태를 이루고 있고 우리들은 그로부터 큰 효용을 얻고 있다.

3. 새로운 공간 데이터의 출현

GPS나 PHS, 모바일 GIS 등 공간 데이터를 취득하는 도구의 눈부신 발달이 있었다. 이것은 이전에 없었던 새로운 공간 데이터를 제공하며 공간분석의 대상을 크게 확대시키고 있다. 그러므로 여기서는 새로운 공간 데이터와 공간분석과의 관계에 대하여 생각해 본다.

새로운 공간 데이터의 취득 수단으로서 먼저 GPS(Global Positioning System)를 들 수 있다. 이제까지 통상의 GPS 정밀도는 100 m였는데, 2000년 5월부터 미국이 데이터상의 오차 혼입을 중지함으로써 정밀도가 오차 10 m 정도까지 향상되었다. 고층 건축물에 의하여 전파 방해를 받는 도시에서는 GPS에 의해 얻어지는 데이터의 정밀도가 떨어지지만 방해물이 적은 교외나 산간부에서는 GPS가 유용한 데이터 취득 수단이 된다. DGPS 등 정밀도가 높은 GPS기기는 다소 큰 것이 대부분이지만, 이러한 경우가 아니라면 손목 시계형의 GPS도 시판되고 있어 휴대성을 살린 데이터 취득이 가능하다.

GPS와 마찬가지 목적으로 이용되는 도구로서 PHS가 있다. 이제까지는 인간의 일일 행동 이력을 분석하는 데에 개인적 행동의 기록을 의뢰하고 문서 등으로 그 기록을 보존하는 방법이 일반적으로 이용되었다. 그러나 이 방법은 데이터 수집에 큰 수고가 필요할 뿐만 아니라 얻어진 데이터의 신뢰성도 충분하지 않다는 문제점을 갖고 있다. 예를 들어 일일 행동 이력을 나중에 기억해내어 기록하고자 하면 그 일부를 잊을 수 있으므로 데이터에 결함이 생긴다. 그러나 현재는 PHS로부터 정기적으로 위치 정보를 발신하여 이것을 공간데이터로서 그대로 보존하여 결손이 없는 양질의 행동 이력 데이터를 취득할 수 있다.

PHS는 또한 GPS 사용에 문제가 있는 도시에서 특히 크게 유용하다. 물론 데이터의 위치 정밀도는 아직 충분하다고 말할 수는 없지만 평균하여 500 m 정도의 오차를 포함하고 있다. 그러나 전파의 상태나 공간 추론의 구조를 이용하는 방법으로 추정 정밀도를 향상시키는 연구가 진행되고 있다. 그리고 PHS는 GPS와 마찬가지로 높은 휴대성을 가지고 있어 50 g 정도의 무게를 지닌 PHS는 사람뿐만이 아니라 동물의 행동 이력 파악에도 이용되고 있다.

제 3의 공간 데이터 취득 수단으로서 인터넷이 있다. Web상에는 주소를 위치 참조 정보로서 포함하는 여러 가지 정보가 제공되고 있어 이것을 유효하게 조합함으로써 연구상 유용한 공간 데이터베이스를 구축할 수 있다. 물론 이러한 것을 공간 데이터로 변환하려면 주소 참조가 필요하지만 일본 국내를 예로 든다면 민간의 고정밀 데이터(예를 들어 젠린의 ZMAP)를 이용함으로서 도시지역 내의 거의 전역에 대한 주소 대조가 가능하다. 연구에 이용되는 예가 아직은 많지 않으나 앞으로 인터넷은 유용한 공간 데이터원으로서 기능할 것이다.

그리고 고해상도 위성영상도 새로운 공간 데이터원으로서 큰 역할을 하고 있다. 현재 가로세로 1 m라는 높은 해상도로 동일 지점의 영상을 매일 기록하는 것이 가능하고 이러한 데이터를 구축하게 되면 시공간 데이터가 성립된다. 위성영상 데이터는 종래에는 벡터 데이터가 정비되어 있지 않은 지역(그 대부분은 개발도상국이었다)의 유일한 데이터 기반이라는 성격이 강했으나 앞으로는 벡터 데이터와 동등한 중요 기반 공간데이터가 될 가능성을 지니고 있다.

이상과 같이 GIS의 출현과 병행하여 다양한 공간 데이터 취득 수단이 정비된 결과 종래에는 존재하지 않았던 혹은 있어도 극소수였던 공간 데이터가 무수히 출현하였다. 이것은 공간분석에 있어서는 새로운 공간분석수법의 개발과 적용을 의미한다. 이하에서는 새로운 공간데이터를 이용한 공간분석에 대하여 논하고자 한다.

첫째, 고차원 공간분석이다. 여기서의 고차원이란 높이 방향의 3차원과 시간 축을 포함한 4차원 그리고 오차(伊理 1998)나 속성 등을 추가한 고차원을 아울러서 의미한다. 공간분석이라고 하면 전통적인 수법에서는 2차원의 현상을 다루는 것이 대부분이었다. 예를 들어 점 패턴분석이나 공간적 자기상관은 주로 정적인 현상에 대하여 적용되었고, 시간 차원의 취급은 각 시점에서의 분석 결과를 단순히 시간축상에 열거하여 놓는 방법을 사용하였다. 그 밖의 분석에 있어서도 시간을 고정하여 공간분석을 실시하고 그 결과를 시간축상에서 들여다보든지, 반대로 공간을 고정하여 시간 분석을 실시하고(영역별 시간 변화를 분석하여) 그 결과의 공간분포를 조사하는 방법이 대부분이었다. 이러한 것들은 진정한 의미에서의 시공간분석이라고 할 수 없다(Langran 1992).

이와 같은 분석이 많았던 하나의 원인은 시간 방향의 데이터 밀도가 공간상의 그것에 비하여 낮았다는 것에 있다. 그러나 상술한 것과 같은 도구를 이용하여 시공간 데이터를 취득한다면 시간 방향의 데이터 밀도는 거의 연속이라고 해도 좋을 정도로 높일 수 있다. 그 결과 시간 및 공간을 고정하지 않는 새로운 공간분석이 가능하다. 유감스럽게도 현시점에서 진정한 시공간분석이라고 부를 수 있는 방법은 매우 한정되어 있기는 하지만, 예를 들어 역학(epidemiology) 분야에서는 시공간점 분포에 있어서 클러스터를 검출하는 방법이 몇 가지 개발되어 있는데(Elliott et al. 1992; Alexander and Boyle 1996) 이것들이 앞으로의 시공간

분석의 한 방향을 제시할 것이라 생각된다. 그리고 전염병의 전파 등은 현상 자체가 시공간과 밀접하게 관계되어 있으므로 GIS의 출현 이전부터 분석수법이 개발되어 왔다. 데이터 이용 가능성의 확대에 따라 시공간분석수법의 개발은 앞으로 더욱 가속화될 것이다.

둘째로 대용량 데이터 분석이다. 앞 절에서 컴퓨터 성능의 향상에 따라 대용량 공간데이터의 분석이 현실화되었다. 데이터 용량이 큰 경우 이제까지는 보통 데이터를 공간 단위별로 집계하고 나서 분석하였다. 그러나 이와 같은 방법은 중요한 정보를 잃을 위험성이 있어 분석상 바람직하지 않다. 데이터를 충분히 살리려면 공간데이터 마이닝과 같이 거기에서 주목해야할 패턴을 추출하거나 개별 데이터에 대하여 미크로 스케일의 분석수법이나 모델을 적용하는 어프로치가 필요하다. 전자에 대해서는 현재 연구가 진행되고 있는 상태이며 이미 몇 가지 소프트웨어가 개발되어 있다(Han et al. 1997). 후자에 대해서는 공간 선택 모델(예를 들어 로지트 모델) 등과 관련한 몇 가지 연구 사례가 있기는 하지만 일반성이 높은 방법론은 아직 완성되지 않았다. Clark는 "Geographical Analysis"의 30주년 기념호에서 다음과 같이 밝히고 있다(Clark 1999). 「우리들에게 있어서 이제까지의 문제는 데이터의 부족이었다. 이제부터는 데이터 과잉이 문제가 될 것이다」.

세 번째, 오차나 애매함을 포함한 데이터의 분석이다. 데이터가 적었던 시대에는 데이터의 오차가 인식되지 않거나 혹은 인식되었어도 허용되는 경우가 많았다. 그러나 데이터가 많아지면 오차나 애매함의 문제와 정면에서 부딪히게 된다.

예를 들어 복수의 데이터를 조합하여 이용하는 경우 동일 대상물에 대한 데이터가 일치하지 않는 경우가 있다. 이것은 데이터 작성 시점이나 정밀도의 차이 등에서 기인하는 것으로 대개는 어떤 데이터라도 어느 정도의 오차가 포함되어 있기 때문이다. 이와 같은 경우 어떤 데이터를 이용할 것인지 혹은 두 개의 데이터를 어떻게 조합할 것인가 하는 문제가 발생하게 되는 데 이것이 바로 데이터 오차의 취급 방법에 관한 문제인 것이다. 마찬가지로 두 개의 인접하는 공간데이터를 접합할 때 접합면에서 데이터가 연속되지 않는 경우도 생긴다. 이 경우에는 최소한 한 쪽의 데이터를 수정하지 않으면 문제는 더욱 심각해질 것이다.

데이터의 오차나 애매함의 문제는 눈에 보이지 않는 형태로도 존재한다. 공간데이터에는 필연적으로 디지털화 과정의 오차(대부분은 디지타이징 할 때의 오차)가 포함되는데 이것을 이용한 분석결과에도 역시 오차가 포함된다. 폴리곤 데이터의 분석에 대하여 점 패턴 분석수법을 근사적으로 적용한 경우에도 수법의 치환에 의한 결과의 애매함이 발생한다. 그리고 데이터 자체가 애매한 것, 예를 들어 위치를 애매하게 밖에 알지 못하는 공간 대상물을 분석하는 경우에는 문제가 더욱 심각해진다. 인터넷상에서 제공되는 공간데이터에는 그와 같은 것이 많고 또한 역사적인 데이터의 대부분이 이 범주에 속한다.

이러한 문제에 대해서 현 시점에서는 데이터의 오차나 애매함을 분석과정에서 명시적으로 다루는 방법과 데이터의 오차나 애매함에 구애받지 않는 결과를 내는 분석방법이라는 두 가지의 연구 방향이 제시되어 있으나 아직은 모두 충분한 성과를 내고 있다고 할 수는 없다(Burrough and Frank 1996). 앞으로 오차나 애매함을 포함한 데이터를 분석하려면 그것을 바르게 취급하는 방법론의 구축이 꼭 필요할 것이다.

네 번째, 집계된 공간데이터의 분석이다. 데이터의 집계단위가 분석 결과에 미치는 영향은 오래전부터 인식되고 있는데 Openshaw는 그것을 MAUP(Modifiable Areal Unit Problem)이라고 하여(Openshaw 1984) 지리학에 있어서 중요한 연구 과제의 하나로 삼았다. 그 후에도 이 문제에 관한 연구가 진행되었으나 일반적인 해결 방법은 아직 없다. 현재의 연구 방향은 데이터의 집계단위가 분석 결과에 미치는 영향을 명시적으로 다루는 방법(Fotheringham 1989)과 데이터의 집계단위에 의존하지 않는 결과를 부여하는 분석방법(Tobler 1989)이라는 두 가지로 나뉘어 있다. 전자는 주로 공간 모델화에서 후자는 탐색적 공간분석에서 각각 중요한 문제가 되고 있다. GIS와 관련하여 말하자면 미크로한 비집계 데이터나 복수 단위로 계층적으로 집계된 공간데이터를 입수할 수 있게 되었다는 것이 이와 같은 과제에 대한 분석 수단을 제공하고 있다.

4. 비즈니스와의 연결

GIS의 간접적인 그러나 매우 큰 효용으로서 GIS가 산업이 되어 비즈니스와 밀접하게 연결되어 있다는 점을 들 수 있다(Longley and clark 1996). GIS가 일본에 보급되기 시작한 1980년대 후반부터 1990년대 전반에는 시판되는 혹은 자치단체 등에서 정비한 공간데이터가 매우 적었고 있다고 해도 값비싼 것이 많았다. 그래서 연구자는 자신이 필요로 하는 공간데이터를 디지타이징하여 만들어 쓰는 경우가 대부분이었다. 공간데이터는 시간 및 비용이라는 점에서 매우 비싼 것이었다. 그러나 카 네비게이션이나 Web, i-mode에 의한 지도 송신, 퍼스널 컴퓨터용 지도 소프트웨어 등 디지털 지도를 이용한 비즈니스가 확대됨에 따라 민간 기업에 의한 데이터 정비가 급속히 진행되고 동시에 그 가격도 급격히 하락되었다. 다시 말해 이것은 산업으로서의 GIS의 수요가 광범위하게 존재한다는 것의 다름 아니다. 전술한 GPS나 PHS 등의 기술도 비즈니스로서의 GIS 기술을 배경으로 하고 있다. 공간데이터나 도구가 계속적으로 제공되고 그 가격도 하락한다는 것은 GIS가 공간분석에 미치는 간접적인 그러나 커다란 효용인 것이다.

연구자의 대부분은 비즈니스와의 관계에 대하여 별로 적극적이지 않고 일방적으로 은혜를 베푸는 입장이다. 그러나 앞으로는 자신의 연구를 발전시키기 위해서도 비즈니스와의 관계를 보다 적극적으로 생각해야 할 단계에 와있다. 실제, 비즈니스로서의 GIS는 발아 단계에 있으며 실시하고 있는 공간분석도 거의 초보적인 것이다. 연구자가 공헌할 수 있는 부분은 많이 남아있다.

5. 분야 횡단적 연구의 촉진

GIS의 효용으로서 마지막으로 들 수 있는 것은 그것이 분야 횡단적인 연구를 촉진한다는 것이다. 전 절에서 말한 점과 같이 이 효용도 간접적인 효용에 가깝다. 그러나 그 효과는 직접적인 효용만큼 중요하다.

분야 횡단적인 연구 영역의 예로서 공간통계가 있다(Cressie 1993). 공간통계는 지리학이나 생태학, 경제학 등의 각각의 개별 분야를 대상으로 개발되어 온 수법을 통계학을 중심으로 통합하여 이루어낸 학문 분야이다. 당초 여기에 포함된 수법은 개별성이 높은 것이 많았으나 분야에 걸쳐 상호이용 가능한 것이 출현함에 따라 수법의 일반화가 이루어지고, 현재에는 분야에 상관없이 이용할 수 있는 수법이 다수 제공되고 있다. 적용 범위도 역학(疫學)이나 지진학, 범죄학, 고고학 등 이전보다 더욱 광범위해졌고, 출신이 다른 연구자들이 서로 자기 주장을 펼치면서 새로운 통계 수법의 개발과 적용을 꾀하고 있다. 공간통계에 관한 연구의 공통점은 대상이 「공간」현상이고 수법이 「통계적」이라는 것에 있다.

지리학과 관련된 분야 횡단적 연구영역으로서 그밖에 지역과학(regional science)을 들 수 있다. 지역과학은 지리학과 경제학이 중심이 되고, 토목공학, 교통공학 등의 연구자가 협력하여 새로운 패러다임의 전개를 지향하고 있다.

그렇다면(과학으로서의) GIS는 어떠한가, 그것을 이용한 학문 분야는 지리학에 그치지 않고 토목공학, 도시공학, 건축학, 생태학, 역학, 경제학, 사회학, 고고학, 범죄학, 방재학 등 매우 광범위하다. 그리고 그 이론을 지원하는 연구영역도 계산기 과학, 계산기하학, 전자공학, 통계학 등 여러 분야에 걸쳐 있다. 이들의 공통점은 대상이 「공간」현상(혹은 공간 그 자체)이고 수법이 GIS라는 것이다.

공간분석에 관해서 말하자면 이용되는 수법에는 분야별로 적거나 많거나 간에 차이가 존재한다. 그러나 GIS라는 시점에서 보면 그것은 모두 4종류의 공간 대상 즉, 점, 선, 면, 연속면(Surface)과 그 속성을 분석하기 위한 방법으로 대상이나 스케일이 다를 뿐이다. 따라서 다른 분야에서 개발된 분석 수법을 응용하는 것이 매우 용이하다. 특히 현재에는 전술한 바와 같은 분석 수법을 패키지화한 여러 가지 소프트웨어가 존재하므로 경우에 따라서는 프로그래밍 할 필요조차 없다. 이것은 GIS가 「공간」을 다루는 각 분야에 공통된 플랫폼을 제공하고 있는 것에 기인하는 것으로, GIS가 분야 횡단적 연구를 촉진하는 것에 의한 효용의 직접적인 예이기도 하다.

그러나 효용은 이에 그치지 않는다. 다른 분야의 수법을 도입할 경우에는 통상 그 배경에 있는 공간적 사고방식이나 개념도 아울러서 이전된다. 분야가 다른 경우에는 새로운 사고방식이나 개념인 경우가 많으며, 그것을 자신의 입장으로부터 재평가함으로써 새로운 공간분석 수법이 탄생할 가능성이 있는 것이다. 예를 들어 생태학이나 범죄학 분야에서 개발된 분석 수법을 지리학적으로 재평가하고 그를 토대로 새로운 공간분석 수법을 개발・적용할 수 있다. 물론 지리학에서 개발된 공간분석 수법을 다른 분야에 제공하고 학문에 넓게 공헌하는 것도 가능하다.

또한 이와 같은 다른 분야간의 교류, 그 중에서도 GIS의 이론분야와 응용분야와의 교류는 이론과 실용의 대화적인 발전을 낳는다. 예를 들어 공간데이터의 분석에 대한 수요는 지리학뿐만 아니라 많은 응용분야에서 이미 존재하였다. 이에 대하여 데이터 취득을 위한 도구는 주로 산업에 관련된 분야에서 개발되었고, 그것을 관리・분석하기 위한 데이터베이스 구조나 계산기하 알고리즘 연구는 계산기 과학이나 계산기하학 분야에서 다루어지고 있다. 반대로 계산기 과학, 특히 공간관계나 공간개념을 다루는 분야와 인지 과학과의 교류는 지리학에서 새로운 연구 분야를 탄생시키고 있다(Egenhofer and Golledge 1998). 이와 같은 이론과 응용의 밀접한 관계는 연구의 진전을 원활화한다는 효용을 갖는다. 다른 분야간의 교류는 장기적으로 매우 중요하고 그 효용도 매우 크다. 그리고 그것을 지원하는 것이 과학으로서의 GIS인 것이다.

III 마치면서

본 글에서는 공간분석에 대한 GIS의 효용을 다섯 가지 시점으로부터 살펴보았다. 현재 GIS의 이용 가운데 「데이터 관리시스템과 가시화 도구」로서의 이용이 적지 않은 범위를 차지하고 있다. 이것은 물론 GIS의 좋은 활용의 한 예이긴 하지만 그 능력을 충분히 살리고 있다고는 말하기 어렵다. 그래서 보다 유효한 활용과 발전 가능성을 몇 가지 제시하고자 한다.

공간분석에 관한 한 현시점에서 GIS가 주는 효용은 한정적이라고 말하지 않을 수 없다. 앞의 사례 가운데 이미 실현된 것은 반에도 못 미친다. 남은 반 이상에 대해서는 앞으로의 가능성으로서 평가해야 한다. 그러나 그 가운데에는 연구자가 적극적으로 관여하여 실현될 가능성이 있는 것도 적지 않다. 우리들 연구자들의 연구 과제인 것이다.

예를 들어 분석의 내포화에 관련하여 논한 바와 같이 적절한 분석 수법의 선택이나 이용자가 해야 할 파라메타의 결정에 관하여 그 판단 방법이 확립되어 있지 않다는 것이 공간분석의 보급을 막는 하나의 요인이다. 이제까지 별로 주목받지 못했으나 공간분석을 내포화하고 보다 광범위한 보급을 위해서는 피할 수 없는 과제이다.

분석의 고속화에 있어서는 앞으로 컴퓨터의 성능이 더욱 향상될 것임이 확실하고 그에 맞추어서 연구를 발전시켜야 한다. 통계학 분야에서 계산기의 우수한 능력을 전제로 하는 computational statistics나 graphical statistics 등의 연구가 진전되고 있는데, 이와 병행할 수 있는 GIS 분야에서의 움직임으로 geocomputation(Longley et al. 1998) 등이 있지만 아직 많다고는 할 수 없다. 앞으로의 발전이 기대된다.

새로운 데이터의 출현에 관련해서는 연구 과제가 쌓여있다고 해도 좋을 것이다. 시공간 데이터 분석은 이제 막 시작되었을 뿐이고 모델화를 포함하여 연구해야 할 대상이 많이 남아 있다. 대량 데이터분석에 있어서는 현 시점에선 종래와 같이 집계한 후에 분석하는 방법과 공간 데이터 마이닝과 같이 탐색적 데이터 분석을 계속하는 2가지 방법만이 존재한다. 이것은 어떤 의미에선 양극단에 위치한 것이라 할 수 있어 그 중간에 위치하는 분석 수법을 찾을 수 있을지 모르겠다.

오차나 애매함을 포함한 데이터에 관련하여 GIS의 세계에서는 아직 데이터베이스에서 이러한 것을 어떻게 취급할 것인가 하는 논의를 진행하고 있는 단계이고 분석 단계에서의 논의는 별로 진척되지 않았다. 그러나 우리는 이미 오차나 애매함을 포함한 데이터를 이용하여 공간분석을 실시하고 있고 그 결과에 대해서 일정 책임을 지고 있다. 데이터베이스상에서의 취급에 관한 논의와 병행하면서 분석상 바람직하고 동시에 실용적인 오차나 애매함의 취급 방법을 조속히 강구하여야 할 것이다.

집계 데이터에 관한 MAUP의 문제에 있어서는 이미 장기간에 걸친 논의가 이루어지고 있음에도 불구하고 유효한 해결책이 없는 실정이다. 이것은 꼭 이 문제가 해결 불가능하다는 것을 의미하는 것은 아니지만 적어도 간단히 해결될 수 있는 문제가 아닌 것임은 명백하다. GIS의 보급에 의해 비집계 데이터의 이용 가능성이 확대되고 이것이 MAUP해결에 도움이 되었으면 하는 바램이다.

비즈니스와의 관련에서는 이제까지 경원시되었던 산업과의 연대가 앞으로는 중요해질 것이다. 공학계 분야에서는 연구와 산업은 불가분의 관계로 연구 성과가 최종적으로 어떤 비즈니스와 연결될 필요가 있다. GIS와 관련된 연구영역은 여러 영역에 걸쳐 있고, 그 중에서 산업과 밀접하게 연결되어 있는 분야가 적지 않음을 생각할 때 지리학에서도 이 문제를 신중히 생각해야 할 것이다. 현재와 같이 일방적으로 은혜를 베푸는 것이 아니라 서로 공헌함으로써 보다 많은 것을 얻어야 할 것이다.

본 원고를 정리함에 있어서 나고야대학 지리학교실 奥貫圭一 조교수로부터 귀중한 조언을 들었습니다. 이 자리를 빌어 감사드립니다.

참고문헌

伊理正夫 1998. 高次元GISへの一つの道. 地理情報システム学会講演論文集 7 : 123 126.

Alexander, F.E. and Boyle, P. 1996. *Methods for Investigating Localized Clustering of Disease*. Lyon: IARC Scientific Publications.

Anselin, L. 1993. *SpaceStat: A Program for the Statistical Analysis of Spatial Data*. Santa Barbara: NCGIA.

Anselin, L. 1995. Local indicators of spatial association - LISA. *Geographical Analysis* 27: 93-109.

Bailey, T.C. and Gatrell, A.C. 1995. *Interactive Spatial Data Analysis*. Harlow: Longman.

Batty, M. and Xie, Y. 1994. Urban analysis in a GIS environment: population density Modelling Using ARC/INFO. In Fotheringham, S. and Rogerson, P. eds. *Spatial Analysis and GIS*. 189-219. London: Taylor & Francis.

Burrough, P.A. and Frank, A.U. 1996. *Geographic Objects with Indeterminate Boundaries*. London: Taylor & rancis.

Cios, K., Pedrycz, W. and Swiniarski, R. 1998. *Data Mining Methods for Knowledge Discovery*. Boston: Kluwer.

Clark, W.A.V. 1999. Geographical analysis at the beginning of a new century. *Geographical Analysis* 31: 324-327.

Cliff, A.D. and Ord, J.K. 1981. *Spatial Processes: Models and Applications*. London: Pion.

Cressie, N. 1993. *Statistics for Spatial Data*. New York: John Wiley.

Ding, Y. and Fotheringham. A.S. 1992. The integration of spatial analysis and GIS. *Computers, Environment and Urban Systems* 16: 3-19.

Egenhofer, M.J. and Golledge, R.G. 1998. *Spatial and Temporal Reasoning in Geographic Information Systems*. New York: Oxford University Press.

Elliott, P., Cuzick, J., English, D. and Stern, R. 1992. *Geographical & Environmental Epidemiology*. Oxford: Oxford University Press.

Fotheringham, A.S. 1989. Scale-independent spatial analysis. In Goodchild, M. and Gopal, S. eds. *Accuracy of Spatial Databases*. 221-228. London: Taylor & Francis.

Fotheringham, S. and Rogerson, P. 1994. *Spatial Analysis and GIS*. London: Taylor & Francis.

Getis, A. and Ord, J.K. 1992. The analysis of spatial association by distance statistics. *Geographical Analysis* 24: 189-206.

Goodchild, M. and Getis, A. 2000. *Special Issue in Journal of Geographical Systems-Spatial Analysis and GIS*. Berlin: Springer.

Goodchild, M. 1987. *Introduction to Spatial Autocorrelation, Concepts and Techniques in Modern Geography*. Norwich: Geo Abstracts.

Goodchild, M. and Gopal, S. 1989. *Accuracy of Spatial Databases*. London: Taylor & Francis.

Han, J., Koperski, K. and Stefanovic, N. 1997. GeoMiner: a system prototype for spatial data mining. *Proceedings of 1997 ACM-SIGMOD International Conference on Management of Data (SIGMOD '97)*: 553-556.

Isaaks, E.H. and Srivastava, R.M. 1989. *An Introduction to Applied Geostatistics*. New York: Oxford University Press.

Langran, G. 1992. *Time in Geographic Information Systems*. London: Taylor & Francis.

Longley, P.A. and Clark, G. 1996. *GIS for Business and Service Planning*. New York: John Wiley & Sons.

Longley, P. A., Brooks, S.M., McDonnell, R. and Macmillan, B. 1998. *Geocomputation -A Primer*. Chichester: John Wiley & Sons.

Macmillian, B. and Pierce, T. 1994. Optimization modelling in a GIS framework: the Problem of Political Redistricting. In Fotheringham, S. and Rogerson, P. eds. *Spatial Analysis and GIS*. 221-246. London: Taylor & Francis.

Openshaw, S. 1984. *The Modifiable Areal Unit Problem*. Norwich: Geo Books.

Openshaw, S., Charlton, M., Wymer, C. and Craft, A. 1987. A mark 1 geographical analysis machine for the automated analysis of point data sets. *International Journal of Geographical Information Systems* 1: 335-358.

Ord, J.K. and Getis, A. 1995. Local spatial autocorrelation statistics: distributional issues and an application. *Geographical Analysis* 27: 286-306.

Rowlingson, B.S. and Diggle, P.J. 1993. SPLANCS: spatial point pattern analysis code in S-plus. *Computers and Geosciences* 19: 627-655.

Tobler, W.R. 1989. Frame independent spatial analysis. In Goodchild, M. and Gopal, S. eds. *Accuracy of Spatial Databases*. 115-122. London: Taylor & Francis.

Tukey, J.W. 1977. *Exploratory Data Analysis*. Reading: Addison-Wesley.

chapter 4

도시해석과 GIS

奥貫圭一

I 들어가며

도시해석이란 무엇인가? 본 글의 제목을 보고 그렇게 생각한 독자가 많을 것이다. 도시 해석이란 한마디로 도시를 만들어 낸 인간의 상황을 파헤치는 것이다. 도시는 우리 인간의 형편에 맞추어 인간이 생활하기 쉽도록 만들어진다. 그러므로 만들어진 도시의 모습을 주의 깊게 살펴보면 도시를 만든 인간의 상황도 알 수 있다. 이 상황을 알아내는 것이 도시해석이다.

예를 들어 지도를 펼치고 독자가 사는 마을의 상점 분포를 쭉 훑어보기를 바란다. 많은 상점이 옆 상점과 모여서 분포되어 있음을 알 수 있을 것이다. 상점이 모여 있는 것은 거기에 상점(경영자)의 편의가 있기 때문이다. 상점에는 이익을 크게 한다는 합리적 판단 기준이 있어서 그 판단이 행동의 원리로서 작용한 결과가 상점의 분포로 나타난 것이다(Hotelling 1929). 도시에는 여러 가지 판단이 있는데 상점의 판단은 그 하나에 불과하다. 여러 가지 판단이 각각 인간 행동의 원리로서 작용하고, 그 몇 가지의 원리가 복합된 결과 우리가 현재 생활하고 있는 도시가 된 것이다.

도시 해석이라는 연구 분야에서의 과제는 상점 분포의 예와 같이 도시에서의 인간 행동의 원리를 하나하나 풀어가는 것이다. 선구자의 규정에 의하면「인간 행동의 공간적 분포를 해명한다」(下總 1987)는 것이다. 하나하나의 원리를 풀어서 밝히는 것으로 도시라는 혼탁한 현실을 정리해 나갈 수 있다. 도시의 혼탁에 고민하는 사람이 적지 않다. 예를 들어 독자가 살고 있는 마을의 기획을 담당하는 사람이 있다. 그들은 매일 마을의 여러 가지 현상, 의견에 고민하고 그 혼탁 가운데에서 보다 좋은 아이디어를 생각해야만 한다. 그러한 그들에게 조금이라도 공헌하는 것이 도시해석의 의의이다. 도시해석은 도시의 원리를 해명하는 작업을 통하여 도시에 관계된 모든 사람에게 공헌하고 있는 것이다.

그런데 요즘 이 도시해석의 규정이 연구자에 따라서 미묘하게 다르다(栗田 1994; 吉川 1996). 이것은 도시해석 연구의 대상이나 방법이 다양화되었음을 나타내는 것이다. 도시해석의 역사는 아직 길지 않아서 일본에서는 겨우 30년 남짓이다. 그 때문인지 연구자도 그리 많지 않다. 그럼에도 불구하고 연구가 다양화되고 있는 것이다. 그 이유의 하나가 GIS(지리정보시스템)의 존재이다.

GIS는 본서를 보더라도 알 수 있듯이 거의 모든 지리적 내용을 다룰 수 있는 편리한 도구이다. 이 도구를 사용하면 예전의 도시해석 연구에서 간파할 수 없었던 「인간 행동의 공간적 분포」도 볼 수 있게 된다. GIS로 인하여 도시해석에서 연구할 수 있는 대상은 틀림없이 넓어졌다. 도시해석의 가능성이 커졌다고 해도 좋다. GIS라고 하는 새로운 도구가 연구의 다양화를 촉진시키고 있는 것이다.

그러면 예전의 도시해석 연구에서 간파할 수 없었던 것을 어떻게 GIS로 볼 수 있는가? 다음에서 이 점에 대하여 구체적으로 알아보자. 먼저 다음 절에서는 도시해석에서 GIS를 사용하는 메리트를 정리하고자 한다.

II 도시해석에서 GIS를 사용하는 메리트

1. 컴퓨터 이용의 필요성

도시해석이란 도시의 공간적 분포에 숨어있는 인간 행동의 원리를 풀어내는 연구 분야이다. 원리의 해명이라는 목적을 위하여 여러 가지 방법이 사용된다. 이 방법을 하나하나 들어서 GIS와의 관련을 음미할 수 있으나 도시해석에서 사용되는 방법은 크게 2가지이다. 그 하나는 수리 모델을 구축하여 도시를 설명하는 이론적·연역적 방법이고, 다른 하나는 실제의 도시 데이터로부터 도시의 원리를 밝혀내는 실증적·귀납적 방법이다. 이 구분 방법은 도시해석 연구의 틀을 논의하기에는 너무 포괄적일 수 있으나 도시해석에서의 GIS의 역할을 논하기에는 충분하다.

수리 모델을 구축하여 도시를 설명하는 하나의 예가 입지 모델이다. 예전에는 농업적 토지 이용을 이론적으로 설명한 Thünen(1826)을 시작으로 공업 입지론의 Weber(1909), 중심지 이론의 Christaller(1933), 경제 입지론의 Lösch(1940), 모두 공간적 분포를 수리적인 이론 모델로서 설명하고 있다. 이 흐름은 그 후 Isard(1956)를 비롯한 경제학 분야에서 발전하였고 공간 경제학이나 도시 경제학(金木 1997; 宮尾 1995)이라고 불리 우는 한 분야로 성립되기에 이른다.

수리 모델을 사용하여 도시를 설명하려는 경우, 모델을 현실의 도시에 가까운 형태로 세우려한다면 그 모델은 당연히 복잡해진다. 복잡해지면 해질수록 종이와 연필로 입지 모델을 감당하는 것이 어려워져 컴퓨터의 힘을 빌려야 할 필요성이 커진다.

한편, 데이터를 사용하여 실증적으로 도시의 원리를 해명하려는 사례도 많다. 이론과 실증과는 표리일체로서 이론을 검증하기 위해서는 실증이 필요하다. 실제로 Christaller도 중심지이론을 검증하기 위한 실증적 분석을 남독일에 대하여 실시하였다. 따라서 이론의 수만큼(혹은 그 몇 배의) 실증 연구가 있는 것이 당연하다. 이런 이론과 실증과의 축적을 모든 지리적 공간에 대하여 계속해 온 연구 분야의 하나가 이론・계량지리학(奧野 1977)이다. 지리학에서는 계량혁명(Burton 1963)이후 지리적인 공간에서의 원리를 해명하려는 시도가 활발히 이루어졌고(杉浦 1989) 그 중에 도시의 원리도 다루어져 왔다.

도시의 원리를 실증적으로 해명하려는 경우, 국세 조사를 비롯한 대량의 실증 데이터를 기반으로 분석을 하게 된다. 대량 데이터는 컴퓨터의 힘을 빌리면 많은 수고를 덜 수 있다.

이렇게 이론과 실증의 어떤 경우라도 컴퓨터의 도움 없이는 불가능하다. 복잡한 모델과 대량 데이터의 취급이라는 이 큰 문제를 극복하여 새로운 단계로 도시해석 연구를 진행시키기 위한 도구가 컴퓨터인 것이다. 그러면 GIS는 도시해석에 있어서 얼마나 편리한 것일까? 물론 앞서 말한 것은 그 자체가 GIS의 편리함이기도 하지만 단지 그것뿐일까?

2. 공간이라는 개념

도시해석에 있어서 GIS는 구체적으로 어떻게 편리한 것인가? 그 답을 알기 위해선 공간적 분포를 알기 위한 열쇠가 되는 개념을 정리해두는 것이 좋다. 공간이라는 개념을 구체적으로 다루려면 그 단서가 되는 것이 다음의 두 가지일 것이다. 하나는 거리이고 다른 하나는 위치관계이다.

먼저 거리라는 개념에 대하여 살펴보자. 거리라는 개념은 단순한 것으로 생각할 수 있으나 의외로 그렇지도 않다. 일반적으로 흔히 사용되는 거리의 개념은 실제공간의 물리적인 거리이다. 그런데 이 외에도 시간 거리, 인지 거리 등의 여러 가지의 거리 개념이 있어 인간은 때와 경우에 따라서 이런 개념을 잘 구분하여 사용하고 있다. 한편 거리를 측정하는 공간에도 유클리드 공간과 같은 연속 공간이나 네트워크 공간과 같은 이산 공간 등 형편에 따라 여러 가지 공간 개념이 있다. 이런 거리에 관한 몇 가지 개념을 토대로, 예를 들어 실제공간의 물리적 거리를 유클리드 공간으로 측정한 것을 직선거리 등으로 부르고, 같은 물리적 거리를 네트워크 공간에서 측정하면 도로 거리 등으로 불리 운다.

도로 거리를 인간이 직접 측정하려면 상당한 수고가 따른다. 도로 지도를 펼쳐서 출발지로부터 목적지까지의 경로를 추적해 가면 되므로 경로를 미리 알고 있다면 어려울 것이 없다. 그러나 이 작업을 몇 번이고 반복하여 모든 지점 사이의 도로 거리를 측정하려면 매우 큰 수고가 필요하게 된다. 애초에 경로를 모르면 경로를 구하는 것부터 사람이 해야만 한다. 점점 더 수고가 필요하다. GIS가 나올 차례이다. 거리는 공간이라는 개념을 파악할 때의 중요한 절차의 하나로 이것을 알기 위하여 GIS의 도움이 필요한 것이다.

그러면 다음으로 위치 관계의 개념에 대하여 알아보자. 위치 관계라는 개념은 공간 오브젝트의 인접 관계와 포함 관계로 설명할 수 있다. 공간 오브젝트에는 버스 정류장이나 우체통과 같은 점으로 분포되는 오브젝트(점적 오브젝트), 도로나 하천과 같이 선으로 존재하는 오브젝트(선적 오브젝트), 공원이나 행정구와 같이 면으로 넓이를 갖는 오브젝트(면적 오브젝트)가 있다. 이러한 오브젝트가 두 개 이상인 경우 각각 어떤 위치 관계에 있는가, 서로 접해 있는가, 아니면 겹쳐져 있는가, 혹은 어느 쪽의 오브젝트가 다른 오브젝트를 포함하고 있는가 하는 것을 파악하는 것이 위치 관계라는 개념이다. 예를 들어 「東京都 千代田區의 버스 정류장」이라고 한 경우, 東京都 千代田區라는 면적 오브젝트와 버스 정류장이라는 점적 오브젝트가 있어 千代田區 오브젝트에 "포함되는" 버스 정류장 오브젝트가 이 말에 의해 지시되어 있다고 해석된다.

인접 관계이든 포함 관계이든 위치 관계를 파악하는 작업은 공간 오브젝트의 수가 적더라도 매우 번거롭다. 예를 들어 주택단지를 계획할 때에는 인접하는 동까지의 거리 즉 인동간격을 지표로서 자주 이용한다. 이 인동간격을 구하려면 애초에 어느 동과 어느 동이 인접해 있다고 판단해야 하는지의 인접 관계를 잘 파악하지 않으면 안 된다. 이러한 번거로운 작업을 인간의 눈으로 한다면 일관성이 없게 되므로 어떤 규칙을 정하여 기계적으로 판단해야만 한다. 그 기계적 작업이야말로 GIS가 자랑하는 점이다. 위치 관계를 알기 위해 GIS의 도움이 필요한 것이다.

거리이든 위치 관계이든 공간을 알기 위한 열쇠가 되는 중요한 개념에 구체적으로 어프로치하려고 한다면 인간의 노력으로 하기 어려운 복잡한 작업을 정확하게 해야만 한다. 바로 거기에 GIS 이용의 필요가 있는 것이다. GIS에는 공간 개념을 파악하기 위한 정보를 제공해주는 큰 힘이 있고, GIS의 기능을 사용하면 거리와 위치 관계를 손쉽게 알 수 있다.

3. 공간을 파악하기 위한 GIS의 기능

그러면 구체적으로 거리나 위치 관계를 알 수 있는 GIS의 기능에는 어떤 것이 있는 것일까? 여기서 그것을 정리해 두자. 다음 4가지는 거리나 위치 관계에 관한 중요 GIS 기능을 생각나는 순서대로 적은 것이다.

- 유클리드 거리의 산출
- 네트워크 경로 탐색과 총연장 산출
- 보로노이(티센) 분할(그림 1)
- 버퍼링(등거리권 추출)

유클리드 거리의 산출은 지도와 자만 있으면 수작업으로도 가능하다. 그런데 거리를 재는 2점의 조합이 여러 개가 있다면 이야기가 다르다. 매우 번거롭고 작업속도도 늦어진다. 이 점에서 GIS라면 작업속도의 문제는 없다. 작업속도 뿐만 아니라 인간이 재는 것보다도(자의 눈금을 사람의 눈으로 읽는 것보다는) 정확하다.

네트워크 경로의 탐색은 두 지점간의 최단 경로를 탐색하는 것이다. 이 탐색 알고리즘에 대해서는 Dijkstra(1959)의 알고리즘을 토대로 하여 효율화 연구가 진행되고 있다(이에 대한 상세한 것은 藤重・今井 1993 등을 참고 바란다). GIS를 사용하면 알고리즘을 몰라도 쉽게 2지점간의 최단 경로를 알 수 있다. 경로를 알면 그 경로에 따른 도로 거리를 알 수 있다.

보로노이 분할은 상권이나 역세권 등을 파악할 때에 사용되는 것으로 몇 가지 이용 용도를 가지고 있다(岡部・鈴木 1992; Okabe et al. 2000). 예를 들어 대략의 상권 인구를 알고자 하는 경우에 GIS를 사용하여 보로노이 분할한 후 각 보로노이 다각형 즉, 상권 영역에 들어간 인구의 총수를 구하면 된다. 이와 같이 보로노이 분할이라는 기능은 권역을 결정하는 데에 주로 이용되는데 실제 이보다도 더욱 강력한 무기가 되는 사용 방식이 있다. 그것은 보로노이 분할에 의해 점과 점과의(실제로는 점, 선, 면의 모든 오브젝트 사이의) 인접 관계를 알 수 있다는 점이다.

보로노이 분할을 한 경우에 얻어지는 다각형군 즉, 보로노이도에는 각 권역이 각각 어떤 권역과 경계를 공유하고 있는지 일목요연하게 알 수 있다. 다시 말해서 「이웃」권역을 알 수 있는 것이다. 보로노이도를 작성하지 않으면 인접 관계가 막연한데, 보로노이도를 작성함에 따라 경계를 공유하는 권역들이 이웃한 권역이면 기계적으로 인접관계를 파악할 수 있다. 그림 1은 보로노이도의 예로서 왼쪽 그림이 점만을 표시한 것, 오른쪽 도면이 보로노이 분할한 후의 그림이다. 좌우를 비교하면 인접 관계를 파악하는 데에 차이가 있음을 알 수 있다. 이러한 보로노이도의 장점은 공간분석(Bailey and Gatrell 1995) 등에 이용할 수 있고, 점분포 패턴 분석 등에 유효하다는 것이다.

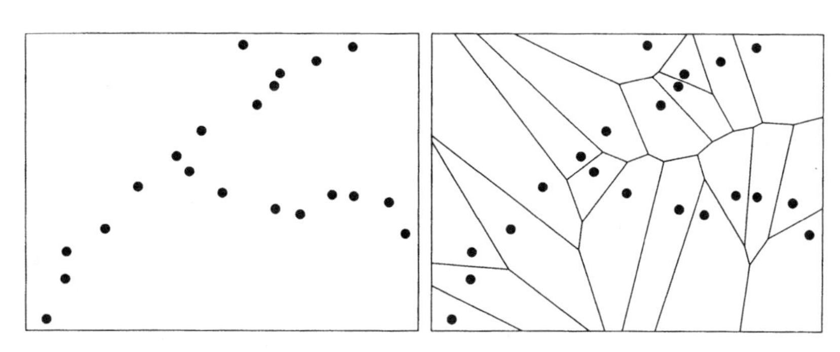

그림 1 보로노이도의 예
좌측 도면은 점 분포만을 표시한 것이고 우측 도면은 보르노이도로서 각 다각형은 세력권을 표시함.

버퍼링은 버스 정류장의 배치 검토 등에 이용된다. GIS를 이용하면 버스 정류장으로부터 50 m권, 100 m권, 150 m권이라는 조건에 따라 등거리권을 작성할 수 있다. 보로노이도와 마찬가지로 권역을 작성하여 인접 관계를 알 수 있을 뿐만 아니라 어느 점(혹은 선, 면)이 그 등거리권내에 포함되는지 아닌지 하는 포함 관계를 알 수 있다. 버퍼링도 위치 관계를 알기 위한 강력한 기능인 것이다.

그러면 이러한 기능 가운데 몇 가지를 이용한 분석 예를 살펴보자. 앞에서 설명한 점분포 패턴 분석이 전형적인 예이다. 어떤 업종의 상업 점포의 분포 패턴을 분석하는 과정상에서 GIS의 기능이 어떻게 작용하는가를 살펴보자.

먼저 상업 점포의 분포도를 구했다고 하자. 점분포 패턴 분석의 하나의 목적은 그 업종의 점포가 집중되는 경향이 있는지, 아니면 어느 정도 분산하는 경향이 있는지를 아는 것이다. 그래서 흔히 사용되고 있는 방식이 최근린 거리 즉, 인접하는 점포간의 거리이다. 이웃한 점포 간에 일정한 거리가 있다면 이 업종의 점포는 분산되어 입지하는 경향이 있다(이것을 규칙적 분포라고도 한다). 그 반대라면 집중 경향이 있는 것이다. 최근린 거리를 구하려면 애초에 어느 점과 어느 점이 이웃하는지, 어느 점과 어느 점이 최근린인지, 점들 간의 근접 관계를 알아야만 한다. 여기에 유효한 것이 보로노이 분할이다.

앞서 설명한 바와 같이 GIS를 이용하여 보로노이 분할을 하면 어느 점과 어느 점이 이웃하고 있는지를 시각적으로 알 수 있다. 보로노이 권역이 이웃해 있는 점포들은 근린의 점포가 된다. 그 중에서 가장 가까이에 위치하는 점포들이 최근린 관계이다. 이렇게 보로노이 분할에 의해 인접 관계가 명확해지면 비로소 거리의 측정을 실시한다. 거리의 측정은 유클리드 거리를 산출하면 된다. 이것도 GIS의 기능을 사용하면 쉽게 알 수 있다. 모든 점포에 대하여 최근린 점포까지의 거리를 구하면 점포 분포로부터 입지 경향을 알 수 있다. 이것은 최근린 거리의 분포 곡선을 그리면 된다. 얻어진 분포 곡선을 보면 이 업종의 입지 경향이 집중 경향인가 혹은 분산 경향인가를 알 수 있다.

여기서 말한 수순의 하나하나를 수작업으로 하고자 한다면 매우 복잡하고 때로는 포기할 수밖에 없다. 그런데 근접 관계를 알 수 있는 보로노이 분할이라는 기능, 거리를 알 수 있는 기능이라는 두 가지 열쇠가 되는 기능을 겸비한 GIS 덕분에 비교적 간단히 분석할 수 있게 되었다. 그리고 이러한 분석의 축적에 의해 도시에 숨어있는 원리를 밝히는 것도 가능해졌다.

이와 같이 예전에는 어려웠던 분석이 GIS라는 공간을 다루는 유효한 도구의 등장으로 인하여 가능해졌다. 이러한 것에 의해 도시해석의 대상도 확대되어 가고 있다고 생각된다. GIS가 좋은 의미에서 도시해석 연구에 큰 영향을 끼쳤음에 틀림없다. 그러면 GIS라는 강력한 도구를 손에 넣은 도시해석 연구의 장래는 장밋빛인가 하면 꼭 그런 것은 아니다. GIS 시대의 도시해석에는 GIS가 없었던 시대와는 다른 새로운 수법이 요구될 것이기 때문이다.

점분포 패턴 분석은 최근린 점포라는 사고방식이 있었기 때문에 입지경향을 알 수 있었다. 비록 GIS가 있다고 하더라도 이러한 사고방식이 없다면 분석은 불가능했을 것이다. 이와 마찬가지로 GIS라는 강력한 도구가 있기 때문에 그것을 최대한으로 살릴 수 있는 아이디어를 찾지 않으면 안 된다. 玉川(1998)가 말한바 대로 도시해석 연구의 현 상황에서 볼 때 도시해석이 GIS를 충분히 사용하고 있다고는 할 수 없다. 도시해석의 과제는 GIS 시대의 새로운 아이디어의 제언이라고 해도 지나치지 않다. 제언의 힌트는 최근의 연구에서도 몇 가지 볼 수 있다. 이하에서는 GIS 시대의 새로운 아이디어가 될 연구 동향을 살펴보고자 한다.

III GIS를 이용한 도시해석 연구의 최근 동향

GIS를 이용한 최근의 도시해석 연구를 개관하면 주목해야 할 두 가지 유형의 연구가 있다는 것을 알 수 있다. 이 두 가지 모두는 거리나 인접 관계에 관련하여 새로운 아이디어를 도입한 것이다.

한 가지는 도시의 공간 오브젝트(구체적으로는 건물이나 부지)의 형태, 방위, 인접거리, 주변거리에 착안한 郷田(1996), 郷田(1997), 郷田(1998), 齊藤(1999), 마닐자만 외(1994) 등의 연구이다. 이러한 연구는 건물 혹은 부지의 경계선 벡터 데이터를 토대로 점, 선, 면의 인접 관계와 인접거리 그리고 오브젝트 끼리의 포함관계에 착안하여 도시의 건물 분포를 분석하고 있다.

다른 한 가지는 다차원 최근린 거리법이라고 불리는 방법을 이용한 연구이다. 이 방법은 장소를 몇 개의 기준점으로부터의 거리로 평가하는 것으로 「거리」에 착안한 비교적 새로운 분석 방법이다. Okabe and Yoshikawa(1989)는 도시의 어떤 지점으로부터 복수의 시설까지의 최근린 거리 값들을 다차원 최근린 거리로서 제안하였고, 그 후 吉川(1991)은 이것을 이용하여 분석하였다. 그리고 北村(1994)은 이 방법을 네트워크 공간에 응용하여 시설 분포에 대한 분석을 시도하였다. 그 후 이 방법은 주로 네트워크 공간에서의 분석에 응용되고 있다. 그 이유는 네트워크 공간이 현실 공간에 가깝고 네트워크 공간을 해석적으로 다루기 쉽기 때문이다. 北村・岡部(1995)의 상권 분석법이나 奥貫・岡部(1996)의 수요 분석법은 네트워크 공간의 해석에 의해 비로소 탄생하였다. 새로운 분석방법이 GIS를 계기로 하여 탄생한 것이다.

위에서 소개한 최근의 분석 방법을 조금 더 구체적인 예를 통하여 살펴보자. 먼저 공간 오브젝트 특성에 착안한 사례를 보면, 부지의 전면 도로폭에 착안한 사례, 도시 내의 공지에 착안한 사례, 건물의 막힌 감에 착안한 사례 등이 있다. 부지의 전면 도로 폭원에 착안한 마닐자만 외(1994)의 연구에서는 어떤 토지의 전면 도로의 폭을 그 토지의 토지이용 변천과 관계 지어 분석하였다. 이에 따르면 토지이용이 점포로 변한 경우에는 전면 도로의 폭원이 영향을 미친 것으로 밝혀졌다. 점포라는 토지이용에 관한 인간의 행동원리에는 그 토지가 폭이 넓은 도로에 면해 있는가의 여부가 행동을 결정하는 요인이 됨을 알 수 있다.

도시 내의 공지에 착안한 鄕田의 일련의 연구(鄕田 1996, 1997, 1998)에서는 도시의 공지 분포를 평가하는 지표로서 공지 내접 최대원, 건물 주변의 영향권, 층별 영향권 등을 제안하고 있다. 도시의 공지란 공원이나 오픈 스페이스, 도로 등 지상에 건축물이 없는 공간을 말한다. 東京 東部의 江東區 등은 도로폭이 비교적 넓은 반면, 임해지구를 제외 하곤 대형 공원이 적다. 東京 西部는 東部에 비하여 도로폭이 넓은 것은 아니나 비교적 면적이 넓은 공원이 산재되어 있다. 이러한 공지의 분포 경향을 알기 위하여 제안된 몇 가지 지표 중에서도 공지 내접 최대원이라는 아이디어가 재미있다(그림 2). 간단히 말하자면, 공지에 큰 볼을 넣었을 때 어느 정도의 큰 공이 들어가는지 그 볼의 반경으로 공지의 크기를 나타내고자 하는 것이다. 이 아이디어는 공지의 형태에 대해서도 대처하고 있다. 즉, 공을 럭비볼로 정하여 공지가 어느 방향으로 펼쳐진 공간 인가를 평가할 수 있다. 이렇게 제안된 몇 가지의 지표를 사용하면 도로의 형태에 관한 사항이나 대규모 공지의 존재 유무 등의 특징을 명확히 파악할 수 있다.

건물의 막힌 감에 착안한 齊藤(1999)은 건물이 근접되어 있는 정도를 평가하는 지표로서 어떤 건물과 그 이웃한 건물과의 이격 거리 중 가장 근접되어 있는 장소의 거리를 나타낸다(그림 3). 이 근접 거리의 최대와 최소로부터 건물의 막힌 감을 알 수 있다. 이 연구에 의하면 소규모 부지는 독립성을 유지하기 위하여 최대 근접 거리를 확보하는 경향이 있다. 이 연구 보고에는 작은 부지에 건물을 지을 때에는 독립성을 가능한 한 확보하려는 아주 조금이라도 이웃 건물로부터 떨어져서 건물을 지으려는 인간의 행동 원리가 드러나 있다.

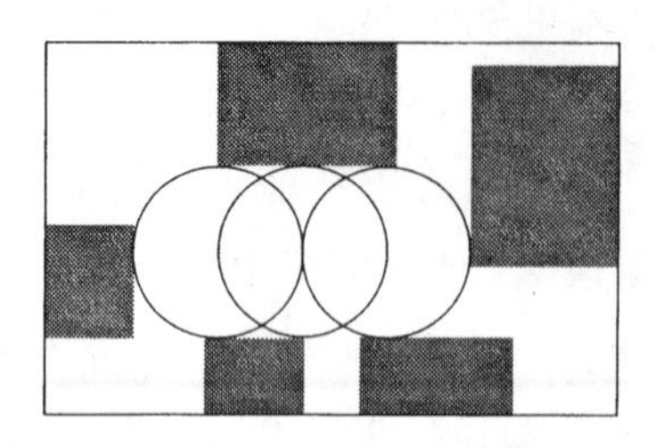

그림 2 공지 내접 최대원

색칠한 장방형은 건축물,
원은 공지에 내접하는 최대원

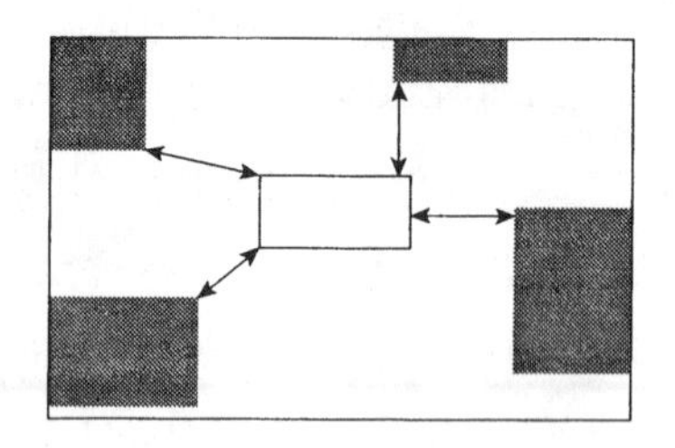

그림 3 오브젝트 간의 거리

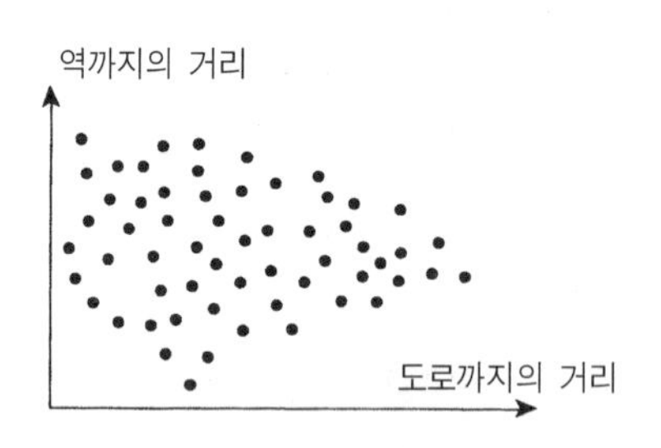

그림 4 거리공간 좌표

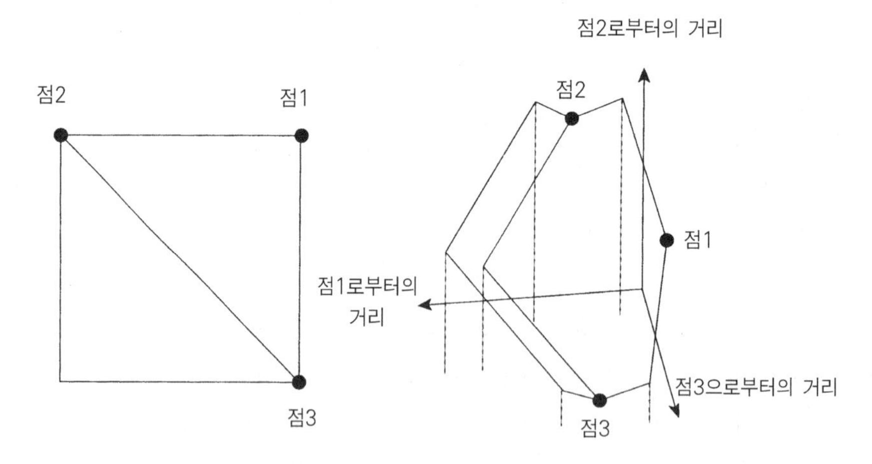

그림 5 점포가 세 개 있는 도로 네트워크(좌측)를 네트워크 거리 공간에 투영한 사례(우측)

이상의 연구 사례는 모두 앞서 말한 공간의 개념 즉, 거리나 위치 관계(특히 인접 관계)에 착안한 새로운 분석 방법을 제안한 사례이다. 그리고 이 모든 방법이 현상의 경향 파악과 인간의 행동 원리의 표출에 성공하고 있다.

그러면 다차원 최근린 거리법에 대하여 살펴보자. 앞서 소개한 대로 도시의 어떤 지점으로부터의 복수 시설까지의 최근린 거리 값들을 생각하는 방법이다.

예를 들어 어떤 업종의 점포 입지 경향을 조사하고자 한다. 그리고 그 업종 점포의 역까지 거리와 간선 도로까지의 거리가 서로 관련되어 있다고 가정하자. 이럴 때 다차원 최근린 거리법을 사용하면 입지 경향을 알 수 있다. 구체적으로는 역까지의 거리와 간선 도로까지의 거리에 대하여 두 가지 거리를 좌표축으로 하는 좌표 공간을 생각하자. 이 새롭게 제안된 공간을 거리 공간이라고 부르기로 한다. 이 거리 공간 중에 실공간의 각 장소를 나타내면(그림 4), 입지 경향이 시각화되어 여러 가지 분석을 실행할 수 있다. 혹 네트워크 공간에 대하여 이 방법을 응용하면 마찬가지로 새로운 공간을 얻을 수 있다(그림 5). 이 때의 거리 공간을 특별히 네트워크 거리 공간이라고 부르며, 이 공간에서는 실 공간에서 수리적으로 처리가 어려웠던 것을 처리할 수 있는 장점이 있다. 그것은 통상의 연속 평면이 2차원 공간인 것에 대하여 네트워크 공간은 1차원 공간이기 때문이다. 예를 들어 北村・岡部(1995)나 奧貫・岡部(1996)가 제안한 상권 분석, 수요 분석, 입지 최적화와 같은 분석은 모두 종래의 2차원 연속 공간에서는 수리적으로 처리가 어려웠다. 네트워크 거리 공간에서 비로서 처리가 가능해진 것이다.

이와 같은 거리 공간에의 투영 조작은 GIS의 거리 계측 기능이나 네트워크 분석 기능이 있기에 가능한 것이다. 다차원 최근린 거리법은 거리라는 개념을 통하여 GIS가 지닌 기능을 살릴 수 있는 방법이라고 해도 좋을 것이다.

Ⅳ 마치면서

GIS는 도시해석 분석 방법의 확대에 크게 공헌하였다. 이에 따라 도시해석 연구가 진보할 것임에 틀림없다. 그러나 한편으로는 도시해석에 GIS를 사용하기 위하여 노력해야 할 과제가 아직 많이 남아 있다(岡部 1995). 이 과제를 해결할 새로운 아이디어가 앞으로의 도시해석 연구에 요구되고 있다.

그 열쇠는 공간이라는 개념을 어떻게 파악할 것인가에 있다. 단지 컴퓨터를 사용하기 때문에 가능하다는 것으로는 부족하며 거리, 위치 관계와 같은 공간을 파악하기 위하여 핵심이 되는 아이디어를 반드시 염두에 두면서 새로운 분석의 아이디어를 찾아내야 한다. 본 장에서 소개한 최근의 연구 사례는 이러한 새로운 아이디어로 향하는 과정상의 유효한 단계로 볼 수 있다.

그런데 새로운 아이디어를 제안해 감에 있어 큰 장애가 될 수도 있는 것이 공간데이터이다. 본 장에서 소개한 최근의 연구에서는 전자 주택지도 데이터나 東京都 GIS 데이터를 이용하여 분석해 보았다. 이 데이터를 현 상황에서 누구라도 쉽게 사용할 수는 없다. 가격만을 고려한다면 「수치지도 2500」이 유효하겠으나 데이터의 내용을 보면 충분히 만족할 수 있다고는 할 수 없다. 많은 연구자가 손쉽게 사용할 수 있는 환경을 만들지 않으면 연구의 진전도 기대할 수 없을 것이다.

참고문헌

岡部篤行・鈴木敦夫 1992.『最適配置の数理』朝倉書店.
岡部篤行 1995. 都市工学と地理情報科学. GIS-理論と応用 3(2):39-43.
奥貫圭一・岡部篤行 1996. 空間相互作用モデルを用いた道路ネットワークにおける店舗売上げ推定法. 都市計画論文集 31:49-54.
奥野隆史 1977.『計量地理学の基礎』大明堂.
金本良嗣 1997.『都市経済学』東洋経済新報社.
北村賢之 1994. GISを利用した道路網上の小売商業立地要因分析法. GIS-理論と応用 2(1):101-108.
北村賢之・岡部篤行 1995. 道路ネットワーク上における商圏確定法. GIS-理論と応用 3(1):17-24.
郷田桃代 1996. 既成市街地における空隙の定量分析. 都市計画論文集 31:13-18.
郷田桃代 1997. 既成市街地における建物と空隙の立体的特性に関する研究. 都市計画論文集 32:493-498.
郷田桃代 1998. 建物に対する方位を考慮した空隙の形態的特性に関する研究. 都市計画論文集 33:49-54.
斉藤千尋 1999. 配置構成による建物の独立性. 都市計画論文集 34:649-654.
下総　薫 1987.『都市解析論文選集』古今書院.
杉浦芳夫 1989.『立地と空間的行動』古今書院.
玉川英則 1998. 都市空間分析ツールとしてのコンピュータ利用. 都市計画 46(6):21-24.
藤重　悟・今井　浩 1993.『離散構造とアルゴリズム 2』近代科学社.
マニルザマン, K.M.・浅見泰司・岡部篤行 1994. 東京都世田谷区における画地の土地利用とその形状に関する研究. GIS-理論と応用 2(1):83-90.
宮尾尊弘 1995.『現代都市経済学』日本評論社.
吉川　徹 1991. 多次元最近隣距離法による都市基盤施設が中高層住宅の地域的分布に与える複合的影響の分析. 都市計画論文集 26:523-528.
吉川　徹 1996. 都市計画研究の現状と展望：都市解析・都市情報. 都市計画 197:83-88.
栗田　治 1994. 都市計画研究の現状と展望：都市解析. 都市計画 185:74-78.
Bailey, T.C. and Gatrel, A.C. 1995. *Interactive Spatial Data Analysis*. Harlow: Longman.
Burton, J. 1963. The quantitative revolution and theoretical geography. *Canadian Geographer* 7: 151-162.
Christaller, W. 1933. *Die zentralen Orte in Süddeutschland*. Jena: Gustav Fischer.
Dijkstra, E. 1959. A note on two problems in connexion with graphs. *Numerical Mathematik* 1: 269-271.
Hotelling, H. 1929. Stability in competition. *Economic Journal* 39: 41-57.
Isard, W. 1956. *Location and Space-Economy*. Cambridge: MIT Press.
Lösch, A. 1940. *Die räumliche Ordnung der Wirtschaft*. Fischer, Jena.
Okabe, A., Boots, B., Sugihara, K. and Chin, S-N. 2000. *Spatial Tessellations: Concepts and Applications of Voronoi Diagrams, 2nd edition*. Chichester: John Wiley.

Okabe, A. and Yoshikawa, T. 1989. The multi nearest neighbor distance method for analyzing the compound effect of infrastructural elements on the distribution of activity points. *Geographical Analysis* 21: 216-235.

Thünen, J.H. von. 1826. *Der isolierte Staat in Beziehung auf Landwirtschaft und Nationalökonomie*. Hamburg: Perthes.

Weber, A. 1909. *Über den Standort der Industrien*. Erster Teil, Reine Theorie des Standorts.

chapter 5

해외지역 연구와 GIS

佐藤崇徳

I 들어가며

지리학에서의 GIS에 관한 연구 동향이 일반론적인 가능성 · 기대를 지적하는 것에서 보다 구체적인 실증 연구에로 향하고 있는 가운데, 이것을 해외지역 연구에 응용하려는 움직임도 있다. 본 장에서는 해외지역 연구 분야에서의 GIS의 이용에 관하여 알아본다. 해외지역 연구의 경우, 지리학 이외의 여러 관련 분야도 포함하여 여러 가지 연구가 수행되고 있고, 그 방법도 문헌 연구, 현지에서의 필드 워크, 리모트센싱 등 여러 가지 형태를 취하고 있다. 본 글에서는 특히 지리학이 종래 실행해 왔던 필드 워크를 수반하는 지역 조사와 GIS와의 관계에 대하여 해외조사 특유의 사정이라는 부분에 초점을 맞추어 살펴보고자 한다.

일본에서 해외를 대상으로 GIS를 이용한 연구로서는 리모트센싱 등과의 통합을 통한 자원 · 환경에 관한 분석(예를 들어 大久保 1999)이 다수 실시된 반면에 필드 워크를 토대로 경제 활동이나 사회 문화에 대하여 고찰하는 분야의 연구는 드물었다. 그러나 GIS가 보급되고 국내를 대상으로 한 연구에서 GIS의 이용이 증가하고 있는 점을 고려해 볼 때, 이 분야에서도 GIS의 이용이 앞으로 증가하리라고 기대된다. 그리고 해외에서의 GIS연구 · 개발의 동향이나 행정 등에서의 응용 예도 다수 소개되고 있어서(예를 들어 高阪 1994; 嚴 1994), 해외지역 연구의 대상으로서 현지를 다루는 경우에 이용 가능한 지리정보의 소재나 현지국에서의 연구 동향 정보를 얻는 데에 참고가 된다.

이러한 가운데 氷田(1996)은 타이에서의 촌락조사 데이터베이스를 토대로 촌락 정보시스템을 개발하였는데 해외지역 조사에 있어 GIS를 도입할 때의 수순이나 주의점, 기대되는 성과를 알 수 있다. 佐藤은 인도에서의 농촌조사에 GIS 도입을 시도하였고 해외지역 조사에서의 GIS 활용 가능성과 문제점에 대하여 검토하였다(佐藤 외 1997; 佐藤・作野 1999). 그리고 현재,「현대 이슬람 세계의 동태적 연구-이슬람 세계 이해를 위한 정보시스템의 구축과 정보의 축적-」[1]의 일환으로서「지리정보시스템에 의한 이슬람지역 연구」를 진행하고 있는데 그 성과가 기대되고 있다.

해외지역 조사는 국내에서의 조사와는 달리 여러 가지 제약 조건이 따른다. 몇 가지 예를 들어보자. 우선, 현지에서의 조사 기간은 한정 되어 있다. 그리고 조사의 기회도 한정 되어 있다. 국내와는 달리 재조사의 실시는 간단치가 않다. 그리고 연구자가 기대하는 충분한 조사가 불가능한 경우도 있다. 국가의 사정이나 언어 문제 등으로 인하여 직접적인 조사가 어려운 경우가 있고, 그 중에는 외국인 출입금지 제한이 있는 지역도 존재한다.

개발도상국의 경우에는 관계된 데이터가 적고 데이터의 소재 정보를 입수하기도 어렵다. 연구 대상지역에 관한 정보가 현지국에서도 충분히 정리되어 있지 못한 경우가 있다. 일본 국내의 경우라면 준비조사 단계에서 문헌이나 자료를 입수할 수 있는 것조차도 현지에서는 연구자 자신이 조사해야만 하는 경우도 있을 것이다.

해외지역 연구에서의 조사 방법으로서 현지에서의 필드 워크와 기존 자료의 이용이라는 두 가지 방법이 있다. 이러한 조사 방법에 대한 앞서 설명한 갖가지 제약을 GIS로 어떻게 극복해 나가는가가 해외지역 연구에서의 GIS 활용의 열쇠가 된다. 즉, 현지 조사에서 수집한 정보의 GIS를 이용한 정리・해석, GIS 상에서의 현지 조사 데이터와 기존 통계 자료와의 종합적 분석, 이와 같은 GIS를 활용한 연구 수법의 확립이 해외지역 연구의 진전으로 이어질 것이다.

본 장에서는 지금까지 필자가 몰입해 온 인도지역 조사에의 GIS의 도입 시도에 대하여 소개하고 이것을 통하여 해외지역 연구에서의 GIS 활용방안을 모색하고자 한다.

II 인도지역 조사에의 GIS의 도입

필자는 국제학술연구「인도의 공업화 전개와 지역 구조의 변용」[2]의 연구 멤버로서 조사에 참가하였다. 조사는 이제까지 히로시마대학을 거점으로 실시되어 온 일련의 인도조사 프로젝트의 일환으로 표본 촌락 내의 전 세대를 대상으로 한 조사도 실시하고 있다. 그 일환으로서 1996년대부터 해외지역 조사에 대한 새로운 방법적 전개를 목표로 하여 GIS를 시범적으로 도입하였다. 해외지역 조사에 GIS를 도입하려는 움직임은 당시에는 아직 그 예가 적은 것이었다. 필자 등은 해외지역 조사에서의 GIS 활용 기법의 기초 확립을 위하여 인도의 공업 도시에 인접한 농촌을 대상으로 한 조사 · 연구에 기존 통계 데이터에 의한 광역적인 지역 개황의 파악과 사례 지역의 공간적인 위치, 필드 워크에 의한 세부적인 정보로부터의 지역 구조의 해명, 이 두 가지 방법에 대한 GIS의 유효 이용방법을 모색하였다. 이하에서는 GIS에 의한 센서스 · 데이터의 해석, 현지 조사 데이터의 GIS 데이터베이스화라는 두 가지 점에 대하여 보고하고자 한다.

Ⅲ GIS에 의한 인도 · 센서스의 해석

해외지역 조사에는 제약이 있고, 필드 워크에서 얻을 수 있는 정보에도 한계가 있기 때문에 입수 가능한 통계 자료를 최대한 활용해야 한다.

인도는 Census of India라고 하는 인구센서스(이하, 인도 · 센서스라고 한다)가 10년에 한 번 실시되고 있다. 이 집계 결과는 다수의 보고서로서 공표 · 간행되고 있는데, 최근의 1991년 조사부터는 컴퓨터에서의 해석이 용이하도록 전자 미디어로서 제공되기에 이르렀다[3]. 그러면 인도 · 센서스 데이터에 대한 GIS의 해석 사례를 살펴보자.

표 1 입수 가능한 인도 · 센서스의 디지털 · 데이터

Primary Census Abstract(PCA)
센서스의 기본 집계 결과. 인구, 비문맹인구, 산업별 취업자수 등이 수록되어 있음.
Village Directory
촌락에 대해서, 학교 · 병원 · 우체국 등에의 접근성, 최근접 도시, 관개용지 면적 등이 수록되어 있음.
Economic Tables(B-Series)
경제활동에 관한 관련표.
Socio-cultural Tables(C-Series)
연령별 인구나 교육수준 · 혼인에 관한 관련표. 종교 · 언어에 대한 집계표를 포함하고 있음.
Migration Tables(D-series)
인구이동에 관한 관련표
Fertility Tables(F-Series)
여성의 출산상황에 관한 관련표
Housing Tables(H-Series)
주거환경에 관한 관련표
Special Tables on Scheduled Castes and Scheduled Tribes
지정 카스트 · 지정 부족에 관한 집계결과. 취업상태 · 교육수준 등이 수록되어 있음.

(住藤 2000으로부터)

표 1은 현재 입수 가능 한 디지털・데이터를 나타낸 것이다. 총인구, 산업별 취업자수를 비롯하여 경제 활동, 인구 이동, 주거 환경 등 폭넓은 항목을 다루고 있다. 대부분의 데이터는 전국의 약 450여개 懸(district) 단위이지만, 기초적인 인구 데이터가 수록되어 있는 Primary Census Abstract는 도시부에서는 가로구획(ward), 농촌에서는 촌락(village) 단위까지 입수할 수 있다. 또한 Village Directory는 각 촌락에 대한 데이터이다. 이로부터 가로구획・촌락의 조밀한 단위까지 파악・분석이 가능하다.

이 데이터들은 일반적인 데이터베이스 혹은 표계산 소프트웨어의 파일형식으로 수록되어 있으므로 복잡한 데이터 가공・변환 작업 없이도 많은 GIS 소프트웨어에서 이용할 수 있다.

인도・센서스를 토대로 한 지도(주제도) 자료로서는 센서스 보고서의 일환으로 "Census Altas"가 간행되어 있는데, 인구밀도, 인구동태 등 기본적인 데이터의 지도화가 이루어지고 있다. 그러나 당연한 일이지만 수록되어 있는 주제도에는 한계가 있어 지도화하는 지표・표현 방법 등 연구자의 요구를 완전히 충족시키지는 못한다. 일반에게 제공되는 디지털・데이터를 토대로 이용자 자신이 GIS화를 실행할 수 있다면 그 효과는 매우 크다. 또한 해외지역 연구의 성과로서 사례조사에 관한 상세한 보고는 많은 반면에 넓은 지역 전체에 대한 객관적・수치적 정보는 아직도 많지 않은 실정이다. 그래서 필자 등은 인도 전국토의 Primary Census Abstract 데이터를 이용하여 인구에 관한 기본적인 데이터의 지도화를 실시하였다.

센서스의 지도를 토대로 주제도를 작성하려면 센서스 집계 결과의 지구 단위에 대응하는 지도가 필요하다. 센서스 집계 결과의 디지털・데이터는 입수할 수 있으나 행정계에 관한 디지털 지도는 일반에게 제공되지 않는다. 필자 등은 간행되어 있는 아트라스를 토대로 하여 인도 전국토의 州・懸 지역의 디지털 지도를 작성하고, GIS상에서 센서스・데이터와 링크시키기로 하였다. 디지털 지도 작성에 이용한 지도는 "National Atlas of INDIA"에 수록된 전국의 행정경계 지도이다. 작업을 원활히 하기 위하여 먼저 원 지도로부터 州懸경계・해안선 및 위도선・경도선을 트레이싱 페이퍼에 이사하고, 이것을 스캐너를 이용하여 컴퓨터상에 입력하여 GIS 소프트웨어 상에서 懸지역의 폴리곤을 작성하였다.

작성한 지도 데이터에 현지로부터 가져 온 센서스・데이터를 결합하여 작성한 주제도가 그림 1이다. 이 지도는 총인구 중 취업자(연간 노동일수가 183일 이상인 사람)가 차지하는 비율을 나타내고 있다. 한마디로 인도라고는 하지만 지역적인 차이가 크다는 것을 주제도로부터 알 수 있다. 구체적으로는 데칸 고원 일대는 전체적으로 높은 값을 나타내고 있는데 비하여 북부 갠지스강 유역과 남서부의 케라라주 등은 낮은 값을 나타내고 있다. 그리고 동부 및 북부의 산악 지대도 높은 값을 나타내고 있다. 또한 관련된 기타 항목(산업 분류별 취업자율, 비문맹률 등)도 지도화하여 서로 비교하여 봄으로써 인도 내 취업 상태의 지역적 차이와 그 배후에 있는 요인에 대해서도 검토할 수 있다.

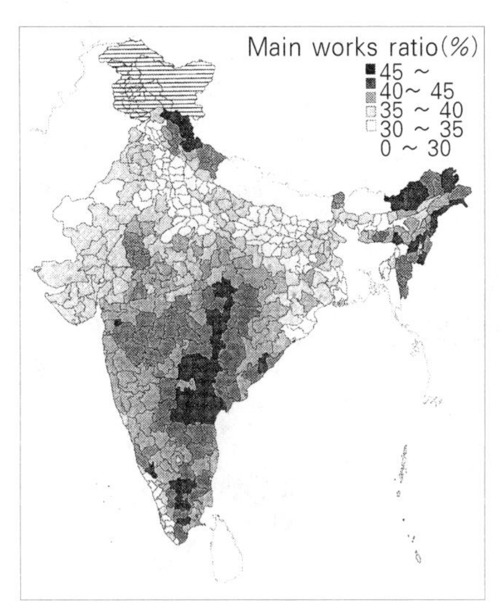

그림 1 총인구에서 취업자가 차지하는 비율
주: 취업일수 183일 미만인 사람은 제외
자료: Census of India 1991

그리고 보다 좁은 범위를 대상으로 하여 市町村 단위의 데이터를 사용한 지도화도 시도하였다. 여기에서도 지도 데이터의 작성이 문제였다. 인쇄물로서 간행되어 있는 인도・센서스 보고서 가운데, "District Census Handbook"(Primary Census Abstract와 Village Directory를 懸단위로 수록)에는 市町村 경계가 그려진 지도가 실려 있다. 이 지도는 어디까지나 각 市町村의 위치를 나타내기 위하여 첨부된 것으로 정밀도가 높지 않은 것이다. 그러나 이 외에 市町村 경계 지도에 상당하는 것을 얻을 수 없었으므로 이 지도를 토대로 디지타이징하여 GIS에 적용하였다.

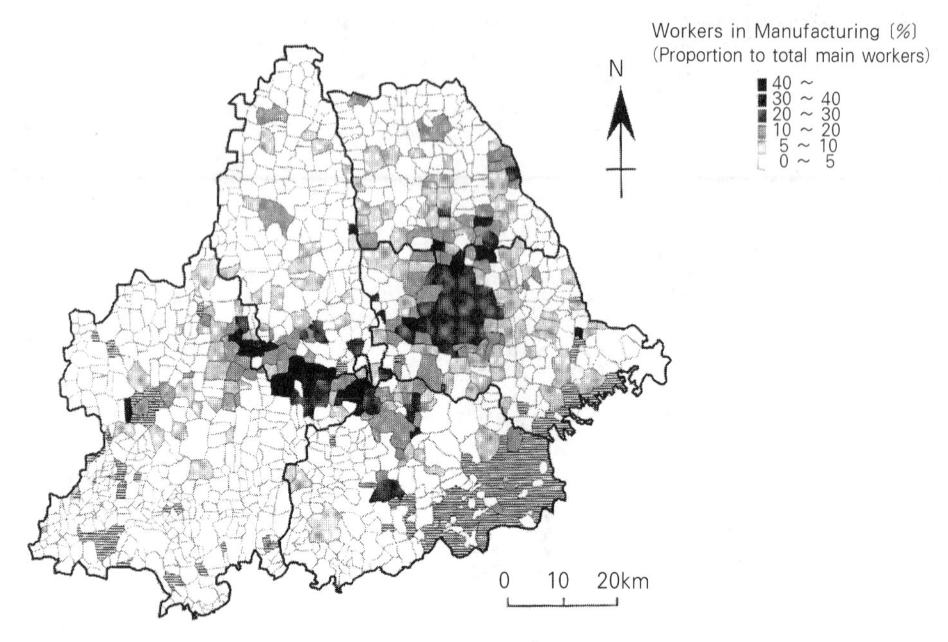

그림 2 피턴플 공업성장센터 주변지역의 제조업 취업자수 비율의 분포

그림 2는 마디야・프라데슈주의 피턴플 공업성장 센터 주변 약 100 km 사방의 지역에 대하여 市町村 단위의 센서스・데이터를 지도화한 것이다. 대도시 인돌로부터 수 km 떨어진 곳에 행정 주도로 새로운 공업 단지가 형성되었고 대도시 및 신흥공업 단지로 인하여 주변 농촌은 큰 영향을 받고 있는 것으로 예상된다. 촌 단위에서의 센서스・데이터를 지도화 함으로써 도시-농촌간, 산지-평원간의 서로 다른 경향을 알 수 있고, 그 밖에 새롭게 개발된 공업단지의 영향을 정량적으로 파악할 수 있으며 그 공업단지로부터 반경 ○ km권이라는 버퍼를 생성하여 권역별로 산업별 취업자수 등의 데이터를 집계할 수 있었다(그림 3). 이와 같은 정량적 분석은 이제까지는 어려웠으나 데이터의 정비와 더불어 GIS를 사용함에 따라 큰 진전을 보이는 것이다.

다만 개발도상국의 통계자료를 다룰 때에는 데이터의 신뢰성・정밀도에 대해서도 충분히 주의해야 할 필요가 있음을 지적하고 싶다. 인구센서스라는 가장 기초적인 통계 데이터인데도 불구하고 분명히 잘못된 수치가 기재되어 있는 경우가 있었다. 그리고 병합이나 분할에 관한 정보를 얻을 수 없고, 경년적 변화의 파악이나 조사 연차가 다른 그 밖의 통계나 지도와의 대응을 얻을 수 없는 경우도 종종 있다.

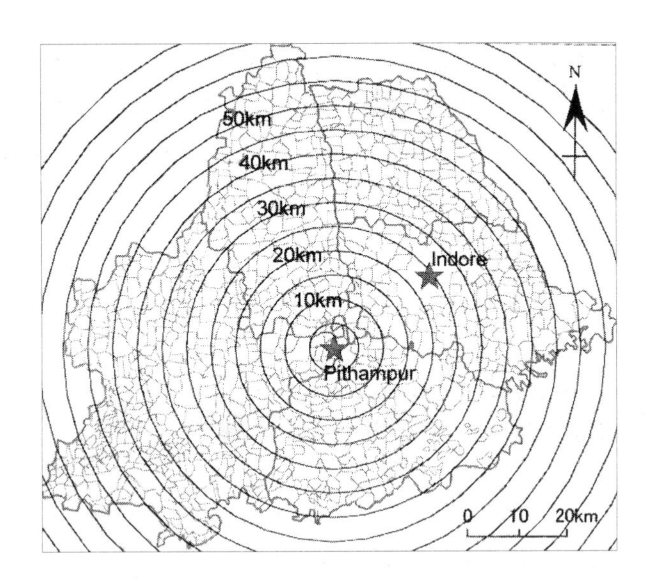

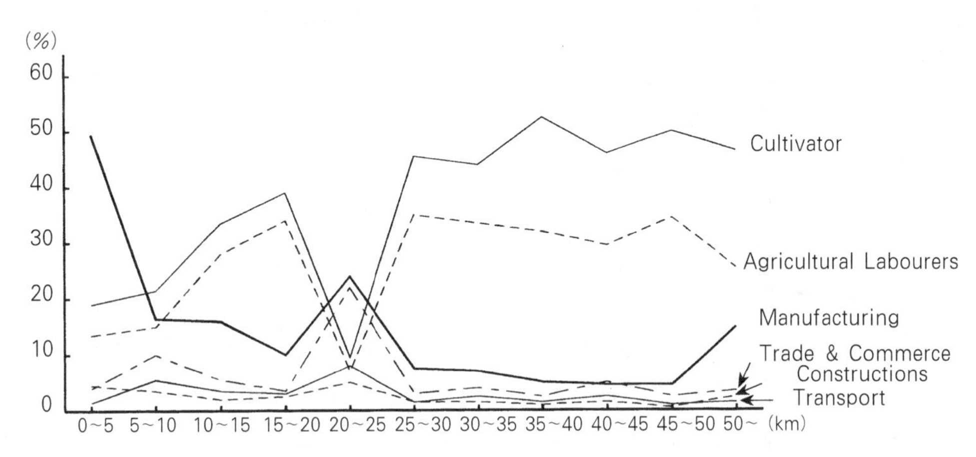

그림 3 피턴플로부터의 거리대와 거리대별 산업별 취업자수
자료: Census of India 1991

그리고 이번에 사례로 든 인도・센서스와 같이 디지털・데이터를 입수할 수 있는 경우는 아직 많지 않다. 필자 등의 작업에 있어서도 데이터를 종이지도로부터 직접 디지타이징해야만 했고 센서스에 개재된 懸 혹은 市町村과 지도 데이터의 각 폴리곤과의 조합을 위하여 상당한 노력을 기울여야 했다. 많은 통계자료는 필요에 따라 연구자 자신이 수작업으로 컴퓨터에 입력해야 만 하는 것이 현재의 상황이다. 경우에 따라서는 현지어인 문자로 기재되어 있거나, 지명 표기도 종종 혼용되어 있음을 볼 수 있다. 이와 같은 상황에서 일정 정밀도를 유지하면서 대량 데이터를 컴퓨터에 입력하기 위해서는 많은 시간과 노력이 필요하다.

그러나 발상을 전환하면 이와 같은 문제도 GIS로 해결할 수 있을 것이다. 컴퓨터만 있으면 데이터의 검산 등이 쉬울 것이다. 예를 들어 GIS의 기능으로 폴리곤 면적을 계측할 수 있는데 이를 이용하여 지도 데이터에 의한 폴리곤 면적과 통계 자료에 의한 토지 면적과의 대응을 검증하는 것은 쉬운 일이다. 이러한 문제해결의 테크닉을 축적시켜 나가는 것이 해외에서 특히 개발도상국에서 지역조사를 진전시키는 열쇠라고 생각한다.

Ⅳ 현지조사 데이터의 GIS 데이터베이스화

이어서 현지에서의 필드 워크에 의해 얻어진 정보의 GIS화에 대한 예를 소개하고자 한다. 사례조사 촌락인 R촌은 델리 근교의 신흥공업도시 노이다에 근접한 세대수 약 200, 인구 약 1,200명인 촌락이다. 필자 등은 현지조사에 근거하여 이 마을의 거주자·세대 정보에 대한 GIS 데이터베이스화를 실시하였다.

조사팀은 이 마을에 대하여 집락 내에 거주하는 모든 세대를 대상으로 문답식 조사를 실시하였다. 조사 내용은 세대 및 개인의 속성에 관한 것으로 카스트, 경작지나 가축의 소유, 농업 경영의 현황, 각 세대 구성원의 성별·연령·학력, 주택이나 재산의 소유 상황 등이다. 그리고 이와 병행하여 집락 전역을 답사하였고 간이 측량을 실시하여 집락 내의 지도를 작성하여 전세대의 위치를 표시하였다.

현지조사를 마치고 귀국한 후 문답식 조사의 결과를 컴퓨터에 입력하는 한편, 현지에서 작성한 집락 내의 지도도 디지타이징하였다. 그리고 이것을 GIS 소프트웨어 상에 입력하고 각 세대의 위치를 지도상에 표시하여 집락 내의 전 세대에 관한 GIS 데이터베이스를 구축하였다. 이에 따라 세대 속성을 짧은 시간에 지도화할 수 있고, 개인 데이터도 세대에 링크함으로써 지도 표현하는 것이 가능해졌다.

그림 4는 GIS에 의해 출력한 R촌의 집락 지도이다. 집락의 거의 중앙에 공립 소학교가, 집락의 북서 끝에 사립 소학교가 입지하는 한편, 집락의 서단과 동북단에는 힌두교 사원이 있다. 그리고 집락 내에는 잡화점이 각지에 분포되어 있다.

이 집락 지도에 전체 조사를 통해 얻은 세대 속성을 표시한 것이 그림 5이다. 이 그림은 카스트(자티)별 세대 분포를 나타내고 있다. 인도의 농촌은 카스트에 의하여 주거 분리가 이루어지고 있는데, 이 그림으로부터 R촌에서는 마을에서 가장 다수를 차지하는 라지프트를 비롯한 상위 카스트가 마을의 중심부에, 법적으로 보호받고 있는 지정 카스트는 남동 지구에 모여 있음을 알 수 있다.

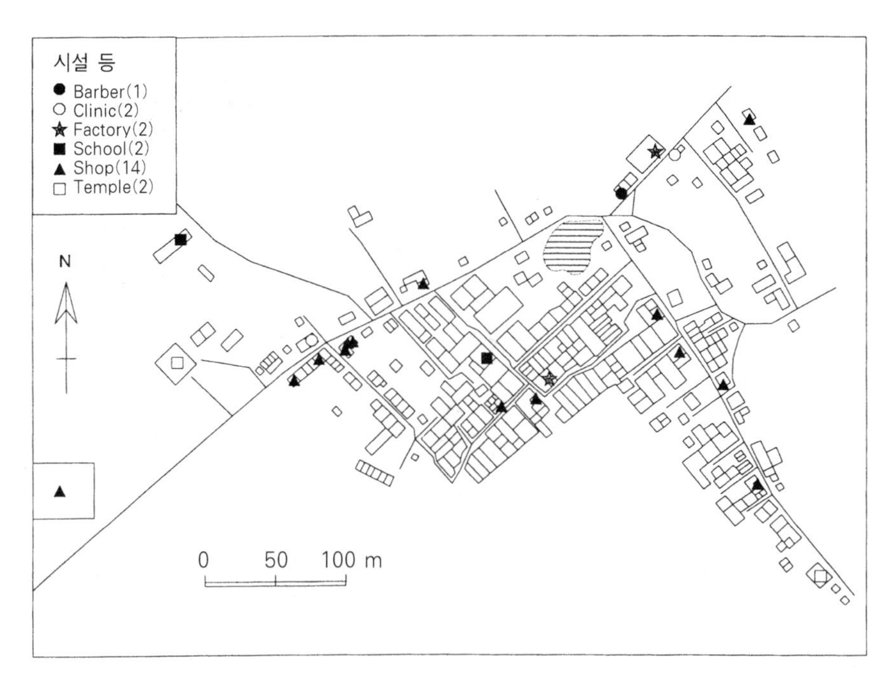

그림 4 R촌 집락의 개관도

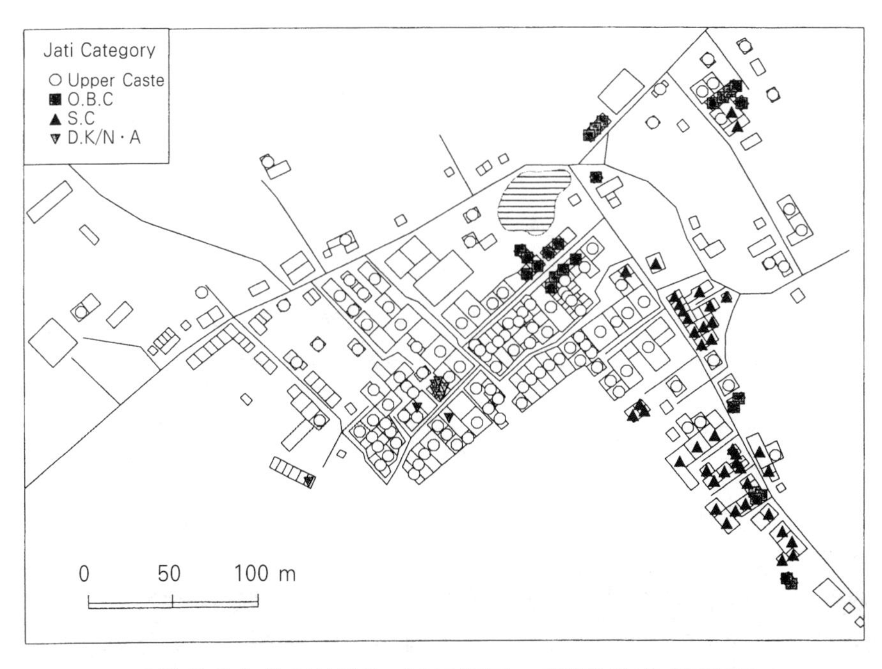

그림 5 R촌에 있어서의 카스트(쟈티 · 카테고리)별 세대분포
주: O.B.C. 후진제급수, S.C. 지정 카스트

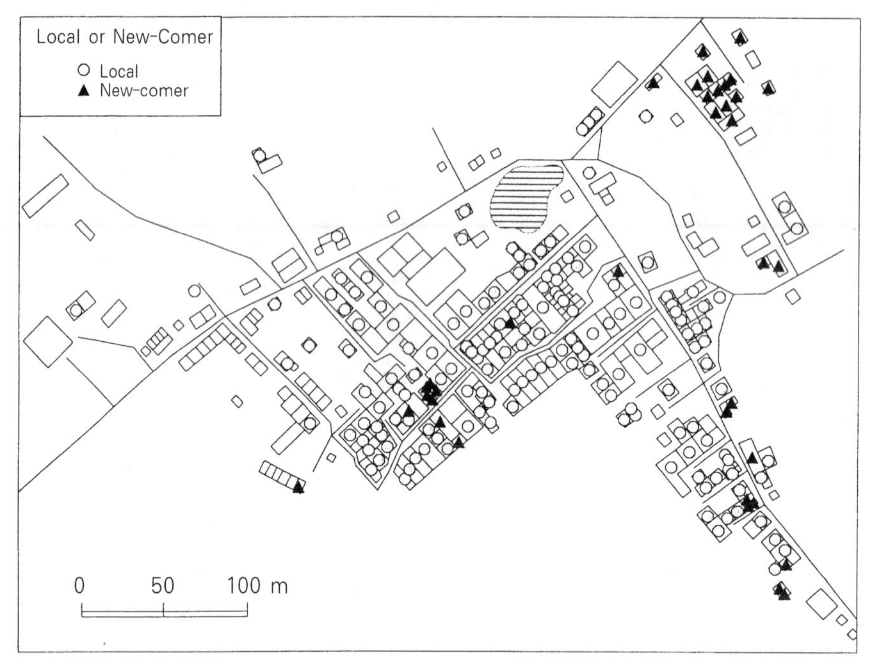

그림 6 R촌에 있어서의 신주민 · 구주민별 세대분포

그리고 마을에 오래 전부터 거주하고 있는 세대, 마을 외부로부터 유입된 세대별로 나타낸 것이 그림 6이다. 즉, 신주민은 마을의 북동부에 많이 분포되어 있고 오래 전부터 거주하고 있는 세대가 주를 이루는 중심부와 남동부 일부에도 유입되고 있음을 파악할 수 있다. 이로부터 다수파 쟈티가 사는 중앙부, 지정 카스트가 많이 거주하는 남동부, 신주민의 유입에 의해 확장된 북동부 등 집락 내의 분리 상황을 명료하게 파악할 수 있다.

그리고 세대별 가축 소유 두수에 대해서도 지도화하였다. 그 결과 소 · 물소는 도시로 통근하는 신주민을 제외한 많은 집에서 기르고 있었는데, 남동부의 지정 카스트 세대에서는 비교적 그 수가 적었다. 이에 비하여 염소 · 닭은 마을 외곽의 일부에서만 사육하고 있는 등 분포의 편중을 보였다.

이와 같이 여러 가지 속성을 짧은 시간에 지도화할 수 있는 것은 연구 성과를 공표 할 때의 정보 전달력이라는 관점뿐만 아니라 조사하는 당사자에게도 강력한 사고 보조수단이 되는 등 해외지역 연구에 커다란 장점이 됨을 알 수 있다.

해외지역 조사에서는 많은 경우 시간적 제약 등으로 인하여 제한된 기간 내에 대상 지역에서 집중적인 조사 활동을 전개하게 된다. 그 때 대상 지역 전체를 냉정하게 객관적인 눈으로 파악하고 또한 여러 가지 가설을 검증하는 것은 쉬운 일이 아니다. 그러나 GIS상에서 조사 데이터의 데이터베이스를 구축하면 데이터의 지도화나 지도화면 상에서 각각의 세대 데이터를 불러내는 작업을 간단히 실행할 수 있다. 이와 같이 GIS의 화면을 통하여 데이터에 액세스 할 수 있다는 점은 분석·고찰시에 사고지원 도구로서 큰 역할을 하는 것이다. 조사가 끝나고 일본에 돌아와서「거기의 집은 어땠는가」등과 조사표를 보면서 생각하는 경우에 머릿속 즉, 머릿속 GIS 밖에 없는 경우와, 정확한 데이터가 GIS에 들어있고 여러 가지 면에서 액세스 할 수 있는 것과는 아주 다르지 않겠는가?

이 점에 관하여 더욱 발전적으로 지적을 하자면, 최신의 GIS 소프트웨어는 멀티미디어에도 대응할 수 있으므로 한 컷 한 컷의 사진이나 영상을 입력하여 지도의 화면상에서 클릭하여 볼 수 있게 하고, 벡터 데이터의 지도뿐만이 아니라 집락의 모양을 파악할 수 있도록 항공사진이나 고해상도 위성영상을 배경으로 표시한다면 촌락 경관의 파악에 매우 효과적일 것이다. 또한 이와 같은 비쥬얼화에 의한 이해 지원은 교육적인 면에서도 이용 가치가 크다고 본다. 3D로 건물을 입체적으로 그리고 버추얼 리얼리티의 세계에서 촌락 안을 오갈 수 있도록 한다면 실내에서의 고찰 작업도 크게 달라질 것이다.

그리고 이 조사는 필자 등에 있어 처음 시도되는 조사였기 때문에 일본에 돌아와서부터 GIS로 입력하기 시작하였는데 기술이나 방법을 축적하여 사전 준비를 충분히 한다면, 현지에 퍼스널 컴퓨터를 가지고 가서 조사지에서 곧바로 데이터를 입력하고 그 장소에서 집계 등을 할 수 있을 것이다. 그렇게 하면 조사 실수·조사 누락 등의 문제점도 곧바로 알 수 있으므로 현지에서 즉시 대응할 수 있다. 그리고 현지 체재 중에 간단한 집계·분석을 실시하여 그 결과로부터 가설을 세우고 그에 따라 조사 내용을 더욱 심화시키는 것도 가능할 것으로 보인다.

V 마치면서

이상에서 보고한 인도 현지조사에서의 GIS도입 사례를 통해 해외지역 연구에 있어서의 GIS의 유효성을 몇 가지 제시할 수 있다.

먼저 입수 가능한 지역통계 데이터를 토대로 GIS를 이용해 상세한 분포도를 작성하거나 공간적 해석을 실시하여 필드 워크로는 불가능한 광범위한 지역적 정보를 적절하고도 명확하게 파악할 수 있다. 그리고 현지에서의 데이터를 GIS 데이터베이스화함으로써 지도 화면상에서의 데이터 정리·분석이 가능하다. 현지에서의 조사 기간이 제한되어 있고 한 번 귀국하면 재조사하기가 쉽지 않으므로 GIS가 사고지원 도구로서 담당하는 역할은 크다고 생각된다.

끝으로 해외지역 연구에서 GIS를 어떤 면에서 활용할 수 있을지에 대하여 살펴보고자 한다.

그 하나는 해외지역 연구에서의 GIS 활용에 있어 조사결과를 분석하는 것만이 아니라 현지 조사시에 GIS 등의 컴퓨터 · 시스템을 도입함으로써 큰 효과를 발휘할 수 있다는 것이다. 휴대형 퍼스널 컴퓨터를 조사지에 가지고 가 문답식 조사의 결과를 그 장소에서 입력할 수 있다면 리얼 타임으로 집계, 조사 누락이나 중복의 발견 · 방지에 유용할 것이고, 조사지에서의 간단한 분석 결과로부터 가설을 세우고 그를 바탕으로 조사 내용을 더욱 심화시켜 갈 수도 있을 것이다. 또한 GPS와의 연계를 통해 지도 작성 작업을 지원하거나, 방문 조사시의 위치 정보 입력을 자동화하는 것도 생각할 수 있다. 이러한 기술의 도입으로 현지에서의 조사 활동과 실내에서의 분석 작업간의 유연한 결합을 도모하는 것도 앞으로의 과제일 것이다.

또 다른 하나는 해외지역 연구의 성과가 학술 연구의 세계에 머물러서는 안 된다는 것이다. 학교 교육이나 국제협력의 관계자, 해외에 진출하는 기업 등도 정보를 필요로 하고 있다. 그에 대응해야 함은 물론 해외지역 연구의 성과를 적극적으로 알려야 할 필요가 있다. 이 때 전달 수단으로서 GIS는 큰 역할을 할 것으로 생각된다. 村山(Murayama 2000)은 말레시아의 인구통계를 토대로 인터넷 GIS「말레시아 인구지도」[4]를 작성하여 공개하고 있다. 그리고 佐藤은 앞의 인도 · 센서스를 토대로 GIS로 작성한 주제도를 전자 지도로서 인터넷상에 공개하고 있다[5](그림 7). 최근에는 상업 베이스의 GIS에 있어서도 인터넷 GIS라는 말이 자주 쓰이고 있다. 이와 같은 정보 전달 수단으로서의 GIS 활용도 앞으로 더욱 활성화해야 할 과제일 것이다.

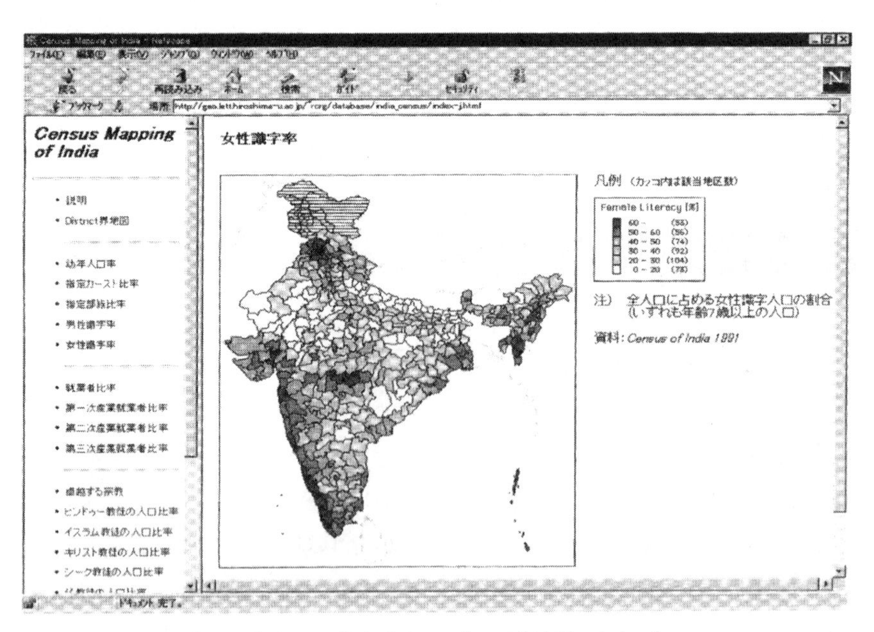

그림 7 센서스 · 데이터를 토대로 작성한 전자 지도
http://geo.left.hiroshima-u.ac.jp/-rcrg/database/india_Census/

주

1) http://www.l.u-tokyo.ac.jp/IAS/Japanese/index-j.html
2) 平成8・9・10年度文部省科学研究費補助金・国際学術研究「インドにおける工業化の新展開と地域構造の変容」(代表者：岡橋秀典，課題番号：08041017)
3) 現在，フロッピーディスクおよびCDでの提供が行われている。
4) http://land.geo.tsukuba.ac.jp/teacher/murayama/index.htm
5) 広島大学総合地誌研究資料センターのWWWサーバーにて公開している。http://geo.lett.hiroshima-u.ac.jp/~rcrg/database/india_census/

참고문헌

大久保　悟 1999. タイ南部における土地自然の類型化と土地被覆および純一次生産力による土地評価. GIS-理論と応用 7(1):55-62.

高阪宏行 1994.『行政とビジネスのための地理情報システム』古今書院.

佐藤崇徳・作野広和・杉浦真一郎・岡橋秀典 1997. GISを用いた海外地誌データの分析. 岡橋秀典編『インドにおける工業化の新展開と地域構造の変容――マディヤ・プラデーシュ州ピータンプル工業成長センターの事例――』233-260. 広島大学総合地誌研究資料センター.

佐藤崇徳・作野広和 1999. インド農村調査におけるGISの導入――センサス・データおよび現地調査データのGIS化への試み――. 地誌研年報 6:121-142.

佐藤崇徳 2000. インド・センサスのディジタル・データの現状とその利用. 地誌研ニュース 6:6-8.

永田好克 1996. 村落データベースを基にした東北タイ村落情報システム (NETVIS) の開発. GIS-理論と応用 4(1):19-26.

Murayama, Y. 2000. Internet GIS for Malaysian population analysis. *Sci. Rep. Inst. Geosci., Univ. Tsukuba, Sec. A*. 21: 131-146.

厳　網林 1994. 中国におけるGISの研究と応用. GIS-理論と応用 2:159-168.

chapter 6

재해연구와 GIS

碓井照子

I 들어가며

GIS의 연구 분야가 사회적으로 큰 관심은 모으게 된 것은 阪神・淡路대지진 이후이다. 일본 지리학에서의 GIS 연구는 久保幸夫 등에 의하여 1970년대 중반기 미국의 연구 동향이 소개(久保 1980)되었고, 1989년에 시작된 西川治 대표의 「문부성 과학연구 중점영역-근대화와 환경변화-」로 인하여 전국의 지리학과에서 GIS 연구에 대한 관심이 높아졌다(西川 1991). 일본의 GIS 연구는 지리학에 국한되지 않고 도시공학, 정보공학, 토목공학 등 공학 분야에서 실용화 연구가 시작되었다(碓井 1996). 1960년대 미국의 지리학으로부터 탄생한 GIS연구는 오늘날에는 공간과학으로서 시공간을 다루는 학문으로 성장하고 있다. 이러한 가운데 1998년 동경대학 공간정보과학 연구센터의 설립 의의는 매우 크다고 하겠다.

그리고 阪神・淡路대지진에서의 방재 GIS 연구는 지리학과 지진공학 연구자와의 공동 연구(Kameda et al. 1995; 荻原 등 1999)를 가능케 하였고, 일본의 국토공간데이터 기반정비 추진의 계기가 되기도 하였다(碓井 1997a). 1995년에 시작된 정부의 대형 프로젝트인 국토공간데이터 기반정비는 종이지도로부터 전자지도로의 이행만이 아닌 21세기 사이버스페이스로서의 전자국토의 건설(碓井 2000a)을 목표로 한 것이고, 21세기 지리학적 분석법의 본질적인 변화를 틀림없이 가져올 것이다. 그러면 2차원 지도라는 아날로그 모델의 제약에서 해방되어 실세계(Real World)의 시공간 모델을 사이버 스페이스(Cyber Space)로서 컴퓨터상에 구축하게 될 것이다. GIS는 단순한 지도화 분석 도구로부터 발전하여 실세계의 보다 리얼한 재현을 컴퓨터상에서 구축하는 21세기의 시공간 분석 도구로서의 기능을 갖게 되었다. 이와 같은 일본 내 GIS 연구의 비약적인 발전은 1995년의 阪神・淡路대지진이 그 계기가 되었다. 이와 같은 의미에서 재해연구와 GIS는 GIS 연구사에서 중요한 의미를 갖는다고 하겠다.

한편, 방재・지진 연구에서 GIS로 작성된 많은 재해・복구 데이터베이스는 지리학자의 손에 의한 기본 데이터 작성이라는 지리학의 본질로 돌아가서 지리학 연구의 존재 방식을 묻는 계기가 되었다(碓井 1997b). 지리학자는 연구에 이용되는 기본 데이터의 작성에 더욱 깊이 관여할 필요가 있다. GIS와 GPS 및 고해상도 위성영상에 의한 정사영상의 작성기술은 과거 국토지리원에서 작성하던 기본지도 작성 프로세스까지도 연구자가 그 연구 목적에 맞추어 축척을 자유롭게 선택하여 필요한 때에 필요한 장소의 것을 제작 가능하도록 하였다. 지금까지의 GPS에 의한 위치 측정 기술이나 레이저 프로파일러에 의한 삼차원 계측은 네비게이션을 비롯하여 지리적 경관을 레이저 스캐닝으로 수치화 할 수 있게 하였다. GIS나 GPS는 지리학자에게 2차원의 지도를 넘어선 공간에 대한 새로운 계측법을 제공하고 있다. 본 글에서는 특히 GIS의 지리학에의 공헌에 대하여 阪神・淡路대지진의 방재 GIS 연구와 그 발전에 대하여 정리하여 보고자 한다.

Ⅱ 阪神・淡路대지진에서의 GIS의 활용과 국토공간데이터 기반정비

1. 학술 자원봉사 활동과 피해・복구 GIS 데이터베이스 작성

兵庫縣 남부 지진 직후에 디지털화된 피해현황 데이터는 항공사진의 판독으로 작성된 국토지리원의 피해현황도(제Ⅰ판)이었다. 직하형 지진이었기 때문에 지붕에는 피해가 나타나지 않으면서 2층 목조 가옥 등의 1층 부분이 완전 붕괴하거나, 철근 콘크리트 건물 중간층 파괴 등 항공사진의 수직적인 시각으로는 판독 불가능한 경우가 많아 재해 현황도에서는 피해의 실태가 실제 피해보다 적게 표현되었지만, 지진 직후에 1만분의 1 축척으로 지도화되었다는 데에는 그 의의가 크다. 건물 한 동의 단위가 아닌 도로 구획 단위의 면적 범위로 피해 상황에 대한 등급을 부여하였다. 제Ⅱ판인 수정판에서는 피해상황이 상당히 수정되었고 도로 구획 단위별 피해 정도의 수치화가 이루어졌다(건설성 국토지리원 1996a). 국토지리원에서는 GIS에 의한 지진방재 토지조건도를 작성하여 지형과 건물 피해와의 관계에 대해 고찰하였다(국토지리원 1996b).

피해지역 전역의 건물 피해에 대하여는 일본 건축학회 近畿지부 도시계획부회와 일본 도시계획학회 關西지부가 공동으로 지진재해복구 도시건설특별위원회를 발족시키고 피해조사를 실시하였다. 총 1000명 이상의 학생을 학술 자원봉사자로 동원하여 건물 한 동 단위의 현지 조사를 실시하고, 그 후 神戸대학과 건설성 건축연구소에서 건물 피해에 대한 GIS 데이터베이스를 구축하였다(碓井 1997b). 한편, 복구・부흥에 관하여는 奈良대학 방재조사단이 교통 불능 도로조사와 잔재 철거후의 건축물 건설 상황조사를 실시하였다(碓井 1995a). 지진 직후인 1995년 2월에서 3월 말까지 2종류의 조사가 2주 간격으로 실시되었고, 그 후 건축물 건설 상황조사는 4월 이후부터 1995년 7월 말까지 1개월마다, 8월 이후에는 3개월마다 현재(2000년 11월 24회 조사까지)까지 6년간의 변화를 계열로 조사하고 있다. 그리고 이러한 조사 결과를 GIS 데이터베이스화하였다(碓井 1995a).

그리고 阪神・淡路대지진에서 神戸市 長田區 구청의 창구업무 지원에 GIS가 도입되었고 일본에서는 처음으로 잔재 철거업무 지원에 방재 GIS 활동이 전개되었다. 이 활동은 京都대학 방재연구소 도시시설 내진 연구센터(현재는 종합방재 연구부문)의 龜田宏行연구실이 중심이 되어 지리정보시스템학회 방재GIS분과회와 지리정보시스템학회 關西사무국이 이 활동을 지원하였다.

잔재 철거업무의 특성은 첫째, 철거 가옥이 사유 재산이라는 점인데, 철거 신청을 받은 건물에 대하여 관공서는 그 가옥의 소유자를 확인하고 철거를 집행해야 한다. 이 작업에 있어서 지진 직후의 혼란상태에서는 가옥 철거 신청서의 기입상 오류가 있을 수 있다. 많은 자치단체에서는 직원의 전화 연락을 통해 이 오류를 확인하는 작업을 실시하였으나 지진 후의 전화 연락은 불통인 경우가 많았다. 가장 효율적인 신청서 접수는 접수창구에서 이러한 가옥의 위치, 명칭, 소유자 모두를 확인하는 것이다. 長田區에서 실시한 방재 GIS 활동에서는 이러한 확인 작업을 구청의 창구에서 GIS를 이용하여 동시에 수행했다는 점이 특징적이다. 방대한 철거 신청서를 처리하는데 시간이 필요하였고, 철거 작업이 2월부터 곧바로 본격화되지 못했던 이유는 이 업무 작업이 수작업으로 이루어졌다는 점에 있다. 모든 자치단체에 GIS가 도입되었더라면 이와 같은 혼란은 피할 수 있었을 것이다(碓井외 1995c).

그림 1과 2는 GIS를 창구업무에 도입한 神戸市 長田區의 1995년 4월부터 6월의 잔재 철거 상황(그림 1)과 GIS를 도입하지 않은 神戸市 東灘區의 잔재 철거상황(그림 2)을 나타낸 것이다. 이 그림에서 長田區의 집중적인 잔재 철거상황과 東灘區의 분산적인 철거 상황을 알 수 있다. 시청에 의한 잔재 철거는 신청서를 접수한 순으로 처리되기 때문에 언뜻 공정한 것처럼 보이지만, 신청접수 번호순의 철거 처리는 東灘區에서 볼 수 있듯이 잔재 철거 장소가 서로 분산되는 비효율적인 잔재 철거가 될 가능성이 높다. 長田區와 東灘區의 지도상 차이는 잔재 철거업무의 정책 결정에 있어서 지도화 처리에 의한 공간적 판단의 유효성을 나타내고 있다.

그림 1 神戸市 長田區의 잔재 철거 진행 상황(1995년 4・5・6월)

그림 2 神戸市 東灘區의 잔재 철거 진행 상황(1995년 4・5・6월)

長田區의 잔재 철거업무에의 GIS 사용은 잔재 철거 장소의 공간적 파악을 가능하게 하여 행정 담당자로 하여금 효율적인 잔재 철거업무 수행을 가능하게 하였다. 재해 등의 긴급한 시기에 정책 결정을 지원함에 있어 GIS를 이용한 신속한 지도화 처리가 중요하다. 지리학자는 지도화 처리가 신속하면 할수록 사회적으로 유용하다는 것에 주목하여야 한다.

長田區에서의 GIS를 이용한 잔재 철거업무 지원의 유효성은 잔재 철거 상황의 데이터베이스를 월 단위로 작성한 奈良대학 지리학과 방재조사단의 노력에 의해 수치 데이터로서 실증되었다. 그림 3은 지진 후 2년간의 잔재 철거 후 복구 상황을 長田區와 東灘區에 대하여 연차별로 나타낸 것이다. 복구 상황에 있어 지역차가 있음을 알 수 있다. 이 표는 지진 직후에 神戶市와 兵庫縣의 도시 정비사업의 기초 자료로서 이용되었다. 奈良대학에서는 현재에도 조사를 계속하고 있고 적어도 지진 후 10년간의 복구 상황을 GIS 데이터베이스로서 계속 작성하여 공개하는 것을 목표로 하고 있다. 지진 후 6년 동안 24회 조사를 실시하였다. 이것은 일회성이 아니고 지진 복구의 객관적인 시계열 GIS 데이터베이스를 계속 작성하여 공개함으로써 지리학 연구자로서 지리학의 본질인 지역 데이터 작성의 사회적 의의를 실천하기 위한 것이다(碓井 1997b).

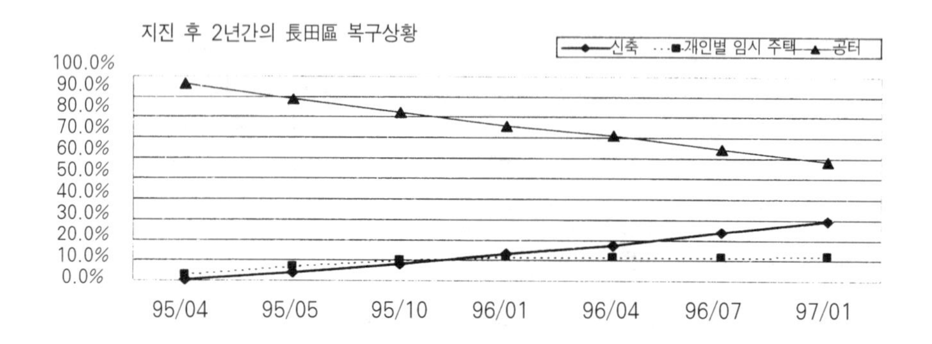

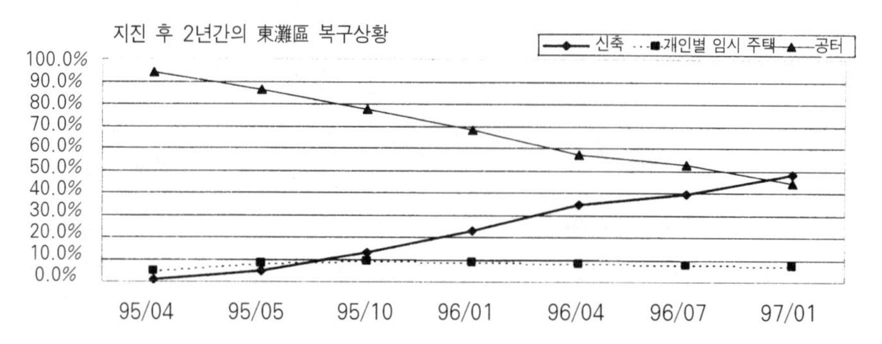

그림 3 神戶市 長田區와 東灘區의 지진 후 2년간의 복구 상황(奈良大學 방재조사단 조사)

2. 豊中・高槻방식과 국토공간 데이터기반의 갱신수법

阪神・淡路대지진에서 GIS를 이용한 학술 자원봉사 활동은 阪神・淡路대지진 후의 국가적 대사업인 국토공간 데이터기반 정비가 발족하는 계기가 되었다. 지리학 연구자로서 GIS를 이용한 실사회에서의 학문적 실천 활동은 중요한 것으로 정부의 정책에도 영향을 주게 된다.

그림 4는 GIS 연구 목적 하에 수집된 각종 대장과 지도 데이터의 동시 갱신 수법을 나타낸 것이다. 필자는 이 그림을 이용하여 지진 직후부터 정부의 GIS관련 위원회와 전국 각지에서의 GIS세미나 강연에서 그 중요성에 대하여 설명하였고 위치 참조 정보를 갖춘 신청도면(건축 확인 신청이나 도로경계 확정 신청도 등)과 주소 대표점(Address Points : 문자로서 주소에 부여된 절대적인 측지 좌표치 : 국토공간 데이터기반 표준에서는 주소에 대응한 위치 참조 정보라고 한다)의 정비가 GIS의 본질이라고 주장하였다. 이는 공간과학을 다루는 지리학자의 입장에서 지리공간에 대한 위치 정보의 중요성을 역설한 것이다. 왜냐하면 GIS는 미국에서의 지리학 연구로부터 탄생하여 GIS와 지리학은 「지리공간의 과학」이라는 그 본질에 있어서 공통의 연구 과제를 공유하기 때문이다(碓井 1997c).

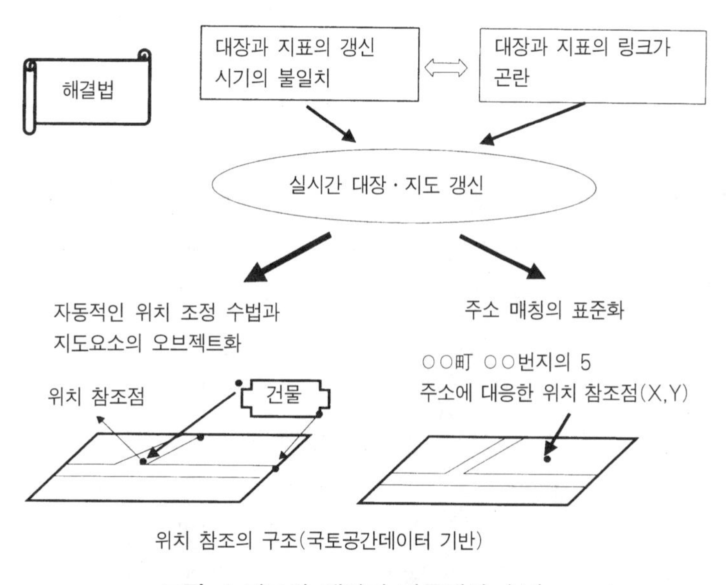

그림 4 지도와 대장의 자동갱신 수법

위치 참조 정보를 갖는 각종 신청 도면의 중요성은 일본의 국토공간 데이터기반의 갱신 방법에 하나의 힌트를 주었다고도 할 수 있다. 이와 같은 활동 중 주소 대표점 정비는 국토청이 국토공간 데이터기반 정비 표준 중에 주소에 대한 위치 참조 정보로서 전국을 대상으로 정비하기에 이르렀다(표 1). 이 GIS 정비에 관한 중간 보고서를 국토청의 홈 페이지 http://www.nla.go.jp/로부터 다운로드할 수 있다. 위치 참조 정보를 갖는 신청도면에 의해 지방자치단체의 전자 신청과 건설 CALS로부터 국토공간 데이터기반의 자동 갱신을 실현하는 방식은 필자가 명명하여 「豊中・高槻 방식」이라고 불리게 되었다(碓井 1998. 2000a). 건설・국토・통산・운수・자치・우편의 6성청의 GIS정비추진 모델사업(2000년부터 3년간) 가운데 大阪部 豊中市・高槻市 등에서 그 실증 실험이 착수되었다.

그림 5에 나타낸 바와 같이 GIS를 이용하여 각종 신청서를 접수함과 동시에 각종 대장과의 대조 작업을 하고 동시에 전자지도상에 신청 내용을 입력하는 것이 중요하다는 것이 阪神・淡路대지진을 통해 명확히 밝혀졌다. 그러나 지방 자치단체의 토지・가옥대장 등의 대장류와 지도의 갱신 기간이 서로 다르고, 지진 직후의 상황이 반영되지 않은 수 년 전의 오래된 지도도 많았기 때문에 가옥 해체 신청서에 기재된 주소를 통한 지도상 가옥과의 대조 업무에서는 서로 일치하지 않는 혼란이 다수 발생하였다. 해결책은 종래와 같은 항공사진측량에 의한 3~5년 간격의 지도 갱신이 아니라 각종 대장 작성의 기초가 되고 있는 신청서의 접수와 동시에 대장과 전자지도와의 대조・갱신을 실시하는 것이다. 각종 신청도면으로부터 신청과 동시에 전자지도상의 오랜 가옥을 삭제하고 치환하여 건물 등의 도형정보를 바꾸어 넣음으로써 신청서 접수시에 전자지도의 갱신을 완료시키는 방식이다. 앞으로 지면 신청서는 디지털화된 전자 신청서로 대체 될 것이고 전자 신청 업무와 연계된 전자대장과 전자지도의 대조・갱신이 주류를 이룰 것으로 보인다.

이러한 것을 실현시키기 위해서는 신청도면에 위치 참조 정보가 기재되어 있던가 공공 측량 좌표 값을 가지고 있어야 한다. 건축 확인 신청 등과 같이 도면 정보를 포함하는 경우 CAD로 작성된 건축 준공도면에 위치 참조 정보를 명시하는 것이 필요하다. 기준점이나 도로 경계점과 같은 정확한 위치 참조 정보가 전자 신청도에 3곳 이상 입력되어 있다면, 이러한 위치 참조점을 참조하여 GIS상에서 위치를 찾아내고 건축물의 형상을 전자지도상에서 자동적으로 입력할 수 있다. 豊中市에서는 신청자가 손쉽게 위치 참조점을 취득할 수 있도록 그림 6에 표시한 6만점이 넘는 기준점과 도로 경계점 등의 위치 참조점을 정비하여 이것을 일반에게 공개하였다. 민간 측량업자는 이 위치 참조점으로부터 현지 측량하여 신청도면을 작성할 수 있다. 또한 건축 확인 신청 등의 전자도면이 신청된 이후에는 전자지도상의 건물 정보 등의 갱신에 용이하게 이용할 수 있다. 高槻市에서는 豊中市의 위치 참조점을 중시한 GIS도입 수법을 받아들여서 2000년부터 위치 참조점 정비를 시작하였다. 이와 같은 지방 자치단체의 GIS 도입 방법을 「豊中・高槻 방식」이라고 한다(碓井 2000a).

표 1 국토공간 데이터기반 표준

분류 항목	데이터 항목	보급기에 검토할 사항
측지기준점	국가기준점 공공기준점	표고점 참조점
표고 수심	격자점의 표고 수심 도서의 표고	
교 통	도로구역경계 도로중심선 철도중심선 항로	도로교 횡단보도교 차・보도경계 철도구역경계 대면통행도로와 일방통행도로의 구별 속도표지판 철도교 고가교 정류소 항만구역경계 계류표시 플랫폼 검역계류장
하천・해안선	하천구역경계 수애선 해안선 호소 저조선(간출선) 하천중심선	모래톱 방파제
토지	필지경계등 삼림구역경계	농지경계
건물	공공건물 및 일반건물	택지・부지
위치 ・참조 정보	지명에 대응하는 위치참조정보 행정구역 통계조사구 표준지역 메쉬 주소에 대응하는 위치참조정보	
(공원 등)		공원 비행장
(화상 정보)		화상정보

(「국토공간 데이터기반 표준 및 정비계획」지리정보시스템(GIS) 관계省廳 연락회의, P.40)

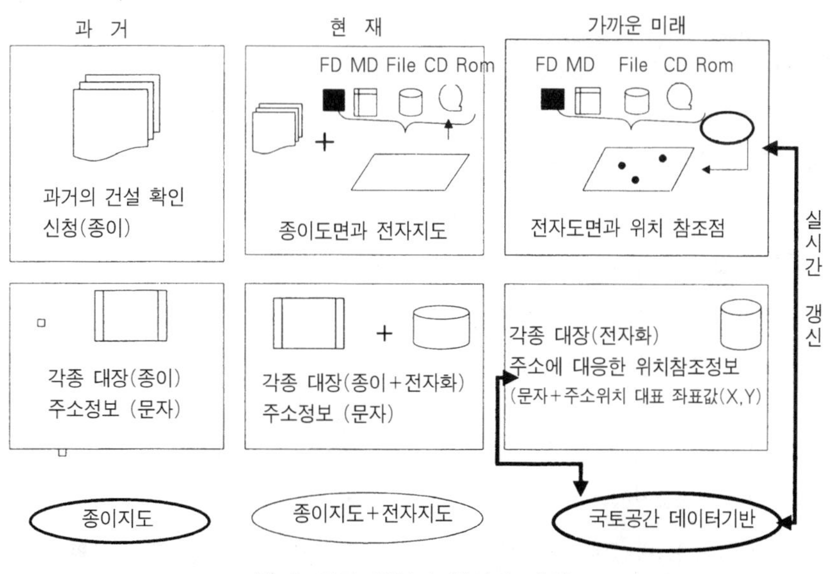

그림 5 전자 신청과 실시간 갱신

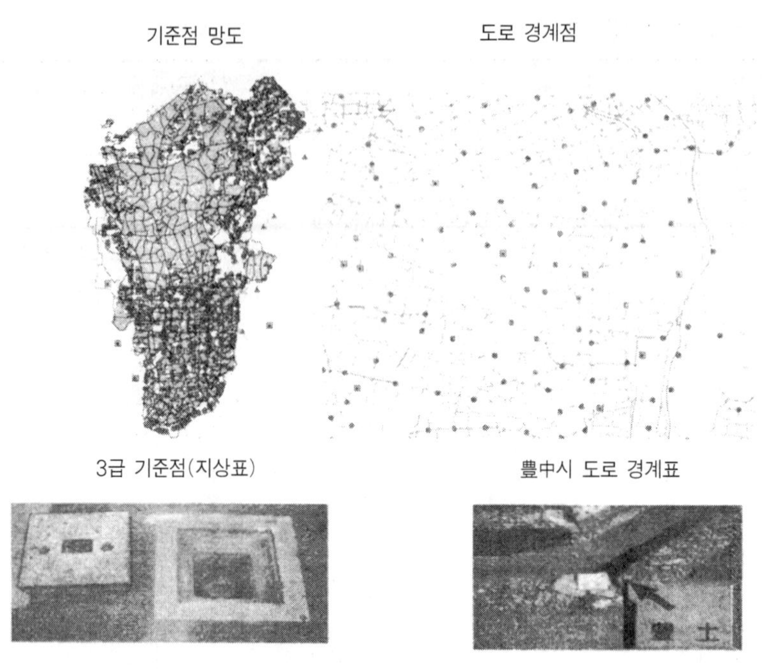

그림 6 豊中市의 위치 참조점(도로 경계점, 도로 경계표)의 정비
(豊中시청 제공)

III 실시간 지진 방재와 GIS

1. 해저드 맵과 WebGIS

阪神・淡路 대지진 이후 都道府縣 및 政令 지정 도시에서의 조기 피해추정시스템도 개량되어 도시 방재의 존재 방식도 변하여 왔다. 실시간 지진방재란 「지진동을 원격 감시하고 그 정보를 토대로 피해 방지 혹은 경감을 위한 대응을 신속하게 취하는 것」인데, 유레더스나 CUBE와 같은 지진정보시스템과 SIGNAL이나 EPEDAT와 같은 조기피해 추정 시스템을 가리키는 경우가 많다(山崎 1996). 전자는 지진계 네트워크와 지진정보 전달이 중요한 요소이고, 후자는 지진동 분포의 즉시 추정과 지반・구조물 등의 데이터베이스 구축이 필요하다. 실시간 지진방재에 있어서의 GIS 이용은 주로 후자의 개발과정에 선도적으로 이용되고 왔다. 그리고 목적 지향형의 지진방재시스템도 개발되어 GIS와 실시간 지진 방재의 관련성은 매우 높다.

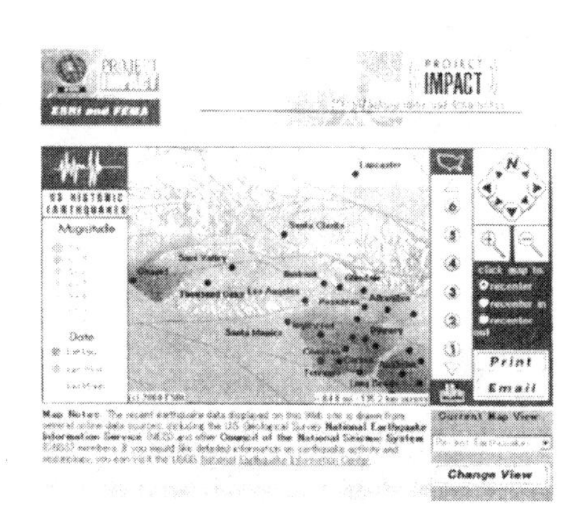

현재는 컴퓨터 접속서비스

휴대전화상의 맵 제공서비스
와
휴대전화에 현재 위치 표시

⇩

향후, 피난행동을 유도하는 기능 추가

ESRI 사 홈페이지 인용

그림 7 WebGIS를 이용한 해저드 맵의 웹 서비스

최근 WebGIS나 모바일 GIS-GPS의 개발은 긴급시 피해 주민에의 피해・피난 정보의 전달을 비롯한 피해 현장으로부터의 피해 정보에 대한 실시간 수집을 가능하게 하였다(碓井 2000b, c, d). 종래의 조기 피해추정시스템은 주로 재해시의 긴급 대응을 지원하는 것이 많았으나 최근의 GIS 기술의 진보는 피난 주민에의 정보 전달과 재해지로부터의 피해 정보의 발신과 피난 유도 정보의 수신 등 피해 주민 지원 기능도 실시간 지진 방재에 있어 제 3의 기능으로서 현실화 되었다. 그림 7에 나타낸 바와 같이 미국에서는 FEMA와 ESRI (Environmental Systems Research Institute)가 해저드 맵의 인터넷 서비스를 제공하고 있어 주민은 거주 지역의 해저드 맵을 항상 볼 수 있다.

일본에서는 高阪宏行이 해저드 맵을 이용한 화산 재해의 피해예측시스템을 개발하였다(高阪 2000). WebGIS에 모바일 GIS와 -GPS를 링크시키고 자신의 현재 위치를 휴대 전화에 표시된 해저드 맵상에서 볼 수 있다면 긴급시의 피난 유도도 가능하다. 즉, 주민은 재해 정보나 위험 정보(화재 장소나 차단된 도로 정보 등)를 인터넷 서비스를 통하여 수신하고, 지도상에 나타난 자신의 현재 위치로부터 위험 상황을 자가 판단하여 적절하게 피난할 수 있는 것이다. 특히 阪神・淡路대지진에서 고령자의 사망이 현저했다는 것에서도 알 수 있듯이 이러한 해저드 맵 정보는 중요하다.

일본에서는 横浜市 등에서 휴대 전화의 I-모드를 이용한 재해 정보 서비스를 개시하였다. EPSON사의 휴대 단말기 ROCADIO에서의 지도 제공 서비스도 실용 단계에 들어섰으며, 가까운 장래에는 휴대전화나 PHS에 해저드 맵이 표시되게 되어 긴급시 피난 주민의 피난 행동에 대한 의사 결정을 지원할 수 있게 될 것이다. WebGIS를 탑재한 모바일 GIS-GPS는 이동체 통신과 링크되어 보다 소형화되고, 다수의 휴대 전화 사용자들이 일상에서 다양한 정보 서비스 네트워크(미식가를 위한 음식 정보, 은행 이용 시스템, 관광정보 서비스, 시각표 서비스 등)를 이용할 수 있게 될 것이다. 또한 긴급시에는 재해대책본부로부터의 긴급 피난 정보 서비스로 전환하여 이용할 수 있다.

WebGIS나 모바일 GIS-GPS의 급속한 기술 발달에 의해 실시간 방재가 조기 피해추정시스템에 의한 방재 담당자의 의사결정지원 뿐만이 아닌 피난주민의 피난행동에 있어서의 의사결정지원시스템으로서 이용될 날도 멀지 않았다. 일본 전국의 자치단체에서 정비되고 있는 해저드 맵이 WebGIS로 제공될 날도 멀지 않았다.

2. 방재 GIS와 방재 대책

阪神・淡路대지진으로부터 5년이 경과되고 있는 시점에서 방재라는 특수 목적에만 GIS를 도입하는 것은 곤란하다는 지적이 있다. 100년에 한번 발생할까 말까하는 위험에 거액을 투자하는 것은 재정난이 심각한 오늘날의 실정과 동떨어진 것이라는 의견이 많기 때문이다. 그러나 阪神・淡路대지진으로 확실해진 것은 평상시에 사용하지 않는 GIS는 긴급시에도 이용되지 못하며 평상시로부터 긴급시에의 연동이 방재 GIS의 필요 요건이라는 점이다(龜田외 1997, 1999).

방재 GIS란 평상시에는 자치단체의 각 부서에서 일상 업무에 이용하고, 재해시에는 모두 통합되어 긴급시의 의사결정지원 시스템으로서 기능하는 GIS를 의미한다. 자치단체에서의 방재 목적은「재해시에 주민의 생명과 재산의 안전성을 보장하는 것」이고, 자치단체의 공공 서비스의 목적은「주민의 안전과 쾌적한 지역 생활을 실현하는 것」이다. 다시 말해 방재 GIS는 평상시로부터 긴급시에의 연동이 가능한 주민의 안정성을 보장하는 GIS로서 모든 자치단체 업무를 총괄한다는 본질을 지니고 있다. 통합형 GIS란 GIS 데이터의 상호 이용을 중시한 전체 부서형의 GIS를 의미하고 또 그렇게 사용되는데, GIS 도입의 최대 목적이 주민의 생명과 재산의 안전성을 보장하는 것이라고 한다면 방재 GIS는 모든 업무별 GIS를 통합하는 특성을 가지고 있다고 할 수 있다.

앞서 밝혔듯이 실시간 지진방재에서는 지진 피해 예측시스템을 비롯하여 최근에는 WebGIS나 GIS-GPS를 이용한 방재 GIS가 개발되었다. 이는 평상시와 긴급시의 양방이 이용 가능한 Dual Service에 대응한 방재 GIS에 대한 요구에 의한 것이다. 名古屋대학이 개발한「安震君」등의 WebGIS를 이용한 방재 GIS는 초등학교에 설치된 초등학교구나 마을회 등의 지역 커뮤니티 레벨에서 개발된 방재 GIS 개발 사례이다(福和 2000).

재해가 많은 일본에서는 평상시에는 고정자산세 관리업무, 도로 관리업무, 요양 보험업무,

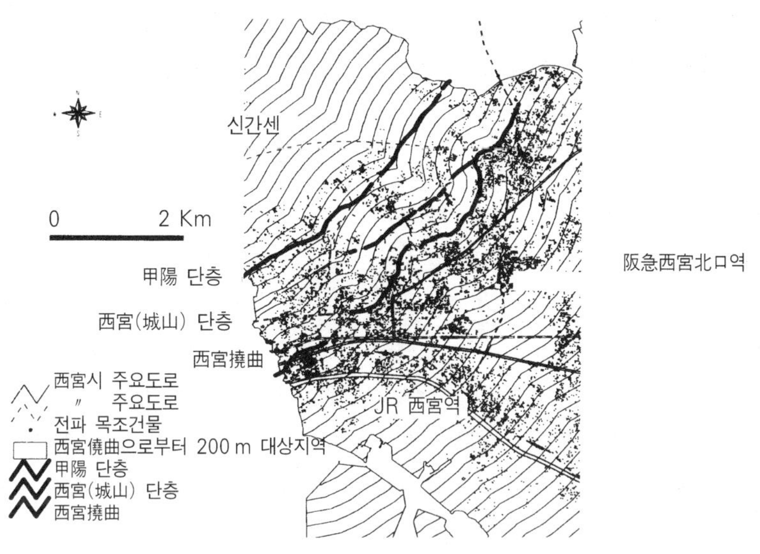

그림 8 西宮市의 전파 목조건물의 분포와 지진 단층

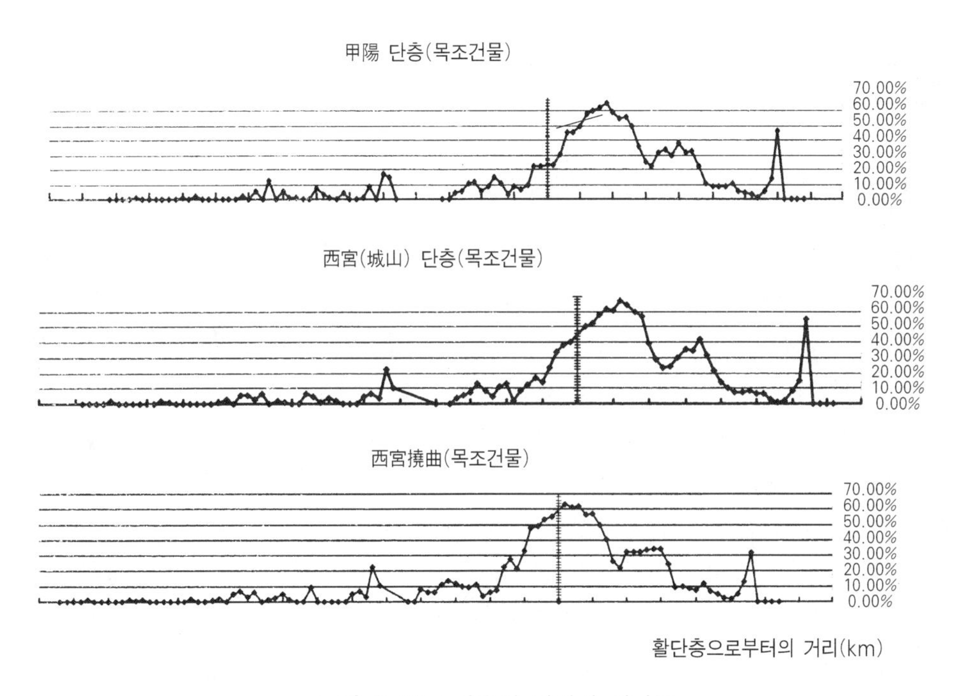

그림 9 목조 가옥의 거리별 전파율

도시계획업무 등의 자치단체가 담당하는 모든 업무에 GIS를 이용하고, 재해시에는 이러한

업무 GIS를 긴급지원 시스템으로 신속하게 이행시켜서 통합될 수 있어야 한다(角本외 1997). 阪神・淡路대지진 이후의 방재 대책 내 변화는 피해억제(mitigation)의 중시이다. 대도시 직하형 지진은 활단층의 분포나 파괴 과정(中田외 1998; 平野외 1996)이 물리적인 피해에 큰 영향을 끼쳤기 때문에 지진 후 활단층 조사가 전국적으로 실시되었고 국토지리원에서는 활단층도를 작성하였다(岡田외 1998; 熊本 1999).

그림 8과 9에 나타낸 것처럼 활단층에 동반하는 지진 단층의 경우는 활단층에 접해 있는 좁은 범위에서 그 피해가 크기(碓井 2000e) 때문에 활단층법의 제정이 필요하다(益田외 1999). 또한 지반이나 지형의 영향도 받기 때문에 도시계획업무와 연동한 건물이나 구조물의 내진화가 필요하다(田中외 1996, 1997). 국토지리원은 阪神・淡路대지진 지역에 대한 지진 토지조건도를 GIS의 데이터로서 작성하였다(국토지리원 1996b). 이러한 종류의 지형분류도와 활단층도가 GIS 데이터로서 공개되고 있는 등 지진방재 분야에서의 GIS 이용은 급속히 증대되고 있다(消防科學綜合센터 1996, 1997).

Ⅳ 지진피해・복구 데이터베이스와 GIS

1. 건설성 건축연구소의 피해 데이터베이스

지진 피해에 관한 GIS 데이터베이스로서 건설성 건축연구소가 작성한 방대한 데이터베이스가 있다. 이것은 일본 건축학회 近畿지부 도시계획부회와 도시계획학회 관서지부가 합동으로 조직한 지진복구 도시재건 특별위원회가 지진 직후에 실시한 건물 피해도 판정과 兵庫縣 도시주택부 계획과의 건축물 피해도 조사 결과 및 건설성 건축연구소가 실시한 화재조사 결과를 데이터베이스화한 것이다. 이 데이터베이스는 동 단위로 데이터베이스화되어 있는데 공개되어 있는 CD-ROM판 데이터베이스에는 도로 구획별, 町丁별로 집계되어 있다.

CD-ROM판 데이터베이스의 기본도는 건축연구소가 건설성 국토지리원의 복제 허가를 받은 「수치지도 10000」을 베이스로 도로 구획, 町丁目, 區, 市, 縣의 경계를 연결하여 폴리곤화 한 것이다. 피해도, 건축물 용도별, 건축물 층수별로 동수 및 건축 면적이 집계되어 있고 화재 데이터는 150곳에 대하여 상기 항목별로 집계하고 있다. 이 데이터 이외에 건축지진피해조사위원회의 긴급조사에 의해 지진발생 직후에 사용 금지된 900동이 넘는 건물의 데이터도 포함되어 있다. 또 긴급위험도 판정(위험, 요주의, 조사완료)의 3단계에 대하여 약 4만 6천동의 데이터도 입력되어 있다.

그리고 건축 연구소의『1995년 兵庫縣 남부지진 피해조사 최종 보고서』의「제 3장 피해 상황, 피해요인 분석」에서 지진동, 건물구조에 관하여 상세하게 분석하고 있다. 피해도의 기준은 ① 외관상 피해 없음, ② 경미한 손상, ③ 중간 정도의 손상, ④ 전파 또는 대파의 피해도 목시조사에 의한 4단계와, ⑤ 화재에 의한 손상, ⑥ 미조사 · 불명으로 나뉜다. 또 건물별 용도(독립주택, 집합주택, 상업 · 업무시설, 공업시설)와 건축물 구조(3층 이상 견고 건물, 2층 이하 저층의 비견고 건물, 벽이 없는 건물) 등의 크로스 집계를 하고 있다(건설성 건축연구소 1997).

2. 神戸대학 공학부 건설학과 토목계 교실의 피해 데이터베이스

神戸대학 공학부 건설학과와 일본 컴퓨터그래픽사(NCG사로 약칭)는 퍼스널 컴퓨터 GIS인 GEOSIS(NCG사 개발)를 사용하여 재해정보 데이터베이스를 작성하였다. 지진 직후에 국토지리원의 뒤를 이어 빠르게 작성된 GIS 데이터베이스로 입력 데이터는 건물 피해 상황(神戸대학 高田至郎연구실 등의 현지 조사에 의한), 보링, 가속도 · 속도, 체감 진도, 도로 피해, 철도 피해, 라이프라인 피해(상하수도, 전력, 가스, 통신), 항만시설 피해, 하천 피해, 산지붕괴 피해, 액상화 피해의 15종류이다. 2만 5천분의 1 지형도, 토지이용도, 토지조건도 등이 색인도로서 입력되어 있다. 베이스 맵으로는 2500분의 1인 디지털 맵을 사용하고 있다. 데이터입력 대상인 市町村은 神戸市, 芦屋市, 西宮市, 宝塚市, 川西市, 伊丹市, 尼崎市 등 7개 시 및 淡路島의 다섯개 町이다(沖村 1995).

3. 神戸대학 공학부 건축학과의 피해 데이터베이스

神戸대학 공학부 건축학과와 神戸대학 종합정보처리 센터는 NCG사와 애플 컴퍼니사(주택지도 시스템 RINZO)의 협력으로 건물피해상황(일본건축학회 近畿지부, 도시계획학회 관서지부의 지진피해복구 도시재건 특별위원회가 지진 직후에 실시한 건물피해도 판정 현지조사), 화재(발화장소, 연소지역 등), 사망(사인별) 등에 관한 동 단위 베이스의 피해 데이터베이스를 작성하였다. 베이스 맵은 2500분의 1 디지털 맵을 사용하였다. 복구 · 재건에 관한 데이터베이스로서는 神戸市의 건축확인 신청서 데이터, 각종 복구계획구역, 神戸市 町丁별 인구 등으로 복구 지원의 GIS 데이터베이스로서 이용되고 있다.

또한 피해지역에서 시계열적으로 현지 조사를 실시하고 있는 연구자 간에 네트워크를 조직하여 정점 관측 네트워크로서 재해 데이터베이스의 공유화를 도모하고 있다. 이 데이터는 神戸市의 복구계획 정책의 기본 데이터로서도 이용되고 있다. 단, 피해 데이터와 가옥대장 데이터의 링크 관계가 없어서 상세한 분석을 하기에는 불충분한 곳도 있다. 그러나 1996년도에는

神戸市가 중점 복구 구역에 대하여 이러한 피해도 데이터와 고정자산대장과의 링크 작업을 실시하여 건물 피해와 건물 구조와의 관계분석이 가능해졌다. 즉, 神戸대학의 피해 데이터베이스라고 하는 것이 이 GIS 데이터베이스인 것이다(지진복구 도시재건 특별위원회 1995).

4. 京都대학 방재연구소 종합방재 부문과 奈良대학의 피해 데이터베이스

京都대학 방재연구소 종합방재부문(구 도시내진연구센터)과 奈良대학은 GIS를 이용하여 여러 가지 재해 정보를 데이터베이스화하였다. 지리정보시스템학회의 방재 GIS 분과회(主査: 龜田弘行, 京都대학 방재연구소, 副査: 角本繁, 히타치(日立)중앙연구소와 지리정보시스템학회 관서사무국(奈良대학 지리학과 碓井照子연구실)에 의한 방재 GIS활동의 성과이다. 주된 것으로는 사망자 및 西宮市 피해 상황이 있다. 이 가운데 사망자 데이터베이스는 마이니치(每日)신문사가 지진 1개월 후에 실시한 앙케이트조사(사망자의 사망장소, 연령, 성별)를 자료로 하여 사망 장소를 지도상에 도로 구획 레벨로 입력한 것이다(Kameda et al. 1996). 「수치지도 10000」과 젠린의 전자지도(1000분의 1)를 기본도로 하여 입력된 데이터베이스로 교토(京都)대학과 히타치(日立) 중앙연구소에서 개발한 퍼스널 컴퓨터용 GIS 소프트웨어인 재해관리 공간정보시스템(Disaster Management Spatial Information System, DiMSIS라고 약칭)과 애플 컴퍼니사의 RINZO에 입력되었다.

또한 이러한 데이터베이스와는 별도로 교토(京都)대학 방재연구소의 岩井哲(현 히로시마공대) 등은 일본 건축학회 近畿지부의 현지조사로부터 고베(神戸)시 중앙구의 건물피해상황을 젠린의 전자 지도를 베이스로 RINZO에 입력하였다(岩井외 1996). 동 연구소와 奈良대학 지리학과 碓井照子연구실은 공동연구로서 西宮市의 지진피해 데이터를 파스코사의 GIS소프트웨어인 ARC/INFO에 데이터베이스화하였다. 이 데이터베이스는 西宮 시청으로부터 제공된 15만 세대에 달하는 주민정보(토지대장, 가옥대장 데이터가 링크되어 있다)에 건물피해(피해증명서의 건물피해도)가 링크되어 있고, 奈良대학 지리학과 방재조사단이 현지 조사한 깨진 기와철거상황, 건물 건설상황이 2500분의 1 디지털 맵에 입력되어 있다(龜田외 1996. 岩井외 1996). 건물의 건축 연대별, 구조별로 건물피해 상황을 지도화할 수 있다. 또 라이프라인 피해에 대해서는 배수관망, 배수관·급수관 손상 개소 및 손상의 종류와 관종, 가스 복구과정, 수도 복구과정, 피난소의 위치와 피난민수 추이, 도로상의 지반 변화개소, 보링 N치·SN치, 지형분류가 「수치지도 10000」을 베이스 맵으로 하여 입력되었다. 이 데이터는 가옥대장과 건물피해 데이터가 링크되어 있기 때문에 지진피해에 대한 상세한 분석이 가능하다.

5. 奈良대학 방재조사단에 의한 잔재 철거, 복구 · 재건 데이터베이스

Ⅱ절에서도 소개한 바와 같이 奈良대학 지리학과 방재조사단은 지리정보시스템학회의 학술 자원봉사 활동으로서 阪神 · 淡路대지진 지역(神戶市, 芦屋市, 西宮市, 宝塚市, 西天市, 伊丹市, 尼崎市)의 잔재에 의한 도로교통 불능 개소, 잔재 철거 상황과 잔재 철거후의 건물 건설 상황을 시계열적으로 정점 조사하였다. 교통 불능 개소는 지진 직후인 2월 9일부터 3월 말까지 2주 간격으로 조사하고 「수치지도 10000」의 디지털 지도상에 그 위치를 입력하였다. 잔재 철거 · 건물 현황조사는 2월 9일부터 실시되었는데 4월부터 7월까지는 1개월마다, 8월 이후에는 3개월마다(1995년 7월부터 1998년 4월까지), 1998년 이후는 6개월마다 2000년 10월까지 시계열 조사되었고, GIS 데이터베이스로서는 神戶市, 芦屋市, 西宮市가 입력되어 있다.

이 조사에는 110명에서 120명의 학생이 매회 참가하였고 奈良대학 정보처리센터에서 파스코사의 ARC/INFO와 ArcView를 사용하여 재해 데이터베이스를 작성하였다. 1995년 4월 이후는 젠린의 전자지도에 RINZO를 사용하여 잔재 철거개소, 건물 건설개소를 점으로 입력하였고, 점의 위치 좌표를 DiMSIS로 19좌표계로 변환하여 ARC/INFO에 인포트하였다. 2500분의 1 디지털 맵 상의 건물 단위별 잔재 철거상황과 건물 건설상황을 입력하였다(碓井 1997a).

이 데이터베이스의 건물 건설상황은 신축 건물과 가설 건물(프레하브, 컨테이너, 텐트, 小屋 등)이 업종별(상점, 공장, 공공시설, 사무소 등), 구조별, 층별로 식별되었고, 잔재 철거와는 관계가 없는 공원의 텐트촌, 교정과 운동장의 가설 주택수 등이 시계열적으로 조사되어 있다. 이 데이터는 건설성 국토지리원이 간행하는 「수치지도 2500(공간 데이터기반)」을 베이스로 하여 CD-ROM판으로 간행할 것을 계획하고 있다.

6. 국토지리원의 지진방재 토지조건도와 피해 데이터베이스

건설성 국토지리원은 국토지리원 작성의 재해피해맵(1만분의 1)과 1914년 발행된 「大阪서북부」, 「神戶」, 「須磨」의 고지도(5만분의 1)에 따른 토지 이용으로부터 지반 조건을 파악하고, 세밀 국토수치정보(토지이용 10 m ao쉬), 1979년, 1991년의 지형도로부터 택지 개발의 변천 상황을 해석하여 지진에 의한 피해 분포와 토지이용, 지반 조건의 관계를 분석하기 위한 지진방재 토지조건도를 작성하였다. 모든 축척은 1만분의 1로 통일하였고 재해 피해 지역의 6도엽(長田, 三宮, 六甲아일랜드, 芦屋, 西宮, 宝塚)에 대하여 GIS 기술을 이용한 상세한 지진방재 토지조건도를 작성하였다.

이 조사에서는 4명의 학식 경험자로 지진방재 토지조건 조사 검토위원회(위원장: 沖村孝, 神戶대학 공학부, 토지조성공학)가 조직되었고, 사면 붕괴와 평지 · 구릉지의 지형 인위적 변경과 원지형의 복원에 중점을 두면서 항공사진 판독에 의해 미(微)지형 분류(田中眞吾委員, 神戸대학 명예교수, 지형학), 1885・86년의 가제작 2만분의 1지형도에 의한 구토지이용의 디지털화 등 토지조건 작성에서의 기초적이고도 중요한 작업을 실시하였다. 그리고 芦屋도엽에 대해서는 전술한 지진 재해복구 도시재건 특별위원회가 작성한 동별 재해 피해상황을 데이터베이스화하고, 주로 목조 가옥의 피해 상황과 토지조건의 관계를 분석하였다. ARC/INFO로 작성한 GIS 데이터베이스이다(건설성 국토지리원 1996b).

V 정 리

阪神・淡路대지진 직후 일본의 위기관리체제의 문제점이 지적되었고 그 해결책으로서 국토공간 데이터기반 정비가 정부의 중요 정책 과제로 떠올랐다. GIS 연구의 사회적 평가를 높인 것도 阪神・淡路대지진에서의 학술봉사활동이다. 지진 후 6년이 경과한 현재, 지리학의 언어로 일컬어지는 「지도」만들기를 둘러싼 환경은 격변하였다. 종이로 된 기본지형도 작성으로부터 디지털 국토공간 데이터기반 정비로 질적인 변화가 이루어졌다.

국토공간 데이터기반의 추진 모체인 GIS 省廳연합회의의 사무국은 건설성 국토지리원과 국토청인데 일본의 지도 작성기관인 국토지리원은 지진 후 「수치지도 2500(공간데이터 기반)」 등을 간행하였다. 그러나 이 「수치지도 2500」은 GIS 소프트웨어에서의 이용을 중시한 GIS 데이터로서 간행된 것으로 지진 이전에 간행된 국토지리원의 전자지도(FD맵)와는 전자지도 작성의 컨셉이 서로 다르다. 이 전자지도는 종래의 종이지도와는 달리 지도의 축척 개념이 없으며 지도의 정밀도 개념에 기초하여 작성되었고 종래의 종이지도에서는 볼 수 없었던 도로나 하천의 중심선이 입력되어 네트워크 구조화가 이루어졌다. 여기에는 2500분의 1레벨의 정밀도로 표현하고 있다. 전자지도는 종래의 종이지도와는 이질적인 특성을 가지고 있고 종이지도와 전자지도는 본질적으로 다르다는 것을 지리학자들은 인식 해야만 한다.

최근에는 2차원 GIS로부터 3차원 GIS로의 질적인 변화를 보이고 있다. 경관을 그대로 3차원 계측하는 레이저 프로파일러라는 기술도 실용화 단계에 들어섰다. GIS의 본질은 시공간적인 특성을 갖는 지리공간을 어떻게 디지털화하는가 하는 문제로 귀결된다. GIS는 실세계(Real World)의 디지털화를 연구대상으로 하고 있고 지도라는 2차원 세계로부터 시공간을 다루는 과학(공간정보과학)으로서의 가능성을 지니고 있다. 이러한 가능성이 최근의 국토공간 데이터기반 정비를 국토지리원에서는 전자국토정비라고 명하고 정보기술혁명(IT혁명) 가운데 사이버 스페이스(Cyber Space) 작성을 GIS의 중요 연구과제로 삼으려는 경향으로 나타나고 있다.

공간데이터는 위치정보(수평위치, 수직위치)를 갖는 모든 데이터를 의미하는데, 국토공간 데이터기반이란 이러한 공간 데이터를 담을 수 있는 접시와 같은 것으로 위치 참조의 전자적 틀인 것이다. 공간데이터는 지구상의 모든 위치 정보를 지닌 데이터이기 때문에 자연현상으로부터 사회 · 경제 현상까지 그 범위가 부한하고 다양하다. 국토공간 데이터기반은 그러한 전자적 베이스에서 이러한 정보기반 위에 모든 공간 데이터가 입력된다. 전자 국토라는 정보기반 위에 다양한 인간 활동이 전개되고 있는 것처럼, 현재에는 21세기의 사이버 스페이스로서 커뮤니티로부터 도시 레벨까지의 전자국토, 더 나아가서 전자지구 건설이 GIS에 의해 이루어질 날도 멀지 않았다.

이와 같은 국토공간 데이터기반 정비가 실현되면 재해 연구뿐만이 아니라 재해대책에 있어서도 GIS는 불가결한 기술이 될 것이다.

참고문헌

岩井 哲・亀田弘行・碓井照子・盛川 仁 1996．1995年兵庫県南部地震による西宮市の都市施設被害のGISデータベース化と多重分析．GIS-理論と応用 4(2)：63-73．

碓井照子・小長谷一之 1995a．阪神・淡路大震災における道路交通損傷の地域的パターン・GISによる分析．地理学評論 69A: 621-633．

碓井照子・實 清隆・酒井高正 1995b．阪神・淡路大震災の災害データベース作成と防災GIS——奈良大学防災調査団の実践的活動から——．地理情報システム学会講演論文集 4：33-38．

碓井照子・亀田弘行・角本 繁 1995c．阪神・淡路大震災の復興過程における瓦礫撤去状況調査からみた神戸市長田区における防災GIS導入効果の分析．地理情報システム学会講演論文集 4：39-42．

碓井照子 1995d．英国におけるGISデータベース整備の現状——阪神・淡路大震災復興事業にも緊急に必要とされる英国型GISデータベース整備事業——．ESTREA 1995(4)：8—14．

碓井照子 1996a．防災情報とGIS．高阪宏行・岡部篤行編『GISソースブック』305-314．古今書院．

碓井照子・橋本潤治 1996b．電子地図とGPS搭載の携帯型パソコンGISの開発—地域現場からの災害情報取得システムの応用，地理情報システム学会講演論文集 5：39—42．

碓井照子 1996c．GIS研究の系譜と位相空間概念．人文地理 47：42-64．

碓井照子 1997a．阪神・淡路大震災の復興過程のGIS分析と国土空間データ基盤整備事業．奈良大地理 3：20-35．

碓井照子 1997b．阪神・淡路大震災の学術ボランティア活動とGIS教育から見た地理学における情報化．地理科学 52(3)：12-19．

碓井照子他 1997c．阪神・淡路大震災復興過程のGIS分析と空間データ基盤整備事業．『地理情報システムの効率的な構築と利活用』工業技術会．

碓井照子 1998．阪神・淡路大震災におけるGISの利活用．都市計画 211：33-36．

碓井照子 1999．GISを利用した震災直後における死者の分布と地域特性．岩崎信彦編『阪神淡路大震災の社会学 第1巻 被災と救援の社会学』34-48．昭和堂．

碓井照子 2000a．21世紀の双方型社会における電子国土とGIS——GISによるデジタルコミュニティとサイバースペース社会——．市政 49(9)：22-27．

碓井照子 2000b．人工衛星を利用したリアルタイム通信とモバイルGIS-GPS．土木学会地震工学委員会リアルタイム地震防災研究小委員会編『第2回リアルタイム地震防災シンポジウム論文集——リアルタイム地震防災の近未来を探る——』181-186．

USUI, T. 2000c. The real time communication of the damage data by mobile GIS-GPS and low orbit satellite 'ORBCOM', "confronting urban earthquakes-report of fundamental research on the mitigation of urban disasters caused by near-field earthquakes", In Toki, K. eds. *Ministry of Education, Science and Culture. Japan*, 255-258.

碓井照子 2000d．モバイルGIS-GPSを用いた被害データの収集と伝達．山崎文雄代表『社会基盤システムの実時間制御技術』文部省科学研究費特定領域研究A(1)研究成果報告書．171-190．

碓井照子 2000e．活断層からの距離別地震被害のGIS分析——阪神・淡路大震災における西宮市の建物被害と地下埋設管被害——．第四紀研究 39(3)：399-412．
岡田篤正・竹村恵二 1998．兵庫県南部地震に関連する活断層帯．『大震災に学ぶ－阪神淡路大震災調査研究委員会報告書　第1巻』43-91．土木学会関西支部．
沖村　孝 1995．家屋被害調査と震災マップ．『神戸大学工学部兵庫県南部地震緊急調査報告書（第2報)』20-41．神戸大学工学部建設学科土木工学系教室兵庫県南部地震学術調査団．
角本　繁・亀田弘行・小峰知泰・畑山満則・碓井照子 1997．時空間管理情報システムを用いた歴史データの結合と災害分析——リスク対応型地域空間情報システムの構築を目指して——(II)．地理情報システム学会講演論文集 10：285-288．
Kameda, H., Kakumoto, S., Iwai, S., Hayashi, H. and Usui, T. 1995. Dimsis: A Geographic Information system for Disaster Information Management of the Hyogoken-Nanbu Earthquake, Prepared for a special issue on the 1995 Hyogoken Nanbu Earthquake, the Natural Disaster Science, 1-6.
亀田弘行・岩井　哲・碓井照子・盛川　仁 1996．西宮における都市基盤施設被害のGIS展開と多重分析．藤原悌三代表『平成7年兵庫県南部地震の被害調査に基づいた実証的分析による被害の検証』平成6年度文部省科学研究費（総合研究A）研究成果報告書．576-95．
亀田弘行・角本　繁・畑山満則・岩井　哲 1997．リスク対応型地域空間情報システムの構築へ向けて——神戸市長田区での災害情報処理の経緯から——．地理情報システム学会講演論文集 10：124-129．
亀田弘行 1999．『リスク対応型地震管理情報システム（RARMIS）による災害マネジメント』文部省基盤研究（研究課題番号10558063）B報告書．
久保幸夫 1980．地理的情報処理の動向．人文地理 32：340-346．
熊木洋太 1999．地震防災における地震調査研究の課題——特に活断層の長期評価について——．地形 20(4)：405-418．
建設省建築研究所 1997．『平成7年兵庫県南部地震被害調査最終報告書　第1編　中間報告書以降の調査分析結果』（付録は被害データのCD-ROM）．
建設省国土地理院 1996a．『GISにおける空中写真情報等の利用技術に関する基礎的調査作業』建設省国土地理院．
建設省国土地理院 1996b．『1万分の1地震防災土地条件図作成作業（神戸地区)』報告書．
高阪宏行 2000．GISを利用した火砕流の被害予測と避難・救援計画——浅間山南斜面を事例として——．地理学評論 73A：483-497．
神戸大学工学部建設学科土木工学系教室兵庫県南部地震学術調査団 1995．『神戸大学工学部兵庫県南部地震緊急被害調査報告書（第2報)』．
神戸市・建設工学研究所 1998．『阪神・淡路大震災と神戸の地盤』建設工学研究所．
消防科学総合センター 1996．『地域防災データ総覧　阪神・淡路大震災　特別編』．
消防科学総合センター 1997．『地域防災データ総覧　阪神・淡路大震災　基礎データ編』．
震災復興都市づくり特別委員会 1995．『阪神・淡路大震災被害実態緊急調査／被災度別建物分布状況図集』．

田中眞吾・沖村　孝 1996. 建築物被害の状況と地形——とくに神戸市東部から阪神間について——. 日本地形学連合編『兵庫県南部地震と地形災害』82-94. 古今書院.
田中眞吾・辻村紀子 1997. 阪神大震災における地形別建築物被害. 地形 18-3：245-262.
東京大学空間情報科学研究センター 1999.『東京大学空間情報科学研究センター年報 1』
西川　治 1991.『平成 2 年度科学研究研究成果報告書（重点領域）I, II　近代化と環境変化』.
中田　高 1996. 活断層と地震被害. 日本地形学連合『兵庫県南部地震と地形災害』64-81. 古今書院.
萩原良巳・碓井照子・新　正人・浜田典行 1999. GIS を利用した防災計画のための高齢者の生活活動に関する基礎的研究. 総合防災研究報告 8：1-28. 京都大学防災研究所総合防災研究部門.
平野正繁・波田重熙 1996. 六甲山地の地形構造と兵庫県南部地震地震による断層の活動. 日本地形学連合編『兵庫県南部地震と地形災害』7-27. 古今書院.
福和伸夫・飛田　潤・高井博雄 2000. 携帯災害情報端末「安震君」を用いた双方向災害情報システム「安震システム」の提案. 日本建築学会東海支部研究報告集：165-168.
益田　聡・村山良之 1999. 活断層沿いの土地利用規制について考える. 地形 20：387-404.
山崎文雄 1996. 地理情報システムの都市地震防災への応用. GIS-理論と応用 4(1)：61-69.

chapter 7

지리교육과 GIS

秋本弘章

I 들어가며

GIS는 1990년대 이후 행정과 비즈니스 분야에서 활발하게 이용되고 있다. 교육 분야에서도 몇몇 대학에서 기초적・실천적 교육이 이루어지고 있다. 그러나 초등학교나 중학교・고등학교에서의 교육은 충분히 보급・활용되지 못하고 있는 실정이다. 물론 群馬현립 교육센터(1999)나 阿子島 외(2000)의 교재개발연구[1] 등 선진적인 시도도 있으나 이는 실험적인 단계에 지나지 않는다. 그리고 GIS 이용의 교육상 의의나 지리 교육상의 위치에 관한 연구도 지리정보시스템학회 학교교육위원회 멤버의 활동 등으로 제한되어 있다[2].

그런데 대학과 초등학교나 중학교・고등학교에서의 교육에는 그 목적이나 의미에서 큰 차이가 있다. 대학에서는 전문적인 학문 연구를 기반으로 교육이 이루어지는데 대하여 초등학교나 중학교・고등학교에서의 교육은 모든 국민이 동등하게 익혀야 하는 지식・능력・기능의 육성에 중점을 두고 있다. 그 지식・능력・기능에는 고도의 보편성이 요구되고 있는 것이다.

한편, 모든 국민이 동등하게 익혀야 하는 지식・능력・기능은 현재 사회의 존재 방식이나 장래의 전망과 깊은 관계가 있다. 교육과정 심의회의 답신에는 「오늘날 일본은 국제화, 정보화, 과학기술의 진전, 환경문제에의 관심 증대, 고령화・자녀수 감소 등 사회의 여러 가지 면에서 급속하게 변화하고 있고 앞으로 더욱 심한 변화가 예상된다」라고 적고 있다[3]. 이와 같은 배경에서 고등학교에서는 「정보화」가 보통 교과로서 등장하였다. 당연히 종래의 교과・과목에도 사회의 존재 양식에 대응한 교육 내용의 쇄신이 요구되고 있다. 특히 현대 사회를 직접적으로 대상으로 하는 「지리」에 있어서는 과목의 존재 의의도 추구되고 있다.

GIS는 공간 정보의 이론화로부터 그 응용까지 폭 넓은 영역을 포함하고 있다. 여기에는 지리 교육의 존재 의의를 재조명하기 위해서도 중요한 시점(視點)이 담겨져 있는 것이다. 이와 같은 사고방식에서 먼저, 오늘날 지리교육의 현상을 개관하고 GIS가 지리교육에서 어떤 의의를 갖는가를 검토한다. 두 번째, 지리교육의 한 분야인 「지도교육」에 대하여 GIS의 이점과 과제를 밝힌다. 그리고 지리교육에서의 GIS의 관계에 대하여 고찰한다.

II 지리교육의 변질과 GIS

일본의 초등학교나 중학교・고등학교에서의 교육은 문부성이 고시하는 학습지도요령에 기초하여 이루어진다. 물론 지리교육도 예외는 아니다. 학습지도요령은 사회의 변화에 대응하도록 대략 10년에 한 번 정도 개정되고 있는데 「지리」에 관한 것은 1989년도 판 이후 큰 변혁을 받아왔다. 이것은 최근의 국제화・정보화의 흐름에 영향을 받았음을 부정할 수 없다. 세계 각지의 사건・분쟁 등의 정보가 여러 가지 미디어를 통하여 짧은 시간 내에 전해지고 있다. 많은 사람들이 쉽게 해외에 나갈 수 있게 되어 체험을 통한 정보도 얻을 수 있게 되었다. 즉, 세계 각지의 정보에 접근하는 것이 쉬워진 것이다. 따라서 종래 지리교육이 담당해 온 세계 각국의 사정을 정보로서 학생들에게 전달하는 역할을 대신하는 의의를 모색하게 되었다. 이때 키워드가 되는 것이 「지리적 시각・사고방식」이다.

「지리적 시각・사고방식」 그 자체에도 의론은 있으나 『학습지도요령해설』(1999)에는 다음 다섯 가지를 들고 있다[4].

① 어디에, 어떤 것이 어떻게 퍼지고 있는가, 제반 사상을 위치나 공간적인 확산과의 관계로 파악하여 지리적 사상으로서 발견할 것. 그리고 그러한 지리적 사상에는 어떤 공간적 규칙성이나 경향성이 있는가, 지리적 사상을 거리나 공간적 배치에 유의하여 다룰 것

② 그러한 지리적 사상이 왜 거기에 그렇게 나타나는가, 그리고 왜 그와 같이 분포하거나 옮겨가는가, 지리적 사상이나 그 공간적 배치, 질서 등을 성립시키고 있는 배경이나 요인을 지역이라는 틀에서 지역의 환경 조건이나 타 지역과의 연결 등 인간의 행위에 주목하여 추구하고 다룰 것

③ 그러한 지리적 사상은 그곳에서만 나타나는가, 다른 지역에서도 나타나는가, 여러 지역을 비교하여 관련성을 찾고, 지역적 특색을 일반적 공통성과 지방적 특수성의 시점에서 추구하고 다룰 것

④ 그러한 지리적 사상이 나타나는 곳은 어떤 더 큰 지역에 속해있는가, 반대로 어떤 더 작은 지역을 포함하고 있는가, 크고 작은 여러 지역이 부분과 전체를 구성하는 관계에서 중간적인 관점에서 지역적 특성을 찾고 생각할 것

⑤ 그와 같은 지리적 사상은 그 지역에서 언제부터 나타났는가, 앞으로도 나타날 것인가, 지역의 변용을 찾고 지역의 과제나 장래에 대하여 생각할 것

이 다섯 가지 시점은 지리학의 기본적인 개념과 공통점이 있다. 또 동시에 지리 공간에 기초를 둔 정보시스템인 GIS와도 크게 관련되어 있다.

伊藤 외(1996), 杉盛(1999)은 GIS(지리정보시스템)가 갖는 데이터베이스 기능에 주목하고 있다[5]. 최근의 지리학습에서는 사례 학습을 통해 지방적 특수성과 일반적 공통성의 이해를 추구하고 있다. 즉, 가까운 지역의 체험학습으로 대표되는 사례학습을 세계의 여러 지리적 사상 중에 자리매김하는 것이 중요하다. 수업에서도 세계의 여러 지리적 사상을 취급하는 것, 그것이야말로 시간이 아무리 많아도 부족하다. 그러나 세계의 지리적 사상을 어떻게 다루는가가 관건이다. 이에 대하여 GIS가 지닌 데이터베이스 기능은 중요한 역할을 하리라고 본다. 이미 시판되고 있는 「3D 아트라스」(더・런닝 컴퍼니)나 「엔컬터 지구백과」(마이크로소프트사)와 같은 지리정보 사전이 그와 같은 의미를 갖는 것이라고 하겠다.

또한 井田(1999)은 더욱 심화된 역할을 기대하고 있다[6]. 井田은 지리뿐만 아니라 폭넓게 사회과나 이과 등의 학습에서도 목표시 되고 있는 의사 결정에 착안하여, 의사결정 능력 육성을 지원하는 도구로서 GIS를 들고 있다. 이것은 어느 의미에서 GIS의 본질적인 역할과도 관계가 있다. 사실 村山(1997)은 GIS에 대하여 정의[7]하기를 지도(지역)와 속성(주제) 정보를 따로 따로 관리하는 것이 아니라, 통합적으로 관리함으로써 공간적인 정보의 통합을 실행할 수 있는 의사결정 지원시스템이라고 하였다. 이것을 교육 분야에서 응용하는 것이다. GIS를 이용하면 아동・학생이 주체적으로 데이터를 분석하고 지도화하는 프로세스에 있어서 몇 번이고 수정을 가하여 여러 가지 결과로부터 최적인 결과를 찾아낼 수 있다. 이 프로세스에 있어서 아동・학생이 의사결정을 하고 교사는 그것을 지원하는 교육방식이 가능해진다.

이러한 대학 연구자에 의한 GIS와 지리 교육의 관계를 고찰한 논고는 학교 현실에서의 컴퓨터 시설의 상황 등을 고려한 것이 아니고 가까운 장래를 전망한 것이다. 그리고 GIS를 지리정보시스템 즉, 지리정보(지리적 위치정보와 위치에 대한 속성정보)의 입력, 가공, 검색, 해석, 지도화를 통합적으로 다룰 수 있는 컴퓨터시스템으로 간주하고 있다. 따라서 지리교육의 도구 혹은 교구의 하나라고 보는 것이다. 그러나 오늘날에는 GIS를 여러 가지 이론, 수법, 기술, 데이터를 이용하여 지리적 과정이나 공간 관계의 이해를 추구하는 과학이라고 생각하게 되었다[8]. 지리적 과정이나 공간 관계의 이해를 추구한다는 목표는 지리 교육의 목표, 즉「지

리적 시각 · 사고방식」에 포함된다. GIS는 지리 교육의 내용에까지 관여하는 보다 큰 영향력을 갖게 되었다고 생각해야 한다.

그러면 GIS는 지리교육에서 구체적으로 어떤 관계를 갖고 있는 것일까? 지리교육의 현실로부터 이를 살펴보고자 한다.

III 「지도교육」과 GIS

1. 지도교육의 자리 매김

지리교육의 내용은 다양하지만 GIS와 가장 관련이 깊은 내용으로 「지도교육」을 들 수 있다. 지도가 지리교육에서 어떻게 취급되어 왔는가, 그리고 GIS는 어떻게 공헌할 수 있는가를 살펴보자.

「지도교육」은 예전부터 지리교육에서 중심적인 위치를 차지하였다. 우선 「지도교육」의 목표가 지리학습을 통해 몸에 익혀야하는 실력과 깊은 관계를 갖고 있기 때문이다. 「지도교육」에서는 직접적으로 지도를 읽는 법, 지도를 사용할 수 있도록 지도하면서, 지도에 의해 사회적 현상을 지표라는 공간의 맥락에서 생각할 수 있도록 하는 것에 목표를 두고 있다[9]. 이것은 지리교육의 중요한 시점이면서 기초이기도 하다. 지리교육이 지도로부터 출발하여 지도로 귀착한다[10]고 하는 까닭이 여기에 있다.

두 번째로 「지도교육」은 다른 교과 · 과목에서는 직접 다루지 않는 지리교육 독자의 분야라는 것이다. 예를 들어 민족 문제는 시점은 다르지만 지리에서도 역사에서도 정치경제에서도 다룬다. 또한 기후나 식생은 지학과 생물에서도 다룬다. 보다 광범위한 환경문제의 경우에는 그야말로 다루지 않는 교과가 없다고 해도 될 정도이다. 그러나 지도를 읽는 방법이나 지도의 이용법 등은 다른 교과 · 과목에서는 배우지 않는다. 게다가 「지도교육」은 다른 교과 · 과목에서 이용 가능한 기술 · 내용을 포함하고 있다. 많은 교과에서 설명의 수단으로 지도를 이용하고 있다. 역사에서는 연표와 더불어 역사 지도를 이용하는 것이 기본이고 정치경제에서도 많은 지도가 활용되고 있다. 사회과의 과목뿐만이 아니라 이과나 나아가서 국어 등의 문학계 과목에서도 지도는 이용되고 있다.

지리교육에서는 어떤 지도교육이 이루어지고 있는가? 내용면에서 보면 크게 3가지로 나눌 수 있다. 첫 번째는 지구의나 지도 투영법에 관한 교육, 두 번째는 지형도 학습, 세 번째는 통계지도에 관한 내용이다. 우선 이러한 교육내용을 구체적으로 검토하면서 GIS와의 관계를 살펴보자.

2. 지구의 · 지도 투영법과 GIS

지도란 주지한 바와 같이 지구라는 구모양을 평면으로 한 것이다. 구를 평면으로 변환하는 방법은 고도의 수학적인 수법을 이용하므로 지리학습에서 지도하는 것이 불가하고 지도해야 할 내용도 아니다. 그러나 사람의 머릿속에 새겨진 세계 지도는 세계 인식에 영향을 주기 때문에 지구의와 세계지도를 지도하는 것은 큰 의미를 갖는다. 그리고 세계의 지역차를 나타내기 위하여 여러 가지 주제도가 사용되고 있는데 이러한 주제도를 읽을 경우 베이스가 되는 지도의 특성을 이해하는 것이 중요하다. 통계지도를 작성하는 경우는 더욱 더 그러하다. 그것은 결코 수학적인 수법을 가르치는 것이 아니고 또 도법의 명칭을 익히는 것도 아니다.

지구의와 지도 투영법 수업에서는 지구의를 이용하여 메르카토도법이나 정거방위도법에서의 거리나 면적을 측정하는 작업을 통하여 학습하는 것이 일반적이다[11]. 일반인의 머릿속에 그려진 지도가 메르카토도법을 토대로 한 것이므로 그 특성을 이해시키는 것은 당연한 것이다. 메르카토도법은 정각도법이고 거리나 방위가 바르지 않다는 것과 대비시키기 위하여 정거방위도법을 이용하는 것도 필요한 방법이다. 그러나 통계지도 등으로 가장 많이 이용되고 있는 등적도법에 대한 수업은 거의 이루어지지 않고 있다. 등적도법은 등적 조건을 유지하기는 하지만 형태가 변하게 된다. 이것을 학생의 수작업을 통해 이해시키기는 어려운 것이다.

분포도 등을 작성하는 경우 왜 등적도법의 지도를 이용해야만 하는가를 이해시키기 위하여 전혀 등적이지 않은 지도를 이용하여 분포도를 그리고, 한편으로는 등적도법을 이용하여 그린 분포도를 비교하면 직감적으로 도법의 의의를 이해할 수 있게 된다. 그러나 수작업으로 분포도 한 장을 그리는 데에는 많은 시간이 소요된다. 그리고 문제가 있는 지도를 일부러 그린다는 것에 대한 저항도 크다.

GIS는 지도(위치)정보를 디지털 데이터로서 유지하기 때문에 논리적으로는 어떤 지도라도 작성 가능하다. 그리고 지도를 그리는 수고가 들지 않으므로 지금까지 쓰지 않았던 방법으로 지구의와 지도 투영법에 대하여 학습할 수 있다. 화면상에서의 측정도 가능하고 작업 학습의 중요한 교구가 된다[12]. 또한 화면상에서의 애니메이션화 등도 쉬워서 동시 수업에 있어서도 효과를 발휘할 것으로 보인다.

3. 지형도 학습과 GIS

지형도는 현실 공간을 모델화 한 것이다. 櫻井(1999)는 야외 관찰과 비교한 경우의 지도 학습의 이점을 다음과 같이 지적하고 있다[13].

「야외 관찰에서는 매우 많은 정보가 눈으로 쏟아져 들어온다. 다시 말하면 잡음이 너무 많다. 동시에 관찰 장소가 여러 지점이거나 로정상에서 얻어진 線적 또는 단면적인 데이터에 불과하다. 따라서 아이들에게 있어서 관찰을 일반화하기에는 어려운 점이 많다. 이러한 일반화를 위하여 지도가 유용한 것이다.」

櫻井의 지적에도 불구하고 지형도 학습은 여러 가지 문제를 안고 있다. 말할 필요도 없이 지형도는 일반도로서 다양한 정보를 가득 담고 있다. 지형, 토지이용, 교통망, 수계, 지명, 행정구획 등이 이에 해당된다. 櫻井의 말을 빌리자면 지형도에도 잡음이 너무 많다는 것이다. 이것이 지형도를 읽기 어렵게 하는 원인중의 하나인 것이다. 지형이면 지형, 토지이용이면 토지이용으로 구별하여 인식하고 그 위에 상호 관계를 관찰해 나가는 것이 지도를 읽는 기능으로서 요구되고 있다.

다양한 정보를 지닌 지형도를 어떤 과정으로 학습해 왔을까? 초등학교에서는 가까운 지역의 그림지도로부터 시작하여 지형도로 진행시켜간다. 현실 공간을 지도 속에 어떻게 기재하는지, 구체적으로는 축척이나 기호화 등을 배운다. 그리고 중학교나 고등학교에서는 미지 공간의 지도로부터 그 장소가 어떤 장소인가를 읽어내는 훈련을 한다. 지형도에는 장소를 알아내기 위한 코드가 주어져 있으므로 그 코드를 이용한다면 누구라도 읽어낼 수 있는 것이다. 그림지도나 고지도 등에 있어서 그 코드 자체가 개인적인 것이거나 전해지지 않는 것이거나 하는 것과는 크게 다른 점이다.

그러나 지형도의 학습은 그 정착도에 있어서 문제가 있다. 「대학의 교수는 고등학교는 무엇을 하고 있는가라고 말하고, 고등학교의 지리교사는 중학교에서는 무엇을 하고 있는가라고 하고, 중학교의 사회과 교사도 기초가 없다는 것을 탄식하는」[14] 상황이다.

예전부터 지형도의 교수법에 대해서 여러 가지 방법이 고안되어 왔다. 대표적인 교수법의 하나로 모형 만들기가 있다. 등고선별로 골판지 등의 두꺼운 종이를 잘라 겹쳐나가는 방법이다. 이 교수법은 종이와 풀, 가위라는 보편적인 재료를 이용하기 때문에 제약이 적고 등고선의 의미를 체험적으로 이해할 수 있는 좋은 방법이다. 이것을 보다 간편하게 한 것이 段彩지도로서 일정 높이별로 착색을 해나가는 것이다. 그리고 등고선의 모양으로부터 계곡선이나 산등성이선을 본뜨는 실습, 두 지점간의 지형 단면도 작성 등도 지형 판독의 작업학습으로서 실시되고 있다. 이러한 학습의 보조 교재로서 일부에서는 항공사진을 이용하여 .입체시를 하고 있다. 이것은 지형도에 기재되어 있는 여러 가지 정보로부터 지형이라는 정보를 끌어내어 그 내용을 읽어내는 방법이다.

이러한 학습법이 효과가 높다고는 생각되나 수업 중에 좀처럼 다루기 어려워지고 있다. 왜냐하면 아주 많은 시간이 필요하기 때문이다. 소위 「여유」있는 교육을 지향하는 움직임 속에서 수업시간의 단축이 이를 더욱 어렵게 하고 있다.

米地(1990)는 「대~중축척의 경우 기복이 있는 지구 표면을 나타내는 방법으로서의 등고선은 매우 합리적이지만 반면에 초심자에게는 매우 이해하기 어렵고, 등직선을 이해시키는 것은 산수~수학 교육에 있어서도 어렵다」라고 지적하고, 음영이나 점묘 방법을 이용하여 지형을 직감적으로 읽을 수 있도록 하는 것이 중요하다고 말하고 있다[15].

이러한 사태를 개선하기 위한 도구로서 GIS는 유효성을 갖는다. GIS를 이용하면 어느 시점으로부터의 경관을 그래픽 표현하는 것이 가능하다[16]. 그리고 단채도나 단면도 등을 짧은 시간에 작성할 수 있다. 시각적 표현이 교육상 우수한 효과를 갖는 것은 여러 가지 시청각 교재가 개발・보급되고 있는 사실에서도 알 수 있다. 디지털 데이터와 컴퓨터가 정비됨으로써 지형도 교육은 크게 변할 것이다. 예전부터 실시되었던 지형도 교육은 GIS를 이용함으로써 보다 효과적인 학습이 가능해질 것으로 보인다. 지형도 작업장의 내용을 GIS를 이용하여 패키지화하는 것은 바로 가능하다. 그러나 손을 써서 작업하는 것에 의해 다루는 시각이나 사고방식을 충분히 배울 수도 있고 여러 가지 상황을 생각해볼 수도 있다고 생각한다. GIS로 모든 것을 대체해야 할 것인가, 혹은 시간이 소요되더라도 일부는 수작업 등으로 할 것인가 하는 의론의 여지는 남아 있다.

그런데 澁澤(1989)은 등고선을 세밀하게 읽어내는 지형 판독능력이 어느 정도나 필요한 것인지 하는 지형도 학습 그 자체에 의문을 나타내고 있다[17]. 米地(1990)는 지형도 판독교육이 중시되는 반면에 略地圖를 작성한다거나 도로 지도를 읽는 등의 생활 속에서 이용 빈도가 높은 것에 관한 교육이 불충분하다고 지적하고 있다[18].

GIS의 보급에 따라 새롭게 지형도 교육의 의미를 재정립 할 필요가 있다. GIS를 이용함으로써 사고나 시각, 지식의 일부를 새롭게 해야 한다. 예를 들어 米地가 지적한 도로 지도를 읽는 것에 관련하여 자동차 네비게이션 시스템의 눈부신 발전과 보급이라는 사실이 있다. 오늘날 자동차 네비게이션 시스템은 목적지에 관한 어떠한 정보(명칭이나 전화번호)를 입력하면 그 다음에는 자동차 네비게이션 시스템이 음성으로 안내해 준다. 도로지도를 읽는 기술이나 능력이 없어도 문제가 없는 것이다. 그러나 과연 그래도 괜찮은 것일까? 지형도 학습측면에서 생각하면 현실 공간으로부터 지형도로, 지형도로부터 현실공간으로라는 변환의 어느 부분을 GIS에 맡길 것인가, 어느 부분을 머릿속에서 조작할 수 있도록 할 것인가에 대한 의론이 필요할 것이다. 또한 GIS의 보급으로 인하여 종이지도에서 중요했던 스케일 개념도 바뀐다. 종이지도에서 스케일은 주어지는 것으로서 대상물의 표시・비표시 혹은 표시방법은 스케일에 따라 미리 정해져 있는 것이다. 이는 GIS에 있어서는 이용자가 임의로 정할 수 있는 것과 다른 것이다. 이러한 GIS의 특성을 어떻게 지도학습에 도입할 것인가도 논의하여야 할 내용이다.

4. 통계지도와 GIS

통계지도에 관한 내용도 지형도 이상으로 중요하다. 대상 지역은 세계 규모로부터 가까운 지역에 이르기까지 다양한데 학습과제는 어떤 지도를 이용할지, 어떤 데이터를 이용할지, 어떤 표현을 사용할지, 작성된 지도를 어떻게 읽을 것인가 하는 것 등이다. 단 지형도와 달리 취급하는 데이터나 표현되는 내용이 소수로 제한되어 있다는 점에 특징이 있다. 종래에는 어떤 교육이 이루어졌는지, 그것과 GIS가 어떻게 관련되어 있는지에 대해 검토해보자.

통계지도의 작성에 대한 교육 지도에는 자료수집, 베이스 맵 선택, 통계분석, 지도화, 지도 읽기라는 일련의 과정이 포함된다. 단 실제 수업에서 이러한 과정 모두를 하나의 교재로서 다루는 것은 아니다.

秋本(1996)은 도시의 지역구조를 파악하는 수업에서 백지도를 이용한 통계지도 작성의 지도과정과 GIS와의 관계를 설명하고 있다[19]. 구체적으로는 동경 30 km권 내의 지구町村의 1985년과 1990년의 인구 데이터를 제시하고 인구 증가율을 계산해서 백지도에 계급구분도로서 기재하고 그 양상을 설명하도록 한다는 것이다(그림 1).

이 작업은 컴퓨터를 사용하지 않고 모두 수작업으로 하는 것인데 GIS의 기능을 이해시키기에는 충분하다. 먼저 주어진 인구 데이터로부터 인구 증가율을 계산하는 프로세스는 GIS가 지닌 통계해석 기능에 해당한다. 또한 데이터를 계급구분도로 작성할 때에는 수치를 구분하는 작업과 지도상의 장소를 확인하면서 착색하는 작업이 있다. GIS에 있어서 계급 구분을 하는 경우에는 통계치의 분포 등을 고려하여 몇 가지 기준으로 구분할 수 있도록 프로그램되어 있고 이용자는 그것을 선택하게 한다. 그리고 지도상에 데이터를 기입함으로써 행렬 데이터와 지도 데이터를 핸들링할 수 있다. 그리고 지도화 한 후에 그 분포 특징을 읽어낸다. 이 경우 도너츠화 현상i이라는 말로 표현되는 일반화를 하게 되는데, 이것은 GIS의 버퍼라는 기능을 개념적으로 이용한 것이다. 또한 교원 측에서 작성한 인구밀도나 낮시간 인구율, 노년 인구율 등을 표시하고 그 분포 경향을 읽어내게 함과 동시에 통계지도를 인구증가율 위에 OHP를 이용하여 중첩함으로써 그 관계를 고찰하도록 한다. 지도를 중첩하는 즉, 오버레이 기능은 레이어라는 GIS의 공간 데이터 유지 구조와 개념적으로 연관된 것이다.

이는 집중 수업에서 다루어 왔던 것이지만 소위 조사학습에서도 유효한 것이다. 秋本(1999)은 실천의 성과로서 학생 리포트의 일부를 소개하고 있다[20]. 예를 들어「각자가 살고 있는 지역의 재해시 피난장소와 경로에 대하여」나「동경도의 구별 구급에 대한」것 등을 들 수 있다.

전자는 학생 자신이 거주하고 있는 지역의 피난 장소가 충분한지, 피난 가능한지를 조사한 것이다. 구체적으로 지역에서 발행하는 홍보물 등에서 피난 장소를 조사하고 자신의 집으로부터 피난장소까지의 경로를 따라 걸으면서 주변의 위험한 장소를 조사하였다. 그리고 피난장소의 분포와 町丁별 인구분포를 지도화하였다. 실제로 피난장소까지 걸어본 것으로부터 재해시에 피난장소까지 도달할 수 있는 범위를 피난장소로부터 500 m라고 가정하고, 범위 내외의 인구를 조사하고 어느 정도의 사람이 피난할 수 있는지, 또 위험 지역이 어디인지 등을 나타내었다. 그리고 노년인구나 유년인구, 낮시간 인구분포도 검토하였다. 범위내의 인구를 계산할 때에는 메쉬법을 이용하였다.

후자는 千代田, 練馬, 葛飾, 世田谷의 각구 소방서의 분포와 관할지역의 인구 구성 등을 확인하고 각각의 문제점을 예측한 후 소방서에서의 설문과 실지 조사한 내용을 정리한 것이다. 조사 후 교통상의 문제, 예를 들어 철도로 인한 교통차단, 상습적 교통체증, 도시 계획의 미정비에 의한 애로사항 등이 큰 문제임을 확인하였고, 이를 통한 고찰을 통해서 구급활동상 문제가 되는 지구의 분포를 검토하였다. 결과적으로 도심인 千代田區에 비해 문제가 있는 지구가 주변구에 많다는 것이 밝혀졌다.

일반적으로 초등학교나 중・고등학교에 있어서 GIS를 아동・학생이 직접 조작하면서 그 기능이나 기술을 배우는 것은 환경상의 제약 때문에 어렵다고 본다. 그럼에도 불구하고 전술한 방법의 실천 등은 사고방식이나 분석방법, 프레젠테이션 방법으로서 우수한 GIS적인 것이라 할 수 있다.

전술한 바와 같이 GIS는 컴퓨터 시스템이라고 하기 보다는 여러 가지 이론, 수법, 기술, 데이터를 이용하여 지리적 과정이나 공간 관계의 이해를 지향하는 과학이라고 인식되기에 이르렀다. 이러한 점에서 지리교육과 관련하여 GIS 교육을 초등학교나 중・고등학교에서 모든 아동과 학생이 습득해야 할 기술・지식・능력으로서 자리매김 한다면 공간 데이터를 획득하고 분석하여 지도로서 표현하는, 혹은 공간데이터를 획득하고 지도화하여 분석하여 여러 가지 방법으로 표현하는 일련의 과정을 실천적으로 배우는 것이라고 할 수 있겠다. 이 때 공간 데이터가 디지털화되어 있는가, 분석에 컴퓨터를 사용하고 있는가 하는 문제는 중요하지 않다고 본다. 물론 이미 디지털화되어 있는 데이터나 지도 등을 이용하는 것을 부정하는 것은 아니다.

GIS의 진보에 따라 컴퓨터로 지도를 그리는 것은 매우 쉬워졌다. 범용의 소프트웨어인 Microsoft Excel에도 지도화의 기능을 갖추고 있고, 어느 정도 훈련만 한다면 중학생이나 고등학생도 사용할 수 있다는 보고도 있다[21]. 그리고 『일본국세도회』와 『세계국세도회』의 CD-ROM판에서도 일부의 통계는 지도화가 가능하다. 많은 지도를 간단히 작성할 수 있게 되어 새로운 것을 발견할 가능성이 있다.

그러나 한편으로는 작업 등을 통하여 지도를 찬찬히 보는 것도 필요할 것이다. 전술한 동경 30 km권의 작업학습에서 학생은 스스로 얼마나 시나 구의 위치를 알지 못하고 있는가를 인식하게 된다. GIS를 이용하면 그것조차도 알아챌 틈이 없다. 도너츠화 현상이라는 말은 이해하더라도, 시구명과 그 위치를 알지 못하면 지역을 실체로서 이해하지 못한 것이다. 마찬가지로 일본의 都道府縣에도 세계의 각국에서도 같은 상황이 벌어진다. 지리에서 다루는 지역은 「×」표시의 지역이 아니라 고유의 이름을 가진 지역이고, 그것을 아는 것도 기초적인 지리적 기능이라는 것을 잊어서는 안 된다[22].

예제 다음의 표를 완성시켜 인구 증가율에 따른 계급구분도를 작성하시오.

	1985	1990	인구 증가율		1985	1990	인구 증가율		1985	1990	인구 증가율
東京都				調布市	191097	197677	3.6	越谷市	253479	285259	12.5
千代田區	50493	39472	-21.8	町田市	321188	349050	8.7	蕨市	70408	73620	4.6
中央區	79973	68041	-14.9	小金井市	1046642	105899		戸田市	76960	87599	13.8
港區	194591	158499	-18.5	小平市	158673	164013	3.4	鳩ヶ谷市	55424	56440	1.8
新宿區	332722	296790	-10.8	日野市	156031	165928	6.3	朝霞市	94431	103617	9.7
文京區	195876	181269		東村山市	123798	134002	8.2	志木市	58935	63491	7.7
台東區	176804	162969	-7.8	國分寺市	95467	100982	5.8	和光市	55212	56890	3.0
墨田區	229986	222944	-3.1	國立市	64881	65833	1.5	新座市	129287	138919	7.5
江東區	388927	385159	-1.0	田無市	71331	75144	5.3	八潮市	67635	72473	7.2
品川區	357732	344611	-3.7	保谷市	91568	95146	3.9	富士見市	85697	94864	10.7
目黑區	269166	251222	-6.7	狛江市	73784	74189	0.5	上福岡市	57638	58761	1.9
大田區	662814	647914	-2.2	東大和市	69881	75132	7.5	三郷市	107694	128376	18.9
世田谷區	811304	789051		清瀬市	65066	67539	3.8	三芳町	31567	35067	11.1
澁谷區	242442	205625	-15.2	東久留米市	110079	113818	3.4	大井町	37035	39213	5.9
中野區	335936	319687	-4.8	武藏村山市	60930	65562	7.6	松伏町	20340	24194	18.9
杉並區	539842	529485	-1.9	多摩市	122135	144489	18.3	吉川町	43616	48935	12.2
登島區	278455	261870	-6.0	稻城市	50766	58635	15.5	千葉縣			
北區	367579	354647	-3.5	神奈川縣				千葉市	788930	829455	5.1
荒川區	190061	184809	-2.8	横浜市	2992962	3220331	7.6	市川市	397822	436596	9.7
板橋區	505556	518943	2.6	川崎市	1088624	1173603	7.8	船橋市	506966	533270	5.2
練馬區	587887	618663		崎玉縣				松戸市	427473	456210	6.7
足立區	622640	631163	1.4	川口市	403015	438680	8.8	志野市	136365	151471	11.1
葛飾區	419017	424801	1.4	浦和市	377235	418271	10.9	柏市	273128	305058	11.7
江戸川區	514812	565939	9.9	大宮市	373022	403776	8.2	流山市	124682	140059	12.3
立川市	146523	152824	4.3	所澤市	275168	303040	10.1	鎌ヶ谷市	85705	95052	10.9
武藏野市	138783	139077	0.2	岩槻市	100903	106462	5.5	浦安市	93756	115675	23.4
三鷹市	166252	165564	-0.4	与野市	71597	79060	10.4	沼南町	38027	41944	10.3
府中市	201972	209396	3.7	草加市	194205	206132	6.1	白井町	32214	37082	15.1

그림 1 동경 30 km권의 인구 증가율

Ⅳ 마치면서 : 지리교육에서 GIS 교육의 가능성과 과제

지리교육과 GIS의 관련을 현장에서의 실천으로부터 검토하였다. 그것은 다음 두 가지로 요약할 수 있다.

첫째로 지리교육에서 GIS의 이용을 크게 기대할 수 있는 분야가 있는 반면에 분야에 따라서는 유효성에 대하여 보다 더 연구해야 한다는 것, 두 번째로 GIS는 그 이론적 측면에서 지리교육의 내용에 관한 것을 추구하고 있다는 것이다.

GIS가 보급되기 시작한 것은 1990년대에 들어서이다. 따라서 현재 초 · 중 · 고등학교의 교원 대부분은 GIS에 관한 교육을 전혀 받지 못했다. GIS를 어떻게 도입할 것인가, GIS에 관한 교원의 이해를 심화시키는 것이 중요하다. 대학이나 기업에서 교원 연수의 장을 마련해야 할 것이다. 그리고 효과적인 이용을 기대할 수 있는 교재의 개발과 관련하여 교육 현장과 GIS 기술자의 공동 작업이 꼭 필요하다. 훌륭한 GIS 교재 작성에는 아동 · 학생에 대한 정확한 파악이 가능한 눈과 GIS의 고도의 조작과 데이터 작성에 정통해야 한다. 또한 공간 데이터를 보유하는 각 기관은 교육용에 관해서는 무상으로 제공할 수 있도록 부탁하고 싶다.

교육현장에서는 GIS에 관한 실천 연구를 더욱 진보시켜야 한다. 다행히 초 · 중 · 고등학교에서도 컴퓨터 등의 정보기구의 정비가 이루어지고 있다. 또한 지형도 독도에 관해서는 이미 몇 가지 소프트웨어가 개발되었고 프리웨어인 것도 있다. 교육용으로 개발된 GIS 소프트웨어도 판매되고 있다[23]. 실천을 이행할 수 있는 환경이 점차 만들어지고 있다. 그리고 실천이 이행되지 않는다면 의의나 효과를 검토할 수 없다.

지리교육의 내용과 GIS와의 관련에 대해서도 앞으로 깊은 의론이 이루어져야 한다. 오늘날의 지리교육에 있어서 「지리정보」를 어떻게 취급하고, 분석할 것인가 하는 능력의 육성을 중시하고 있다. 이것은 지리학이나 GIS의 기초에 속하는 내용이다. 또한 GIS 고유 영역과 지리교육과의 관련 측면에서 스케일 등의 제개념의 검토와 공간해석법의 정립이 필요하다. GIS와 종이지도에서의 스케일 개념은 근본적으로 다르다. 단순히 위치정보가 디지털화되어 있기 때문이라든가 표현방법의 특성에 따라서라는 설명으로는 불충분하다고 사려 된다. 그리고 오버레이나 버퍼 등의 공간해석법은 종래의 지리교육에서도 이용하여 왔다. 그러나 그러한 것이 과학적 방법으로서 의미가 있다는 것을 충분히 인식하지 못했던 경향이 있다. 앞으로는 그것을 「지리적 시각 · 사고방식」과 관련시켜서 보다 적극적으로 정립하여야 할 것이다.

주 · 참고문헌

1) 群馬県立教育センターの業績には，青木　清 2000 地図・統計資料提示ソフト「群馬県・フシギーノ」の開発。教育センター研究報告書 186集，猪瀬康夫 2000. コンビニエンスストアの立地シミュレーション教材の開発. 教育センター研究報告書 192集他がある.

阿子島　功・東北GIS研究会・島村秀樹・品澤隆・西村義久・星　達朗・小石泰寛 2000. 地図とGISの教育コンテンツの開発. 日本地理学会発表要旨集 57:218-219.

2) 伊藤　悟・井田仁康・中村康子 1998. 学校教育におけるGIS――アメリカ合衆国の動向と我が国の可能性――. GIS-理論と応用 6(2):65-70.

なお，『地理情報システム学会講演論文集』vol. 8 (1999)には，伊藤・井田・大関・中村・秋本・村山・杉盛ら地理情報システム学会学校教育委員会のメンバーの研究が掲載されている。

3) 教育課程審議会 1998. 幼稚園，小学校，中学校，高等学校，盲学校，聾学校及び養護学校の教育課程の基準の改善について（答申），http:www.monbu.go.jp/singi/katei/00000216/

4) 文部省 1999.『中学校学習指導要領解説（平成10年12月）解説 社会編』22-23, 大阪書籍. 文部省 1999.『高等学校学習指導要領解説 地理歴史編』161-162, 200-201. 実教出版.

5) 伊藤　悟・井田仁康・中村康子 1998. 学校教育におけるGIS――アメリカ合衆国の動向と我が国の可能性――. GIS-理論と応用 6(2):65-70.

杉盛啓明 1999. 地理的な思考力を高めるための教育用GISについての一考察. 地理情報システム学会講演論文集 8:27-30.

6) 井田仁康 1999. 地理教育における意思決定支援ツールとしてのGISの利用. 地理情報システム学会講演論文集 8:7-8.

7) 村山祐司 1991. はじめて学ぶ地理情報システム. 地理 36(6):28-35.

8) 高阪宏行 1996. 外国におけるGIS教育の現状. 日本地理学会国立地図学博物館設立推進委員会GIS教育研究集会事務局編『GIS教育シンポジウム 地球環境とGIS教育記録集』.

9) 桜井明久 1999.『地理教育学入門』174-175. 古今書院.

10) 大塚一雄 1990. 高等学校地理教育における地図教育の実践. 地図 28(3):12-16.

11) 高等学校用教科書の事例では，山本正三・高橋伸夫他 1997.『高校生の地理A』10-11. 二宮書店，がある.

12) ソフトウェアとしては，GeoStudio　Ver.1.3などがある. 作者のホームページ参照。http://www.bekkoame.ne.jp/~yo-chizu/

13) 前掲 9).

14) 前掲 9).

15) 米地文夫 1990. 地図教育の根底にあるものは何か. 地図 28(3):22-23.

16) この種のソフトウェアはいくつか開発されている. 代表的なものとしてカシミール3Dがある. http://www.kashmir3D.com/

17) 渋沢文隆 1989. 地理教育における地図学習の課題. 地図 27(1):20-26.
18) 前掲 15).
19) 秋本弘章 1996. GIS (地理情報システム) と高校地理教育. 新地理 44(3):24-32.
20) 秋本弘章 1999. 高等学校におけるGIS教育. 地理情報システム学会講演論文集 8:19-22.
21) 小林岳人 1999. 表計算ソフトによる地理情報. 筑波社会科研究 18:27-37.
22) 高阪による2000年度日本地理学会春季大会のシンポジウム「GIS—地理学への貢献」の取りまとめによれば，秋本・関根がこうした点を指摘している. 高阪宏行 2000. シンポジウム「GIS—地理学への貢献」. 地理学評論 73A:548.
23) たとえば，帝国書院の「スーパーハイマップ」などがある.

conclusion 결론

GIS의 발전을 위하여

高阪宏行

I 들어가며 : GIS에 의한 지리학의 통합

지리학은 자연지리학과 인문지리학으로부터 구성된다. 자연지리학은 다시 지형학, 기후학 등의 전문 분야로, 인문지리학은 경제지리학, 집락지리학, 문화지리학 등의 전문 분야로 구성되어 있다. 지리학의 각 전문분야가 그 전문성을 심화시킴에 따라서 이들 전문분야 간에서 취급되는 공통의 과제는 적어지고 지리학은 개별적인 전문분야로 해체되는 방향으로 진행되었다.

이와 같은 상황에서 지리학에서 공통으로 이용되었던 여러 가지 수법, 즉 지도 작성, 항공사진 판독/원격탐사, 야외조사, 통계분석, 컴퓨터 시뮬레이션 등은 지리학을 통합하는 역할을 해왔다고 생각된다. 지리교육에 있어서 각각의 전문분야를 가르치는 것만이 아니라 지리학이 이전부터 이용해 온 이러한 공통의 수법을 교육함으로써 지리학을 하나의 통합된 학문으로서 인식시키는 것이다.

GIS는 지리학이 이용해 온 상기의 주요한 수법을 그 안에 도입하는 것으로 출현하였다. 그 결과 GIS는 지리학의 발전에 큰 영향을 끼쳤다. 예를 들어 Dobson(1993)은 「르네상스시대 이후 GIS는 최대의 변화력을 가지고 있다」고 논하였다. 또 Abler(1987)는 그의 AAG(아메리카 지리학자협회)에서의 회장연설에서 「현미경, 망원경, 컴퓨터시스템이 여러 가지 과학에 영향을 끼쳐왔듯이 GIS는 지리적 기술과 분석에 영향을 끼치고 있다」고 언급하였다. 그 결과 오늘날 많은 지리학자가 「GIS는 우리 학문의 통합부분이어야 한다」라고 생각하고 있다(Coppock 1992; Garner and Zhou 1993; Gittings et al. 1993).

GIS가 출현하여 벌써 20년이 경과하고 있다. 본 장에서는 다음절에서 GIS 그 자신의 변질을 심화시킴과 동시에 GIS를 더욱 사회에 정착시키기 위한 GIS 교육의 양태(Ⅲ절)와 GIS연구의 방향성(Ⅳ절)을 고찰한다.

Ⅱ GISy로부터 GISt로

먼저 GIS라는 말에 들어있는 의미를 생각해보기로 한다. 앞의 두 문자 GI는 지리정보(Geographical Information)를 나타내고 있다. 그러나 마지막 S에 대해서는 오늘날 세가지의 해석이 있다(Forer and Unwin 1999). 첫째, 「지리정보시스템」으로 해석하는 것으로 가장 일반적이다. S는 System이고 지리정보를 취득하고, 처리하고, 관리하기 위한 처리·관리 기술에 중점을 둔다. 다른 것과 구별하기 위하여 이 해석을 GISy라고 한다. 두 번째로 지리정보의 단순한 처리가 아니라 그 정보를 표현할 때의 기초가 되는 개념적인 문제를 연구하는 「지리정보과학」으로 해석하는 것이다. 이것은 Science 즉, GISc라고 하고 최근 이에 대한 지지가 늘고 있다. 세 번째로 지리정보기술을 지리학의 각 전문분야에 응용하는 「지리정보기술을 토대로 한 연구」이다. 이것은 Studies로서의 S인데 GISt라고 불린다. 지리정보기술이 기술혁신의 상태에서 성숙한 단계로 올라서고, 여러 분야에서 이용되게 되면서 GIS는 GISy로부터 GISc로, 더 나아가서 GISt로 진전되고 있는 것이다.

그러면 GISt는 종래의 전통적인 방법과 비교하여 어떤 점에서 진보했는가. 도시연구를 사례로 들어 GISt 즉, GIS를 토대로 한 도시연구(GIS-based urban study)의 진전을 살펴보자(Sui 1994). 종래의 전통적 수법과 크게 다른 점은 GIS상에서 공간분석이나 수리모델링 수법을 이용할 수 있게 되었다는 것이다. 이 점에 대하여 더욱 자세하게 고찰하면 먼저 데이터 측면에서의 진전이 있다. GIS는 풍부한 데이터의 세계(data rich world)를 실현할 수 있으므로 이 상태에서 공간통계수법이나 모델링을 실천할 수 있게 되었다. GIS로 다루는 데이터로서 점, 선, 역, 면 등의 기하 데이터, 그리고 그것에 수반된 각종 속성 데이터, 사진이나 위성화상 등의 화상 데이터를 들 수 있다. GIS로부터 이러한 풍부한 데이터를 받을 수 있게 된 것이다. 그리고 GIS를 통한 데이터베이스와 분석법·수리모델을 하나의 시스템 안에서 직접 연결하는 것이 가능해짐으로써 분석법이나 모델에의 데이터 공급 및 수급이 원활하게 되었다.

두 번째는 분석법과 모델 측면에서의 진전이다. 예를 들어 GIS에 마크로 언어를 통하여 분석법이나 모델을 도입함으로써 분석법이나 모델의 풍부한 세계가 실현 가능해졌다. 도시 연구에서 이용되는 공간통계 수법에는 공간 자기상관분석, 공간 회귀분석, 공간탐구 데이터분석, 공간 점데이터 분석 등이 있다. 이와 같이 많은 종류의 분석이 GIS상에서 실행됨과 동시에 회귀분석에서도 선형, 비선형에 상관없이 많은 종류가 적용된다. 수리모델도 마찬가지로 다이나믹・모델링, 엔트로피의 최대화에 의한 Garin-Lowry모델, 마이크로・시뮬레이션 모델, 투입-산출분석, 시프트-쉐어분석, 시간수리모델, 튜넨 입지모델, 크리스타라 중심지모델 등이 있다. 이와 같은 여러 종류의 모델이 실행됨과 동시에 모델의 파라메타를 조금씩 변화시킬 때의 영향 분석 등도 지도상에서 쉽게 할 수 있게 되었다.

세 번째는 분석결과의 표시 측면이다. GIS는 지도 작성 기능을 가지므로 분석결과를 지도로서 즉시 표현할 수 있다. 따라서 분석결과를 보고 다시 한번 데이터나 분석・모델로 돌아가 분석을 수정하는 것도 용이하다. 그리고 GIS는 여러 종류의 지도 표시방법을 갖추고 있으므로 그 중에서 적절한 것을 선택할 수 있다.

GISy로부터 GISc에의 발전은 수없이 지적되고 있으나 그것과 GISt를 구별하는 지적은 적은 편이다. 1960년대로부터 70년대에 걸쳐서 발전한 계량지리학의 연장상에 GIS를 다룬다고 한다면, 계량지리학과 관련된 각 전문분야에서의 GISt의 연구 성과에 대하여 좀 더 살펴보는 것이 바람직할 것이다. 본 책의 기획 의도 또한 바로 이러한 점에 있다 하겠다.

Ⅲ GIS교육

1. GIS교육의 폭발적 확대

1980년대 초 미국에서 GIS 코스를 제공하는 지리 프로그램 수는 10 이하였다. 1993년에는 전세계적으로 약 3000개의 대학, 북미에서만 2000개의 대학이 지리학과를 비롯한 수십 종류의 학과를 통해서 적어도 하나 이상의 GIS 관련 수업을 제공하였다(Morgan and Fleury 1993). 북미의 대학을 중심으로 학부의 지리 커리큘럼에 GIS를 도입하였고, GIS 코스가 급증한 이유는 GIS 기술을 지닌 지리학 전공의 학생에 대하여 폭넓은 고용 기회가 주어졌기 때문이었다.

당연히 세계 대학의 여러 학과에서 GIS 코스를 제공하게 되었다. 그림 1은 전세계에서의 GIS 강의수를 나타내고 있다(Morgan et al. 1996). 이 그림에서 북미와 유럽 선진국을 중심으로 GIS 교육이 널리 진전되고 있음을 알 수 있다. 이로부터 GIS는 지리교육의 주된 경향이라 해도 과언이 아님을 알 수 있다. 선진 주요국 중에서 일본은 최저 수준을 보이고 있고 이러한 동향으로부터 뒤쳐져 있음을 알 수 있다(그림 1 참조).

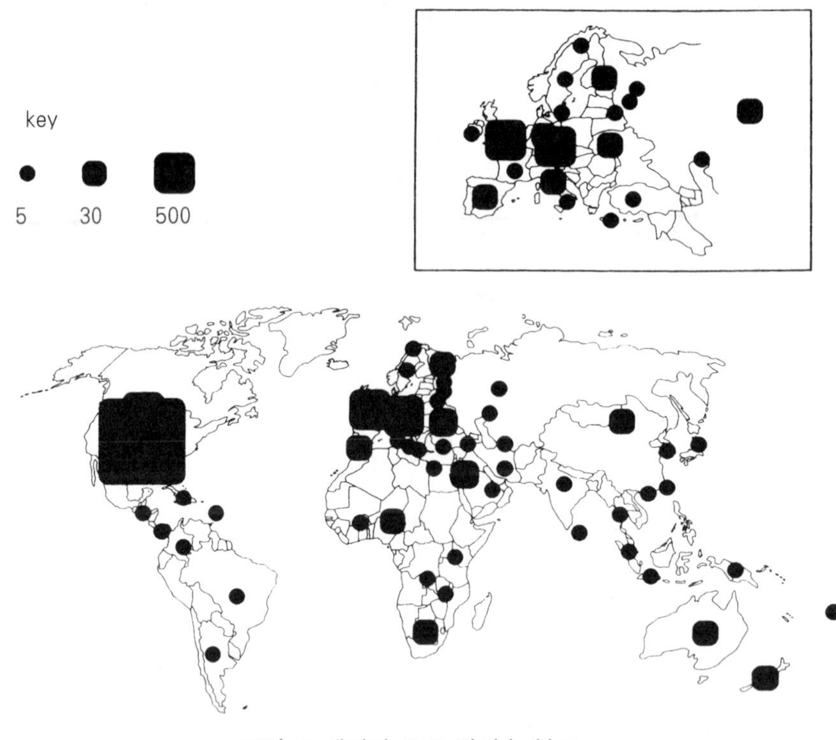

그림 1 세계의 GIS 강의수 분포
출전: Morgan et al. 1996

2. GIS의 교육방법

GIS 교육에 관한 문헌은 급성장하고 있는데(Unwin and Dale 1989; Unwin et al. 1990; Unwin and Maguire 1990; Keller 1991; Kemp et al. 1992; Raper and Green 1992; Rogerson 1992; Walsh 1988, 1992; Dramowicz et al. 1993) GIS 교육에 관한 일관된 교습법에 대한 전체적 합의는 확립되어 있지 않다.

지리학자들 간에는 지리학과 GIS와의 관계를 다음의 네 가지 시각으로 파악하고 있다. 첫째, GIS를 지리학이라는 학문에서 탄생한 것으로 보는 시각이다. 두 번째는 GIS를 시장성이 있는 기술의 집합으로 보는 것이다. 세 번째는 GIS를 공간과학에 대한 새로운 도구로서 생각하는 것이고, 네 번째는 새로운 학문으로 보는 시각이다. 두 번째, 세 번째, 네 번째의 사고방식은 앞에서 말한 GISy, GISt, GISc에 각각 대응하는 것으로 보인다. 이와 같이 GIS에 대하여 네 가지 시각을 취할 경우 각각에 대한 교육방법이 달라야 한다는 지적이 있다(Kemp et al. 1992). 표 1은 이와 같은 네 가지 시각에 대한 교육 방법이 교육의 대상, 코스의 내용, 전달형식의 세가지 측면에서 어떻게 다른지를 나타내고 있다.

표 1 GIS의 교육방법

지리학과 GIS와의 관계	교육의 대상	코스의 내용	전달 형식
GIS를 탄생시킨 학문으로써의 지리학	교육	응용	실험실과 강의
시장성 있는 기술의 집합으로서의 GIS	훈련	기술	실험실
공간과학을 위한 도구로서의 GIS	훈련	응용	실험실
새로운 학문으로서의 GIS	교육	기술	강의

교육의 대상은 「훈련(트레이닝)」과 「교육」으로 나뉜다. 즉, GIS의 교육자는 특정 하드웨어·시스템과 소프트웨어·패키지를 사용하도록 하기 위하여 학생을 훈련시켜야 하거나, 혹은 기본적인 이론이나 개념에 대하여 학생을 교육해야 하는 것이다. 코스의 내용은 「기술」과 「응용」이다. GIS 클래스는 하드웨어, 소프트웨어, 지리 데이터에 대한 기술적 문제에 중점을 두는 것인지, 혹은 생물지리학, 경제지리학, 지형학과 같은 지리학의 여러 가지 분야에서의 특별한 응용에 관한 문제에 주목하는지에 따라 구분된다. GIS 교육자는 「GIS의 기술적 문제」, 「GIS의 설계」, 「천연자원 관리에 대한 GIS」, 「소매업 GIS」,「질병 GIS」 등 여러 가지 강좌명을 이용하였다. 이런 명칭을 보면 기술 어프로치와 응용 어프로치 간에는 코스 내용에 분명한 차이가 있음을 알 수 있다. 전달 형식으로는 「실험실」과 「강의」가 있다. 실험실에서의 실습은 특정 하드웨어와 소프트웨어를 이용하여 학생 스스로가 체험하게 된다. 이에 반하여 강의는 개념상이나 이론상의 문제를 전달하기 위한 최적의 수업형식이다.

GIS에 대한 이상의 네 가지 시각은 GIS 교육방법 상에서 기본적인 차이를 보인다. GIS의 학문적 모태를 지리학으로 보는 첫 번째 시각을 가진 연구자 사이에서는, 고등교육에서의 GIS의 위치를 정통적으로 정하기 위하여 GIS를 토대로 한 학문을 찾아야만 한다고 주장한다. 지리학은 학문을 통합화하여 종합화하는 전통을 갖고 있으며, 공간적 현상에 주목하는 GIS의 모태인 학문으로서 가장 적합하다. 이와 같이 생각하는 지리학자는 GIS를 지리학자가 수 천년간 해온 일을 단지 자동화하는 것으로 본다. Dobson(1991)의 말을 빌리면 「지리학과 GIS의 관계는 물리학과 공학의 관계와 같다」. GIS는 새로운 종류의 지리학, 자동화 지리학(automated geography)의 출현을 지지한다. 디지털 데이터와 컴퓨터가 이용하기 쉽게 될수록 GIS는 지리연구에 깊게 침투하고 지리학의 모든 주요 분야에 변혁을 가져올 것이다. 이것을 교육적 관점에서 보면 이 입장을 취하는 연구자는 지리적 문제를 해결하기 위하여 지리적 개념을 교육하고 GIS를 이용하는 것이다(표 1 참조). GIS는 지리학을 교육하기 위한 하이테크 미디어로서 간주되고 있으므로 상세한 기술에 대해서는 별로 관심이 없다. 이와 같은 시각을 갖는다면 학부의 입문 레벨로부터 대학원까지 계통지리학과 지지학의 모든 분야에 있어서도 GIS는 지리 커리큘럼의 모든 측면에서 완전하게 통합될 필요가 있다. 이 목표를 달성하기 위해서는 실험실에서의 실습과 수업을 조합한 전달형식이 최적일 것이다.

이상과 같이 GIS를 지리학의 전면에 두는 첫 번째 시각에 대하여 몇몇 저명한 지리학자는 기술지상주의자가 학문을 빼앗으려는 계획이라고 혹평하였다. 이와 같이 생각하는 지리학자들 사이에서는 GIS는 민간부문이나 행정기관에서 추구하는 시장성 있는 기술의 집합에 불과하다고 주장한다. GIS 기술 그 자체는 지적인 면에서 볼 때 그 내용이 빈약하다. 많은 지리학자에게 있어 지리학의 지적 핵심은 당연히 자연지리학, 인문지리학, 지지학의 연구이고, GIS는 본질적으로 기술 분야로서 이들 지적 핵심으로부터 보면 주변에 위치한다. 그러므로 두 번째 입장을 취하는 연구자들은 주장하기를 GIS의 배후엔 따분한 개념이나 이론을 학생들에게 가르치는 대신에 학부의 GIS 클래스에서 민간·공공 양쪽 부문에서 필요로 하는 실천적 기술을 학생에게 훈련시켜야 한다고 한다. 코스의 내용은 기술적인 것이 되겠고 특정 응용분야에 대한 관심은 약한 편이다. 전달방식은 실험실에서의 실습이 대부분이다(표 1 참조). 따라서 이 입장을 취하는 지리학자는 통계, 리모트센싱, 지리학 등의 다른 기술 코스와 함께 GIS의 클래스를 학부 중고학년의 선택 클래스로서 간주하고 있다.

세 번째의 시각도 GIS를 기본적으로는 기술 분야로서 간주하기는 하지만 단순히 기술의 집합이 아니라 그 이상의 것이라고 생각한다. GIS는 여러 학문에 있어서 과학적 의문을 지원하는 도구로서 큰 가능성을 가지고 있다. GIS의 진짜 가치는 과학적 탐구에 대한 지리정보 분석과 모델링에 있고, 지리현상 중의 공간 패턴을 발견하려는 것과 같은 고도의 목적을 달성하기 위한 수단이라는 것이다. 따라서 GIS 교육은 실험실에서의 실습에 의한 훈련에 중점을 두게 된다(표 1 참조). 그러나 코스의 내용은 특정 분야에의 응용이 중심이고 최종 목표는 과학적 탐구에 있다.

GIS를 새로운 학문으로 간주하는 네 번째의 시각은 지리정보 자체가 완전한 지적 테마이고 최근의 사회 움직임은 GIS가 새로운 학문으로서 발전하고 있다는 것을 나타내고 있다고 본다. 연구 테마는 지리정보의 취득, 축적, 분석, 가시화에 관한 일반적 문제에 한정된다. 이 새로운 학문은 GIS 기술의 이론적 기초에 주목하여 GIS의 잠재성을 보다 높은 수준으로 전개시킨다. GIS의 교육은 특정 분야의 응용에 관한 훈련이 아닌 공간 데이터 처리의 포괄적인 문제에 대한 강의를 통하여 이루어진다(표 1 참조).

이상으로 네가지 시각에 대한 GIS 교육방법의 차이를 정리하였는데, 추가적으로 「GIS에 관한 교육」과 「GIS를 이용한 교육」의 두가지 교육법에 대해서도 소개하고자 한다(Sui 1995). 「GIS에 대한 교육」은 훈련을 통해 GIS(기술) 그 자체를 교육하는 것으로 상기 두 번째와 네 번째 시각이 이 교육에 해당한다. 「GIS를 이용한 교육」은 GIS를 통해서 지리 현상을 교육하는 것으로 GIS의 응용 즉, 첫 번째와 세 번째 시각에 해당한다.

교육은 여러 가지 抽象度로 실세계를 다룬다. 추상도가 높을수록 다루는 소재가 「데이터」로부터, 「정보」, 「지식」, 나아가서는 「지능」으로 변화한다. 데이터는 실세계의 현상을 단순히 기술한 것이다. 정보는 어떤 일관된 이론 질서에 따라 데이터를 처리하고 필터에 거른 것이다. 지식은 이전의 지식을 바탕으로 제시된 인과 관계의 명제를 검증하는 것에 의해 처리된 정보로부터 이끌어 내어진다. 새로운 아이디어를 도출하기 위한 것이거나 실제의 문제를 해결하기 위하여 지식이 응용되었을 때 지능으로 바뀐다. 이와 같은 구별을 이해할 때 강력한 컴퓨터가 이용되고 데이터가 풍부해지기는 하였으나 정보는 빈약하고 지식은 아사 상태이며 지능이 결여된 사회가 될 수도 있다는 것을 깨달을 수 있다.

「GIS에 대한 교육」은 기본적으로 공간 데이터의 처리나 지리정보의 관리를 다루는 것으로써 데이터나 정보의 레벨에 대응한다. 이에 반하여 「GIS를 이용한 교육」은 지리적 지식이나 공간적 지능의 개발에 관련된다. GIS 교육에 대한 일관된 틀이 결여되어 있기 때문에 GIS 교육자는 이와 같은 GIS 교육의 이원적 측면을 학생에게 포괄적으로 이해시키는 데에 성공하지 못하고 있다. 앞으로 이상에서 나타난 여러 가지 GIS 교육방법을 하나로 통합할 수 있는 틀을 개발해 나아가야 한다.

3. 지리정보산업에 대한 교육: 자격 인정을 위하여

현재 지리정보(GI)산업에서 일하고 있는 사람들이 전적으로 대학에서 지리학이나 지리정보과학을 공부한 사람들은 아니다. 그 대부분은 정보기술의 캐리어가 있거나 혹은 GIS와 관련된 측량, 경영, 시장조사, 도시계획 등의 전문가로서 관련을 갖고 있다. GIS 전문가의 대부분은 GIS를 스스로 학습하거나 기업의 GIS 코스를 이수했을 뿐이다. 법률, 도시 · 농촌계획, 정보기술, 시장조사 등의 업무에 대해서는 전문가로서의 자격 인정이 있지만, GIS에 대해서는 나라 혹은 국제기관이 전문직으로서 인정하는 제도가 없다.

영국에서는 왕립공인 측량사협회가 석사과정에서 배우는 몇 가지 GIS 수업을 정식으로 인정하여 그 수업을 이수한 사람에게는 측량사로서의 자격을 얻기 위한 시험을 면제한다. 그러나 GI 산업에서 일하는 모든 사람이 이와 같은 측량 주도의 관점에서 GIS에 관여하는 것은 아니다. GIS의 전문가로서 필요한 교육이나 훈련은 대학 교육에서 제공하고 있는 것과 전혀 다른 것이다. 그것은 소위 「전문의 발전」(PD : professional development) 혹은 「전문의 계속적 발전」이라고 하는 장치이다.

GI 산업이 발전하고 성숙되기 위해서는 전문의 발전, 자격인정, 과정의 인가에 대한 정식의 장치가 필요하다(Dale 1994). 영국에서는 AGI(the Association for Geographic Information)의 회원이 이 분야에서 전문가로서 활동하기 위하여 전문직으로서의 정식 자격인정이 꼭 필요하다고 표명하고 있다(Rix and Markham 1994). 미국에서도 같은 견해가 있고, 또 측량과 지도 작성 전문가로서의 견해는 영국 지도협회와 측량·지도 작성연합에서 찾아볼 수 있다(BCS/SMA1992).

이와 같은 「전문의 발전」에 필요한 것을 확립하기 위하여 몇 가지 시도가 이루어지고 있다. AGI는 GIS 제공기업, 이용자, 데이터 공급자, 교육자로 이루어진 회원에 대하여 일련의 워크숍을 개최하여 그들이 필요로 하는 것이 무엇인가를 조사하였다(Unwin and Capper 1995). 그 결과를 기초로 GI 산업에 필요한 교육이나 훈련을 정의하고 구조화를 시도하였다. 이 교육 계획은 영국 컴퓨터학회(British Computer Society 1991)에 의하여 고안된 산업구조모델을 토대로 하고 있다. 이 모델은 행렬로 표시되며 행은 산업내의 지위의 단계, 열은 능력편성을 나타낸다. 개인은 캐리어를 쌓기 위하여 행방향으로 이동하여 보다 높은 지위를 목표로 하고 열방향으로 이동하여 능력을 높인다. AGI는 이 모델을 GI 산업용으로 개조하여 초급 기술자로부터 주임/관리 기술자까지의 6단계와 여섯 개의 능력 편성(설계와 구조, 데이터 취득, 데이터 관리, 데이터 시각화, 인간과의 관계)으로 나누었다. 이 행렬의 36개의 셀에 대하여 일의 내용을 모두 기재하고 필요로 하는 훈련을 나타내었다. 한편 이 AGI 모델은 GI 산업의 현실을 충분히 파악하지 못했다는 지적도 있다.

오스트레일리아와 뉴질랜드의 토지정보위원회가 채용한 방법에서는 GI 산업 종사자에게 그들의 역할, 그들의 기술, 역할을 달성하기 위하여 필요하다고 생각되는 기술을 조사하였다(Sharma et al. 1996; ANZLIC 1996). 가지고 있는 기술과 필요로 하는 기술 사이의 불일치가 훈련의 필요성으로 연결되는 것이다. 이 조사로부터 알 수 있었던 것은 필요로 하는 훈련의 대부분이 이미 실시되었다는 것이었다. 필요한 것은 보다 중점을 둔 훈련 기회를 제공하는 것, 조정력이나 유연성을 높이는 것 그리고 어떤 형식의 국가 능력 기준에 연결시키는 것이었다.

가장 현실적인 방법은 구인광고를 참고하는 것이다. 예를 들어 「대표적인 세가지의 GIS 패키지, 두가지의 데이터베이스, 그리고 UNIX가 가능한 사람」이라는 광고로부터 산업계가 무엇을 필요로 하는가를 알 수 있다.

일본에서도 GIS의 자격 인정을 위한 작업이 진행되어야 한다. GIS는 공간 데이터의 특정화와 그 취득, 속성 데이터의 취득, 공간 데이터베이스의 관리, 공간 데이터의 조작, 공간분석, 수리 모델의 구축과 실행, 지도 작성, 데이터의 가시화 등 많은 업무와 관련되어 있다. 이러한 일의 내용을 단계적으로 학습할 수 있는 교육·훈련 시스템을 확립하고 장래에는 전문직으로서의 자격 인증으로 이어 나가야 한다.

Ⅳ GIS연구

1. 지리정보 과학의 대학 컨소시엄

미국에서의 연구를 통하여 세계의 GIS 연구 동향을 살펴보자. 미국에서는 1988년의 국립 지리정보・분석센터(NCGIA)의 창설과 함께 다음의 다섯가지 사항을 GIS의 테마로서 채택하였다(NCGIA, 1989).

- 공간분석과 공간통계
- 공간관계의 언어
- 인공지능과 전문가 시스템
- 시각화
- 사회, 경제, 제도에의 영향

이러한 연구 테마가 미국 GIS 연구의 제 1의 연구 동향을 형성하였다. 제 2의 연구 동향은 1996년 6월의 지리정보과학에 대한 대학 컨소시엄(UCGIS : the University Consortium for Geographic Information Science)의 제 1회 하계 집회에서 시작되었다. UCGIS는 미국의 대학과 연구 기관으로 이루어진 NGO로서 진보된 이론, 방법, 기술, 데이터를 이용한 지리 과정과 공간관계의 이해를 목표로 하고 있다. 2000년 현재 56개의 대학, AAG를 포함한 네 개의 학술단체, 일곱 개의 민간기업・연구기관으로 구성되어 있다(자세한 것은 http://www.ucgis.org를 참조).

1996년의 제 1회 집회에서는 다음의 10가지 우선적 연구 과제에 대해 언급하였다(University Consortium for Geographic Information Science, 1996; http://www.ncgia.ucsb.edu/other/ucgis/cagis.html).

- 공간데이터의 취득과 통합
- 분산 컴퓨팅
- 지리 표현의 확장
- 지리정보의 인식
- 지리정보의 상호 호환성
- 축척
- GIS 환경에서의 공간분석
- 공간정보 기반의 장래

- 공간 데이터와 GIS에 의한 분석의 불확실성
- GIS와 사회

이 제안은 상기와 같은 대학, 학술단체, 민간기업 등의 대표자들의 전문 지식을 집약한 것을 토대로 하고 있다.

1999년의 하계 집회에서는 다음과 같은 테마가 논의되었다.

- 아래에 제시한 일곱 가지 응용 분야에서 UCGIS의 연구·교육에 대한 구체적이고 손쉬운 방침, 목표와 과제를 식별한다.
- 백서, 자료, WWW상에서의 지리정보과학의 응용사례로 이러한 테마를 알린다.
- 이전의 집회 성과 중에서 지리정보과학의 지식을 강조한다.
- 패널과 참가자 간의 대화를 촉진시킨다.
- 지리정보의 연구, 교육, 정책을 적절하게 통합한다.
- 백서의 초고를 개정하고 가능한 한 빠른 단계에서 지리정보과학의 가치에 대한 보다 폭넓은 논의를 개시한다.

UCGIS의 연구·교육의 테마는 중요한 국가적 요구를 토대로 하고 있다. 이 요구는 미국에 「살기 좋은 지역사회」(livable communities)를 실현하는 것이다. 미국을 보다 살기 좋은 장소로 만들기 위하여 지리정보과학은 지역사회, 조직, 제도를 보다 좋게 설계하도록 지원할 수 있다. 금성탐사계획이나 인간게놈계획의 실현과 같이 기능적으로, 활기찬 희망을 실현시킬 수 있는 지역사회, 생명을 유지하고 생명을 증진시키는 지역사회를 설계하고 발전시키는 것이 오늘날 미국의 국가적 요구의 하나이고 지리정보과학은 그에 공헌할 수 있다.

1999년 하계 집회에서 위의 사고방식은 USGIS에 의한 연구와 교육에의 도전과 연결시켜 다음과 같은 일곱 가지의 응용분야를 선택하고 깊이 있는 연구와 논의를 전개하게 되었다.

1. 범죄 분석
2. 긴급준비와 대응
3. 교통계획과 모니터링
4. 공중보건·위생 서비스
5. 도시·지역 계획
6. 수자원
7. 사회와의 연결

1~5의 분야에 대한 연구발전 리뷰와 그 전망은 2000년 봄 URISA의 특별호에서 정리되었다(Elmes 2000).

NCGIA의 초기 연구 테마와 비교하면 몇 가지 점에서 연계성이 보이나 다음과 같은 상이점도 있다(Longley et al. 1999b, 1010~1011).

- 중점이 공간분석으로부터 다음과 같은 점으로 옮겨졌다: 시스템과 분석방법 사이의 복잡한 대화, 직관을 높이기 위한 분석의 필요성, 대규모 데이터를 다루는 기술 개발의 필요성, 탐색과 가설 생성의 가치
- 중점을 시스템에 두는 것으로부터 데이터에 더욱 주목하는 것으로 크게 전환하였다.
- GIS가 증대하는 사회의 영향과 그것이 제시한 사회적 문제의 중요성에 기초하여, 사회적 맥락에서 보다 깊은 의미를 찾게 되었다.
- 오늘날 기술의 존립성은 확실히 이용자에게 맡겨져 있으며 인공지능과 같은 기술에 대한 초기의 흥미는 전혀 결여되어 있다. GIS는 다른 형식의 컴퓨팅과 마찬가지로 개인에게 능력을 부여해줄 수 있는 기술처럼 보인다. GIS는 어떤 학문적 전문분야이든 어떤 훈련을 받았는지와 상관없이 누구라도 공간분석이나 지도학의 전문가가 될 수 있게 하는 기술이다.
- 공간 인식은 기술을 보다 이용하기 쉽도록, 개인에게는 더 많은 능력을 부여하게 하는 하나의 방법으로서 더욱 명확히 인정받게 되었다.
- 디지털 지리정보기반(미국의 NSDI나, 영국의 NGDF와 같은)은 오늘날 많은 나라에서 꾸준히 제도화되고 있다.

2. Varenius계획

미국에 있어서의 제 3의 GIS 연구 동향은 1997~1999년에 실시된 Varenius계획에서 찾을 수 있다(http://www.ncgia.ucsb.edu). 이 계획은 다음과 같은 세가지 전략 분야로 지리정보과학의 연구를 진행해야 한다고 제안하고 있다.

• 지리공간의 인식모델

인간에 의한 지리 세계의 이해는 위치, 거리, 방향과 같이 매우 단순한 기하학적인 개념에서 향사(지질학), 에스카(자연지리학), 근린(인문지리학)과 같은 복잡한 전문 영역에서의 특수한 개념이나 장소의 의미와 같은 고도로 세련된 주관적인 개념까지, 여러 가지 지리 개념의 사례의 형태로 표현된다. 인간이 자신의 주위의 세계에 대하여 생각하는 방식을 보다 밀접하게 반영시킨 시스템을 설계할 필요성으로부터 이와 같은 개념의 연구가 시작되었다.

• 지리 개념의 계산 실현

정보 사회에서 커뮤니케이션은 디지털 형식으로 실현되는 경향이 더욱 강해지고 있고, 지리 개념도 확실히 디지털적인 환경 속에서 표현되고 구조화되기 쉽다. 시간, 불확실성, 기타

의 지리 공간 개념을 포함하기 위하여 GIS 데이터 모델의 확장에 대한 많은 연구가 시행되고 있다. 그러나 컴퓨터의 0과 1로 우리들을 둘러싼 세계를 이해하는 것에 한계가 있는 것이 아닐까 하는 생각도 든다.

- **정보사회의 지리**

지리정보 기술은 거리의 영향을 경감시키고 버추얼 · 커뮤니티의 가능성을 열어서 취업, 오락, 교육의 패턴을 변화시킴으로써 인간 활동의 많은 부분을 재구성하는 잠재성을 가지고 있다. 인류가 이러한 지리적 영향을 예측하고 효과적으로 처리할 수 있다면 정보기술의 이러한 변화를 보다 바르게 이해할 수 있을 것이다.

Varenius계획은 1988년의 NCGIA의 연구 테마와 비교해서 크게 다르고 이 분야의 연구가 어느 정도 학문적으로 발전했는가를 여실히 보여주고 있다. 이 계획은 기술적인 맥락에서 제시된 일련의 실용적인 문제를 다루는 것이 아니라, 그 자체의 구조나 논제를 이용하여 명확하게 정해진 과학 분야를 의미할 수 있도록 되어 있다.

이상에서 미국의 GIS 연구 동향을 약술하였는데 지리정보 기술의 확립으로부터 그 기술을 이용해 사회를 어떻게 변혁시킬 것인가 하는 연구 테마로 진전됨을 알 수 있다. 또한 지리정보 기술의 가치와 그 성과를 사회에 알리는 노력을 계속해 왔음에도 주의를 기울여야 한다.

V 마치면서

GIS의 이용자 수를 정확하게 추정하는 것은 매우 어려울 것이다. 최소한의 추정으로 GIS 기술자와 전문가의 총 수는 전 세계에 약 10만 명에 달할 것이라고 한다(Longley et. al. 1999a). 50만 명의 퍼스널 컴퓨터 이용자와 인터넷 등을 통하여 GIS에 수시로 참가하는 100만명을 합하면, 1997년의 시점에서 약 160만 명에 이른다. 이 속도로 성장한다고 가정하면 2000년에는 전 세계에서 약 800만 명의 GIS 이용자가 생길 것이다.

이와 같이 많은 이용자가 있음에도 불구하고 GIS가 정보기술 중에서 주류의 하나가 되려면 여러 가지 장애를 넘지 않으면 안 된다. 공간 데이터의 입수성 개선과 갱신 체제의 확립, GIS 이용 용이성의 향상, 공간분석 능력의 고도화, 사회의 요구에 부합한 기술에의 변모 등 여러 가지 과제가 남아있다. 21세기에도 GIS가 살아남기 위해서는 그 유용성을 사회로부터 널리 인정받아야 할 것이다.

참고문헌

Abler, R. 1987. What shall we say? To whom shall we speak? *Annals of the Association of American Geographers* 77: 511-524.

ANZLIC 1996. *Land Information Management Training Needs Analysis: National Report.* Canberra: ANZLIC Secretariat (PO Box 2 Belconnen ACT 2616).

BCS/SMA (British Computer Society with Survey and Mapping Alliance) 1992. *Survey and Mapping Qualifications for the 1990s*. London: Special Publication British Cartographic Society with Survey and Mapping Alliance.

British Computer Society 1991. *Industry Structure Model: Release 2*. Swindon, British Computer Society.

Coppock, J. 1992. GIS education in Europe. *International Journal of Geographical Information Systems* 6: 333-336.

Dale, P.F. 1994. *Professionalism and Ethics in GIS*. London: Association for Geographic Information.

Dobson, J.E. 1991. Geography is to GIS what physics to engineering. *GIS World* 5: 80-81.

Dobson, J.E. 1993. The geographic revolution: a retrospective on the age of automated geography. *The Professional Geographer* 45: 431-439.

Dramowicz, K., Wightman, J. and Crant, H. 1993. Addressing GIS personnel requirements: a model for education and training. *Computers, Environment, and Urban Systems* 17: 49-59.

Elmes, G.A. 2000. Cross-cutting the UCGIS challenges in geographic information science: reviews of essential progress and vision in major application domains. *Journal of the Urban and Regional Information Systems Association* 12: 4-5.

Forer, P. and Unwin, D. 1999. Enabling progress in GIS and education. In Longley, P. A., Goodchild, M.F., Maguire, D.J. and Rhind, D.W. eds. *Geographical Information Systems Volume 2: Management Issues and Applications Second Edition*. 747-756. New York: Wiley.

Garner, B. and Zhou, Q. 1993. GIS education and training: an Australian perspective. *Computers, Environment, and Urban Systems* 17: 61-71.

Gittings, B., Healey, R. and Stuart, N. 1993. Educating GIS professionals: a view from the United Kingdom. *Geo Info Systems* 3: 41-44.

Keller, C. 1991. Issues to consider when developing and selecting a GIS curriculum. In Heit, M. and Shortreid, A. eds. *GIS Applications in Natural Resources*. 53-59. Fort Collins, Co: GIS World, Inc.

Kemp, K., Goodchild, M. and Dodson, R. 1992. Teaching GIS in geography. *The Professional Geographer* 44: 181-191.

Longley, P.A., Goodchild, M.F., Maguire, D.J. and Rhind, D.W. 1999a, Introduction. In Longley, P.A., Goodchild, M.F., Maguire, D.J. and Rhind, D.W. eds. *Geographical Information Systems Volume 2: Management Issues and Applications Second Edition*. 1-20. New York: Wiley.

Longley, P.A., Goodchild, M.F., Maguire, D.J. and Rhind, D.W. 1999b. Epilogue: seeking out the future. In Longley, P.A., Goodchild, M.F., Maguire, D.J. and Rhind, D.W. eds. *Geographical Information Systems Volume 2: Management Issues and Applications Second Edition*. 1009-1021. New York: Wiley.

Morgan, J.M. and Fleury, B. 1993. Academic GIS education: assessing the state of the art. *Geo Info Systems* 3: 33-40.

Morgan, J.M., Fleury, B. and Becker, R.A. 1996. *Directory of Academic GIS Education*. Dubuque: Kendall Publishing Co.

NCGIA 1989. The research plan of the National Center for Geographic Information and Analysis. *International Journal of Geographical Information Systems* 3: 117-136.

Raper, J. and Green, N. 1992. Teaching the principles of GIS: lessons from the GIS tutor project. *International Journal of Geographical Information Systems* 6: 279-290.

Rix, D. and Markham, R. 1994. GIS certification ethics and professionalism. *Proceeding of Association for Geographic Information* 94, 621-625.

Rogerson, R. 1992. Teaching generic GIS using commercial software. *International Journal of Geographical Information Systems* 6: 321-332.

Sharma, P., Pullar, D. and McDonald, G. 1996. Identifying national training priorities in GIS: an Australian case study. *Paper presented to the Second International Conference on GIS in Higher Education*, Columbia, September.

Sui, D.Z. 1994. GIS and urban studies: positivism, post-positivism, and beyond. *Urban Geography* 15, 258-278.

Sui, D.Z. 1995. A pedagogic framework to link GIS to the intellectual core of geography. *Journal of Geography* 94: 578-591.

University Consortium for Geographic Information Science 1996. Research priorities for geographic information science. *Cartography and Geographic Information Systems* 23: 115-127.

Unwin, D. and Dale, P. 1989. An educationalist's view of GIS. In *The Association for Geographic Information Yearbook 1990*. 304-312. New York: Taylor and Francis.

Unwin, D., Blakmore, M., Dale, P., Healey, R., Jackson, M., Maguire, D., Martin, D., Mounsey, H. and Willis, J. 1990. A syllabus for teaching geographical information systems. *International Journal of Geographical Information Systems* 4: 457-465.

Unwin, D. and Maguire, D. 1990. Developing the effective use of information technology in teaching and learning in geography: the computers in teaching initiative center for geography. *Journal of Geography in Higher Education* 14: 77-82.

Unwin, D.J. and Capper, B. 1995. *Professional Development for the Geographic Information Industry*. London: Association for Geographic Information.

Walsh, S. 1988. Geographic information systems: an instructional tool for earth science educators. *Journal of Geography* 87: 17-25.

Walsh, S. 1992. Spatial education and integrated hands-on training: essential foundations of GIS instruction. *Journal of Geography* 91: 54-61.

찾아보기

AFFMAP 208
AGNPS 104
ALIS 42
ArcExplorer 17

CGIS 40
CGM 58
COLA 60
CONTMA 54
CUBE 322

DEM 18, 73
DGPS 279
DPW 120
DTM 20

ENIAC 53
EPEDAT 322
ESRC 250
ESRI 323

FEMA 323

GAP 97
GAP Analysis 97
Geomatics 273
GEOSIS 327
GKS 58
GMAP사 250
gnuplot 58
GPS 315
GRASS 17, 57
GRID 모델 73

HEFCE 247

Idrisi 57
IGU 142
IKONOS 20
ILWIS 83
ITC 83

LISA 278
LUIS 228

MapGrafix 235
Metacode 53
MSS 119

NCAR 53
NCGIA 244
NDVI 71
NEEDS－ADB 21
NSDIPA 43
NSF 249

PAREA－TOWN-Zip 20
POS 21

RDBMS 63
RINZO 328
RRL 250

SDSS 246

SIAM 105
SIGNAL 322
STELLA 235
SYMAP 263

TIN 모델 73
TNTLite 17

USLE식 95

WASP 5 104
WebGIS 79, 114, 265, 323

가상현실 265
가시화 기술 51
격자법 18
결절구조 216
계량지리학 243, 290
계량혁명 290
공간경향 애니메이션 266
공간사상 137
공간통계 283
과소문제 199
교란 101
국토수치정보 42
근린 359
글로벌리제이션 37
기하보정 121

네트워크 공간 290
네트워크 분석 138
농촌지리학 195
뉴럴네트워크 218

단보 84
데이터 마이닝 278
도너츠화 현상 342
도시지리학 134
도시해석 288
등고선 모델 73
등적도법 339
디지털 사진측량 119

라지프트 308
레이더 우량계 71
레이저 스캐닝 315
레이저 프로파일러 315
리루 침식 95

메르카토도법 339
메타 데이터 27

바이오메스 119
발견적 방법 278
보관통계표 157
보로노이 분할 293
부치지대론 164
분류 애니메이션 266
분석지도학 263
브리스톨 246
비시간 애니메이션 266
비표준 세대 149
비행 애니메이션 266

사면 수문학 68
사이버 스페이스 314
삼림 계측학 121
삼림 성장량 120
상업지리학 162
생태계 101
세계 데이터 센터(WDC) 52
세계국세도회 343
소매 인력 모델 166
수관고 120
수치표고모델 73
시간 애니메이션 266
시공간 척도 179
식생도 121
식생지표 71

아메다스 71
에스카 359
에코톱 84
영양염 109
오버레이 103
온실효과 126
위성영상 315
위치정보 331
유레더스 322
유클리드 공간 290
음화필름 121
인구동향통계 157
인구지리학 148
인문지리학 134
인위활동 102
인터넷(Web) GIS 27

일반화 애니메이션 266
일본국세도회 343
입지 모델 289

저출생률 156
전문의 발전 355
전자국토정비 330
전자지구 331
전자지도 330
접근성의 척도 178
정거방위도법 339
정보기술혁명 330
정사영상 315
주변 조사법 165
주소 대표점 319
중심 조사법 165
중첩 분석 140
지도 애니메이션 265
지도교육 336, 338
지리정보과학 26, 350
지리정보기술 350
지리정보산업 355
지역과학 283
직하형 지진 315
지형 계측 40
집락사업 199

참가형 GIS 205
최근린 거리법 276
최근접 척도법 18

카스트 308
컴퓨터 지도학 263
케라라주 304
콜프레스 지도 266
콜프레스 · 맵 220
클리어링 하우스 238

테프라 연대학 43
토지 피복 91
토지조건도 315
통계 공간분석 254
통합형 GIS 324

표면 침식 95
표준 세대 149
프레임 266

하천법 101
항공사진 판독 119
해양대기청 52
해저드 맵 323
행정 집락 206
향사 359
확률 상권 모델 166
확장법 157
환경영향평가법 101
활단층 128
활단층도 326
활단층법 326
후방산란계수 72

2.5차원 층위모델 144
3D 아트라스 337
段彩지도 340
阪神 · 淡路대지진 314

· **김응남**
인하공업전문대학 항공지형정보시스템과

· **권문선**
호원대학교 토목공학과

· **김남식**
창원전문대학 부동산지적과

GIS 지리학

초판 1쇄 인쇄 2006년 7월 1일
초판 1쇄 발행 2006년 7월 10일

편 저 高阪宏行・村山祐司
역 자 김응남・권문선・김남식
발행인 정우용
발행처 圖書出版 東和技術

100-834 서울특별시 중구 신당 2동 405-25호
Tel (02)2236-8121~6
Fax (02)2236-6301~2
E-mail donghwae@kornet.net
http://www.donghwapub.co.kr
(등록) 1977년 12월 19일/ 9-16호

ISBN 89-425-1047-7

정가 16,000원